高等职业教育药学类与食品药品类专业第四轮教材

生物制药工艺技术 第②版

（供药品生产技术专业用）

主　编　陈梁军　牛红军

副主编　韩　潇　刘碧林　江尚飞　刘诗音　姜　源

编　者　（以姓氏笔画为序）

牛红军（天津现代职业技术学院）　　　　刘诗音（长春医学高等专科学校）

刘碧林（重庆化工职业学院）　　　　　　江尚飞（重庆医药高等专科学校）

苏　杭（山东药品食品职业学院）　　　　宋飞飞（福建生物工程职业技术学院）

陈梁军（福建生物工程职业技术学院）　　林阳君（泉州医学高等专科学校）

姜　源（辽宁医药职业学院）　　　　　　党　莉（山西药科职业学院）

韩　潇（长江职业学院）　　　　　　　　喻　超（重庆三峡医药高等专科学校）

U0232925

中国健康传媒集团

中国医药科技出版社

内容提要

本教材是"高等职业教育药学类与食品药品类专业第四轮教材"之一，是依照教育部《普通高等学校高等职业教育（专科）专业目录（2021年)》等相关文件要求，根据本课程教学标准的基本要求和课程特点编写而成，内容上涵盖八个项目，包括认识生物制药行业、生物制药生产安全技术、生化制药技术、生物制品生产技术、发酵工程制药技术、细胞过程制药技术、基因工程制药技术及酶工程制药技术等内容。本教材遵循生物制药行业的规则，按生物制药从原料来源、生产的技术原理到生产的基本过程控制阐述生物制药的理论、基本技术和生产工艺的基本技能，以及生物制药反应设备、环保和安全知识，并结合了国家职业资格标准生物技术制药工技能标准，尽可能反映现代生物制药新技术、新材料、新进展和工作要求。本教材为书网融合教材，即纸质教材有机融合电子教材、教学配套资源（PPT、微课、视频等）、题库、数字化教学服务（在线教学、在线作业、在线考试）。

本教材主要供高等职业院校药品生产技术及其相关专业教学使用，也可作为医药行业培训和自学用书。

图书在版编目（CIP）数据

生物制药工艺技术/陈梁军，牛红军主编 . —2 版 . —北京：中国医药科技出版社，2021.7

高等职业教育药学类与食品药品类专业第四轮教材

ISBN 978 - 7 - 5214 - 2561 - 1

Ⅰ.①生…　Ⅱ.①陈…②牛…　Ⅲ.①生物制品—生产工艺—高等职业教育—教材　Ⅳ.①TQ464

中国版本图书馆 CIP 数据核字（2021）第 123912 号

美术编辑　陈君杞

版式设计　友全图文

出版　**中国健康传媒集团** | 中国医药科技出版社

地址　北京市海淀区文慧园北路甲 22 号

邮编　100082

电话　发行：010 - 62227427　邮购：010 - 62236938

网址　www. cmstp. com

规格　889 × 1194mm 1/16

印张　17¾

字数　482 千字

初版　2016 年 12 月第 1 版

版次　2021 年 7 月第 2 版

印次　2023 年 7 月第 2 次印刷

印刷　三河市万龙印装有限公司

经销　全国各地新华书店

书号　ISBN 978 - 7 - 5214 - 2561 - 1

定价　52.00 元

获取新书信息、投稿、为图书纠错，请扫码联系我们。

出 版 说 明

"全国高职高专院校药学类与食品药品类专业'十三五'规划教材"于2017年初由中国医药科技出版社出版，是针对全国高等职业教育药学类、食品药品类专业教学需求和人才培养目标要求而编写的第三轮教材，自出版以来得到了广大教师和学生的好评。为了贯彻党的十九大精神，落实国务院《国家职业教育改革实施方案》，将"落实立德树人根本任务，发展素质教育"的战略部署要求贯穿教材编写全过程，中国医药科技出版社在院校调研的基础上，广泛征求各有关院校及专家的意见，于2020年9月正式启动第四轮教材的修订编写工作。

党的二十大报告指出，要办好人民满意的教育，全面贯彻党的教育方针，落实立德树人根本任务，培养德智体美劳全面发展的社会主义建设者和接班人。教材是教学的载体，高质量教材在传播知识和技能的同时，对于践行社会主义核心价值观，深化爱国主义、集体主义、社会主义教育，着力培养担当民族复兴大任的时代新人发挥巨大作用。在教育部、国家药品监督管理局的领导和指导下，在本套教材建设指导委员会专家的指导和顶层设计下，依据教育部《职业教育专业目录（2021年）》要求，中国医药科技出版社组织全国高职高专院校及相关单位和企业具有丰富教学与实践经验的专家、教师进行了精心编撰。

本套教材共计66种，全部配套"医药大学堂"在线学习平台，主要供高职高专院校药学类、药品与医疗器械类、食品类及相关专业（即药学、中药学、中药制药、中药材生产与加工、制药设备应用技术、药品生产技术、化学制药、药品质量与安全、药品经营与管理、生物制药专业等）师生教学使用，也可供医药卫生行业从业人员继续教育和培训使用。

本套教材定位清晰，特点鲜明，主要体现在如下几个方面。

1. 落实立德树人，体现课程思政

教材内容将价值塑造、知识传授和能力培养三者融为一体，在教材专业内容中渗透我国药学事业人才必备的职业素养要求，潜移默化，让学生能够在学习知识同时养成优秀的职业素养。进一步优化"实例分析/岗位情景模拟"内容，同时保持"学习引导""知识链接""目标检测"或"思考题"模块的先进性，体现课程思政。

2. 坚持职教精神，明确教材定位

坚持现代职教改革方向，体现高职教育特点，根据《高等职业学校专业教学标准》要求，以岗位需求为目标，以就业为导向，以能力培养为核心，培养满足岗位需求、教学需求和社会需求的高素质技能型人才，做到科学规划、有序衔接、准确定位。

3. 体现行业发展，更新教材内容

紧密结合《中国药典》（2020年版）和我国《药品管理法》（2019年修订）、《疫苗管理法》（2019

年）、《药品生产监督管理办法》（2020年版）、《药品注册管理办法》（2020年版）以及现行相关法规与标准，根据行业发展要求调整结构、更新内容。构建教材内容紧密结合当前国家药品监督管理法规、标准要求，体现全国卫生类（药学）专业技术资格考试、国家执业药师职业资格考试的有关新精神、新动向和新要求，保证教育教学适应医药卫生事业发展要求。

4.体现工学结合，强化技能培养

专业核心课程吸纳具有丰富经验的医疗机构、药品监管部门、药品生产企业、经营企业人员参与编写，保证教材内容能体现行业的新技术、新方法，体现岗位用人的素质要求，与岗位紧密衔接。

5. 建设立体教材，丰富教学资源

搭建与教材配套的"医药大学堂"（包括数字教材、教学课件、图片、视频、动画及习题库等），丰富多样化、立体化教学资源，并提升教学手段，促进师生互动，满足教学管理需要，为提高教育教学水平和质量提供支撑。

6.体现教材创新，鼓励活页教材

新型活页式、工作手册式教材全流程体现产教融合、校企合作，实现理论知识与企业岗位标准、技能要求的高度融合，为培养技术技能型人才提供支撑。本套教材部分建设为活页式、工作手册式教材。

编写出版本套高质量教材，得到了全国药品职业教育教学指导委员会和全国卫生职业教育教学指导委员会有关专家以及全国各相关院校领导与编者的大力支持，在此一并表示衷心感谢。出版发行本套教材，希望得到广大师生的欢迎，对促进我国高等职业教育药学类与食品药品类相关专业教学改革和人才培养作出积极贡献。希望广大师生在教学中积极使用本套教材并提出宝贵意见，以便修订完善，共同打造精品教材。

数字化教材编委会

主　编　陈梁军　牛红军
副主编　宋飞飞　姜　源　刘碧林　刘诗音
编　者　(以姓氏笔画为序)
　　　　牛红军 (天津现代职业技术学院)
　　　　刘诗音 (长春医学高等专科学校)
　　　　刘碧林 (重庆化工职业学院)
　　　　苏　杭 (山东药品食品职业学院)
　　　　宋飞飞 (福建生物工程职业技术学院)
　　　　陈梁军 (福建生物工程职业技术学院)
　　　　林阳君 (泉州医学高等专科学校)
　　　　姜　源 (辽宁医药职业学院)
　　　　党　莉 (山西药科职业学院)
　　　　喻　超 (重庆三峡医药高等专科学校)

前言 《

生物制药工艺技术是高等职业教育药品生产技术专业的重要课程，也是培养中高级生物制药技术技能型人才的重要专业课程。本教材是"高等职业教育药学类与食品药品类专业第四轮教材"之一，在编写中坚持以职业准入为标准，遵循"以就业为导向、全面素质为基础、能力为本位"的原则，把现代科学技术的迅猛发展，生物制药工艺技术方法不断更新和发展的新技术、新设备、新方法引入教材中。教材在编写过程中广泛征求了生物制药企业专家的意见，具有较强的实用性、可读性和创新性。

本次修订较上一版教材除了知识内容更新，每章节增加了课程思政元素、实例分析、即学即练、知识回顾、目标检测，配套有课程知识点体系、题库、微课，使教学资源更多样化、立体化。本教材涉及面广，全书共八个项目，包括认识生物制药行业、生物制药生产安全技术、生化制药技术、生物制品生产技术、发酵工程制药技术、细胞工程制药技术、基因工程制药技术及酶工程制药技术等方面的内容。由学习引导引入理论讲解，理论结合实践，文字语言通俗易懂，重点突出，具有内容丰富、知识新颖、针对性强、实用性强的特点。书后附有实训，供学生实训时使用或学习，以提高学生分析解决实际问题的能力，从而使学生走上岗位后能更快地适应实际操作和技术应用工作，为今后从事制药事业打下坚实基础。

本教材由陈梁军、牛红军担任主编，具体编写分工如下：刘诗音负责编写项目一；牛红军、林阳君负责编写项目二；江尚飞、苏杭负责编写项目三；韩潇、喻超负责编写项目四；陈梁军、宋飞飞负责编写项目五；刘碧林负责编写项目六；姜源负责编写项目七；党莉负责编写项目八。

本教材在编写过程中得到了陶杰教授指导和帮助，同时也得到各参编院校的大力支持与帮助，在此表示衷心感谢。由于编者水平与经验有限，疏漏及不妥之处在所难免，恳求广大读者批评指正，以使教材更丰富完善，更适合高等职业教育。

编 者
2021 年 5 月

目录
CONTENTS

学习引导

生物制药工艺技术就是利用传统的生化制药技术及生物工程技术来制备生物药物，属于高科技、高利润、最前沿的行业，制备的产品如临床上使用的生化药物、抗生素药物、疫苗、细胞因子、诊断和治疗试剂等生物制品。其工作目标是使基因工程、蛋白质工程、酶工程、发酵工程、细胞工程、抗体工程等技术应用到制药领域；进行生物技术药物的研究、开发及生产过程。

进入 21 世纪，在国家产业政策的大力支持下生物制药行业这一领域发展迅速，逐步缩短了与先进国家的差距。世界生物医药行业发展的状况如何？我国生物制药行业发展现状如何？

本项目主要介绍国内外生物制药行业发展现状及发展趋势、生物制药企业和生物制药企业的组织结构。

学习目标

1. **掌握**　生物制药的概念；生物制药的分类；生物制药企业岗位分工与岗位职责。
2. **熟悉**　国内知名生物制药企业和生物制药企业的组织结构。
3. **了解**　国内外生物制药行业发展现状及发展趋势。

任务一　生物药物及生物制药行业概述

PPT

一、生物药物概念 微课

生物药物是指运用微生物学、生物学、医学、生物化学等的研究成果，从生物体、生物组织、细胞、体液等，综合利用微生物学、化学、生物技术、免疫学、药学等学科的原理和方法进行加工，制造出的一类用于预防、治疗和诊断疾病的生物药品。因而抗生素、生化药品、生物制品等均属于生物药物的范畴。生物药物的原料以天然的生物材料为主，包括人体、动植物、微生物和各种海洋生物等。随着生物技术的发展，有目的人工制备的生物原料成为当前生物制药原料的重要来源，如用基因工程技术制得的微生物或细胞。

生物制药从最早的天然生物药物，发展到今天的疫苗和单克隆抗体，可以说生物制药是一门既古老又年轻，既有悠久历史又有崭新内容的科学技术，飞速发展的现代生物技术不断地为其注入新鲜血液，其制备工艺技术正在发生着巨大的变革，抗生素、生化药品和生物制品以及中草药的概念范围也在发生着变化，特别是基因工程的应用，蛋白质组学的发展，不但改造了生物制药旧领域还开创了许多新领域，如胰岛素的生产自从有了基因工程，不再受原料来源的限制；经过蛋白质工程修饰改造的人胰岛素有了更加稳定的性质，提高了疗效等。

二、生物药物的特性

生物体是一个有机的整体，体内各种物质的代谢都是相互联系、相互制约的。疾病的产生主要是机体受到病原体的侵袭或内外环境的改变，使起调控作用的酶、激素、基因、细胞因子和蛋白质等生物活性物质自身或环境发生变化，而导致体内平衡失调、代谢失常。所以采用生物药物分离纯化技术、生物技术、化工技术从生物体中获得或制备结构与人体内的生理活性物质十分接近或相同的生物药物，具有更高的生化机制合理性和特异诊疗有效性，它们具备如下特性。

（一）药理学特性

1. 治疗的针对性强，疗效好　如纳武利尤单抗注射液，适用于治疗表皮生长因子受体基因突变阴性和间变性淋巴瘤激酶阴性、既往接受过含铂方案化疗后疾病进展或不可耐受的局部晚期或转移性非小细胞肺癌成人患者。

2. 营养价值高，毒副作用小　如蛋白质、核酸、糖类、脂类等生物药物本身就是人体正常代谢所需要的物质，进入人体内后更容易吸收、利用和参与人体的正常代谢与调节机体的正常生理机能。

3. 生理副作用时有发生　由于生物体之间的种属差异或同种生物体之间的个体差异，特别是大分子蛋白质，用药时可能发生免疫反应和过敏反应，如猪胰岛素。

（二）理化特性

1. 原材料中的有效物质含量低，杂质种类多　如激素、酶在体内含量极低，提取困难，工艺很复杂。

2. 稳定性差　生物药物具有特定的结构和活性部位，一旦结构破坏，生物活性也随之消失。引起活性破坏的因素有生物性因素，如被自身酶水解；理化因素，如温度、压力、pH、光照、重金属及剧烈搅拌等。

3. 易染菌和腐败　生物原料及产品均为高营养物质，极易染菌腐败使有效成分降解破坏，产生有毒物质、致热或致敏物质。所以生产操作过程，要注意控制低温和无菌操作以保证产品质量。

三、生物药物的分类

生物药物可按照其来源、药物的化学本质和化学特性、生理功能及临床用途等进行分类。由于生物药物的原料来源丰富、结构多样、功能广泛，因此任何一种分类方法都会有不完善之处。

（一）按照药物结构分类

往往化学结构相似的药物，其化学性质、制备工艺和检测方法也有相似之处。这种分类法有利于对结构与功能相似的同类药物进行比较研究。

1. 氨基酸及其衍生物类药物　如蛋氨酸可防治肝炎、肝坏死和脂肪肝，谷氨酸可用于防治肝昏迷、神经衰弱和癫痫。

2. 多肽和蛋白质类药物　该类药物化学本质相同，但分子量有差异。多肽类药物如催产素、胰高血糖素等；蛋白质类药物如人血白蛋白、丙种球蛋白、胰岛素等。

3. 酶和辅酶类药物 酶类药物按功能分为：①消化酶，如胃蛋白酶、胰酶、麦芽淀粉酶；②消炎酶，如溶菌酶；③心血管疾病治疗酶，如激肽释放酶。辅酶类药物在酶促反应中起到传递氢、电子和基团的作用，辅酶类药物已广泛用于肝病和冠心病的治疗。

4. 核酸类药物 随着新冠疫情的暴发，mRNA疫苗已经不再陌生，而这一领域的研究在美国早已步入快速商业化，如反义寡核苷酸药物用于治疗杜氏肌营养不良症患者。siRNA药物用于治疗成人患者因转甲状腺素蛋白淀粉样变性引起的神经损伤。

5. 糖类药物 具有抗凝血、降血脂、抗病毒、抗肿瘤、增强免疫功能和抗衰老的作用。如具有抗肿瘤作用的香菇多糖、具有降血糖的灵芝多糖、具有降血脂的海藻多糖等。

6. 脂类药物 磷脂类如脑磷脂、卵磷脂可用于治疗肝病、冠心病和神经衰弱症。脂肪酸可用于降血脂、降血压、抗脂肪肝。

7. 维生素 不是组织细胞的结构成分，也不能为机体提供能量，人体对维生素的需要量小，但对机体的代谢有调节作用。

（二）按功能用途分类

1. 治疗药物 治疗疾病是药物的主要功能。生物药物以其独特的生理调节作用，对许多疾病均有很好的治疗作用。如抗生素对感染性疾病的治疗和控制；胰岛素用于治疗糖尿病。

2. 预防药物 对于许多传染性疾病来说，预防比治疗更重要。预防是控制感染性疾病传播的有效手段，常见的预防药物有各种疫苗（如乙肝疫苗、流感疫苗、乙型脑炎疫苗、狂犬疫苗等）、类毒素（如白喉类毒素、破伤风类毒素）及菌苗（如卡介苗、霍乱菌苗、百日咳菌苗、鼠疫菌苗）等。预防类药物对提高国民身体素质和生活质量起重要作用。

3. 诊断药物 生物药物用于疾病的诊断具有反应速度快、灵敏度高、特异性强的特点。现已应用的有免疫诊断试剂、酶诊断试剂、单克隆抗体诊断试剂、放射性诊断药物和基因诊断药物等。

4. 其他用途 生物药物在保健品、食品、化妆品、医用材料、科学研究等方面也有广泛的应用。

四、生物制药工艺技术的性质与研究内容

生物制药工艺技术包括生化制药工艺技术、微生物制药工艺技术、生物技术药物生产技术、生物制品制造与相关的生物医药产品的生产工艺技术，同时还包括各类生物药物的来源、结构、性质、制造原理、工艺过程、生产技术操作和质量控制。它是从事各种生物药物的研究、生产和制剂的综合应用技术科学。

生化制药是运用生物化学的理论、方法、技术与研究成果，从动植物、微生物和海洋生物中分离、纯化得到的一些重要生理活性物质，经药效学和毒理学研究证明对于疾病的防治是安全有效的一大类药物，如氨基酸、多肽、蛋白质、酶、辅酶、维生素、激素、糖类、脂类、核酸、核苷酸及其衍生物等。

微生物制药是以发酵工程技术为基础，通过纯培养与大规模工业发酵生产微生物，在其生命活动中产生的生理活性物质（包括初级代谢产物、次级代谢产物和衍生物），主要有抗生素、酶制剂、免疫调节剂、氨基酸、维生素等。微生物菌种的选育，工业发酵条件优化与发酵产物的提炼技术和质量控制等，是微生物制药过程的关键技术。

生物技术药物生产是运用现代生物技术（包括基因工程、酶工程、细胞工程与发酵工程），尤其是

重组 DNA 技术和单克隆抗体技术，生产多肽、蛋白质、激素和酶类药物以及疫苗、单克隆抗体和细胞因子类药物等。基因工程技术、蛋白质工程技术、动植物细胞大规模培养技术以及单克隆抗体技术与现代制药工程的理论与技术是生物技术药物生产的关键技术。

生物制品生产是指以微生物、细胞、动物或人源组织和体液等为起始原材料，应用生物技术制成，用于预防、治疗和诊断人类疾病的制剂，如疫苗、血液制品、生物技术药物、微生态制剂、免疫调节剂、诊断制品等。根据生物制品的用途可分为预防用生物制品、治疗用生物制品和诊断用生物制品三大类。

五、其他相关概念

（一）创新药物

创新药物（innovative drug）是指具有自主知识产权专利的药物。相对于仿制药，创新药物强调化学结构新颖或新的治疗用途，在以前的研究文献或专利中，均未见报道。我国对知识产权的认识越来越重视，创新药物的研究将给企业带来高额的收益。

创新药物研究对我国建设创新型国家具有重大的意义。现在中国很多药物与国外差距缩小、大体同步，2019 年中国创新药实现了零的突破。2019 年 11 月 21 日，百济神州历时 7 年打磨的新药 Brukinsa（泽布替尼）正式被美国 FDA 批准上市，用于复发难治性套细胞淋巴瘤，成为历史上第一个完全由中国企业自主研发在 FDA 获批的创新药。2019 年 12 月 20 日，石药集团高血压专利药马来酸左旋氨氯地平（玄宁）成为第二款获批 FDA 的中国创新药。

（二）生物类似药

生物类似药是与原研发药具有相同的活性成分、剂型、给药途径和治疗作用的药品。在 2014 年至 2020 年的 7 年时间里，世界上有 2590 亿美元的药品专利到期，46% 的市场份额被生物类似药占据，并且全球生物类似药市场有望保持 10% 左右复合增长。

生物类似药能降低医疗支出，提高药品可及性，提升医疗服务水平。国际上普遍采取鼓励原研发药创新和鼓励生物类似药并重的政策取向，美国食品药品管理局（FDA）有关文件指出，能够获得 FDA 批准的生物类似药必须满足以下条件：和被仿制产品含有相同的活性成分，其中非活性成分可以不同；和被仿制产品的适应证、剂型、规格、给药途径一致；生物等效；质量符合相同的要求；生产的 GMP 标准和被仿制产品同样严格。

（三）专利及保护期

专利指受法律规范保护的发明创造，它是指一项发明创造向国家审批机关提出专利申请，经依法审查合格后向专利申请人授予的该国内规定的时间内对该项发明创造享有的专有权，并需要定时缴纳年费来维持这种国家的保护状态。

专利在这里具体指的是技术方法受国家法律保护的技术或者方案。专利是医药企业保护自身产品与技术的重要法宝。药品研究投资大、难度高、周期长，有朝一日药品上市又将面临被侵权、被仿制、市场被瓜分的危险，因此，制药企业提高知识产权保护意识，在中国乃至世界范围内进行专利保护就显得尤为重要。但专利具有时效性。只有在法律规定的时间内，专利权人对其发明创造拥有法律赋予的专有权。期限届满后，专利的内容就成为公知技术可以被任何人使用。通常发明专利保护期自申请日起为20 年；实用新型和外观设计专利的保护期是 10 年。药物的开发过程是十分漫长的，申报和临床试验也是复杂而繁琐的，所以当一个药物上市后，真正开始盈利的时候，专利保护期也所剩无几了。如何延长专利药物的保护期，使企业利润最大化，成为一个重要的课题。

（四）新药

新药指未曾在中国境内上市销售的药品。对已上市药品改变剂型、改变给药途径，按照新药管理。

（五）药品注册

药品注册指依照法定程序，对拟上市销售的药品的安全性、有效性、质量可控性等进行系统评价，并做出是否同意进行药物临床研究、生产药品或者进口药品决定的审批过程，包括对申请变更药品批准证明文件及其附件中载明内容的审批。

（六）药品注册申请

药品注册申请包括新药申请、仿制药申请、进口药品申请及其补充申请和再注册申请。境内申请人申请药品注册按照新药申请、仿制药申请的程序和要求办理，境外申请人申请进口药品注册按照进口药品申请的程序和要求办理。

即学即练 1 - 1

以下哪种药物属于多肽和蛋白质类药物？

A. 卵磷脂　　　B. mRNA 疫苗　　　C. 链霉素　　　D. 胰岛素　　　E. 蛋氨酸

答案解析

任务二　世界生物制药行业发展的状况与展望

PPT

一、生物医药产业特点

在生物产业的诸多分支中，生物制药产业的发展备受瞩目。作为当代生物技术与传统化学制药工艺相结合的产物，生物药物拥有药理活性高、营养价值高、毒副作用小等化学药物无法企及的优势，生物制药产业也凭借着其科技含量高、环境污染少、创新性强等特点成为发达国家优先发展的产业，被誉为医药领域中新的"蓝海""永不衰落的朝阳产业"。

（一）投资大

根据德勤健康解决方案中心发布的《2019 医药创新回报评价》中显示，一个新药从研制到成功上市需要 19.81 亿美元，与 2010 年的 11.88 亿美元相比增幅高达 67%。国内目前药企做的大多数药物因不需要前期的靶点验证工作，所以存在较低的失败风险，一个新药的成本为 2 亿~3 亿元人民币。

（二）回报高

生物制药的高收益是引人注目的，一个新药回报可在 10 倍以上，一般上市 2~3 年就可收回投资。

（三）风险大

市场竞争加剧、专利到期、利润率下降、监管更加严厉都给制药行业提出了严峻的挑战。

（四）周期长

一个生物技术产品从投入研制，到获得技术开发成功，最少需 6~7 年时间，再到临床运用、广泛推广还需 2～3 年时间。尤其是重磅新药从立项到最后获得生产批准文号，直到通过上市销售起码要 8～10 年。

（五）低污染

生物药品的生产制造一般在常温常压下进行，能源、原材料的消耗量极少，对周围环境几乎不产生污染。

二、世界医药生物技术产业发展状况

近年来，世界生物制药市场呈现高速增长态势，年均增长 7%～12%。2019 年，世界生物制药的市场规模已达到 2864 亿美元，占制药市场份额的 21.62%。

（一）产业规模

生物技术产品预计将对销售额做出稳定贡献，到 2024 年，生物技术产品在前 100 大产品销售中的比例将从 2017 年的 49% 上升到 52%。2019 年，生物技术占全球市场的 27%，到 2024 年将占 31%。到 2024 年，罕见病用药行业预计将增长近一倍，占处方药销售的 20%，特别是基因和细胞疗法正在加速生长。嵌合抗原受体 Tt 细胞（CAR－T）治疗市场预计在 2018～2030 年期间将以每年超过 51% 的速度增长。

（二）区域布局

2020 年 6 月由美国《制药经理人》杂志统计出的全球制药企业 50 强当中，所有制药企业都参与了生物药物的研发或生产。其中美国企业 15 家，日本企业 10 家，德国、中国企业各 4 家，法国企业 3 家，英国、瑞士、印度企业各 2 家，爱尔兰、澳大利亚、丹麦、比利时、西班牙、以色列、意大利、加拿大企业各 1 家（图 1－1）。可以看出，北美仍然是全球生物制药产业最为发达的地区，欧洲紧随其后，亚洲次之。

图 1－1　2019 年全球制药企业 50 强

生物药品已被广泛应用到癌症、糖尿病、慢性疾病的治疗之中。美国、瑞士和日本位列生物制药市场占有前三的排名。此外，中国的生物制药发展势头喜人，有 4 家生物制药企业进入世界 50 强。

（三）生物类似药市场

根据咨询公司 Evaluate 的统计，2020 年过专利保护期的生物药已到达 874 亿美金市场规模，远远超出预计。与此同时，生物技术公司的研发实力也在不断增强，生物技术新药审批数量在不断增加，当前，随着各国政府控制医药卫生费用的增长，生物类似药的发展得到越来越多的鼓励。而专利药到期浪潮的袭来，也继续为生物类似药的井喷式增长留下巨大的空间。

（四）全球畅销生物药物

2020 年最畅销的十种生物药物（表 1－1），以单抗和疫苗为主，主要集中在肿瘤、免疫疾病及传染病预防等一些关键治疗领域。伴随着人类后基因组学及代谢组学的发展，越来越多的单克隆抗体药物新靶点将被发现和研究，单克隆抗体药物的种类将会继续增多。

表 1－1　2020 年全球最畅销生物药物售额排名前 10 的产品

排名	生物药	治疗领域	公司	年销售额（亿美元）
1	阿达木单抗	自身免疫疾病	艾伯维	197.4
2	派姆单抗	黑色素瘤、非小细胞型肺癌、膀胱癌、头颈癌、结直肠癌等	默沙东	144.1
3	纳武单抗	黑色素瘤、非小细胞型肺癌、头颈癌、肾细胞癌等	百时美施贵宝	75.3
4	乌司奴单抗	自身免疫疾病	强生	74.4
5	曲妥珠单抗	HER2＋乳腺癌	罗氏	57.1
6	肺炎球菌 13－价组合疫苗	肺炎疫苗	辉瑞	56.1
8	依库珠单抗	Pnh、溶血综合尿毒症	Alexion	55.6
7	贝伐珠单抗	结直肠癌、乳腺癌、肺癌、胶质母细胞瘤等	罗氏	55.5
9	利妥昔单抗	非霍奇金淋巴瘤、慢性淋巴细胞白血病、滤泡型淋巴瘤	罗氏	50.2
10	英夫利昔单抗	自身免疫疾病	默沙东/强生	40.7

（来源：Evaluate Pharma 全球制药行业分析预测报告 2020 年）

三、世界生物医药产业的展望

（一）生物医药技术的新发展趋势

随着单克隆抗体药物在肿瘤及免疫疾病的治疗中大放异彩，全球单克隆抗体药物占据了全球生物药市场的 55.3%，年复合增长率为 13.2%。预计到 2023 年，全球单抗市场规模将增长至 2356 亿美元。新冠疫苗以创纪录的研制和测试速度被《科学》杂志评为 "2020 年年度最重要的科学突破"。Spark Therapeutics 公司研制的 Luxturna 眼内注射悬浮液，诺华公司研制的 Zolgensma 静脉注射液标志着技术与健康的融合正在变为现实，而细胞和基因治疗的希望最终将传递给患者。诺和诺德公司的通过修饰胰岛素分子研发出每周只需注射一次的胰岛素治疗方案，并于 2020 年 11 月在中国获批临床。

（二）新药研发与专利申请是各大医药公司竞争的战略重点

2020 全球制药企业 50 强总共用于新药研发的费用高达 1303 亿美元，并获得 7159 亿美元的销售额。

2020 年全球生物医药产业发明专利排行榜中，专利 1000 件以上的企业有 3 家，中国有 4 家生物制药企业进入世界生物医药产业发明专利排行榜 50 强。

生物药物品种数量的迅速增加表明，全球生物医药产业将进入快速增长期，所以加大新药的研发和新药专利的申请将会是各大医药公司竞争的战略重点。

（三）并购、肿瘤治疗、细胞和基因疗法、生物类似药等是生物医药企业增加市场份额的关键策略

美国联邦贸易委员会已同意百时美施贵宝对新基制药的收购交易，合并后的企业将成为世界第三大制药公司。肿瘤治疗是临床开发支出中占最大比例的领域，占管线总支出的 40%，到 2024 年将占药品销售近 20% 的市场份额。细胞和基因疗法等新技术的出现标志着制药业发展的一个转折点。2020～2023

年，全球将至少有 82 个原研药将到期，其中不乏优特克单抗、贝伐珠单抗、利伐沙班、帕博西尼等年销售额超过 40 亿美元的重磅药物。

即学即练 1-2

在 2019 年全球制药企业 50 强中有几家中国企业？

A. 1   B. 2   C. 3   D. 4   E. 5

答案解析

任务三　我国生物制药行业发展前景

PPT

一、我国生物医药产业政策

中国始终把人民群众的生命安全和身体健康放在第一位，为了让广大人民群众用得上并用得起优质好药，我国近年来在医药领域改革可谓大刀阔斧。党的十九大报告将"健康中国"上升到国家战略层面，国民健康成为国家富强、民族振兴的重要标志，全民健康成为迈进全面小康的重要基础。

（一）《国家创新驱动发展战略纲要》

2016 年 5 月 19 日，中共中央、国务院印发《国家创新驱动发展战略纲要》，提出发展先进有效、安全便捷的健康技术，促进生命科学、中西医药、生物工程等多领域技术融合，研发创新药物、新型疫苗、先进医疗装备和生物治疗技术。促进组学和健康医疗大数据研究，发展精准医学，研发遗传基因和慢性病易感基因筛查技术，提高心脑血管疾病、恶性肿瘤、慢性呼吸性疾病、糖尿病等重大疾病的诊疗技术水平，有力支撑健康中国建设。

（二）《中国制造 2025》

《中国制 2025》是由国务院印发的部署全面推进实施制造强国的战略文件，是中国实施制造强国战略第一个十年的行动纲领。《中国制造 2025》落实发展针对重大疾病的化学药、中药、生物技术药物新产品，重点包括新机制和新靶点化学药、抗体药物、抗体偶联药物、全新结构蛋白及多肽药物、新型疫苗、临床优势突出的创新中药及个性化治疗药物。实现生物 3D 打印、诱导多能干细胞等新技术的突破和应用。

（三）《中华人民共和国国民经济和社会发展第十四个五年规划纲要》

"十四五"规划时期是我国全面建成小康社会、实现第一个百年奋斗目标之后，乘势而上开启全面建设社会主义现代化国家新征程、向第二个百年奋斗目标进军的第一个五年。"十四五"规划中明确指出，创新是各产业增长的主要驱动，创新药则是受到政策大力支持，已呈现出"审评快、上市快、上量快"的趋势，创新研发以抗肿瘤为聚焦领域，生物制药是重点发力领域。截至 2020 年 4 月底，已有 32 款来自中国药企的新药拿到了 39 项 FDA（美国食品药品管理局）用于孤儿药（治疗罕见病的药物）资格认定。

二、我国生物医药产业发展现状

（一）2020 年生物医药产业进入快速发展期

随着生活水平的不断提高，人们对自身健康关注度的不断提升，伴随生物医药新技术的成熟，我国生物医药市场规模一直保持快速增长。政府多次出台强有力的政策，不止着重提高生物医药的创新能力和产业化水平，还从多个维度鼓励创新产业发展，加快注册上市流程，实现相关领域国产化，同时还培养了一批具备核心自主竞争力的产品，未来生物医药行业规模将会越来越大。

（二）加快培育形成一批世界级生物医药产业集群

中国生物医药产业集群以环渤海地区、长三角地区、粤港澳大湾区、东北地区及川渝地区在内的产业集群，并且随着政策、投资等力度不断增加产业有进一步集聚趋势。国家发改委通过专项实施，有效支撑创新药研发和产业化，力争达到每年为 100 个以上新药开发提供服务的能力；提高药品生产规模化、集约化水平和全产业发展效率；带动区域生物医药产业进一步高质量集聚，加快培育形成一批世界级生物医药产业集群。

未来中国生物医药产业演变将呈现出三大趋势。

1. 从产业链看，我国生物医药产业正呈现开放创新的趋势　随着生物医药产业的发展及产业政策（《药品上市许可持有人制度》《国家组织药品集中采购和使用试点方案》）的加速发酵，生物医药创新链不断细分，企业协作为特征的开放创新正在兴起，作为知识密集型和技术密集型的行业，具有高投入、高风险、长周期等特点，全产业链的协同发展，可以有效提高创新创业的效率并降低风险。例如近年来 CRO（合同研究组织）、CMO（合同生产组织）行业的高速发展，为生物医药研发企业提供了从产品研发生产到注册上市的全产业链专业外包服务，从而大大提高产品商业化的效率。

2. 从空间链看，我国形成了一批地方特色明显的生物医药产业差异化发展高地　基于本地化产业资源禀赋，制定适合地区发展的产业定位、产业发展策略已是大势所趋，并且国内已经出现大量产业特色鲜明的生物医药产业发展区，如江西中药产业、昆山小核酸、桐庐内窥镜、常州封堵器供应链、台州原料药等发展区域。

3. 从资本链看，我国生物医药产业也在形成较为明显的地区差异化协同发展新形势　资本活跃度是衡量地区生物医药产业创新的重要指标，从我国生物医药产业融资数量及金额来看，上海、苏州、浙江的创新药活跃度在进一步集聚及增强，而北京人工智能产业占绝对领先地位，并且在医疗器械、体外诊断、医疗服务方面有优势，广东体外诊断及创新药方面形成产业集群。

📱 知识链接

中国新冠疫苗另一条技术路线，即陈薇团队研发的疫苗——腺病毒载体疫苗克威莎（Ad5 – nCoV）已问世。根据克威莎疫苗发布的三期试验数据，该疫苗接种 28 天之后，总体保护效力达到了 74.8%，对重症病例的保护效力高达 100%，保护效力已经远远超过了世界卫生组织对新冠疫苗所规定的 50%。其优点在于单针接种可以更快实现疫苗在全民中普遍接种，扩大疫苗接种率，对于整体防疫战略布局政策有很好地促进作用。

三、中国生物医药产业展望

（一）巨大的生物医药市场

1. 不断扩大的病人群体　在中国，疾病谱系正从传染性疾病转为慢性疾病，其中肿瘤疾病日益高发。2022 年癌症病预计达到 480 万例。由于癌症治疗具有成本高及医疗需求周期长等特点，越来越多疾病需要长期用药，而生物药在治疗该类疾病等方面表现出良好的疗效。因此，随着癌症等慢性疾病患病率的日益增加，将会激发对生物药的需求（图1-2）。

图1-2　2021～2026年中国生物制药市场预估规模

（来源：2020～2026年中国生物医药市场现状调研与发展趋势分析报告）

2. 日益增长的资本投资　生物药市场资本密集，中国生物制药行业的资本投资已经超过250亿美元，占全球投资的22%左右，投资已为生物药研发及生产设备建造提供充足资金。

3. 不断增加的支付能力及保健意识　生物药具有较强的功效及较少的副作用，与化学药相比，其价格通常更高。居民可支配收入持续增加对健康意识及购买意愿的提高有积极影响。此外，更新的国家医保目录和价格谈判机制包括了更多的生物药报销，其进一步扩大了生物药市场。

（二）产业政策倾力扶持，高度重视生物产业发展

当前影响行业发展的两大主要政策——带量采购及医保目录准入，主要是在2019年至2020年两年间完成并逐步实施，可以说政策制定者正以前所未有的战略眼光和执行效率，找准关键核心环节精准施策。研究透彻这两年的政策，对理解行业发展方向大有裨益。

2020年，在立法层面，新修改的《专利法》新增了关于药品专利期限补偿的规定，新药研发迎来重大利好，可获得最长5年补偿期。《健康促进法》《生物安全法》相继颁布，以及（2020年版）《中国药典》实施，医药行业在立法、技术层面不断夯实，为具体政策的落地提供了法律基础和技术保障。

《增强制造业核心竞争力三年行动计划（2018～2020年)》政策再度支持创新药，同时明确首家生物类似药为高端药品。鼓励市场潜力大、临床价值高的专利到期，首家生物类似药的开发及产业化，其生产的利妥昔单抗注射液汉利康已纳入多地医保，惠及患者。

（三）中国生物医药行业人才激励与应对

在"健康中国"国家大战略引领之下，宏观层面发布利好产业政策、各级政府设立多层次大规模引导基金、资本市场包容灵活制度快速对接，共同推动了中国生物医药行业进入发展快车道。伴随着行业的蓬勃发展，生物医药行业的企业人才问题凸显出显著的行业特点，尤其是行业研发周期长、研发结果的不确定性、临床试验的低成功率以及上市后也需要探索创新的盈利模式，为核心人才的吸引激励与保留带来巨大压力。

生物医药企业除了行使股权激励及合伙人机制等方法吸引人才外，还可充分利用各地人才政策，从住房支持机制、落户绿色通道等多个方面提供系统社会保障等。

（四）具有较大产业化前景的科研成果与重点领域实现突破

生物药是全球制药行业增长最快、空间最大的细分领域之一，也是目前国内研发水平最接近国际水平的领域之一，生物类似药和 Me－too 类新药研发领域是国内企业最有望取得突破性进展的领域。

2020 年 7 月，华领医药在研首创新药双重机制葡萄糖激酶激活剂（GKA）Dorzagliatin（HMS5552）与二甲双胍联合用药Ⅲ期注册临床研究（HMM0302）达到主要终点，2020 年末向国家药品监督管理局提交上市申请；9 月，信达生物的达伯舒（信迪利单抗注射液）联合达攸同（贝伐珠单抗生物类似物）对比索拉非尼在一线治疗晚期肝癌Ⅲ期中显著延长患者无进展生存和总生存达到预设性标准。君实生物的特瑞普利单抗联合化疗复发性或转移性鼻咽癌的随机、双盲、安慰剂对照、多国际中心的Ⅲ期临床研究结果显示可显著延长患者的无进展生存期；10 月，基石药业在研的舒格利单抗获得 FDA 突破性疗法认定；11 月，天境生物首次公布其 CD47 单克隆抗体 lemzoparlimab 用于治疗复发或难治性实体瘤和淋巴瘤的美国Ⅰ期临床研究初步结果有疗效，成为全球首个观察到实体瘤响应的 CD47 单抗。

2020 年中国创新药对外许可（licence－out）数量已超过 17 个，总金额达到 114.52 亿美元，其中天境生物与艾伯维针对 CD47 单抗的转让金额更是高达 29.4 亿美元。

即学即练 1－3

新修改的《专利法》新增了关于药品专利期限补偿的规定，新药研发可获得最长
（　　）年补偿期。

答案解析
A. 1　　　　　　B. 2　　　　　　C. 3　　　　　　D. 4　　　　　　E. 5

任务四　生物制药企业组织结构与管理

PPT

我国有数万家医药企业，尽管其所有制形式不同，规模大小不一，但具有共同的以赢利为目的和满足社会需要的属性。生物制药企业的组织结构有职能制、事业部制、模拟分权制等。

一、企业组织结构

（一）职能制生物制药企业

职能制组织结构是指各级行政单位除主管领导以外，还相应地设立一些具有指挥职责和权力的职能机构。因此，下级在接受上级行政主管的指挥之外，还要接受上级职能机构的领导，其结构如图 1－3 所示。其主要优点是提高了企业管理的专业化程度，减轻了行政主管人员的工作负担。其主要缺点是每个下级都必须接受多个上级的直接领导，形成了多头领导的局面。此种形式缺陷明显。

（二）事业部制生物制药企业

大中型制药企业普遍采用事业部制，其特点是按产品或地区成立各个经营事业部，每个事业部在财务上向总公司负责，内部实行独立核算、自负盈亏，每个事业部都是一个利润中心，并拥有相应的独立经营自主权，企业的部门设置可以根据企业实际情况，但应符合药品生产质量管理规范（GMP）要求，

典型组织结构如图 1-4。

图 1-3 职能制生物制药企业组织结构　　　　图 1-4 事业部制生物制药企业组织结构

(三) 企业的发展阶段与组织结构存在对应关系

企业的发展具有明显的阶段性，不同的发展阶段具有不同的战略和经营规模，因而也有着不同的组织结构（图 1-5）。

第一阶段：企业往往执行某个单一的职能，常见的是直线型的简单结构。

第二阶段：随着规模的扩大，逐渐产生了具有分工协调和技术管理作用的职能组织结构，适用于环境稳定、产品和服务单一集中的企业。

第三阶段：此阶段的企业已具有了较大的规模和多种经营体，各经营体是一种半独立的分支机构，可分为事业部型、区域型等多种形态。

第四阶段：企业发展多元化，采取独立经营体与职能部门共存的结构或集团型组织结构。

图 1-5 企业的发展阶段与组织结构存在对应关系

二、企业管理

(一) 生物制药企业生产管理部门

生产管理部门的主要工作内容有新产品开发、生产技术准备、生产过程组织、生产计划制定、劳动定额、劳动组织、生产作业计划、设备维修、质量检验、物资与库存管理等。

无论是大型制药企业，还是中小型企业，为保证正常生产进行，一般都要设置必要的生物制药生产车间、生产辅助车间以及担负各种任务的职能部门。

1. 生物制药生产车间　由若干工段和生产岗位组成，通过一定的生产程序完成从原料到产品的生产任务。生产车间的管理任务主要是通过对生产程序中操作条件控制和生产人员管理，保质保量地完成计划的生产任务。

2. 生产辅助车间 指为保证生产车间的生产设备、控制系统正常使用而配置的维护、维修及动力部门。一般包括动力车间、机修车间、仪表车间等。

3. 职能管理部门 指为保证企业各项工作正常运行而设立的完成各种管理任务和行使管理职权的部门。一般制药企业的职能管理部门包括生产技术部、质量检查部、机械动力部、安全生产部、环境保护部、供应及销售部等。

（二）生物制药生产管理

（1）生产指令下达管理。

（2）生产批号管理。

（3）生产过程管理。

（4）工艺查证管理。

（三）生物制药质量管理

《药品生产质量管理规范》（GMP）是药品生产和质量管理的基本准则，适用于药品制剂生产的全过程和原料药生产中影响成品质量的关键工序。大力推行药品 GMP，是为了最大限度地避免药品生产过程中的污染和交叉污染，降低各种差错的发生，是提高药品质量的重要措施。

（四）安全生产管理

安全生产是企业管理工作的主要组成部分，各级领导必须把安全生产列入重要议事日程，经常对职工进行安全教育工作，提高职工安全生产的自觉性，防止事故的发生。本着"谁主管、谁负责"的原则，实行总经理领导下的安全领导小组，依靠广大职工，分级负责，综合治理，依法治厂，奖罚分明，预防为主，保证安全。

任务五 生物制药人员岗位工作和要求

PPT

一、生物技术制药工的职业标准

（一）基本要求

1. 职业道德 职业道德知识、职业守则。

2. 基础知识 生物制药化学及药物知识；生物药物制备及分析检验知识；生物物质的分离、提纯；生物制药基本设备及材料的使用基础知识；计量知识；消防、安全及环境保护知识；相关法律、法规知识；药品生产质量管理规范内容和要求。

（二）工作要求

本职业对初级、中级、高级、技师的技能要求依次递进，高级别涵盖低级别的要求。以生物发酵工初级工（五级）为例，主要工作为生产操作和设备操作考核。

1. 生产操作

（1）能按照标准操作规程进行操作并正确填写原始记录。

（2）按照工艺配方计算出原料、辅料的投料量。

（3）培养基配制及消毒锅的操作。

（4）接种、移种、取样、补料、调节 pH 与通气量操作。

2. 设备操作

（1）能识别本岗位的主要设备与管路。

（2）设备的状态识别。

（3）常用仪器仪表的使用。

二、生物技术制药人员职业生涯发展途径

生物制药企业中非常重视人力资源开发利用，在中小规模制药高技术企业中，管理和技术人员一般都有很高学历，技能型人才作为其助手将承担各种繁杂的工作，结合日常工作就能不断学习专业知识和迅速提高自己能力。大规模制药企业重视员工培训，通过岗位技能竞赛和参与合理化建议活动脱颖而出的机会很多，企业设计有多元晋升通道。例如某医药集团将所有职位分为管理、研发、技术、专业、市场、营销六大类，如图 1-6 所示，便于员工根据自己的职业目标选择适合自己的发展通路，从而形成企业与个人的"双赢"局面，达到个人目标与企业发展的高度统一，实现企业人力资源配置的最优化组合。

图 1-6　某医药集团标准职位序列对照表

（一）专业技术岗位发展

生物技术制药工分为初级、中级、高级、技师四级，可以结合岗位工作不断积累专业技能和学习专业知识。要防止技能老化，要进行技能更新，要树立终身学习的思想，主动承担具有挑战性的工作任务，努力向前发展。从生物技术制药工职业标准可以看出，"师"和"员"，要求懂得技术经济评价方面内容。职业发展中要注意学习技术经济内容，使技术改进的目标更加明确。

（二）基层生产管理岗位

发展在传统职业生涯路径中，从事技术性职业生涯发展机会相当有限，因此许多公司开发了双重职

业生涯路径体系，可以让员工自行决定其职业发展方向。可以继续沿着技术职业生涯路径发展，或进入管理职业生涯路径。员工应积极选择一种最适合自己兴趣和技能的发展道路。可以以专业岗位工作为基础从事基层生产管理岗位工作，也可以根据自身条件，经过短期培训从事企业急需的营销岗位工作。在新的工作岗位上就会发现，转岗只是原有专业技能的拓展，有时能够获得更大的发展空间。

目标检测

答案解析

一、单项选择题

1.（　　）属于多糖类生物药物。

A. 洛伐他汀　　　　　　　B. 干扰素　　　　　　　　C. 灵芝多糖

D. 细胞色素 C　　　　　　E. 核糖核酸

2.（　　）不属于多肽或蛋白质类的生物药物。

A. 丙种球蛋白　　　　　　B. 胰岛素　　　　　　　　C. 催产素

D. 维生素　　　　　　　　E. 人血白蛋白

3.（　　）不属于酶类药物。

A. 胃蛋白酶　　　　　　　B. 胰高血糖素　　　　　　C. 麦芽淀粉酶

D. 胰酶　　　　　　　　　E. 激肽释放酶

4. 下列与生物技术制药人员有关的工种是（　　）。

A. 食品检验工　　　　　　B. 乳品加工工　　　　　　C. 发酵工程制药工

D. 锅炉司炉工　　　　　　E. 卫生清扫工

5. 下列不属于生物医药产业特点的是（　　）。

A. 周期短　　　　　　　　B. 投资大　　　　　　　　C. 回报高

D. 风险大　　　　　　　　E. 低污染酶

二、多项选择题

1.（　　）可以用于肿瘤或癌症的治疗。

A. 派姆单抗　　　　　　　B. 纳武单抗　　　　　　　C. 乌司奴单抗

D. 曲妥珠单抗　　　　　　E. 利妥昔单抗

2. 中国生物医药产业集群以（　　）在内的产业集群，并且随着政策、投资等力度不断增加产业有进一步集聚趋势。

A. 环渤海地区　　　　　　B. 长三角地区　　　　　　C. 粤港澳大湾区

D. 东北地区　　　　　　　E. 川渝地区

3. 生产管理部门的主要工作内容有（　　）。

A. 新产品开发　　　　　　B. 生产技术准备　　　　　C. 生产过程组织

D. 生产计划制定　　　　　E. 劳动定额

4. 按照标准化对象，通常把国家职业标准分为（　　）。

A. 技术标准　　　　　　　B. 管理标准　　　　　　　C. 工作标准

D. 操作标准　　　　　　　E. 卫生标准

5. 根据国家职业标准，与生物技术制药人员相对接的工种有（　　　）。

   A. 生化药品制造工　　　　B. 发酵工程制药工　　　　C. 基因工程药品生产工

   D. 疫苗制品工　　　　　　E. 血液制品工

三、简答题

1. 什么是生物药物，生物药物按照结构可以分为哪几类？

2. 生物医药的产业特点有哪些？

书网融合……

知识回顾　　　　微课　　　　习题

项目二　生物制药生产安全技术

学习引导

生物药品生产涉及较多危险化学品，以及细菌和病毒等生物因子，并且生产过程一般具有高温、高压、真空、易燃、易爆、易中毒等特点，因此，生物制药企业易发生中毒、火灾、毒气泄漏、爆炸等事故以及生物安全事故。生物制药企业能否安全生产事关人民生命财产安全和社会稳定。

作为生物制药从业人员，应该如何提高安全生产能力和职业健康保护能力？如何消除或控制生产中危险和有害因素，使生产过程在符合安全要求的条件和工作秩序下进行，保障人身安全与健康，设备、设施免遭破坏，环境免受污染，保证人身安全、设备安全、产品安全和环境安全？

本项目主要介绍生物药品安全生产能力、风险评价和控制能力、事故预防和应急处理能力、员工职业健康保护能力等各项安全生产技术。

学习目标

1. **掌握**　危险物质的安全使用和管理技能；运用安全生产技术安全地生产药品；运用职业健康安全管理技术预防和保护劳动者免受职业性有害因素所致的健康影响和危险；火灾应急处理方法；危险化学品泄漏事故处理方法；急性化学品中毒事件处理方法；生物安全事故处理方法。

2. **熟悉**　电气安全使用和管理知识；运用安全系统分析与评价技术辨识危险源，控制风险。

3. **了解**　安全生产教育的内容；生物制药安全生产、危险物质、设备与电器安全、职业健康安全法律法规、安全系统分析与评价的相关知识。

PPT

任务一　员工安全生产教育

2020年10月通过的《中华人民共和国生物安全法》规定"相关科研院校、医疗机构以及其他企业事业单位应当将生物安全法律法规和生物安全知识纳入教育培训内容，加强学生、从业人员生物安全意识和伦理意识的培养"。《药品生产质量管理规范》（2010年修订）第二十一条明确指出，所有人员应当明确并理解自己的职责，熟悉与其职责相关的要求，并接受必要的培训，包括上岗前培训和继续培训。因此，安全生产教育主要包括员工岗前三级教育和全员安全生产教育。

一、岗前三级教育

企业的新员工、特种作业人员、"五新"（新工艺、新技术、新设备、新材料、新产品）人员、复工人员、转岗人员必须接受公司（厂）级、车间（分厂）级和班组级岗前三级安全教育，考核合格后方能上岗。教育内容包括：①安全生产制度，包括安全生产方针、政策、法规、规程和规范；②安全生产技术，包括一般安全技术知识、专业安全技术知识和安全工程科学技术知识的教育等；③职业健康保护等。

（一）公司（厂）级安全教育培训

公司级安全教育一般由企业安全部门负责进行，教育内容主要是公司层级通用的安全生产知识。

1. 讲解安全生产相关的法律法规，安全生产的内容和意义，使新入职的员工掌握"安全第一、预防为主"的安全生产方针，树立"安全生产，人人有责"的安全意识。

2. 介绍企业的安全生产概况，包括企业安全生产组织的概况，企业安全工作发展史，企业安全生产相关的规章制度。

3. 介绍企业生产特点、工厂设备分布情况，结合安全生产的经验和教训重点讲解要害部位、特殊设备的注意事项。

4. 培训安全生产基础知识和技能，包括危险物质使用、贮存及防护等，电气安全、防火、防爆技术等，危险源辨识与风险控制等。

5. 开展职工职业病防治培训教育，有效保证制药职工安全健康，避免或降低职业病的伤害。

6. 通过常见事故案例分析和针对性模拟训练，全面提高自我防护、预防事故、事故急救、事故处理的基本能力，从而全面提高企业安全管理素质与水平。

（二）车间级安全教育培训

车间级安全教育由车间负责人和安全员负责。根据各车间生产的特殊性，重点对本部门的生产特点、危险区域和特殊设备操作予以介绍。

1. 介绍车间的安全生产概况，包括安全生产组织结构及其人员，车间安全生产相关的规章制度。

2. 介绍车间的生产特点、性质，生产工艺流程及相应设备，主要工种及作业中的专业安全要求。重点介绍车间危险区域、特种作业场所，有毒、有害岗位情况。

3. 介绍事故多发部位、事故原因及相应的特殊规定和安全要求，并剖析车间易发事故和典型事故案例，总结车间安全生产的经验与问题等。

4. 介绍车间消防预案和疏散方案等应急措施，并进行应急处理训练。

（三）班组级安全教育培训

班组是企业的基本作业单位，班组管理是企业管理的基础，班组安全工作是企业一切工作的落脚点。因此，班组安全教育非常重要。班组安全教育的重点是岗位安全基础教育，主要由班组长和安全员负责教育。安全操作法和生产技能教育可由安全员、培训员传授。

1. 介绍班组安全活动内容及作业场所的安全检查和交接班制度。

2. 介绍本班组生产概况、特点、范围、作业环境、设备状况、消防设施等。重点介绍可能发生伤害事故的各种危险因素和危险岗位，用一些典型事故实例去剖析讲解。

3. 介绍本岗位使用的机械设备、工具性能、防护装置，讲解相应的标准操作规程。

讲解本工种安全操作规程和岗位责任及有关安全注意事项，使学员真正从思想上重视安全生产，自觉遵守安全操作规程，做到不违章作业，爱护和正确使用机器设备、工具等。

4. 讲解劳动保护用品的使用及保管方法，边示范，边讲解安全操作要领，说明注意事项，并讲述违反操作造成的严重后果。

二、全员安全生产教育

每位员工每年至少接受一次由各部门（车间）负责实施的全员安全操作规程教育，并进行考核。教育内容包括安全生产责任制、标准化管理、各项安全要求、安全生产技术等。

全员安全教育培训目的在于，提高企业领导与管理层的安全意识，提高从业人员的安全技能，强化"安全第一、预防为主"的观念。通过集中学习，进一步掌握安全技术操作规程，培养遵守劳动安全纪律的自觉性。

三、生物制药安全生产的相关知识

（一）安全生产中的术语及常识

1. 安全生产中的术语

（1）安全　在生产活动过程中，能将人员伤亡或财产损失控制在可接受水平之下的状态。

（2）危险　在生产活动过程中，人员或财产遭受损失的可能性超出了可接受范围的一种状态。

（3）事故　在生产和行进过程中，突然发生的与人们的愿望和意志相反的情况，使生产进程停止或受到干扰的事件。

（4）事故隐患　生产系统中可导致事故发生的人的不安全行为、物的不安全状态和管理上的缺陷，是一种潜藏的祸患。

（5）安全性　确保安全的程度，是衡量系统安全程度的客观量。

（6）安全生产　在生产经营活动中，为避免造成人员伤害和财产损失的事故而采取相应的事故预防和控制措施，以保证从业人员的人身安全，保证生产经营活动得以顺利进行的相关活动。具体地说，安全生产是指企事业单位在劳动生产过程中的人身安全、设备和产品安全以及交通运输安全等。

2. 造成安全事故的原因　安全事故的教训是惨痛的，安全事故轻则造成经济损失，重则危及生命。安全事故的发生有其必然性和偶然性。

（1）造成安全事故的直接原因　包括设备的不安全状态和人员的不安全行为。不安全行为产生的主要原因有：①不知道正确的操作方法；②虽然知道正确的操作方法，却为尽快完工而省略了必要的步骤；③按自己的习惯操作。

（2）造成安全事故的间接原因　①技术原因；②教育原因；③身体原因；④精神原因；⑤管理原因。

（二）安全生产工作的基本思路与措施

安全生产关系人民群众生命和财产安全，安全责任重于泰山。

1. 安全生产的基本方针　安全生产管理必须遵循"安全第一、预防为主"的方针。在各类生产经营和社会活动中，要把安全放在第一位；在各项安全措施的落实上，要把预防放在第一位。

2. 安全生产的原则

（1）管生产必须管安全的原则。

（2）谁主管谁负责的原则。

（3）安全生产人人有责（安全生产责任制）。

3. 安全生产中的三点控制 危险点控制、危害点控制和事故多发点控制。

4. 保障安全生产的"五要素" 安全文化（即安全意识）、安全法制、安全责任、安全科技、安全投入。

5. 安全生产中的"三违"现象 违反规章制度、违章操作和违章指挥。

6. 安全管理中的"四全管理" 全员、全面、全过程、全天候。"四全管理"的基本精神是人人、处处、事事、时时都要把安全放在首位。

7. 安全检查的要点 查思想，查管理，查现场，查隐患，查整改，查事故处理。

8. 调查处理工伤事故的"三不放过"

（1）事故原因不清不放过。

（2）事故责任者和员工没受到教育不放过。

（3）没有防范措施不放过。

（三）员工安全生产须知

1. 虚心学习，掌握技能 认真接受安全生产教育，努力掌握生产知识，并逐步实践，反复练习生产技能。

2. 遵守安全生产的一般规则 整理整顿工作地点，保证作业环境整洁、有序；经常维护保养设备，保证设备能够安全运行；按照标准进行操作，避免意外发生。

3. 遵守安全生产规章制度和操作规程 生产过程中做到"五必须"和"五严禁"。"五必须"：必须遵守厂纪厂规；必须经安全生产培训考核合格后持证上岗作业；必须了解本岗位的危险危害因素；必须正确佩戴和使用劳动防护用品；必须严格遵守危险性作业的安全要求。"五严禁"：严禁在禁火区域吸烟、动火；严禁在上岗前和工作时间饮酒；严禁擅自移动或拆除安全装置和安全标志；严禁擅自触摸与己无关的设备、设施；严禁在工作时间串岗、离岗、睡岗或嬉戏打闹。

4. 做到"三不伤害" 两人以上共同作业时注意协作和相互联系，立体交叉作业时要注意安全，做到不伤害自己，不伤害他人，不被他人伤害。

5. 工作前后进行安全检查 开工前，要了解生产任务、作业要求和安全事项。工作中，要检查劳动防护用品穿戴是否齐整、机械设备运转安全装置是否完好。完工后，应将气阀、水阀、煤气、电气等开关关好；整理好用具和工具箱，并放在指定地点；危险物品应存放在指定场所，填写使用记录，关门上锁。

（四）员工的权利和义务

1. "八大权利" 知情权，建议权，批评、检举、控告权，拒绝权，紧急避险权，获得赔偿权，获得教育培训权，获得劳防用品权。

2. 三项义务 遵章守纪，服从管理义务；学习安全知识，掌握安全技能义务；险情报告义务。

3. 从业人员其他的权益 预防职业病和职业中毒的权益；享有休息休假的权益；女职工享受特殊保护的权益；发生权益争议，有权提请复议和劳动仲裁。

（五）三级安全教育卡

三级安全教育卡（表2-1）是新入职员工参加三级培训的记录和证明，内容包括个人信息、培训内容及考核成绩等。员工经培训、考核合格后方可上岗，三级安全教育卡片需存档备查。

表 2 – 1　三级安全教育卡片

单位名称：　　　　　　　　　　编　　号：

姓　　名 _____　　性　　别 _____

出生年月 _____　　文化程度 _____

部　　门 _____　　班　　组 _____

原岗位（毕业或原单位/车间/岗位）_____

照片

公司（厂）级教育	教育内容：安全生产的重要意义，国家有关安全生产的方针、政策和法规；本企业的安全组织及规章制度；本企业的生产特点及安全生产正反两个方面的经验教训；防火、防爆、防尘、防毒及机械伤害急救常识等			
	培训时间	年　月　日 至　年　月　日	学时	受教育人
			考核成绩	安全负责人
车间（分厂）级教育	教育内容：针对性地介绍本车间的生产特点；本车间的安全生产组织及安全生产规章制度；本车间的生产设备状况、危险区域以及有毒有害作业情况；本车间的安全生产情况和问题以及预防事故的措施			
	培训时间	年　月　日 至　年　月　日	学时	受教育人
			考核成绩	安全负责人
班组级教育	教育内容：本岗位的安全生产状况，工作性质和职责范围；本岗位的安全生产规章制度和注意事项；本岗位的各种工具、器具及安全装置的性能及标准操作规程；本岗位劳动保护用品的使用和保管			
	培训时间	年　月　日 至　年　月　日	学时	受教育人
			考核成绩	安全负责人

主管领导意见：

　　　　　　　　　　　　　　　　　　　　　　　　　　　　　年　　月　　日

PPT

任务二　生物制药危险物质安全管理技术

　　生物药物广泛用于疾病的预防、诊断和治疗，在维护人类的身体健康中发挥着重要作用。但是，在生物制药过程中不可避免存在威胁人类健康与生态环境的危险物质，这些危险物质主要包括危险化学品（原辅材料及中间体）、危险废物以及病毒和病原微生物等生物因子。危险物质的辨识、使用、运输和贮存方法是生物制药工作人员从事安全生产和个体保护必备的技能。

一、认识生物制药企业的危险物质

（一）生物制药中的危险物质

生物制药中常见的危险物质如下。

1. 按照在生产中的存在形式分类

（1）原料。

（2）辅料　溶剂、冻存保护剂等，如乙酸丁酯、二甲基亚砜。

（3）生产用菌株、病毒株或细胞株　如大肠埃希菌、狂犬病病毒等。

（4）中间体　如 7 – 氨基头孢烷酸（简称 7 – ACA）。

（5）产品　如青霉素产品中含有的致敏物质。

（6）副产物或危险废物　如微生物生成的废气、培养基废渣等。

2. 按照存在形态分类

（1）固体。

（2）液体。

（3）气体。

（4）蒸汽　固体升华、液体挥发或蒸发时形成的蒸汽，凡是沸点低、蒸气压大的物质都易形成蒸汽。

（5）粉尘　能较长时间悬浮在空气中的固体微粒，粒径多在 $0.1 \sim 10\mu m$。

（6）微生物气溶胶　一群形体微小、构造简单的单细胞或接近单细胞的生物悬浮于空气中所成形的胶体体系，粒子大小在 $0.01 \sim 100\mu m$，一般为 $0.1 \sim 30\mu m$。

（7）生物因子　动物、植物、微生物、生物毒素及其他生物活性物质等。

（二）危险化学品及其分类

危险化学品是指具有毒害、腐蚀、爆炸、燃烧、助燃等性质，对人体、设施、环境具有危害的剧毒化学品和其他化学品。

《危险化学品目录（2015 版）》依据《化学品分类和危险性公示　通则》（GB 13690—2009），将化学品的危害分为理化危险、健康危害和环境危害三大类，28 个大项和 81 小项。国家标准 GB 13690—2009 和 GB 6944—2012《危险货物分类和品名编号》等对各类危险化学品的性质、特点进行了详细介绍。28 个大项具体如下。

1. 理化危险　①爆炸物；②易燃气体；③易燃气溶胶；④氧化性气体；⑤压力下气体；⑥易燃液体；⑦易燃固体；⑧自反应物质或混合物；⑨自燃液体；⑩自燃固体；⑪自热物质和混合物；⑫遇水放出易燃气体的物质或混合物；⑬氧化性液体；⑭氧化性固体；⑮有机过氧化物；⑯金属腐蚀剂。

2. 健康危险　⑰急性毒性；⑱皮肤腐蚀/刺激；⑲严重眼损伤/眼刺激；⑳呼吸或皮肤致敏；㉑生殖细胞致突变性；㉒致癌性；㉓生殖毒性；㉔特异性靶器官毒性——一次接触；㉕特异性靶器官毒性——反复接触；㉖吸入危险。

3. 环境危险　㉗危害水生环境——急性危害；㉘危害臭氧层。

以上各类化学品的介绍及标签见 GB 30000.2—2013《化学品分类和标签规范　第 2 部分　爆炸物》至 GB 30000.29—2013《化学品分类和标签规范　第 29 部分　对臭氧层的危害》，共 28 个国家标准。目前，尚有 GB 30000.1—××××《化学品分类和标签规范　第 1 部分　通则》未正式发布和实施。另外，相关信息还可查询 GB 13690—2009《化学品分类和危险性公示　通则》等标准。

如一种危险化学品除有主要危险性外，还具有比较重要的次要危险性，包装应分别贴有相应的主要危险性和次要危险性标志。主标志是由表示危险特性的图案、文字说明、底色和危险品类别号四个部分组成的菱形标志。副标志图形中没有危险品类别号。主标志如图 2-1 所示。

图 2-1　危险化学品主要标志示例

（三）生物危害及生物安全警示标识

1. 生物危害　是由生物因子形成的伤害。评估微生物危险性的依据主要包括：①实验室感染的可能性；②感染后发病的可能性；③发病症状轻重及愈后情况；④有无致命危险；⑤有无防止感染方法及用一般的微生物操作方法能否防止感染；⑥我国是否有此种菌种及是否曾引起流行、人群免疫力等。

2. 生物安全警示标识　用于指示该区域或物品中的生物物质（致病微生物、细菌等）对人类及环境会有危害。国际通用生物危害警告标识是由一位退休美国环境卫生工程师 Baldwin 于 1966 年设计的，标志为橙红色，有三边。危险废弃物的容器、存放血液和其他有潜在传染性的物品及进行生物危险物质操作的二级以上生物防护安全实验室的入口处等贴有此标识。目前使用的生物危害警告标识的主体均为该标志，但颜色及背景可以为其他颜色，用于表示不同的生物安全级别，该标志下方还可以附带相应的警示信息（图 2-2）。

图 2-2　生物安全警示标识

（四）常见的生物制品生产用菌毒种

生物制品生产用菌毒种系指直接用于制造和检定生物制品的细菌、真菌、支原体、放线菌、衣原体、立克次体或病毒等，包括各种经过基因工程修饰的菌毒种。《中国药典》中菌毒种以中国《人间传染的病原微生物名录》为基础，结合生物制品生产和检定用菌毒种的特殊性分类。

依据病原微生物的危险程度，我国将生物制品生产用菌毒种分为四类。

1. 第一类病原微生物　是指能够引起人类或者动物非常严重疾病的微生物，以及我国尚未发现或者已经宣布消灭的微生物。

2. 第二类病原微生物　是指能够引起人类或者动物严重疾病，比较容易直接或者间接在人与人、动物与人、动物与动物间传播的微生物。如结核分枝杆菌、狂犬病病毒等。

3. 第三类病原微生物　是指能够引起人类或者动物疾病，但一般情况下对人、动物或者环境不构成严重危害，传播风险有限，实验室感染后很少引起严重疾病，并且具备有效治疗和预防措施的微生物。如肺炎双球菌、破伤风梭菌等。

4. 第四类病原微生物 是指在通常情况下不会引起人类或者动物疾病的微生物。重组产品生产用工程菌株按第四类病原微生物管理，其他常见的生物制品生产用菌毒种的分类见表2-2至表2-7。

表2-2 细菌活疫苗生产用菌种

疫苗品种	生产用菌种	分类
皮内注射用卡介苗	卡介菌 BCG D_2 PB 302 菌株	四类
皮上划痕用鼠疫活疫苗	鼠疫杆菌弱毒 EV 菌株	四类
皮上划痕人用布氏菌活疫苗	布氏杆菌牛型 104M 菌株	四类
皮上划痕人用炭疽活疫苗	炭疽杆菌 A16R 菌株	三类

表2-3 微生态活菌制品生产用菌种

生产用菌种	分类	生产用菌种	分类
青春型双歧杆菌	四类	粪肠球菌 CGMCC 04060.3，YIT 0072 株	四类
长型双歧杆菌	四类	屎肠球菌 R-026	四类
长型双歧杆菌	四类	凝结芽孢杆菌 TBC169	四类
嗜热链球菌	四类	枯草芽孢杆菌 BS-3，R-179	四类
婴儿型双歧杆菌	四类	酪酸梭状芽孢杆菌 CGMCC 0313-1. RH-2	四类
保加利亚乳杆菌	四类	地衣芽孢杆菌 CMCC 63516	四类
嗜酸乳杆菌	四类	蜡样芽孢杆菌 CGMCC 04060.4，CMCC 63305	四类

表2-4 细菌灭活疫苗、纯化疫苗及治疗用细菌制品生产用菌种

疫苗品种	生产用菌种	分类
伤寒疫苗	伤寒菌	三类
伤寒甲型副伤寒联合疫苗	伤寒菌，甲型副伤寒菌	三类
伤寒甲型乙型副伤寒联合疫苗	伤寒菌，甲型、乙型副伤寒菌	三类
伤寒 Vi 多糖疫苗	伤寒菌	三类
霍乱疫苗	霍乱弧菌 O1 群，EL-Tor 型菌	三类
A 群脑膜炎球菌多糖（结合）疫苗及其相关联合疫苗	A、C、Y、W135 群脑膜炎球菌	三类
23 价肺炎球菌多糖疫苗	肺炎球菌	三类
吸附百日咳疫苗及其相关联合疫苗	百日咳杆菌、破伤风杆菌、白喉杆菌	三类
钩端螺旋体疫苗	钩端螺旋体	三类
b 型流感嗜血杆菌结合疫苗	b 型流感嗜血杆菌	三类
注射用母牛分枝杆菌	母牛分枝杆菌	三类
短棒杆菌注射液	短棒杆菌	三类
注射用 A 群链球菌	A 群链球菌	三类
注射用红色诺卡氏菌细胞壁骨架	红色诺卡氏菌	三类
铜绿假单胞菌注射液	铜绿假单胞菌	三类
卡介菌多糖核酸注射液	卡介菌 BCG D_2 PB302 菌株	四类
肉毒抗毒素	肉毒杆菌	三类
肉毒毒素	肉毒杆菌	三类

表2-5 体内诊断制品生产用菌种

制品品种	生产用菌种	分类
结核菌素纯蛋白衍生物	结核杆菌	二类
锡克试验毒素	白喉杆菌 PW8 菌株	三类
布氏菌纯蛋白衍生物	猪布氏杆菌 I 型（S2）菌株	四类
卡介菌纯蛋白衍生物	卡介菌 BCGPB302 菌株	四类

表2-6 病毒活疫苗生产用毒种

疫苗品种	生产用毒种	分类
麻疹减毒活疫苗	沪-191，长-47 减毒株	四类
风疹减毒活疫苗	BRD II 减毒株，松叶减毒株	四类
腮腺炎减毒活疫苗	S_{79}、Wm_{84} 减毒株	四类
水痘减毒活疫苗	OKA 株	四类
乙型脑炎减毒活疫苗	SA14-14-2 减毒株	四类
甲型肝炎减毒活疫苗	H2 L-A-1 减毒株	四类
脊髓灰质炎减毒活疫苗	Sabin 减毒株、中 III_2 株	四类
口服轮状病毒疫苗	LLR 弱毒株	四类
黄热疫苗	17D 减毒株	四类
天花疫苗	天坛减毒株	四类

表2-7 病毒灭活疫苗生产用毒种

疫苗品种	生产用毒种	分类
乙型脑炎灭活疫苗	P_3实验室传代株	三类
双价肾综合征出血热灭活疫苗	啮齿类动物分离株（未证明减毒）	二类
人用狂犬病疫苗	狂犬病病毒（固定毒）	三类
甲型肝炎灭活疫苗	减毒株	三类
流感全病毒灭活疫苗	鸡胚适应株	三类
流感病毒裂解疫苗	鸡胚适应株	三类
森林脑炎灭活疫苗	森张株（未证明减毒）	二类

（五）生物制药中的危险废物

生物药物生产过程中会生成各种危险废物（表2-8），这些危险废物通常是危险化学品的混合物，除易爆和具有放射性以外的危险废物外，均可进行焚烧的方式处理。生物制药企业要加强对危险废物的污染控制，对危险废物焚烧全过程进行污染控制；对具备热能回收条件的焚烧设施要考虑热能的综合利用。

表 2-8　生物制药中常见的危险废物

废物类别	行业来源	废物代码	危险废物	危险特性
HW02 医药废物	生物药品制品制造	276-001-02	利用生物技术生产生物化学药品、基因工程药物过程中的蒸馏及反应残余物	毒性
		276-002-02	利用生物技术生产生物化学药品、基因工程药物（不包括利用生物技术合成氨基酸、维生素、他汀类降脂药物、降糖类药物）过程中的母液、反应基和培养基废物	毒性
		276-003-02	利用生物技术生产生物化学药品、基因工程药物（不包括利用生物技术合成氨基酸、维生素、他汀类降脂药物、降糖类药物）过程中的脱色过滤介质	毒性
		276-004-02	利用生物技术生产生物化学药品、基因工程药物过程中产生的废弃吸附剂	毒性
		276-005-02	利用生物技术生产生物化学药品、基因工程药物过程中产生的废弃产品、原料药和中间体	毒性

注：摘自《国家危险废物名录（2021 年版）》。

二、生物制药企业对危险物质的综合防护措施

（一）常见的防护措施

1. 替代或排除有毒、高毒物料　在生产中，要避免或减少使用有毒、有害、易燃和易爆的原料、辅料。用无毒物料代替有毒物料，用低毒物料代替高毒或剧毒物料，用不可燃或难燃物料替代易燃物料是消除或减少物料危害的有效措施。

2. 采用危害性小的工艺　生产过程中可供选择的危险化学品的替代品有限，为了消除或降低化学品危害，还可以改革工艺，以无害或危害性小的工艺代替危害性较大的工艺，从根本上消除毒物危害。

3. 隔离　敞开式生产过程中，有毒物质会散发、外溢，毒害工作人员和环境。隔离就是采用封闭、设置屏障和机械化代替人工操作等措施，把操作人员与有毒物质和生产设备等隔离开。避免作业人员直接与有害因素接触是控制危害最彻底、最有效的措施。

作业环境中毒物浓度高于国家卫生标准时，把生产设备的管线阀门、电控开关放在与生产地点完全隔开的操作室内是一种常用的防护措施。

4. 通风　是控制作业场所中有害或危险性气体、蒸气或粉尘最有效的措施。借助于有效的通风不断更新空气，能使作业场所空气中有害或危险性物质浓度低于安全浓度，保证工人的身体健康，防止火灾、爆炸事故的发生。

通风包括排风和进风。排风是在局部地点或整个车间把污浊空气排至室外；进风是把新鲜空气或经过净化符合卫生要求的空气送入室内。

点式扩散源，宜采用局部通风。局部通风是把污染源罩起来，对局部地点进行排风或送风，以控制有害物向室内扩散，局部通风所需风量小，经济有效，并便于有害物质净化回收。

面式扩散源，宜采用全面通风。全面通风是对整个车间进行排风或送风，抽出污染空气，提供新鲜空气，降低有害物质浓度，全面通风能有效降低作业场所中有害物质浓度，但全面通风所需风量大，难以净化回收有害物质。

通风只是分散稀释有害物质而不能消除，所以仅适合于低毒性作业场所，不适于有害物质浓度、产量、危害性大的场所。

5. 个体防护 当作业场所中有害物质浓度超标时，工作人员必须使用适宜的个体防护用品避免或减轻危害程度。使用防护用品和养成良好的卫生习惯可以防止有毒物质从呼吸系统、消化道和皮肤进入人体。防护用品主要有头部防护器具、呼吸防护器具、眼部防护器具、身体防护用品、手足防护用品等。

个体防护用品的使用只能作为一种保护健康的辅助性措施，并不能消除工作场所中危害物质的存在，所以作业时要保证个体防护用品的完整性和使用的正确性，以有效阻止有害物进入人体。另外，还要指导工作人员养成良好的卫生习惯，不在作业场所吃饭、饮水、吸烟，坚持饭前漱口，下班后洗浴、清洗工作服等。

6. 定期体检 企业要定期对从事有毒作业的劳动者进行健康检查，以便能对职业中毒者早期发现、早期治疗。如从事卡介苗或结核菌素生产的人员应当定期进行肺部 X 光透视及其他相关项目健康状况检查。

(二) 微生物气溶胶的控制

微生物气溶胶的吸入是引起感染的最主要因素途径，防止微生物气溶胶扩散是控制病原微生物感染的重要方法。综合利用围场操作、屏障隔开、有效拦截、定向气流、空气消毒等防护措施可以获得良好的效果。但由于气溶胶具有很强的扩散能力，工作人员在这些防护措施基础上，仍然需要进行个人防护，以防止气溶胶吸入。

1. 围场操作 是把感染性物质局限在一个尽可能小的空间（例如生物安全柜）内进行操作，使之不与人体直接接触，并与开放空气隔离，避免人的暴露。生物安全室也是围场，是第二道防线，可起到"双重保护"作用。围场大小要适宜，以达到既能保证安全、又经济合理的目的。目前，进行围场操作的设施设备往往组合应用了机械、气幕、负压等多种防护原理。

2. 屏障隔离 微生物气溶胶一旦产生并突破围场，要靠各种屏障防止其扩散，因此屏障也被视为第二层围场。例如，生物安全实验室围护结构及其缓冲室或通道，能防止气溶胶进一步扩散，保护环境和公众健康。

3. 定向气流 对生物安全三级以上实验室的要求是保持定向气流。其要求包括：①实验室周围的空气应向实验室内流动，以杜绝污染空气向外扩散的可能，保证不危及公众；②在实验室内部，清洁区的空气应向操作区流动，保证没有逆流，以减少工作人员暴露的机会；③轻污染区的空气应向污染严重的区域流动。以生物安全第三等级（BSL-3）实验室为例，原则上半污染区与外界气压相比应为 -20Pa，核心实验室气压与半污染区相比也应为 -20Pa，感染动物房和解剖室的气压应低于普通 BSL-3 实验室核心区。

4. 有效消毒灭菌 实验室生物安全的各个环节都少不了消毒技术的应用，实验室的消毒主要包括空气、表面、仪器、废物、废水等的消毒灭菌。在应用中应注意根据生物因子的特性和消毒对象有针对性地选择消毒灭菌方法，并应注意环境条件对消毒效果的影响。凡此种种，都应在操作规程中有详细规定。

5. 有效拦截 是指生物安全实验室内的空气在排入大气之前，必须通过高效粒子空气（HEPA）过滤器过滤，将其中感染性颗粒阻拦在滤材上。这种方法简单、有效、经济实用。

(三) 生物安全实验室

中华人民共和国国家标准《实验室生物安全通用要求》（GB 19489—2008）中所指的生物因子系指

微生物和生物活性物质，涉及生物因子操作的实验室需配套相应生物安全防护级别的实验室设施、设备和安全管理。根据对所操作生物因子采取的防护措施，将实验室生物安全防护水平分为生物安全第一等级（简称：一级，bio - safety level - 1，BSL - 1）、生物安全第二等级（BSL - 2）、生物安全第三等级（BSL - 3）和生物安全第四等级（BSL - 4）。一级防护水平最低，四级防护水平最高。

依据国家相关规定：①生物安全防护水平为一级的实验室适用于操作在通常情况下不会引起人类或者动物疾病的微生物；②生物安全防护水平为二级的实验室适用于操作能够引起人类或者动物疾病，但一般情况下对人、动物或者环境不构成严重危害，传播风险有限，实验室感染后很少引起严重疾病，并且具备有效治疗和预防措施的微生物；③生物安全防护水平为三级的实验室适用于操作能够引起人类或者动物严重疾病，比较容易直接或者间接在人与人、动物与人、动物与动物间传播的微生物；④生物安全防护水平为四级的实验室适用于操作能够引起人类或者动物非常严重疾病的微生物，以及我国尚未发现或者已经宣布消灭的微生物。

以 BSL - 1、BSL - 2、BSL - 3、BSL - 4 表示仅从事体外操作的实验室的相应生物安全防护水平。以 ABSL - 1（animal bio - safety level，ABSL）、ABSL - 2、ABSL - 3、ABSL - 4 表示包括从事动物活体操作的实验室的相应生物安全防护水平。

以 BSL - 1 生物安全实验室为例，对生物安全实验室的设施和设备予以介绍。

（1）实验室的门应有可视窗并可锁闭，门锁及门的开启方向应不妨碍室内人员逃生。

（2）应设洗手池，宜设置在靠近实验室的出口处。

（3）在实验室门口处应设存衣或挂衣装置，可将个人服装与实验室工作服分开放置。

（4）实验室的墙壁、天花板和地面应易清洁、不渗水、耐化学品和消毒灭菌剂的腐蚀。地面应平整、防滑，不应铺设地毯。

（5）实验室台柜和座椅等应稳固，边角应圆滑。

（6）实验室台柜等和其摆放应便于清洁，实验台面应防水、耐腐蚀、耐热和坚固。

（7）实验室应有足够的空间和台柜等摆放实验室设备和物品。

（8）应根据工作性质和流程合理摆放实验室设备、台柜、物品等，避免相互干扰、交叉污染，并应不妨碍逃生和急救。

（9）实验室可以利用自然通风。如果采用机械通风，应避免交叉污染。

（10）如果有可开启的窗户，应安装可防蚊虫的纱窗。

（11）实验室内应避免不必要的反光和强光。

（12）若操作刺激或腐蚀性物质，应在 30m 内设洗眼装置，必要时应设紧急喷淋装置。

（13）若操作有毒、有刺激性、放射性挥发物质，应在风险评估的基础上，配备适当的负压排风柜。

（14）若使用高毒性、放射性等物质，应配备相应的安全设施、设备和个体防护装备，应符合国家、地方的相关规定和要求。

（15）若使用高压气体和可燃气体，应有安全措施，应符合国家、地方的相关规定和要求。

（16）应设应急照明装置。

（17）应有足够的电力供应。

（18）应有足够的固定电源插座，避免多台设备使用共同的电源插座。应有可靠的接地系统，应在关键节点安装漏电保护装置或监测报警装置。

（19）供水和排水管道系统应不渗漏，下水应有防回流设计。

（20）应配备适用的应急器材，如消防器材、意外事故处理器材、急救器材等。

（21）应配备适用的通信设备。

（22）必要时，应配备适当的消毒灭菌设备。

三、生物制药企业安全生产管理

（一）危险化学品的管理　📱微课1

1. 危险化学品的使用

（1）熟悉常用危险化学品的种类、特性、危害、贮存地点，严格按照标准操作规程领取、贮存、使用和退还危险化学品。

（2）提高突发情况应对能力，熟悉事故的处理程序及方法，掌握急救知识，避免应对不当导致危险化学品造成伤害。

（3）不得随意排放、丢弃危险化学品废弃物，需交由有资质的废物处理机构处理。

2. 危险化学品的贮存

（1）仓库保管员应熟悉本单位储存和使用的危险化学品的性质、保管知识和相关消防安全规定。

（2）根据物品种类、性质，按规定分垛储存、摆放各种危险化学品，并设置相应通风、防火、防雷、防晒、防泄漏等安全设施。

（3）爆炸品、剧毒品严格执行"五双"制度（双人保管、双把锁、双人领取、双本账、双人使用）。

（4）严格执行危险化学品储存管理制度，严格危险化学品出、入库手续，监督进入仓库的职工，严防原料和产品流失。

（5）正确使用个体防护用品。

（6）定期检查危险化学品，旋紧瓶盖，以防挥发、变质、自燃或爆炸。

（7）定期巡视危险化学品仓库以及周围环境，做到防潮、防火、防腐、防盗，消除事故隐患。

（8）按照消防的有关要求对消防器材进行管理，定期检查、定期更换。

（9）做到账、物相符，日清月结，包括危险品存出、入库和库存情况，安全情况和废液、废渣情况等。发现差错，及时查明原因并予以纠正，遇有意外情况，及时向领导汇报。

3. 危险化学品的运输

（1）防护　从事危险化学品的运输装卸人员，应按危险品的性质佩戴相应的防护用品。防护用品包括工作服、橡皮围裙、橡皮袖罩、橡皮手套、长筒胶靴、防毒面具、滤毒口罩、纱口罩、纱手套和护目镜等，操作后应进行清洗或消毒，放在专用的箱柜中保管。

（2）准备　在装卸搬运化学原辅材料前，要预先做好准备工作，了解物品性质，检查装卸搬运的工具是否牢固，不牢固的应予更换或修理。如工具上曾被易燃物、有机物、酸、碱等污染的，必须清洗后方可使用。

（3）运输工具　禁止用电瓶车、翻斗车、铲车、自行车等运输爆炸品。运输强氧化剂、爆炸品及用铁桶包装的一级易燃液体时，没有采取可靠安全措施的，不得用铁底板车及汽车挂车。运输危险化学品的车辆必须带阻火器，并且要防止日光曝晒。运输危险化学品的槽车、罐车以及其他容器必须封口严密，能够承受正常运输条件下产生的内部压力和外部压力，保证危险化学品在运输中不因温度、湿度或者压力的变化发生任何渗漏。

（4）装卸　两种性能互相抵触的物品，不得同地装卸，同车（船）并运。装卸时必须轻装轻卸，严禁撞击、重压、碰、摔、震动和摩擦，不得损毁包装容器，并注意标识，堆放稳妥。液体铁桶包装下垛时，不可用跳板快速溜放，应在地上、垛旁垫旧轮胎或其他松软物，缓慢放下。标有不可倒置标志的物品切勿倒放。发现包装破漏，必须移至安全地点整修或更换包装。整修时不应使用可能发生火花的工具。化学危险物品散落在地面上时，应及时扫除，对易燃易爆物品应用松软物经水浸湿后扫除。

（5）养成良好习惯　装卸搬运时不得饮酒、吸烟。工作完毕后根据工作情况和危险品的性质，及时清洗手、脸、漱口或淋浴。装卸搬运毒害品时，必须保持现场空气流通，如果发现恶心、头晕等中毒现象，应立即到新鲜空气处休息，脱去工作服和防护用具，清洗皮肤沾染部分，重者送医院诊治。

（6）强腐蚀性物品　装卸搬运强腐蚀性物品，操作前应检查箱底是否已被腐蚀，以防脱底发生危险。搬运时禁止肩扛、背负或用双手揽抱，只能挑、抬或用车子搬运。搬运堆码时，不可倒置、倾斜、振荡，以免液体溅出发生危险。在现场须备有清水、苏打水或冰醋酸等，以备急救时应用。

（7）放射性物品　装卸搬运放射性物品时，不得肩扛、背负或揽抱。并尽量减少人体与物品包装的接触，应轻拿轻放，防止摔破包装。工作完毕用肥皂和水清洗手脸和淋浴后才可进食、饮水。对防护用具和使用工具，须经仔细洗刷，除去射线感染。对沾染放射性的污水，不得随便流散，应引入深沟或进行处理。

（二）生物制品生产、检定用菌毒种管理

菌毒种，系指直接用于制造和检定生物制品的细菌、真菌、支原体、放线菌、衣原体、立克次体或病毒等，包括各种经过基因工程修饰的菌毒种。菌毒种参照《人间传染的病原微生物名录》分类。生产和检定用菌毒种，来源途径应合法，并经国家药品监督管理部门批准。菌毒种由国家药品检定机构或国家药品监督管理部门认可的单位保存、检定及分发。

生物制品生产用菌毒种应采用种子批系统，并应尽量减少传代次数。原始种子批应验明其历史、来源（含重组工程菌毒种的构建过程）和生物学特性。从原始种子批传代和扩增后保存的为主种子批。从主种子批传代和扩增后保存的为工作种子批，工作种子批用于生产产品。工作种子批的生物学特性应与原始种子批一致，每批主种子批和工作种子批均应按药典中各论要求保管、检定和使用。由主种子批或工作种子批移出使用的菌毒种无论开瓶与否，均不得再返回贮存，生产过程中应规定各级种子批允许传代的代次，并经国家药品监督管理部门批准。

菌毒种的传代及检定实验室应符合国家生物安全的相关规定。各生产单位对本单位的菌毒种施行统一管理。

1. 菌毒种登记程序

（1）菌毒种由国家药品检定机构统一进行国家菌毒种编号，各单位不得更改及仿冒。未经注册并统一编号的菌毒种不得用于生产和检定。

（2）保管菌毒种应有严格的登记制度，建立详细的总账及分类账和档案。收到菌毒种后应立即进行编号登记，详细记录菌毒种的学名、株名、历史、来源、特性、用途、批号、传代冻干日期和数量。在保管过程中，凡传代、冻干及分发，记录均应清晰，可追溯，并定期核对库存数量。

（3）收到菌毒种后一般应及时进行检定。用培养基保存的菌种应立即检定。

2. 菌毒种的检定　生产用菌毒种应进行生物学特性、生化特性、血清学试验和分子遗传特性等的检定。生产用菌毒种的检定应符合药典中各论要求。建立生产用菌毒种种子批全基因序列的背景资料，生产用菌毒种主种子批应进行全基因序列测定。应对生产用菌毒种已知的主要抗原表位的遗传稳定性进行检测，并证明在规定的使用代次内其遗传性状是稳定的。减毒活疫苗所含病毒或细菌的遗传性状应与主种子批一致。

3. 菌毒种的保存

（1）菌毒种经检定后，应根据其特性，选用冻干、液氮、≤ -60℃或其他适当方法及时保存。

（2）不能冻干、液氮、≤ -60℃冻存的菌毒种，应根据其特性，置适宜环境至少保存2份或保存于两种培养基。

（3）保存的菌毒种传代、液氮、≤ -60℃冻存均应填写专用记录。

（4）保存的菌毒种应贴有牢固的标签，标明菌毒种编号、名称、代次、批号和制备日期等内容。

（5）非生产用菌毒种应与生产用菌毒种严格分开存放。工作种子批与主种子批应分别存放。每批种子批应有备份，并应在不同地方保存。

4. 菌毒种的销毁 无保存价值的菌毒种可以销毁。销毁一、二类菌毒种的原始种子、主种子批和工作种子批时，须经本单位领导批准，并报请国家卫生行政主管部门或省、自治区、直辖市卫生行政主管部门认可。销毁三、四类菌毒种须经单位领导批准。销毁后应在账上注销，做专项记录，写明销毁原因、方式和日期。

5. 菌毒种的索取、分发与运输 应符合中国《病原微生物实验室生物安全管理条例》等国家相关管理规定。

（三）消毒及灭菌

生物制药企业常采用消毒及灭菌的方法来避免微生物对药品的污染，以及菌毒种对人体和环境的威胁。灭菌系指用化学或物理的方法杀灭或去除物料及设备、空间中所有微生物的技术或工艺过程。消毒系指杀灭或清除病原微生物，达到无害化程度，杀灭率99.9%以上。制药企业常用的灭菌工艺如下。

1. 化学灭菌 用化学物质杀灭微生物的灭菌操作。常见的化学灭菌剂有氧化剂类、卤化物类、有机化合物等。

机制：与微生物细胞中的成分反应，使蛋白质变性，酶失活，破坏细胞膜透性，细胞死亡。应用于皮肤表面、器具、实验室和工厂的无菌区域的台面、地面、墙壁及空间的灭菌。使用方法为浸泡、擦拭、喷洒等。常用化学灭菌剂的杀菌原理及使用浓度见表2-9。

表2-9 生物制药企业常用的化学灭菌剂

化学灭菌剂	杀菌原理	使用浓度
高锰酸钾	使蛋白质、氨基酸氧化	0.1% ~3%
过氧乙酸	氧化蛋白质的活性基团	0.2% ~0.5%
漂白粉	在水溶液中分解为新生态氧和氯	1% ~5%
苯扎溴铵（新洁尔灭）	以阳离子形式与菌体表面结合，引起菌体外膜损伤和蛋白质变性	0.25%
乙醇	使细胞脱水，蛋白质凝固变性	75%
甲醛	强还原剂，与氨基结合	37%
甲酚皂	蛋白质变性，损伤细胞膜	1% ~5%

2. 物理灭菌 通过各种物理条件如高温、辐射、超声波及过滤等进行灭菌。

（1）**辐射灭菌法** 能量电磁辐射与菌体核酸的光化学反应造成菌体死亡，如^{60}Co射线灭菌。

（2）**高温干热灭菌** 电热烤箱加热至140 ~181℃，维持1 ~2小时或灼烧，利用氧化、蛋白质变性和电解质浓缩等作用杀死微生物。

（3）高温湿热灭菌法 121℃维持15～30分钟，利用高温和蒸汽的穿透力灭菌。

（四）病毒的去除与灭活

为了提高生物药品的安全性，尤其是血液制品的安全性，生产工艺要具有一定的去除或灭活病毒能力，生产过程中应有特定的去除/灭活病毒方法。例如，凝血因子类制品生产过程中应有特定的能去除/灭活脂包膜和非脂包膜病毒的方法，可采用一种或多种方法联合去除/灭活病毒；免疫球蛋白类制品（包括静脉注射用人免疫球蛋白、人免疫球蛋白和特异性人免疫球蛋白）生产过程中应有特定的灭活脂包膜病毒方法，但从进一步提高这类制品安全性考虑，提倡生产过程中再加入特定的针对非脂包膜病毒的去除/灭活方法。白蛋白生产过程中采用低温乙醇生产工艺和特定的去除/灭活病毒方法，如巴斯德消毒法等。常用的去除/灭活病毒方法如下。

1. 巴斯德消毒法（巴氏消毒法） 采用较低温度（一般在60～82℃），在规定的时间内，对物料进行加热处理，达到杀死微生物营养体的目的，是一种既能达到消毒目的又不损害物料品质的方法。本法适用于人血白蛋白制品等。

2. 干热法（冻干制品） 80℃加热72小时，可以灭活HBV、HCV、HIV和HAV等病毒。但应考虑制品的水分含量、制品组成（如蛋白质、糖、盐和氨基酸）对病毒灭活效果的影响。

3. 有机溶剂/去污剂（S/D）处理法 常用的灭活条件是0.3%磷酸三丁酯（TNBP）和1%吐温－80，在24℃处理至少6小时；0.3% TNBP和1% Triton X－100，在24℃处理至少4小时。S/D处理前应先用1μm滤器除去蛋白溶液中可能存在的颗粒（颗粒可能藏匿病毒从而影响病毒灭活效果）。

4. 膜过滤法 膜过滤技术只有在滤膜的孔径比病毒有效直径小时才能有效除去病毒。该方法不能单独使用，应与其他方法联合使用。

5. 低pH孵放法 免疫球蛋白生产工艺中的低pH（如pH为4）处理（有时加胃酶）能灭活几种脂包膜病毒。灭活条件（如pH、孵放时间和温度、胃酶含量、蛋白质浓度、溶质含量等因素）可能影响病毒灭活效果，验证试验应该研究这些参数允许变化的幅度。

四、生物制药企业的应急措施

（一）职业中毒的治疗原则

1. 病因治疗 解除中毒的病因，阻止毒物继续进入体内，促使毒物排泄以及拮抗或解除其毒作用。

2. 对症治疗 缓解引起的主要症状，以促使人体功能恢复。

3. 支持治疗 能提高患者抗病能力，促使早日恢复健康。

（二）急性中毒的救护

1. 救护人员的个人防护 救护人员进入危险区前，要做好个人防护，佩戴好防毒面具、穿好防护服等呼吸系统和体表的防护用品，避免救护人员中毒，防止中毒事故扩大。

2. 现场抢救 立即使患者停止接触毒物，尽快将其移出危险区，转移至空气流通处。保持呼吸畅通。如衣物或皮肤被污染，必须将衣服脱下，用清水洗净皮肤。如毒物进入眼睛，应用大量流水缓缓冲洗眼睛15分钟以上。如出现休克、停止呼吸、心跳停止等，立即采取人工呼吸、心肺复苏等急救措施进行抢救。必须尽快把中毒者送往医院进行专业治疗。

3. 毒物的消除 患者到达医院后，如毒物经口食入引起急性中毒，需立即用催吐、洗胃及导泻等方法消除毒物；如系气体或蒸汽吸入中毒，可给予吸氧，以纠正缺氧，加速毒物经呼吸道排出。

4. 消除毒物在体内的作用　尽快使用络合剂或其他特效解毒疗法。金属中毒可用二巯基丙醇等络合剂，达到解毒和促排作用。中毒性高铁血红蛋白血症可用亚甲蓝治疗，使高铁血红蛋白还原。氨、铜盐、汞盐、羧酸类中毒时，可给中毒者喝牛奶、生鸡蛋等缓解剂。

（三）意外事故的处理

1. 刺伤、割伤及擦伤　受伤人员应脱除防护衣，清洗双手及受伤部位，使用适当的消毒剂消毒，必要时，送医院就医。要记录受伤原因及相关的微生物，并保留完整的医疗记录。

2. 食入潜在感染性物质　脱下受害人的防护衣并迅速送医院就医。要报告事故发生的细节，并保留完整的医疗记录。

3. 潜在危害性气溶胶的意外释放　所有人员必须立即撤离相关区域，并立即向上级领导汇报。为了使气溶胶排出及使较大的微粒沉降，应张贴"禁止进入"的标志，气溶胶意外释放后一定时间内（例如 1 小时内）严禁人员进入，如实验室无中央排气系统，则应延迟进入实验室时间（例如 24 小时后）。经适当隔离后，在专家的指导下，由穿戴防护衣及呼吸保护装备的人员除污。任何现场暴露人员都应接受医学检查。

4. 容器破碎导致感染性物质溢出　应戴上手套，立即用抹布或纸巾覆盖溢出的感染性物质及遭污染的破碎容器。然后在上面倒上消毒剂，并使其作用适当时间。然后将抹布、纸巾以及破碎物品清理掉；玻璃碎片应使用镊子清理。然后再使用消毒剂擦拭污染区域。如果使用簸箕清理破碎物，应对其进行高压灭菌或置入有效的消毒液内浸泡。用于清理的抹布、纸巾等均应放于盛装污染性废弃物的容器内。

五、生物制药中危险物质的相关知识

（一）职业中毒

职业中毒指在职业活动中，接触一切生产性有毒因素所造成的机体中毒性损害。职业中毒可分为急性、亚急性和慢性三种。

1. 急性中毒　毒物一次或短时间内大量进入人体后引起的中毒。

2. 慢性中毒　小剂量毒物长期进入人体所引起的中毒。慢性中毒的远期影响必需引起重视。

3. 亚急性中毒　介于急性中毒和慢性中毒之间，在较短时间内有较大剂量毒物进入人体而引起的中毒。

（二）毒物毒性及其评价指标

只要达到一定的数量，任何物质对机体都具有毒性，如果低于一定数量，任何物质都不具有毒性。在一定条件下，较小剂量就能够对生物体产生损害作用或使生物体出现异常反应的外源化学物称为毒物。毒性强弱通常以化学物质引起实验动物某种毒性反应所需的剂量表示。能引起人某种程度毒害所需的剂量统称为毒害剂量，某种毒物剂量（浓度）越小，表示该毒物毒性越大。常用的毒性评价指标有以下几种。

1. 绝对致死剂量或浓度（LD_{100} 或 LC_{100}）　是指引起全组受试动物全部死亡的最低剂量或浓度。

2. 半数致死剂量或浓度（LD_{50} 或 LC_{50}）　是指引起全组受试动物半数死亡所需的剂量或浓度。

3. 最小致死剂量或浓度（MLD 或 MLC）　是指使全组受试动物中有个别动物死亡的剂量，其低一档的剂量即不再引起动物死亡。

4. 最大耐受剂量或浓度（LD_0 或 LC_0）　是指使全组受试动物全部存活的最大剂量或浓度。

以上各种"剂量"的单位以 mg/kg 表示，各种"浓度"的单位以 mg/m^3、g/m^3 或 mg/L 表示。

LD_{50} 或 LC_{50} 的数值越小，表示毒物的毒性越强。物质的急性毒性可按 LD_{50} 或 LC_{50} 分级。WHO 将有毒物分为剧毒、高毒、中毒、低毒、微毒等 5 级（表 2 – 10）。

表 2 – 10　化学物质的急性毒性分级

分级	大鼠一次经口 LD_{50} （mg/kg）	6 只大鼠吸入 4h 死亡 2~4 只浓度 （μg/g）	兔涂皮 LD_{50} （mg/kg）	经皮对人可能的单位 体重致死剂量 （g/kg）
剧毒	<1	<10	<5	<0.05
高毒	1 ~	10 ~	5 ~	0.05 ~
中毒	50 ~	100 ~	44 ~	0.5 ~
低毒	500 ~	1000 ~	350 ~	5 ~
微毒	>5000	>10000	>2180	>15

（三）危险化学品进入人体的途径

在生产环境中，毒物主要经呼吸道、皮肤和消化道侵入人体。其中最主要的是呼吸道，其次是皮肤，经过消化道进入人体仅在特殊情况下发生。

1. 经呼吸道进入　毒物主要是通过呼吸道侵入人体，在全部职业中毒者中，有 95% 是由呼吸道吸入引起的。人体肺泡表面积为 90~160 m^2，每天吸入空气约 12 m^3。空气在肺泡内流速慢，接触时间长，肺泡上有大量的毛细血管且壁薄，这些都有利于有毒气体、蒸汽以及液体和粉尘的迅速吸入，而后溶解于血液，由血液分布到全身各个器官而造成中毒。吸入的毒物愈多，中毒就愈厉害；毒物水溶性越大，导致中毒的可能性越大。

劳动强度、环境温度、湿度、接触毒物的条件和毒物的性能等因素，都对吸收量有影响。肺泡内的二氧化碳，也能增加某些物质的溶解度，从而促进毒物的吸收。

2. 经皮肤进入　有些毒物可透过表皮屏障或经毛囊的皮脂腺进入人体。经表皮进入体内的毒物要经三种屏障，第一道是皮肤的角质层，一般分子量大于 300 的物质，不易透过无损的皮肤；第二道是位于表角质层下面的连接角质层，其表皮细胞，富有固醇、磷脂，它能阻碍水溶性毒物的通过，而让脂溶性毒物透过，并扩散，经乳头毛细血管而进入血液；第三道是表皮与真皮连接处的基膜。水、脂均溶的物质（如苯胺），易被皮肤吸收。只脂溶而水溶极微的物质，经皮肤吸收量较少（如苯）。

毒物经皮肤进入毛囊后，可绕过表皮的屏障直接透过皮脂腺细胞和毛囊壁进入真皮，再从下面向表皮扩散。但这个途径不如表皮吸收重要。

如果表皮屏障的完整性被破坏，如外伤、灼伤等，可促进毒物的吸收。黏膜吸收毒物的能力远较皮肤强，部分粉尘可以通过黏膜吸收。

3. 经消化道进入　毒物从消化道进入人体，主要是由于不遵守卫生制度，误服毒物或毒物喷入口腔等导致。该种中毒情况较少见。

（四）病原微生物感染人体的途径

1. 病原微生物感染的主要途径

（1）微生物气溶胶的吸入。

（2）刺伤、割伤。

（3）皮肤、黏膜污染。

（4）食入。

（5）实验动物咬伤。

（6）其他不明原因的感染。

微生物气溶胶的吸入是引起感染的最主要因素途径。生物气溶胶无色无味、无孔不入，不易被发现，工作人员在自然呼吸中不知不觉吸入而造成感染。许多操作可以产生微生物气溶胶，并随空气扩散而污染实验室的空气，当工作人员吸入后，便可以引起相关感染。在生物制药企业，产生的微生物气溶胶可分为两大类：一类是飞沫核气溶胶，另一类是粉尘气溶胶。这两类微生物气溶胶对工作人员都具有严重的危害性，其程度取决于微生物本身的毒力、气溶胶的浓度、气溶胶粒子大小以及当时室内的微小气候条件。一般来说，微生物气溶胶颗粒越多，粒径越小，实验室的环境越适合微生物生存，引起实验室感染的可能性就越大。

 实例分析 2-1

实例　某药厂发生一起克念菌素中毒事故。XXXX 年 X 月 X 日上午 9 点 30 分，某药厂车间共有 4 人在过筛室内生产克念菌素，直至 11 时左右工作结束。11∶30 左右有 1 名女操作工感觉不适，伴发冷、寒战、恶心、头晕等症状。后感觉呼吸时胸部疼痛，咳嗽加剧，咳后呕吐，共呕吐了 7 次左右。下午 1∶30 到医院就诊。经检查，T（体温）37.5℃，P（脉搏）80 次/分。R（呼吸频率）20 次/分，呼吸急促，CT 报告两肺纹理增粗、紊乱，经葡萄糖、鱼腥草针、左克针、泰诺林胶囊治疗，症状缓解。另两名工人下午感觉头晕、恶心、胸闷、发冷、乏力，分别于 3 时、4 时到医院就诊，医院给予抗菌、抗毒素、激素等治疗后，症状缓解。另一人未见特殊反应，而未就诊。患者目前均已恢复。

现场调查　该车间生产克念菌素的工艺流程：用克念菌素原料（颗粒状），加入预胶化淀粉、微晶纤维素、微粒硅胶、硬脂酸镁，经粉碎过筛再混合。上午粉碎过筛，下午再混合。粉碎过筛工序位于过筛室内，该室长约 4m，宽约 2m，高约 2.7m，内有一台旋涡振荡筛和一台风冷式粉碎机，天花板上有一个 50cm×60cm 的送风口，东北墙角有一个 40cm×50cm 的排风口，地面和粉碎机上散有少量棕黄色和白色粉末。据介绍，生产时室内送排风装置已开启，但粉碎机内除尘风机未开启，导致室内有粉尘扬起。操作工进入车间前经二次更衣后需穿上连体洁净服和口罩，但其中一人违规，未戴口罩。

问题　1. 为什么会发生克念菌素中毒事故？

2. 克念菌素通过什么途径进入人体？

3. 如何避免类似事故发生？

答案解析

2. 可产生微生物气溶胶的实验室操作

（1）轻度产生微生物气溶胶的操作（<10 个颗粒）　玻片凝集试验、倾倒毒液、火焰上灼热接种环、颅内接种、接种鸡胚或抽取培养液等。

（2）中度产生微生物气溶胶的操作（11~100 个颗粒）　实验动物尸体解剖；用乳钵研磨动物组织；离心沉淀前后注入、倾倒、混悬毒液；毒液滴落在不同表面上；用注射器从安瓿中抽取毒液；接种环、接种平皿、试管或三角瓶等操作；打开培养容器的螺旋瓶盖；摔碎带有培养基的平皿等。

（3）重度产生微生物气溶胶的操作（>100 个颗粒）　离心时离心管破裂；打开、打碎干燥菌种安瓿；搅拌后立即打开搅拌器的盖；小白鼠鼻内接种；注射器针尖脱落喷出毒液；刷衣服、拍打衣服等。

任务三　生物制药设备与电气安全技术

PPT

一、电气安全管理

电气安全是指电气设备在正常运行及在预期的非正常状态下不会危害人身和周围设备的安全。

电气事故是电能作用于人体或电能失去控制所造成的意外事件，即与电能直接关联的意外灾害。电气事故将使正常生产活动中断，并可能造成人身伤亡和设备、设施的毁坏。电气事故包括人身触电事故、设备烧毁事故、电气引起的火灾和爆炸事故、产品质量事故、电击引起的二次人身事故等。

（一）触电事故的种类

当人体接触带电体时，电流会对人体造成程度不同的伤害，发生触电事故。

1. 按能量施加方式分类

（1）电击　电流通过人体内部，人体吸收能量受到的伤害，也就是俗语中的"过电"。电击一般不会在人体表面留下大面积明显的伤痕，但会破坏人的心脏、肺部和中枢神经系统的正常工作，使人出现痉挛、窒息、心颤、心脏骤停等症状，甚至危及生命。绝大多数死亡事故都是由电击造成的，电流会引起心室颤动，减弱或丧失其压送血液功能，导致人大脑缺氧而窒息死亡。电击是全身伤害，所以又称全身性电伤。

（2）电伤　电流的热效应、化学效应或机械效应对人体造成的伤害，主要有电弧烧伤、电烙印、皮肤金属化三种。电弧烧伤是指电弧产生的高温对身体造成的大面积损伤。电烙印是电弧直接打到皮肤上，造成皮肤深黑色。皮肤金属化是指由于金属导体的蒸气渗入皮肤，使皮肤变成金属色。电伤多是局部性伤害，在人体表面留下明显的伤痕。

2. 按造成事故的原因分类

（1）直接接触触电　人体触及正常运行的设备和线路的带电体时造成的触电，又称为正常状态下的电击。如误触接线端子发生触电。

（2）间接接触触电　人体触及发生故障的设备或线路的带电体时造成的触电，又称为故障状态下的电击。由于电气设备内部的绝缘故障，而造成其外露可导电部分（如金属外壳，正常情况下不带有电压）可能带有危险电压，当人员误接触到设备意外带电的外露带电体时发生触电。

3. 按触电方式分类

（1）低压触电　是380V以下的触电，可分为单相触电和两相触电。单相触电是指人体某部位接触地面，而另一部位触及一相带电体的触电事故，由单相的220V交流电引起（图2-3a）。两相触电是指人体两部分同时触及两相电源，电流从一相经人体流入另一相导线的触电事故，由两根相线380V的电源引起（图2-3b）。两相触电的危害要大于单相触电。

（2）高压放电　当人体靠近高压带电体时，就会发生高压放电而导致触电，而且电压越高放电距离越远。

（3）跨步电压触电　高压电线掉落地面时，会在接地点附近形成电压降。当人位于接地点附近时，两脚之间就会存在电压差，即为跨步电压。跨步电压的大小取决于接地电压的高低和人体与接地点的距离。高压线落地会产生一个以落地点为中心的半径为8~10m的危险区。当发觉跨步电压的威胁时，应一只脚或双脚并在一起跳着离开危险区。

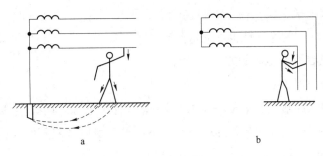

图2-3　触电的方式

a. 单相触电；b. 两相触电

（二）防止触电事故的技术措施

1. 防止直接接触电击

（1）加强绝缘　利用绝缘材料对带电体进行封闭和隔离。

（2）设置屏护装置　采用遮拦、护罩、护盖、箱（匣）等将带电体与外界隔离。

（3）间隔一定的安全距离　保证带电体与地面、带电体与其他设备、带电体与人体、带电体之间有必要的安全距离。

2. 防止间接接触电击

（1）保护接地　将正常情况下不带电，而在故障情况下可能带电的电器金属部分用导线与接地体可靠连接起来，把设备上的故障电压限制在安全范围内的安全措施。

（2）保护接零　电气设备正常情况下不带电的金属部分与低压配电系统的零线相连接的技术防护措施。在实施保护接零的系统中，如果电气设备漏电，便形成一个单相短路回路，电流将很大，保证最短时间内使熔丝熔断、保护装置或自动开关跳闸。

（3）工作接地　指正常情况下有电流通过，利用大地代替导线的接地。

（4）重复接地　指零线上除工作接地以外的其他点的再次接地，以提高保护接零的可靠性。

3. 防止直接和间接接触电击

（1）双重绝缘　兼有工作绝缘（设备正常工作所需的绝缘）和保护绝缘（为防止工作绝缘失效发生触电而提供的独立的绝缘）的绝缘。

（2）加强绝缘　在绝缘强度和机械性能上具备双重绝缘同等能力的单一绝缘。

（3）安全电压　通过限制作用于人体的电压，抑制通过人体的电流，保证触电时处于安全状态。

（4）漏电保护　用于单相电击保护和防止因漏电引起的火灾。正常工作情况下，从电网流入的电流与经设备流回电网的电流是相等的，即漏电流为零；而设备壳体的对地电压也为零。当有人触电或设备漏电时，会出现异常现象，产生漏电流或漏电压，使漏电保护器断电。

（三）触电事故的脱离电源措施

1. 低压触电时使触电者脱离电源的方法

（1）如果电源开关或插头就在触电地点附近，可立即拉开开关或拔出插头。

（2）如果电源开关或插头不在触电地点附近，可用带绝缘柄的电工钳或干燥木柄的斧头切断电源线。

（3）当电线搭落在触电者身上时，可用干燥的衣服、手套、绳索、木板、木棒等绝缘物做工具，拉开触电者或挑开电源线。

（4）如果触电者的衣服很干燥，且未紧缠在身上，可用一手抓住触电的衣服，拉离电源。但因触电者的身体是带电的，其鞋子的绝缘性也可能遭到破坏，所以救护人员不得接触触电者的皮肤和鞋子。

2. 高压触电时使触电者脱离电源的方法

（1）立即通知有关部门停电。

（2）抛掷裸金属线使线路短路，迫使保护装置动作，断开电源。抛掷金属线前，应注意先将金属线一端可靠接地，然后抛掷另一端，被抛掷的一端且不可触及触电者或其他人员。

（四）触电事故救护的注意事项

1. 救护人员不可直接用手、金属或潮湿的物品作为救护工具，而必须使用干燥绝缘的工具。救护人最好只用一只手操作，以防自己触电。

2. 要防止触电者脱离电源后可能摔伤，特别是当触电者在高处的情况下，应考虑防摔措施。即使触电者在平地上，也要注意触电者倒下的方向，以防摔伤。

3. 如果触电事故发生在夜间，应迅速解决临时照明问题，以利于抢救。

4. 人触电以后，有可能出现"假死"现象，外表上呈现昏迷不醒的状态，呼吸中断、心脏停止跳动。此时应立即采用口对口（鼻）人工呼吸法和胸外心脏按压法进行急救，并向120急救中心求救。有触电者经过4小时甚至更长时间的连续抢救而获得成功的先例。

二、制药设备的电气管理

（一）设备的运行管理

设备的运行管理是设备使用期间的养护、检修或校正、运行状态的监控及相关记录的管理。各种设备均需制定相应的标准操作规程。

1. 日常管理　为防止药品的污染及混淆，保证生产设备的正常运行，生产设备的使用者必须能从事设备一般的清洁及保养工作。这种日常的清洁维护保养设备是一件重复性工作，应经验证后制定相关的规程，使这项工作有章可循，并记好设备日志。

2. 设备运行状态的监控　设备正常运行时，其运行参数是在一定的范围，如偏离了正常的参数范围就有可能给产品质量带来风险。尤其是空调净化系统、制药用水系统的运行状态必须加以监控，工艺设备的运行状态也应监控。

监控是保证设备、设施系统正常运行的先决条件，是保证药品质量的重要措施。例如，空调净化系统的某个电机发生故障，可使洁净区的工艺环境发生变化，无菌灌装产品的要求无法得到保证。

（二）设备的维修管理

设备维修管理又称设备维修工程或设备的后期管理，是指对设备维护和设备检修工作的管理。

设备维护是指"保持"设备正常技术状态和运行能力所进行的工作。其内容是定期对设备进行检查、清洁、润滑、紧固、调整或更换零部件等工作。

设备检修是指"恢复"设备各部分规定的技术状态和运行能力所进行的工作。其内容是对设备进行诊断、鉴定、拆卸、更换、修复、装配、磨合、试验、涂装等工作。

设备维修工程主要内容是研究掌握设备技术状态和故障机制。并根据故障机制加强设备的维护，控制故障的发生，选择适宜的维修方式和维修类别，编制维修计划和制订相关制度，组织检查、鉴定及修理工作。同时做好维修费用的资金核算工作。

（三）特种设备及其安全管理

特种设备，是指对人身和财产安全有较大危险性的锅炉、压力容器（含气瓶）、压力管道、电梯、起重机械、客运索道、大型游乐设施、场（厂）内专用机动车辆，以及法律、行政法规规定适用本法的其他特种设备。生物制药企业一般装备着涉及生命安全、危险性较大的锅炉、压力容器（含气瓶）、压力管道等特种设备。《中华人民共和国特种设备安全法》《中华人民共和国安全生产法》《中华人民共和国劳动法》《特种设备安全监察条例》等对特种设备的安全管理有明确规定，各类生产经营单位必须对特种设备的设计、制造、安装、使用、检验、修理改造和报废等环节实施严格的控制和管理。

1. 特种设备的购置、安装　由使用部门提出特种设备购置计划，经特种设备管理部门审核并报单位领导批准后，由供应部门负责购买持有国家相应制造许可证的生产单位制造的贴合安全技术规范的特种设备。

特种设备安装前，使用部门先确定具有国家相应安装许可的单位负责安装工作，开工前应照规定向特种设备安全监察部门办理开工告知手续。任何部门不得擅自安装未经批准的特种设备。安装完成后，本单位（或者应督促安装单位）应向有关特种设备检验检测机构申报验收检验。

2. 使用与管理

（1）特种设备的注册登记制度　新增特种设备在投入使用前，必须到所在地区的地、市级以上特种设备安全监管部门注册登记，获得安全检验合格标志方可投入使用。

（2）特种设备安全技术性能定期检验制度　使用单位必须按期向所在地的监督检验机构申请定期检验，超过有效期的特种设备不得使用。

（3）特种设备使用管理制度　使用单位必须制定并严格执行以岗位责任制为核心，包括技术档案管理、安全操作、常规检查、维修保养、定期报检和应急措施在内的特种设备安全使用和运营的管理制度，必须保证特种设备技术档案的完整、准确。通过建立特种设备档案，可以使特种设备的管理部门和操作人员全面掌握其技术状况，了解和掌握运行规律，防止盲目使用特种设备，从而能有效地控制特种设备事故。

（4）特种设备报废制度　标准或技术规程中有寿命要求的特种设备或零部件，应当按照相应的要求予以报废处理。报废处理后，应向负责该特种设备注册登记的特种设备安全监管部门报告。

3. 事故应急救援预案　特种设备的使用单位应根据特种设备的不同特性建立相适应的事故应急救援预案，并定期演练，确保当事故发生时，将事故造成的损失降到最低限度。

三、静电的危害及消除

摩擦可以产生静电，在车间生产中，开展灌装、输送、搅拌、过滤易燃液体工作以及人员活动时，都会因摩擦导致静电放电，从而造成危害。

制药生产中，静电的危害主要有三方面：①引起火灾和爆炸。②引起静电电击，当带静电体向人体或带电的人体向接地的导体，以及带静电的人体相互间发生静电放电时，其产生的瞬间冲击电流通过人体而发生静电电击。静电电击不会对人体产生直接危害，但人体可能因此摔倒、坠落而造成二次事故或造成平时的精神紧张，影响工作。③妨碍生产，如在流化床制粒过程中生成的静电很容易导致物料损失严重。

为避免或减少静电的危害，在涉及易燃液体或可燃粉尘的岗位，应采取消除静电的措施。消除静电首先要设法不产生静电，其次要设法不使静电积聚。

（一）限制物料流速

液体物料在管道内流动时产生的静电量与流动速度、管道内径成正比。因此物料流速越快，产生的静电量就越多，发生静电放电的可能性就越大，同时随着管径的增大，产生的静电量也会增大。

输送易燃液体物料时，静电的严重危害是在管道口处。由于管道本身具有较大电容并且管道内部没有空气，易燃液体不会因静电放电在管道内燃烧爆炸。但在管道口处却极易放电，将液体表面的可燃气体混合点燃而发生火灾或爆炸。

（二）从容器底部进料

从罐顶进料时，易燃液体猛烈向下喷洒，所产生的静电电压要比从罐底进料高得多。因此易燃液体的进料管要延伸至罐底，减少静电产生。若不能伸至罐底，也应将易燃液体导流至罐壁，使之沿罐壁下流。

（三）静电接地

所有涉及易燃液体的容器、管道等设备要相互跨接形成一个连续的导电体并有效接地，从而消除了静电的积聚。使用软管输送易燃液体时，要使用导静电的金属软管并接地。静电接地简单有效，是防静电中最常见的措施。

（四）静置

在易燃液体灌装作业时，静电会向液面和器壁积聚。若再继续进行后续操作，容易发生事故。因此要求易燃液体灌装后和槽车装卸车前后均应静置至少15分钟，待静电充分地消散后方可进行其他作业。

（五）增加空气湿度

在空气湿度较大时，物体表面会形成一层极薄的水膜，加速静电的消散，避免静电放电现象发生。秋、冬季节易发生静电放电，与空气较为干燥有很大关系。车间内可采用洒水、拖地或安装空调设备等方法增加空气湿度。

（六）选用合适的材料

一种材料与不同种类的其他材料摩擦时，所带的电荷数量和极性随其他材料的不同而不同。可根据静电起电序列选用适当的材料匹配，使生产过程中产生的静电互相抵消。如氧化铝粉经过不锈钢漏斗时带负电，经过虫胶漆漏斗时带正电，经过由这两种材料以适当比例制成的漏斗时，静电为零。

尼龙等合成纤维布料在摩擦时易产生静电，因此，车间应使用棉质的抹布和拖把。

（七）消除人体静电

人体在作业过程中会因为摩擦而带有静电，存在静电放电的危险。车间应从以下几方面进行要求。

1. 在进入防爆区时需触摸防静电接地球，以清除人体所带静电。

2. 不得穿着化纤衣物，应穿戴防静电工作服、帽、鞋，禁止在防爆区内穿、脱衣物。

3. 操作时动作应稳重果断，避免剧烈身体运动，严禁追逐打闹。

四、防火防爆技术

防火防爆的关键在于破坏燃烧的条件，避免"燃烧三要素"——可燃物、助燃物、点火源同时存在和相互作用，在火灾爆炸发生后还要防止事故的扩大和蔓延。

（一）密闭系统设备

密闭设备可以有效地防止易燃液体挥发的蒸汽与空气混合形成爆炸性混合物，车间涉及易燃液体的生产过程均是在密闭的设备内进行的。在设备运行时，入孔口等经常开启的部件处于关闭状态。

（二）通风置换

在有火灾爆炸危险的场所内，尽管采取很多措施使设备密闭，但总会有部分可燃物泄漏出来，采用通风置换可以有效地防止可燃物积聚。通风分为自然通风和强制通风。

（三）安全监测

车间在有火灾爆炸风险的区域安装了可燃气体报警器、烟雾火灾报警器等设施。可燃气体报警器的探头安装在生产现场的各个区域，当探头感受到现场可燃蒸气浓度升高时，将信息传递给报警器，由报警器通过声、光等形式发出报警信号，通知岗位人员前去处理。采用安全监测手段可以在第一时间发现可燃物泄漏，并及时采取措施进行控制，防止火灾爆炸的发生。

（四）使用防爆的电气设备

在爆炸性气体危险环境中使用的电气设备，必须严格按照防爆类电器的适用范围选择合适的防爆类型。满足爆炸性气体危险环境中使用的电气设备一般有防爆型、增安型、本质安全型、正压型、充油型、充砂型、无火花型、防尘、防爆特殊型等类型。

在爆炸性粉尘危险环境中使用的电气设备的外壳，按其限制粉尘进入设备的能力分为两类。一类为尘密型外壳；另一类为防尘外壳。所谓"尘密"，即无尘埃进入设备内部；而"防尘"则是指不能完全防止尘埃进入，但进入量不能达到妨碍设备正常运转的程度。在选择时，要根据爆炸性粉尘危险环境的危险等级决定要选择的设备防护等级。

在爆炸危险环境中使用的电气设备，要根据具体环境条件而具备耐腐蚀性、耐高温性或耐冲击性，只有这样，设备的防爆性能才有保障。

五、生物制药设备与电气安全的相关知识

（一）生物制药设备

用于生物制药工艺过程的机械设备称为生物制药机械或生物制药设备，依据生物制药设备产品属性分为以下各大类。

1. 原料药生产用机械及设备 生化反应器（发酵罐、细胞培养生物反应器等）、分离设备（浸取与萃取设备、过滤设备、结晶装置、层析设备等）等。

2. 制剂机械及设备 片剂设备、水针（小容量注射）剂设备、粉针剂设备、输液（大容量注射）剂设备、软胶囊剂设备、硬胶囊剂设备、丸剂设备、软膏剂设备、栓剂设备、口服液剂设备、滴眼剂设备等。

3. 药用粉碎设备 万能粉碎机、超微粉碎机、锤式粉碎机、气流粉碎机、齿式粉碎机、超低温粉碎机、粗碎机、组合式粉碎机、针形磨、球磨机等。

4. 饮片机械 选药机、洗药机、烘干机等。

5. 制药用水设备 采用各种方法制取药用纯水的设备，包括电渗析设备、反渗透设备、离子交换

纯水设备等水处理设备，以及纯蒸汽发生器、蒸馏水机等。

6. 药品包装机 小袋包装机、泡罩包装机、瓶装机、印字机、贴标签机、装盒机、捆扎机等。

7. 药物检测设备 包括崩解仪、溶出试验仪、融变仪、脆碎度仪和冻力仪，以及紫外可见分光光度计、近红外分光光度计和高效液相色谱仪等。

8. 特种设备 涉及生命安全、危险性较大的锅炉、压力容器（含气瓶）、压力管道、电梯等。

9. 制药用其他机械设备 空调净化设备、局部层流罩、物料传送设备（泵、风机、螺杆加料器等）、提升加料设备、不锈钢卫生泵以及废弃物处理设备。

（二）设备操作规程

操作规程是经批准用来指导设备操作、维护与清洁、验证、环境控制、取样和检验等药品生产活动的通用性文件，也称标准操作规程（standard operation procedure，简称 SOP）。操作规程的内容应当包括题目、编号、版本号、颁发部门、生效日期、分发部门以及制定人、审核人、批准人的签名并注明日期、标题、正文及变更历史。SOP 是规范所有管理行为和生产、检验等操作的规章制度和操作指南。它详细地指导人们如何完成一项特定的工作，达到什么目的。企业中每个部门、每个岗位、每项操作均需制定 SOP。

设备操作必须按照相应的 SOP 执行。编制设备 SOP 时，应该以设备制造厂提供的设备说明书的内容要求为主要依据。设备 SOP 是为保障仪器设备安全运行和保持良好的工作状态操作人员需要掌握操作技能的技术性规范。

设备 SOP 的内容是根据设备的结构运行特点，以及安全运行等要求，对操作人员在全部操作过程中必须遵守的事项、程序及动作等作出规定。一般包括：

（1）操作设备前对现场清理和设备状态检查的内容和要求。

（2）操作设备必须使用的工器具。

（3）设备运行的主要参数。

（4）常见故障的原因及排除方法。

（5）开始的操作程序和注意事项。

（6）润滑的方式和要求。

（7）点检、维护的具体要求。

（8）停止的程序和注意事项。

（9）安全防护装置的使用和调整要求。

（10）交、接班的具体工作和记录内容。

 实例分析2-2

实例 XXXX 年 X 月 X 日上午，某生物制药有限公司发生爆炸并起火，造成 5 人被烧死亡，6 人被烧伤和摔伤，2 人轻伤。

据安监部门通报，该日上午，某生物制药有限公司工厂三楼片剂车间洁净区段当班职工按工艺要求在制粒室进行混合、制软剂、制粒、干燥等操作。9 时 30 分左右，检修人员为给空调更换初效过滤器，断电停止了空调工作，净化后的空气无法进入洁净区。同时，由于操作过程中存在边制粒、边干燥的情况，烘箱内循环热气流使粒料中的水分和乙醇蒸发，由于排湿口排出蒸发的水分和乙醇蒸气的效果明显降低，乙醇蒸气不能从排湿口排走，烘箱内蓄积了达到爆炸极限的乙醇气体。同时，由于当时房间内空调已停止工作，制粒室内制粒物挥发出的乙醇气体与干燥门开关时溢散出的水分、乙醇气体无法被新风置换，也堆积了大量可以燃烧的乙醇气体。加之洁净区所用干燥箱的配套电气设备是非防爆专用设备，操作人员在烘箱烘烤过程中开关烘箱送风机时产生的电器火花引爆了积累在烘箱中达到爆炸极限的乙醇爆炸性混合气体，炸毁烘箱，所产生的冲击波将该楼层生产车间的各分区隔墙、吊顶隔板、通风设施、玻璃窗、生产设施等全部毁坏；爆炸过程产生的辐射热瞬间引燃整个洁净区其他可燃物。形成大面积燃烧，过火面积遍及整个楼层。爆炸和燃烧发生后，由于工厂安全通道只有一条，部分现场人员和受伤人员不能及时逃生，致使出现人员伤亡。

问题 1. 某生物制药有限公司发生的爆炸事故属于什么性质？

2. 造成该事故的直接原因是什么？

答案解析

任务四 生物制药职业健康安全管理技术

PPT

一、制药职业健康安全管理

在药品生产过程中，因管理不合理、规章制度不完善或某些药品的生产环境与生产工序有特殊要求等，可能引起生产人员身体不适，使生产人员患上各种疾病，危及健康，甚至由这些疾病可导致生产人员伤残而丧失生产能力或死亡。如从事无菌操作生产的生产人员未定期更换岗位，导致身体抵抗力下降，患上各种疾病；从事小容量注射剂中可见异物检查工作时，检查人员需持续用肉眼进行观察，时间过长可引起生产人员的视觉疲劳，甚至视力下降。

制药企业健康管理从广义上讲是指保护企业人员在劳动过程中的生命安全和身心健康；从狭义上来讲是指国家和制药企业为保护企业人员在劳动过程中的安全和健康所采取的立法和组织管理与技术措施的总称，如《药品安全生产质量规范》和《药品管理法》等。

制药企业健康保护的任务主要有：一是保证企业人员在劳动过程中的生命安全和身心健康；二是保证制药企业周边居民的生命安全和身心健康；三是保证制药企业周边的空气、河流、土壤等不会受到污染。制药企业为完成上述健康保护的任务，必须制定各种规章制度，规章制度制定的指导方针是"安全第一，预防为主"。

二、职业健康安全管理体系

（一）职业健康安全管理体系

职业健康安全管理体系（occupation health safety management system，OHSMS）是 20 世纪 80 年代后期在国际上兴起的现代安全生产管理模式，它与 ISO9000 和 ISO14000 等标准化管理体系一样被称为后工业化时代的管理方法。OHSMS 的基本思想是实现体系持续改进，通过周而复始地进行"计划、实施、监测、评审"活动，使体系功能不断加强。它要求组织在实施职业安全卫生管理体系时始终保持持续改进意识，对体系进行不断修正和完善，最终实现预防和控制工伤事故、职业病及其他损失的目标。

OHSMS 目的是帮助组织采用系统化的管理方法，提高组织的职业健康安全管理水平，推动组织职业健康安全绩效的持续改进，并为第三方提供评审或审核的依据。因此，OHSMS 标准是认证性标准，是 OHSMS 建立和认证的最终依据，而不是指导组织如何建立 OHSMS 的标准。

（二）职业健康安全管理体系的建立与实施

通常而言，建立和实施职业健康安全管理体系可分为 6 个基本过程：①职业健康安全管理体系的准备与策划阶段；②职业健康安全管理体系文件的编写阶段；③职业健康安全管理体系的试运行阶段；④职业健康安全管理体系的内部审核；⑤职业健康安全管理体系的管理评审；⑥职业健康安全管理体系的运行与改进。

在体系建立过程中，组织应注意以下几个方面的问题。

1. 建立的职业健康安全管理体系应与组织现有的管理体系相结合　一般情况下，组织客观上总是存在一个无形的"职业健康安全管理体系"，实际上就是对组织原有的职业健康安全管理加以规范，明确职责、制定方针和目标来加强对职业健康安全的管理，从而改善组织的职业健康安全管理行为。

2. 体系应充分结合组织的实际情况和特点　不同组织经营的性质、规模和风险的大小、复杂程度及其员工的素质等，均会影响组织的职业健康安全方针、目标及管理方案，企业在根据标准建立体系时应与自身实际相结合。

3. 体系是动态　随着科学技术的进步、法规的完善和客观情况的变化等，体系会不断地改进和完善，达到持续改进的目的。

4. 要与组织内的其他管理体系兼容　尽管质量管理、环境管理和职业健康安全管理所针对的对象不一样，但这三者管理体系的框架有很大相似之处，在内容上也有很多方面是交叉的，尤其在环境体系与职业健康安全管理体系之间更是如此。因此将职业健康安全管理体系同其他管理体系结合好，是建立体系时应认真考虑的问题。

三、制药企业员工职业健康管理

在生产过程中，良好的生产条件不但能保证生产出合格的药品，也能保护企业员工健康；而不良的生产条件不但会影响药品质量，还会导致员工健康受损，甚至引起职业病。

（一）主要的职业有害因素

在生产过程、作业环境中存在的各种有害的化学、物理、生物等对人体产生健康损害的因素称之为职业有害因素。

1. 生产工艺中的有害因素　按其来源可分为以下三类。

（1）化学因素　有机溶剂，在制药工业中常使用大量的有机溶剂通过萃取、浸析、洗涤等方法对生物药物进行分离纯化和精制。如乙醇、乙醚和丙酮是维生素、激素、抗生素等浓缩和精制过程中的常用溶剂，此外高级醇、酮类、氯代烃溶剂、高级醚、酯等也常被使用；有害气体，如抗生素发酵过程中，由原辅料挥发、菌体代谢生成的二氧化硫、氮氧化合物、卤化氢、氨气等均为有害气体。生产性粉尘，生物制药工业中，原料药的配料、包装，成品的压片等生产过程会生成对人体有害的药物性粉尘，如接触抗生素粉尘较多，会引起免疫功能失调，体内菌群失调，给霉菌生长造成机会。

（2）物理因素　高温、高压、高湿、低温、低压、高气流；噪声、震动；非电离辐射，如紫外线、可见光、红外线、激光等；电离辐射，如 α、β、γ、X 射线等。

（3）生物因素　生产原料和生产环境中存在的有害人体健康的致病微生物、寄生虫及动植物、昆虫等及其所产生的生物活性物质统称为生产性生物有害因素。无论是直接感染，还是间接地散播到环境中去，都会对人类、动物或植物、环境构成现实的或潜在的危险。常见的有附着于动物皮毛上的炭疽杆菌、布氏杆菌、森林脑炎病毒、支原体、衣原体、钩端螺旋体、滋生于霉变蔗渣和草尘上的真菌或真菌孢子之类致病微生物及其毒性产物；生产、检定用菌毒种；此外还有某些动、植物产生的刺激性、毒性或变态反应性生物活性物质，如鳞片、粉末、毛发、粪便、毒性分泌物、酶或蛋白质和花粉等。

2. 劳动过程中的有害因素

（1）劳动组织和劳动休息制度不合理。

（2）劳动过度精神（心理）紧张。

（3）劳动强度过大，劳动安排不当，不能合理安排与劳动者的生理状况相适应的作业。

（4）劳动时个别器官或系统过度紧张，如视力紧张等。

（5）长时间用不良体位和姿势劳动或使用不合理的工具劳动。

即学即练 2-1

在生物药物生产工艺、作业环境中可能存在的对人体产生健康损害的职业有害因素主要有哪些？

答案解析

    A. 生物因素   B. 地理因素   C. 物理因素   D. 化学因素

（二）常见职业病及多发病

1. 职业中毒 以刺激性气体中毒和各种有机溶剂中毒最常见。前者多因事故所致，呈急性中毒过程，后者多为慢性中毒。

2. 职业性皮肤病 除原料、中间品可引起皮肤损害外，原药、成品也是引起职业性皮肤病的常见原因。常见者为接触性皮炎和过敏性皮炎，小面积化学性烧伤亦不少见。

3. 其他 尘肺、局部振动病、噪声聋以及职业性哮喘、外源性过敏性肺泡炎在某些生物制药企业中偶有发生。生产激素的工人，易引起激素综合征。各种原药、成品的粉尘和蒸汽长期少量进入体内，可因药物本身的药理作用而引起相应的症状或体征。

（三）职业病预防的原则

职业病的预防遵循三级预防原则。

1. 一级预防 从根本上着手，使劳动者尽可能不接触职业性有害因素，或控制作业场所有害因素水平在卫生标准允许限度内。

2. 二级预防 对作业工人实施健康监护、早期发现职业损害，及时处理、有效治疗、防止病情进一步发展。

3. 三级预防 对已患职业病的患者积极治疗，促进健康。

三级预防的关系是：突出一级预防，加强二级预防，做好三级预防。

（四）职业病预防的措施

1. 对建设项目进行预防性卫生监督 对新建、扩建、改建、技术改造和引进的建设项目中有可能产生职业危害的，在其设计、施工、验收过程中进行卫生学监督审查，保证在投入使用后有良好的工作环境和条件。

2. 严格执行职业卫生法规和卫生标准 采取合理布局设备和工序、改进工艺、改善工作环境等措施控制作业环境职业病危害因素的浓度（强度），使之符合国家卫生标准的要求。对工作场所进行职业病危害的定期监测和评价，发现工作环境中有害因素超标时，要查明原因，采取相应处理措施。

3. 改善劳动条件

（1）禁止生产、进口和使用国际上禁止的严重危害人体健康的物质。

（2）改善作业方式，减少有害因素扩散。

（3）加强设备的维护检修和管理，减少有毒物质的跑、冒、滴、漏。

（4）搞好工作场所的环境卫生和个人卫生，消除有害物质的二次污染。

（5）合理安排劳动和休息，注意劳逸结合。

（6）对女工要给以特殊保护。

4. 职业病防治培训 制订职业卫生制度和操作规程，开展健康教育，普及防护知识。对劳动者上岗前和在岗期间定期进行职业卫生培训，指导劳动者正确使用职业病防护设备和个人使用的职业病防护用品。

5. 建立职业卫生档案和劳动者个人的健康监护档案 职业卫生档案主要包括工作单位的基本情况，职业卫生防护设施的设置、运转和效果，职业危害因素的浓（强）度监测结果与分析，职业性健康检查的组织和检查结果及评价。劳动者个人健康档案主要包括职业危害接触史，职业健康检查的结果，职业病的诊断、处理、治疗和疗养，职业危害事故的抢救情况等。

6. 个人防护 在工作场所有害因素超标，或因进行设备检修而不得不接触高浓（强）度有害物质时，必须配备个人防护用品。如为工作场所噪声超标的工人配备 3 种以上声衰值足够、舒适有效的护耳器，并经常维护、检修，定期检测其性能和效果。防护用品应当进行经常性的维护、检修，定期检测其性能和效果，确保其处于正常使用状态。

7. 劳动者进行职业性健康检查 劳动者必须进行就业前、定期和离岗时的职业性健康检查。健康检查利于及时调离职业禁忌人员；定期健康检查便于早期发现病人，及时治疗，防止职业危害的发展、为制定预防对策提供依据。

四、生物制药职业健康安全管理的相关知识

职业健康安全法律、法规是调整生产过程中所有产生的同劳动者的安全和健康有关的各种社会关系的法律规范总和，如国家制定的各种职业安全健康方面的法律、条例、规程、决议、命令、规定或指示等规范性文件。它是生产过程中的行为准则之一。职业健康安全管理体系现已成为我国三大重要管理体系之一。国际标准化组织于 2018 年 3 月 12 日发布了 ISO45001：2018《Occupational health and safety management systems — Requirements with guidance for use》，代替了 OHSAS 18001：2007，OHSAS 18002：2007，从此《职业健康安全管理体系　要求及使用指南》上升到了 ISO 标准。中国国家标准于 2020 年 3 月 6 日正式发布实施 GB/T 45001—2020《职业健康安全管理体系　要求及使用指南》，其等同采用了 ISO 45001：2018，并替代了原有的 GB/T 28001—2011《职业健康安全管理体系　要求》和 GB/T 28002—2011《职业健康安全管理体系　实施指南》。新标准通过采用先进的、系统化的科学管理技术和方法，提高广大组织的职业健康安全管理水平，以预防和尽可能减少职业健康安全伤害和健康损害。在引导和促进组织更有效地提高职业健康安全意识、构建职业健康安全文化、提升职业健康安全管理水

平、保障广大职工的身心健康和生命安全、有效降低财产损失、改善职业健康安全状况等方面将发挥重要的推动作用，具有重要的经济意义和社会意义。

我国安全生产法律法规体系分为以下几个层次（图2-4）。

图2-4 职业健康法律法规体系

1. 宪法 《中华人民共和国宪法》第42条规定："中华人民共和国公民有劳动的权利和义务。国家通过各种途径，创造劳动就业条件，加强劳动保护，改善劳动条件，并在发展生产的基础上，提高劳动报酬和福利待遇。""国家对就业前的公民进行必要的劳动就业训练。"第43条规定："中华人民共和国劳动者有休息的权利。国家发展劳动者休息和休养的设施，规定职工的工作时间和休假制度。"宪法中所有相关规定，是我国职业安全健康立法的法律依据和指导原则。

2. 刑法 《中华人民共和国刑法》对违反各项劳动安全健康法律法规，情节严重者的刑事责任做了规定。如第134条规定："在生产、作业中违反有关安全管理的规定，因而发生重大伤亡事故或者造成其他严重后果的，处三年以下有期徒刑或者拘役；情节特别恶劣的，处三年以上七年以下有期徒刑。""强令他人违章冒险作业，因而发生重大伤亡事故或者造成其他严重后果的，处五年以下有期徒刑或者拘役；情节特别恶劣的，处五年以上有期徒刑。"第135条、第136条、第137条和第139条等也有相关规定。

3. 职业安全健康基本法 《中华人民共和国安全生产法》是安全生产领域的综合性基本法，保障加强安全生产工作，防止和减少生产安全事故，保障人民群众生命和财产安全，促进经济社会持续健康发展。目前，《中华人民共和国劳动法》暂时起到了职业安全健康领域基本法的作用，是我国制定各项职业安全健康专项法律的依据。该法以《宪法》为基础，共13章107条，其中第4章"工作时间和休息放假"、第6章"劳动安全卫生"及第7章"女职工和未成年工特殊保护"主要涉及职业安全健康内容。

4. 职业安全健康专项法 是针对特定的安全生产领域和特定保护对象而制定的单项法律。如1992年11月，七届全国人大常委会第二十八次会议通过的我国第一部有关职业安全健康的法律《中华人民共和国矿山安全法》，随后陆续颁布的《中华人民共和国海上交通安全法》《中华人民共和国消防法》，2001年公布的《中华人民共和国职业病防治法》（现为2018年修正本）都属于此类法律。

5. 职业安全健康相关法 职业安全健康涉及社会生产活动各方面，因而我国制定颁布的一系列法律均与此相关。如《中华人民共和国全民所有制工业企业法》的第三章"企业的权利和义务"第四十条指出："企业必须贯彻安全生产制度，改善劳动条件，做好劳动保护和环境保护工作，做到安全生产和文明生产。"其他相关法律,如《中华人民共和国妇女权益保障法》《中华人民共和国环境保护法》《中华人民共和国工会法》中部分条款也与职业安全健康有关,因而也属于此类。

6. 职业安全健康行政法规 由国务院组织制定并批准公布的,为实施职业安全健康法律或规范安全管理制度及程序而颁布的条例、规定等,如《危险化学品安全管理条例》《中华人民共和国尘肺病防治条例》《国务院关于特大安全事故行政责任追究的规定》等。

7. 各部门发布的有关职业安全健康规章 由国务院有关部门为加强职业安全健康工作而颁布的规范性文件,如原劳动部颁布的《爆炸危险场所安全规定》(最新版本由应急管理部发布)、原国家经贸委颁布的《特种作业人员安全技术培训考核管理办法》(最新版本由应急管理部发布);原国家质量技术监督局颁布的《特种设备质量监督与安全监察规定》等。

8. 职业安全健康地方性法规和地方政府规章 指有立法权的地方权力机关——地方人民代表大会及其常委会和地方政府制定的劳动保护规范性文件,是对国家劳动保护法律、法规的补充和完善,它以解决本地区某一特定的职业安全健康问题为目标,具有较强的针对性和可操作性。

9. 职业安全健康标准 根据《中华人民共和国劳动法》和《中华人民共和国标准化法》的规定,职业安全健康标准属强制性标准,从而赋予了职业安全健康标准的法律地位,也是我国职业安全健康法规体系中的一个重要组成部分。安全及卫生标准包括主要标准、基础标准、方法标准、作业场所分级标准等。《中华人民共和国标准化法》第二章规定:"对保障人身健康和生命财产安全、国家安全、生态环境安全以及满足经济社会管理基本需要的技术要求,应当制定强制性国家标准。"。

10. 国际公约 经我国批准生效的国际劳工公约,也是我国职业安全健康法规形式的重要组成部分。国际劳工公约,是国际职业安全健康法律规范的一种形式,它不是由国际劳工组织直接实施的法律规范,而是采用会员国批准,并由会员国作为制定国内职业安全健康法规依据的公约文本。国际劳工公约经国家权力机关批准后,批准国应采取必要的措施使该公约发生效力,并负有实施已批准的劳工公约的国际法义务。新中国成立后已加入的条约有《作业场所安全使用化学品公约》《三方协商促进履行国际劳工标准公约》等。

11. 其他要求 其他要求指的是行业技术规范、与政府机构的协定、非法规性指南等。

任务五　生物制药安全系统分析与评价技术

PPT

一、安全系统分析及系统危险性分析

安全系统分析就是根据设定的安全问题和给予的条件,运用逻辑学和数学方法来对系统的安全性做出预测和评价,并结合自然科学、社会科学的有关理论和概念,制定各种可行的安全措施方案,通过分析、比较和综合,从中选择最优方案,使在既定的作业、时间和费用范围内取得最佳的安全效果。

(一) 危险性

指对于人身和财产造成危害和损失的事故发生的可能性。

(二) 分析步骤

1. 危险性辨识 通过以往的事故经验,或对系统进行解剖,或采用逻辑推理的方法,把受评价系统的危险性辨识出来。

2. 找出危险性导致事故的概率及事故后果的严重程度。

3. 一般以以往的经验或数据为依据，确定可接受的危险率指标。

4. 将计算出的危险率与可接受的危险率指标比较，确定系统危险性水平。

5. 对危险性高的系统，找出其主要危险性并进一步分析，寻求降低危险性的途径，将危险率控制在可接受的指标之内。

二、生物制药企业危险源辨识、风险评价控制

医药生产有一定的危险性，首先，其原料、中间体及产品可能为易燃、易爆、毒性、腐蚀性的化学性物质；其次，生物制药工艺本身的特殊性，加压、加热等操作中包含许多不安全因素，给生产和职工生命造成一定的威胁；再次，生物因子有潜在的生物危险性。若在日常安全工作中对生产工艺的危险源进行辨识，评价及控制，可防止事故的发生或把事故损失减少到最小。通过工艺的安全评价可对系统中固有的潜在的危险性及其严重程度进行预先的测评，分析和确定，并为安全决策提供科学依据。

(一) 危险源的定义

危险源是指可能导致伤害或疾病、财产损失、工作环境破坏或这些情况组合的根源或状态。危险的根源是贮存、使用、生产、运输过程中存在易燃、易爆及有毒物质，或具有引发灾难性事故的能量。

(二) 危险源的分类

危险源的分类方式较多，企业通常按照危险源在事故发生发展过程中的作用，把危险源划分为两大类。

第一类危险源：生产过程中存在的，可能发生意外释放的能量（能源或能量载体）或危险物质。为了防止第一类危险源导致事故，必须采取措施约束、限制能量或危险物质，控制危险源。一旦这些约束或限制的措施受到破坏或失效（故障），将发生事故。

第二类危险源：导致能量或危险物质约束或限制措施被破坏或失效的各种因素。第二类危险源主要包括物的故障（包括物的不安全状态）、人的失误（包括人的不安全行为）和环境因素。

伤亡事故的发生往往是两类危险源共同作用的结果。第一类危险源是伤亡事故发生的主体，决定事故后果的严重程度；第二类危险源是第一类危险源造成事故的必要条件，决定事故发生的可能性。两类危险源相互关联、相互依存。第一类危险源的存在是第二类危险源出现的前提；第二类危险源的出现是第一类危险源导致事故的必要条件。因此，危险源辨识的首要任务是辨识第一类危险源；在此基础上再辨识第二类危险源。

(三) 危险源的辨识

危险源辨识应全面、系统、多角度、不漏项，重点放在能量主体、危险物质及其控制和影响因素上。

1. 危险源辨识应考虑以下范围

(1) 常规活动（如正常的生产活动）和非常规活动（如临时抢修等）。

(2) 所有进入作业场所的人员（包含员工、合同方人员和访问者）的活动。

(3) 所有作业场所内的设施，如建筑物、设备、设施等（包含单位所有的或租赁使用的）。

2. 危险源辨识应考虑以下方面

(1) 三种状态　正常（如生产）、异常（如停机检修）和紧急（如火灾、中毒）状态。

(2) 三种时态　过去出现并一直持续到现在的（如由于技术、资源不足仍未解决的或停止不用但

其危害依然存在）、现在的和将来可能出现的危害情况都应进行辨识。

（3）七种风险因素类型　机械能、电能、热能、化学能、放射能、生物因素（人员误操作等）、人机工程因素（不按操作规程操作等）可能对人造成的伤害。

另外，还可以从职业健康安全法规和其他要求中获得线索。正是因为危险源影响职业健康和安全，所以职业健康安全法规和其他要求才对其加以规定和限制，反过来说，职业健康安全法规和其他要求加以规定和限制的设备、物质、活动等，就可能是组织必须加以重视的危险源和职业健康安全风险。

3. 危险源辨识方法　可采用询问与交流、现场观察、查阅有关记录、获取外部信息、工作任务分析、安全检查表法、作业条件的危险性评价、事件树、故障树等方法。

4. 危险源辨识时应注意的问题

（1）确保危险源辨识具有主动性、前瞻性，而不是等到已经产生了事件或事故时再确定危险源。

（2）应以全新的眼光和怀疑的态度对待危险源，因为过于接近危险源的人员可能会对危险源视而不见，或者心存侥幸，认为尚无人员受到伤害而视风险微不足道。

（3）危险源辨识易遗漏的几个方面：与相关方有关的风险因素；异常和紧急状态的风险因素；危险源辨识的更新情况。

（四）风险评价

风险评价是职业健康安全管理体系的一个关键环节。目的是对公司现阶段的危险源所带来的风险进行评价分级，根据评价分级结果有针对性地进行风险控制，从而取得良好的职业健康安全绩效，达到持续改进的目的。常用的风险等级评价方法有作业条件危险性评价法（LEC）和风险矩阵分析法（LS）。

1. 风险评价的方法　$D = LEC$ 法。即定量地计算每一种危险源所带来的风险，并对识别的风险进行分级。

（1）发生事故的可能性大小（L）　事故发生的可能性大小，从系统安全角度考察，绝对不发生事故是不可能的，所以人为地将发生事故可能性极小的分数定为0.1，而必然要发生的事故分数定为10，介于这两种情况之间的情况指定为若干中间值（表2-11）。

表2-11　事故发生的可能性（L）

分数值	事故发生的可能性	分数值	事故发生的可能性
10	完全可以预料	0.5	很不可能，可以设想
6	相当可能	0.2	极不可能
3	可能，但不经常	0.1	实际不可能
1	可能小，完全意外		

（2）暴露于危险环境的频繁程度（E）　人员出现在危险环境中的时间越多，则危险性越大。规定连续出现在危险环境的情况定为10，非常罕见地出现在危险环境中定为0.5，介于两者之间的各种情况规定若干中间值（表2-12）。

表2-12　暴露于危险环境的频繁程度（E）

分数值	频繁程度	分数值	频繁程度
10	连续暴露	2	每月一次暴露
6	每天工作时间内暴露	1	每年几次暴露
3	每周一次，或偶然暴露	0.5	非常罕见地暴露

（3）发生事故产生的后果（C）　事故造成的人身伤害与财产损失变化范围很大，所以规定发生事故造成的人身伤害与财产损失变化分数值为1～100，把需要救护的轻微伤害或较少财产损失的分数定为1，把造成多人死亡或重大财产损失的可能性分数规定为100，其他情况的数值为1～100（表2-13）。

表2-13　发生事故产生的后果（C）

分数值	后果	分数值	后果
100	大灾难，许多人死亡	7	严重，重伤
40	灾难，数人死亡	3	重大，致残
15	非常严重，一人死亡	1	引人关注，不利于基本的安全卫生要求

（4）风险值（D）　风险值的确定：事故发生的可能性、频繁暴露程度与事故后果数值相乘可得风险级别D，D＝LEC。

2. 风险等级的确定　根据公司具体情况来确定风险等级的界限值，以符合持续改进的思想，风险等级划分（表2-14）。

表2-14　风险等级划分（D）

D值	风险程度	级别
＞320	极其危险，不能继续作业	1 不可容许风险
160～320	高度危险，需立即整改	2 重大风险
70～160	显著危险，需要整改	3 中度风险
20～70	一般危险，需要注意	4 可容许风险
＜20	稍有危险，可以接受	5 可忽略风险

3. 重大危险源的确定

（1）原则上将经过风险评价确定风险等级为1～3级的为重大危险源。

（2）对下述情况可直接定为重大危险源：不符合职业健康安全法律、法规和标准的；相关方有合理抱怨或要求的；曾经发生过事故，现今未采取防范、控制措施的；直接观察到可能导致危险的错误，且无适当控制措施的。

（五）风险控制

依据风险级别采取对应控制措施（表2-15）。

表2-15　风险控制措施策划

	风险级别	措施及时间期限
1	不可容许风险	只有当风险已降低时，才能开始或继续工作。如果无限的资源投入也不能降低风险，就必须禁止工作
2	重大风险	直至风险降低后才能开始工作，为降低风险有时必须配合给大量资源。当风险涉及正在进行中的工作时，就应采取应急措施
3	中度风险	应努力降低风险，但应仔细测定并限定预防成本，应在规定时间期限内实施降低风险措施；在中度风险与严重伤害后果相关的场合，必须进行进一步的评价，以更准确地确定伤害的可能，以确定是否需要改进的控制措施
4	可容许风险	不需要另外的控制措施，应考虑投资效果更佳的解决方案或不增加额外成本的改进措施，需要监测来确保控制措施得以维持

（六）定期评审与更新

安技部门负责每年一次（时间不超过12个月）组织各部门对危险源辨识、风险评价和风险控制策划工作进行定期评审与更新。

即学即练 2-2

采用 LEC 法计算某种危险源所带来的风险，其 D 值为 125，其风险级别为（　　　）。

答案解析　A. 不可容许风险　　　B. 重大风险　　　C. 中度风险　　　D. 可容许风险

三、生物制药安全系统分析与评价的相关知识

安全系统工程是以预测和防止事故为中心，以检查、测定和评价为重点，按系统分析、安全评价和系统综合三个基本程序展开。

（一）系统分析

系统分析是以预测和防止事故为前提，对系统的功能、操作、环境、可靠性等经济技术指标以及系统的潜在危险性进行分析和测定。系统分析的程序，方法和内容如下。

1. 把所研究的生产过程和作业形式作为一个整体，确定安全设想和预定的目标。

2. 把工艺过程和作业形式分成几个部分和环节，绘制流程图。

3. 应用数学模型和图表形式以及有关符号，将系统的结构和功能抽象化，并将因果关系、层次及逻辑结构用方框或流线图表示出来，也就是将系统变换为图像模型。

4. 分析系统的现状及其组成部分，测定与诊断可能发生的故障、危险及其灾难性后果，分析并确定导致危险的各个事件的发生条件及其相互关系。

（二）安全评价

1. 概念　安全评价包括对物质、机械装置、工艺过程及人机系统的安全性评价，内容如下。

（1）确定适用的评价方法、评价指标和安全标准。

（2）依据既定的评价程序和方法，对系统进行客观的、定性或定量的评价，结合效益、费用、可靠性、危险度等指标及经验数据，求出系统的最优方案和最佳工作条件。

（3）在技术上不可能或难以达到预期效果时，应对计划和设计方案进行可行性研究，反复评价，以达到符合最优化和安全标准为目的。

2. 安全评价现状　安全评价是以实现工程、系统安全为目的，应用安全系统工程原理和方法，对工程、系统中存在的危险、有害因素进行辨识与分析、判断工程、系统发生事故和职业危害的可能性及其严重程度，从而为制定防范措施和管理决策提供科学依据。

3. 安全评价的目的

（1）促进实现本质安全化生产。

（2）实现全过程的安全控制：设计之前，采用安全工艺及原料；设计后，查出缺陷和不足，提出改进措施；运行阶段，了解现实危险性，进一步采取安全措施。

（3）建立系统安全的最优方案，为决策者提供依据。

（4）为实现安全技术、安全管理的标准化和科学化创造条件。

（三）系统综合

系统综合是在系统分析与安全评价的基础上，采取综合的控制和消除危险的措施，内容如下。

1. 对已建立的系统形式、潜在的危险程度及可能的事故损失进行验证，提出检查与测定方式，制定安全技术规程和规定，确定对危险性物料、装置及废弃物的处理措施。

2. 根据安全分析评价的结果，研究并改进控制系统，从而控制危险，以保证系统安全。

3. 采取管理、教育和技术等综合措施，对工艺流程、设备、安全装置及设施、预防及处理事故方案、安全组织与管理、教育培训等方面进行统筹安排和检查测定，以有效地控制和消除危险，避免各类事故。

实践实训

实训一　安全事故的应急处理

一、火灾的应急处理

生物制药企业要把握火灾发生的规律，尽可能地避免火灾发生及其对人类造成的危害。为了能正确处置火灾，减轻火灾的损失，企业必须制定消防安全预案。

火灾发生时应做两件事：一面扑救、一面报警。火灾初起时，一般燃烧范围比较小，火势比较弱。如能使用消防器材，采取正确的灭火方法，就能很快将火扑灭。在组织灭火的同时，应迅速向公安消防部门报警。每个职工都应做到"三懂""三会"，三懂：懂本岗位火灾的危害性，懂得预防措施，懂得灭火方法；三会：会报警，会使用消防器材，会扑救初起之火。消防安全预案如下。

（一）应急措施

1. 车间任何区域一旦着火，发现火情的员工应保持镇静，切勿惊慌。

2. 如火势初起较小，目击者应立即就近用灭火毯和灭火器进行灭火，先灭火后报警。

3. 如火势较大，自己难以扑灭，应采取最快方式报警（电话：119）并及时疏散人员。

4. 关闭火情现场附近门窗、防火门以阻止火势蔓延，并立即关闭附近电闸。

5. 引导火情现场附近的人员用湿毛巾捂住口鼻，迅速从安全通道撤离。

6. 在扑救人员未到达火情现场前，报警者应采取相应措施，量力使用火情现场附近的消防设施进行扑救或撤离火场。

7. 带电物品着火时，应立即设法切断电源，电源切断前严禁用水扑救，以免引发触电事故。

（二）报警要求

员工一旦发现火灾，要向部门主管领导、公司安计部及消防部门（119）报警。

1. 内部报警要讲清起火地点、起火部位、燃烧物品、燃烧范围、报警人姓名及报警电话。

2. 向119报警应讲清单位名称、火场地点（包括路名、附近标志物等）、火场发生部位、燃烧物品（如为危险化学品需重点说明）、火势状况、接应人等候地点及接应人、报警人姓名及报警人电话。

（三）疏散要求

1. 洁净区外部发生火情时，发现火情的员工应及时通知洁净区内的员工及一般生产区的员工撤离建筑物。

洁净区内和一般生产区的员工在接到通知后依次从疏散通道撤离。①如果外部火情属初起阶段，员工可从正常通道依次撤离工作区，再依次撤离建筑物；②如果外部火情较大，员工可先用安全锤敲碎安全门玻璃，从安全门撤离，再依次撤离至建筑物外；③如果外部火情在人流门口附近，员工应从物流门（或物流楼梯）依次撤离。如果外部火情是在物流门口附近，员工应从人流门（或人流楼梯）依次撤离。

2. 洁净区内部发生火情时，发现火情的员工及时通知本区域的其他员工撤离本区域，并通知其他洁净区域及一般生产区的员工撤离建筑物。①洁净区域发生火情时，员工撤离时要从离火情较远的安全门依次撤离，再依次（从楼梯）撤离至建筑物外；②在洁净区内发生火情时，洁净区外的员工不要慌张，要起到引导疏散的作用；③洁净区域发生火情时，切记不要走正常通道，一定要尽快从安全门依次撤离。

3. 在火情较大时，楼上员工无法从楼梯撤离时，可采用其他方式撤离。

（1）从空压间依次撤离。

（2）借助火灾应急自救逃生绳撤离。

（3）在外界情况允许的情况下，从窗口逃生。

4. 员工在遇到火情时，不要喊叫、不要慌张、不要拥挤，以免造成次级伤害，如摔伤、挤伤、磕伤、互相踩踏等伤害。

二、危险化学品泄漏事故的应急处理

（一）事故报警

当现场操作人员发现装置、设备泄漏的事故现象时，采取应急措施的同时应及时向调度和有关领导汇报。由调度长、事故主管领导根据事故地点、危险化学品类型和事态的发展决定应急救援形式：单位自救还是采取社会救援。若是公司的力量不能控制或不能及时消除事故后果，应根据情况拨打110、119、120等报警电话尽早争取社会支援，或直接借助政府的力量来获取支援，以便控制事故发展。

（二）出动应急救援队伍

各主管单位在接到报警后，应迅速组织应急救援队伍（由抢险抢修人员、消防人员、安全警戒人员、抢救疏散人员、医疗救护人员、物资供应人员等组成），赶赴现场，在做好自身防护的基础上，按各自分工快速实施救援，控制事故发展。

1. 抢险抢修作业

（1）泄漏控制 工作现场的操作工人应及时查明泄漏的原因，泄漏点确切的部位，泄漏的程度，及泄漏点的实际压力，及时采取措施修补或堵塞漏点，制止进一步泄漏，必要时紧急停车。若是大面积的泄漏或是产品储槽泄漏时，应及时将剩余的危险化学品倒到备用的储槽中。

（2）泄漏物处理 如为液体，泄漏到地面上时会四处蔓延扩散，难以收集。应及时用沙土筑堤堵截吸收，或是引流到安全地点，严防液体流入下水道。

（3）设备抢修作业 事故现场严禁任何火种，严禁用铁器敲击管道。各种管道、设备修复需要动火时，必须先用蒸汽吹扫，用气体测爆仪进行检测可燃气体的含量，在确定合格后方可动火。动火时要有指定的监火人，事先将消防器材准备好。

（4）恢复生产检修作业 在恢复生产前，应先对系统进行气密试验，确保漏点已完全消除。

2. 消防作业 由调度组织的人员和消防队员负责抢救在抢险抢修过程中受伤、中毒的人员，和负责扑救火灾。注意：起火时必须根据危险化学品类型选择适宜的方式灭火，否则可能会引起严重后果。

3. 建立安全警戒区 泄漏事故发生后，应根据泄漏的扩散情况，建立警戒区：一般情况下，公司依靠自己的力量能够控制事故的发展时，警戒区应定为厂区；若是以公司的力量难以控制事故的发展并征求社会救援时，警戒区应定为厂区及周边的村庄。并在通往事故现场的主要干路上实行交通管制，保证现场及厂区道路畅通。

（1）在警戒区的边界设立警示标志，并由专人警戒。

（2）除消防、应急处理人员及必须坚守岗位人员外，其他人员禁止进入警戒区。

（3）区域内严禁任何火种。

4. 抢救疏散　如果大量的泄漏且无法挽救时，迅速将警戒区及污染区内与事故无关的人员撤离。疏散时：

（1）需要佩戴防毒面具、劳保用品或采取简易有效的防护措施，并有相应的监护措施。

（2）应向上风方向转移，有明确专人引导和护送疏散人员到安全区，并在疏散或撤离的路线上设立哨位，指明方向。

（3）不要在低洼处滞留。

（4）查明是否有人留在污染区。

5. 医疗救护　在事故现场，如果有人中毒、窒息、烧伤、灼伤时，应及时进行现场急救。现场急救应注意：

（1）选择有利的地形设置急救地点。

（2）做好自身及伤、病员的个体防护。

（3）应至少 2~3 人为一组集体行动，以便相互照应。

6. 当现场由人受到化学品伤害时，应立即进行以下处理

（1）迅速将患者撤离现场至空气新鲜处。

（2）呼吸困难、窒息时应立即给氧；呼吸停止时立即进行人工呼吸及心脏按压。

（3）皮肤污染时，脱去污染的衣服，用流动清水冲洗，冲洗要及时、彻底、反复多次；头面部灼伤时，要注意眼、耳、鼻、口腔的清洗。

（4）当人员发生烧伤时，应迅速将患者的衣服脱去，用流动的清水冲洗降温，用清洁布覆盖创伤面，不要任意将水疱弄破，避免伤口感染。经现场处理后应立即送往医院进一步治疗。

7. 物资供应　由调度通知库房准备好沙袋、锹镐、水泥等消防物资及劳动保护、医疗用品、急救车辆，将所需物资及时供应现场。

三、急性化学品中毒事件的应急处理

（一）可能引起急性化学中毒事故的原因

引起急性化学中毒事故的原因很多，主要原因有：危险化学品储藏中发生渗漏、标识模糊不清、设备故障、违反操作规程等原因。

（二）预防措施

1. 加强对危险化学品的管理，制定管理和使用的操作规程，对危险化学品依据"五双"制度管理。

2. 加强对操作人员的规范教育。

3. 加强日常对化学用品、设备设施的检查与维护，发现问题，及时整改。

（三）处置程序

一旦发生事故，立即汇报，主管领导应立即赶到现场指挥，同时在第一时间向政府有关部门报告。

1. 做好现场紧急抢救，减轻中毒程度，防止并发症，争取时间，为进一步治疗创造条件。

2. 做好现场疏散工作，控制事故势态的扩大。

3. 查明事故原因，及时处置，消除安全隐患。

4. 做好员工安抚工作，控制事态，在消除隐患后方可恢复生产，并做好事故善后工作。

（四）现场抢救 微课2

1. 气体或蒸汽中毒，应立即将中毒者移到新鲜空气处，松解中毒者颈、胸部纽扣和裤带，以保持呼吸道的畅通，并要注意保暖，毒物污染皮肤时应迅速脱去污染的衣服、鞋袜等物，用大量清水冲洗，冲洗时间 15～30 分钟。

2. 经口中毒者，毒物为非腐蚀性者应立即用催吐的办法，使毒物吐出，现场可压迫舌根催吐。

3. 对于中毒引起呼吸、心跳停止者，应立即进行人工呼吸和胸外挤压，人工呼吸法（口对口呼吸）：患者仰卧，术者一手托起患者下颚并尽量使其头部后仰，另一手捏紧患者鼻孔，术者深吸气后，贴紧患者的口吹气，然后松开捏鼻的手，如此有节律地、均匀地反复进行，每分钟吹 14～16 次。吹气压力视患者具体情况而不同。一般刚开始吹气时吹气压力可略大些，频率稍快些。10～20 次后逐步将压力减少，维持胸部升起即可。心跳停止者立即做人工复苏胸外挤压。具体方法是患者平仰卧在硬地板或木板床上，抢救者在患者一侧或骑跨在患者身上，面向头部，用双手的掌根以冲击式挤压患者胸骨下端略靠左方，每分钟 60～70 次。挤压时应注意不要用力过猛，以免发生肋骨骨折、血气胸等。

4. 及时送医院急救，给医务人员提供引起中毒的原因，毒物的名称等情况，送医院途中人工呼吸不能中断。

四、生物安全事故的应急措施

《中华人民共和国生物安全法》第三十八条规定"从事高风险、中风险生物技术研究、开发活动，应当进行风险评估，制定风险防控计划和生物安全事件应急预案，降低研究、开发活动实施的风险。"生物制药企业应依法设立突发生物安全事故应急小组，制定生物安全事故应急处置预案。

（一）应急处置

特大生物安全事故发生后，现场的工作人员应立即将有关情况通知应急小组组长，应急小组组长接到报告后启动应急预案，并向上级报告。

应急小组成员对现场进行事故的调查和评估，按实际情况及自己工作职责进行应急处置。对潜在重大生物危害性气溶胶的释出（在生物安全柜以外），为迅速减少污染浓度，在保证规定的负压值条件下，增加换气次数。现场人员要对污染空间进行消毒。在消毒后，所有现场人员立即有序撤离相关污染区域；进行体表消毒和淋浴，封闭事故区域。为了让气溶胶被排走和较大的粒子沉降，至少 1 小时内不能有人进入房间。如果该区域没有中央空调排风系统，需要推迟 24 小时后进入。同时应当张贴"禁止进入"的标志。封闭 24 小时后，按规定进行善后处理。

在事故发生后 24 小时内，事件当事人和检验科写出事故经过和危险评价报告呈组长，并记录归档；任何现场暴露人员都应接受医学咨询和隔离观察，并采取适当的预防治疗措施。

小组组长在此过程中对主管部门做进程报告，包括事件的发展与变化、处置进程、事件原因或可能因素，已经或准备采取的整改措施。同时对首次报告的情况进行补充和修正。

（二）后期处置

1. 善后处置 对事故点的场所、废弃物、设施进行彻底消毒，对生物样品迅速销毁；组织专家查清原因；对周围一定距离范围内的植物、动物、土壤和水环境进行监控，直至解除封锁。对于人畜共患的生物样品，应对事故涉及的当事人群进行强制隔离观察。对于试验作类似处理。

2. 调查总结　事故发生后要对事故原因进行详细调查，做出书面总结，认真吸取教训，做好防范工作。

事件处理结束后 10 个工作日内，应急小组组长向主管部门做结案报告。包括事件的基本情况、事件产生的原因、应急处置过程中各阶段采取的主要措施及其功效、处置过程中存在的问题及整改情况，并提出今后对类似事件的防范和处置建议。

目标检测

答案解析

一、单项选择题

1. 某危险化学品具有两个包装标志（如下图），查阅系列国家标准《化学品分类和标签规范》等，选择正确的说法（　　）。

　　A. 该危险化学品具有两种危险特性，其中主要危险性是毒性

　　B. 该危险化学品具有两种危险特性，其中主要危险性是腐蚀性

　　C. 该危险化学品只有一种危险特性，即剧毒性

　　D. 该危险化学品只有一种危险特性，即腐蚀性

2. 危险化学品进入人体的途径不包括（　　）。

　　A. 经呼吸道进入　　　B. 经毛发进入　　　C. 经皮肤进入　　　D. 经消化道进入

3. 火灾发生的必要条件是（　　）。

　　A. 助燃剂　　　　　B. 可燃物　　　　　C. 点火源　　　　　D. 以上三要素

二、多项选择题

1. 下列属于生物因子的是（　　）。

　　A. 金黄色葡萄球菌　　　　　　　　　B. 中国仓鼠卵巢细胞

　　C. 二氧化硅　　　　　　　　　　　　D. 克林霉素

2. 火灾爆炸危险物质的控制措施主要有（　　）。

　　A. 高压操作　　　B. 取代和降低用量　　C. 惰性气体保护　　D. 通风操作

3. 职业中毒有（　　）。

　　A. 急性中毒　　　B. 长期中毒　　　　　C. 慢性中毒　　　　D. 亚急性中毒

4. 防直接接触触电的措施中，最主要有（　　）。

　　A. 绝缘　　　　　B. 屏护　　　　　　　C. 安全电压　　　　D. 间距

5. 防止直接和间接接触电击的措施有（　　）。

　　A. 双重绝缘　　　B. 加强绝缘　　　　　C. 安全电压　　　　D. 漏电保护

三、简答题

1. 当发现有人发生触电事故时，你将如何营救，营救过程中需要注意哪些事项？
2. 如何进行风险评价？针对不同的风险等级，需要采取哪些控制措施？

书网融合······

知识回顾　　　　　微课1　　　　　微课2　　　　　习题

学习引导

　　生化制药技术是指利用现代生物化学技术从生物体中分离、纯化，制备用于预防、治疗和诊断疾病的具有活性的"生化物质"。生化制药技术能够提取出的生物药物种类多，具有活性高、针对性强、毒副作用少、营养价值高等特点。随着生化制药技术工艺的不断进步，以及学科交叉的深入，生化制药技术路线不断完善，生化药物的品质更加有了保障。

　　生化药物原料的选择及提取技术直接影响生化药物的品质，面对着原料复杂、产物含量低、杂质多等技术性问题，应该如何保证生化药物的质量？如何判断最优原料的选择及最终提取精制方法？

　　本项目主要介绍生化药物原料的选择原则、常见生化药物的提取方法及生化制药技术的发展趋势。

学习目标

　　1. **掌握**　氨基酸、多肽和蛋白质类药物的制备方法；核酸类药物的制备方法；糖类药物的制备方法；酶类药物的制备方法；脂类药物的制备方法；维生素与辅酶类药物的制备方法。

　　2. **熟悉**　生化药物的分类、特点和一般工艺过程；氨基酸、多肽和蛋白质类药物的基本性质；核酸类药物的基本性质；糖类药物的基本性质；酶类药物的基本性质；脂类药物的基本性质；维生素与辅酶类药物的基本性质。

　　3. **了解**　氨基酸、多肽和蛋白质类药物的临床应用；核酸类药物的临床应用；糖类药物的临床应用；酶类药物的临床应用；脂类药物的临床应用；维生素与辅酶类药物的临床应用。

PPT

任务一　生化制药工艺过程

一、生化药物的分类 📱微课1

　　生化药物是运用生理学和生物化学的理论、方法及研究成果直接从生物体（动物、植物、微生物）分离或用微生物合成，或用现代生物技术制备的一类用于预防、治疗、诊断疾病，有目的地调节人体生理功能的生化物质。这类物质都是维持生命正常活动的生命基本物质，包括氨基酸、多肽、蛋白质、多糖、核酸、脂肪、维生素、激素等。

二、生化药物的特点

（一）生物原材料的复杂性

生物材料的复杂性主要表现在以下方面。

1. 同一种生化物质的原料可来源于不同的生物体，如人、动物、微生物、海洋生物等。

2. 同一种物质也可由同种生物体的不同组织、器官、细胞产生，如在猪胰脏和猪的颌下腺中都有血管舒缓素并且从两者获得的血管舒缓素并无生物学功能的差别。

3. 同一种生物体或组织可产生结构完全不同的物质及结构相似的物质，如从猪胰脏中可提取胰岛素、胰蛋白酶、胰脂肪酶等多种物质，因此也要求制备技术的多样性和复杂性。

（二）生化物质种类多、有效成分含量低

生物原材料中生化成分组成复杂，种类多，但有效成分含量低，杂质多，生化活性越高的成分，含量往往越低。如脱氧核糖核酸酶含量为十万分之五，胰岛素的含量仅为 0.002%。

（三）生物材料种属特性

由于生物体间存在着种属特性关系，许多内源性生理活性物质的应用受到限制。如人脑垂体分泌的生长素治疗侏儒症有特效，但猪脑垂体分泌的生长素对人体无效。牛胰含胰岛素单位比猪胰高，两者含量分别为 4000IU/kg 胰脏和 3000IU/kg。单抗原性猪胰岛素比牛胰岛素低。

（四）药物活性与分子构象相关

生化成分中的大分子物质特别是蛋白质类药物都是以其严格的空间构象维持其生物活性功能，原有的构象一旦发生变化，其生理活性就完全丧失。

（五）对制备技术条件要求高

由于生物材料及产品的特殊性，对其生产技术、生产条件、检测方法、检测内容及生产人员都有较高的要求。

1. 不管是原料还是产品均为高营养物质，极易染菌腐败，因而对原料的采集、保藏、产品的生产等都有温度和无菌条件的要求。

2. 因产品有效成分含量低、稳定性差，生产过程中的 pH、温度、剪切力、重金属含量、压力等操作条件均须严格控制。

3. 检测内容不但要有理化检测指标，更要求有生物活性指标，对生物技术药物还需有工程菌（细胞）的各种分析资料及产物的鉴定分析资料。

4. 检测方法要求重现性好，有较高的灵敏度高和专属性。

5. 要求生产、管理人员具备一定的知识深度和相当的知识结构。

三、传统生化制药的一般工艺过程 🅔 微课2

（一）材料的选择

选取生物材料时需考虑其来源、目的物含量、杂质的种类、价格、材料的种属特性等，其原则是要选择富含所需目的物、易于获得、易于提取的无害生物材料。

1. 来源选材时应选用来源丰富的生物材料，做到尽量不与其他产品争原料，且最好能综合利用。

2. 有效成分含量相关的因素生物材料中目的物含量的高低，直接关系到终产物的价格，在选择生物材料时需从以下方面考虑。

（1）适合的生物品种　根据目的物的分布，选择富含有效成分的生物品种是选材的关键。

（2）适合的组织器官　不同组织器官所含有效成分的量与种类以及杂质的种类和含量多有不同，如河豚毒素在不同的组织中含量为：卵巢＞脾脏＞肝脏＞血液＞眼睛＞鳃耙＞皮肤＞精巢，肌肉中则无毒素。

（3）生物材料的种属特异性　为保证产品的有效选材时应予以充分考虑种属特异性。对于种属差异大，无法满足临床需求的成分只能借助于生物技术进行生产。

（4）适合的生长发育阶段　生物在不同的生长、发育期合成不同的生化成分，所以生物的生长期对生理活性物质的含量、种类影响很大。如 HCG 在妊娠妇女 60～70 天的尿中达到高峰，到妊娠 18 周则降到最低水平。

（5）合适的生理状态生物　在不同生理状态时所含生化成分也有差异，如动物饱食后宰杀，胰脏中的胰岛素含量增加，对提取胰岛素有利，但因胆囊收缩素的分泌使胆汁排空，对收集胆汁则不利。

（二）材料的采集与保存

1. **天然生物材料的保存**　由于生理活性物质易失活、降解，所以采集时必须保持材料的新鲜，防止腐败、变质与微生物污染。如胰脏采摘后要立即速冻，防止胰岛素活力下降。

2. **动物细胞的保存方法**　有组织块保存、细胞悬液保存、单层细胞保存及低温冷冻保存等。

（1）组织块保存法　胚胎组织块保存方法是取出新生胎儿肾脏剪成小块，洗涤后加生长液，于 4℃ 过夜，换液一次，可置冰瓶。

（2）细胞悬液保存法　在一定条件下，细胞悬液可短期保存，不同种类的细胞保存条件不同，通常于 4℃ 在生长培养液中可保存数日或数周。

（3）单层细胞保存法　通过降低温度来延长细胞的正常代谢时间，保存过程中经常更换生长培养液可提高保存的效果。

（4）低温冷冻保存法　将细胞冻存于 –70℃ 的低温冰箱中或液氮中。在低温冰箱中可冻存 1 年以上，在液氮中可长期保存。

（三）生物材料的预处理

1. **组织与细胞的破碎**　生物活性物质大多存在于组织细胞中，必须将其结构破坏才能使目的物有效地提取，常用的组织与细胞破碎方法有物理法、化学法、生物法。

2. **细胞器的分离**　为获得结合在细胞器上的一些生化成分或酶系，常常要先获得特定的细胞器，再进一步分离目的产物。方法是匀浆破碎细胞，离心分离，包括差速离心法、速率区带离心法和等密度离心法。

3. **制备丙酮粉**　在生化物质提取前，有时还要用丙酮处理原材料，制成"丙酮粉"，其作用是使材料脱水、脱脂，使细胞结构松散，增加某些物质的稳定性，有利于提取。常用的方法是将匀浆（或组织糜）悬浮于 0.01mol/L、pH 6.5 的磷酸盐缓冲液中，于 0℃ 下边搅拌边慢慢加入 5～10 倍的 –10℃ 无水丙酮中，静置 10 分钟，离心过滤取其沉淀物，用冷丙酮反复洗数次，真空干燥即得丙酮粉。丙酮粉在低温下可保存数年。

（四）固－液分离

固－液分离是将悬浮液中的固体和液体分离的过程，在生物活性物质的分离纯化过程中不可避免需要用到固－液分离技术，如将细胞碎片和生物组织的提取液分离。常规的固－液分离技术主要有过滤和离心等。

（五）生物活性物质的提取

生化材料中活性物质的提取常用的方法如下。

1. 用酸、碱、盐水溶液提取　用酸、碱、盐水溶液可以提取各种水溶性、盐溶性的生化物质。这类溶剂提供了一定的离子强度、pH及相当的缓冲能力。如胰蛋白酶用稀硫酸提取；肝素用pH＝9.0的3%氯化钠溶液提取。对某些与细胞结构结合牢固的生物大分子，在提取时采用高浓度盐溶液（如4mol/L盐酸胍，8mol/L脲或其他变性剂），这种方法称为"盐解"。

2. 用表面活性剂提取　表面活性剂分子兼有亲水与疏水基团，分布于油水界面时有分散、乳化和增溶作用。表面活性剂可分为阴离子型、阳离子型、两性离子型与非离子型。离子型表面活性剂作用强，但易引起蛋白质等生物大分子的变性，非离子型表面活性剂变性作用小，适合于用水、盐系统无法提取的蛋白质或酶的提取。某些阴离子去垢剂如十二烷基磺酸钠（SDS）等可以破坏核酸与蛋白质的离子键合，对核酸酶又有一定抑制作用，因此常用于核酸的提取。

3. 有机溶剂提取　用有机溶剂提取生化物质可分为固－液提取和液－液提取（萃取）两类。

（1）**固－液提取**　常用于提取水不溶性的脂类、脂蛋白、膜蛋白结合酶等。常用的有机溶剂有甲醇、乙醇、丙酮、丁醇等极性溶剂以及乙醚、三氯甲烷、苯等非极性溶剂。极性溶剂既有亲水基团又有疏水基团，从广义上说，也是一种表面活性剂。乙醚、三氯甲烷、苯是脂质类化合物的良好溶剂。

（2）**液－液萃取**　是利用溶质在两个互不混溶的溶剂中溶解度或分配比的差异，将溶质从一个溶剂相向另一个溶剂相转移的操作。影响液－液萃取的因素主要有目的物在两相的分配系数（K）、萃取剂的用量、pH、溶剂的极性和离子强度及温度等。

（六）生物活性物质的分离与纯化

1. 生物制药中分离制备方法的特点　生物材料组成复杂，含量极微，易变性（难点）；重复性差，经验性强，步骤多，逐级分离，产品验证与化学上纯度概念不完全相同。

2. 生物制药中分离制备方法的基本原理

（1）**根据分子形状和大小**　差速离心与超离心法，膜分离（透析、电渗析）与超滤法，凝胶过滤法。

（2）**根据分子电离性质的差异性**　离子交换法、电泳法、等电聚集法。

（3）**根据分子极性大小及溶解度不同**　溶剂提取法、盐析法、等电点沉淀法及有机溶剂分级沉淀法。

（4）**根据物质吸附性质不同**　选择性吸附法与吸附层析法。

（5）**根据配体特异性进行分离**　亲和层析法。

（七）生物活性物质的浓缩与干燥

1. 生物活性物质的浓缩　多数生化成分对热不稳定，因此常采用一些较为缓和的浓缩方法。

（1）**盐析浓缩**　用添加中性盐的方法使某些蛋白质（或酶）从稀溶液中沉淀出来，从而达到样品浓缩的目的。最常用的中性盐是硫酸铵，其次是硫酸钠、氯化钠、硫酸镁、硫酸钾等。

（2）有机溶剂沉淀浓缩　在生物大分子的水溶液中，逐渐加入乙醇、丙酮等有机溶剂，可以使生化物质的溶解度明显降低，从溶液中沉淀出来，这也是浓缩生物样品的常用方法。

（3）用葡聚糖凝胶（sephadex）浓缩　向稀样品溶液中，加入固体的干葡聚糖凝胶 G - 25，缓慢搅拌 30 分钟，葡聚糖凝胶吸水膨胀，进行过滤，生物大分子全部留在溶液中。

（4）用聚乙二醇浓缩　将待浓缩液放入透析袋内，袋外覆以聚乙二醇，袋内的水分很快被袋外的聚乙二醇所吸收，在极短时间内，可以浓缩几十倍至上百倍。

（5）超滤浓缩　应用不同型号超滤膜浓缩不同相对分子质量的生物大分子。超滤浓缩设备有固定末端式系统、搅拌式系统、管状流动式系统和细管流式系统。

（6）真空减压浓缩与薄膜浓缩　真空减压浓缩在生物药物生产中使用较为普遍，具有生产规模大、蒸发温度较低、蒸发速度较快等优点。

薄膜浓缩器的加速蒸发原理是增加汽化表面积，使液体形成薄膜而蒸发，成膜的液体具有极大的表面。热的传播快而均匀，没有液体静压的影响，能较好地防止物料的过热现象，物料总的受热时间也有所缩短，而且能连续进行操作。

2. 干燥　是使物质从固体或半固体状经除去存在的水分或其他溶剂，从而获得干燥物品的过程。在生化制药工艺中干燥的目的如下。

（1）提高药物或药剂的稳定性，以利于保存与运输。

（2）使药物或药剂有一定的规格标准。

（3）便于进一步处理。

干燥多用加热法进行，常用的方法有膜式干燥、气流干燥、减压干燥等。此外，冷冻干燥、喷雾干燥以及红外线干燥等也常选用。

（八）生物活性物质的制剂

原料药（精制品）经精细加工制成片剂、注射剂、冻干剂、粉剂等供临床应用的各种剂型。

任务二　氨基酸类药物的制备

PPT

一、氨基酸的结构及理化性质

氨基酸是组成蛋白质的基本单位，通常由五种元素即碳、氢、氧、氮、硫组成。研究发现，在自然界中，组成生物体各种蛋白质的氨基酸有 20 种，其分子结构的共同点是均含有一个 α - 氨基（—NH$_2$）和 α - 羧基（—COOH）。故组成天然蛋白质的氨基酸统称为 α - 氨基酸。所有 α - 氨基酸的表达通式见图 3 - 1。

构成天然蛋白质的 20 种氨基酸（除甘氨酸外）中，产碳原子均为不对称碳原子，具有立体异构现象，且天然蛋白质的氨基酸都是 L - 型，故称为 L - 型氨基酸。它们彼此的区别，主要是 R 基团结果的不同，故其理化性质也各异。

图 3 - 1　α - 氨基酸的表达通式

（一）物理通性

天然氨基酸纯品均为白色结晶粉末，其熔点及分解点均在200℃以上，各种氨基酸均能溶于水，但溶解度不同。所有氨基酸都不溶于乙醚、三氯甲烷等非极性溶剂，均溶于强酸、强碱中。除甘氨酸外，所有天然氨基酸都具有旋光性。天然氨基酸的旋光性在酸液中可以保持，在碱液中由于互变异构，容易发生外消旋化。

（二）化学通性

α-氨基酸共同的化学反应有两性解离、酰化、烷基化、脂化、酰氯化、叠氮化、脱羧及脱氨反应、肽键结合反应等。此外，某些氨基酸的特殊基团也产生特殊的理化反应，如酪氨酸的酚羟基可产生米伦反应与福林-达尼斯反应；精氨酸的胍基产生坂口反应等。另外色氨酸、苯丙氨酸及酪氨酸均有特征紫外吸收，色氨酸的最大吸收波长为279nm，酪氨酸为278nm，苯丙氨酸为259nm。但构成天然蛋白质的20种氨基酸在可见光区均无吸收。

二、氨基酸的命名与分类

（一）氨基酸的命名

氨基酸的化学名称是根据有机化学标准命名法命名。氨基位置有 α、β、γ、δ、ε 之分，如赖氨酸的化学名为 α，δ-二氨基己酸（图3-2）。

$$\overset{\varepsilon}{H_2N}-CH_2-\overset{\delta}{CH_2}-\overset{\gamma}{CH_2}-\overset{\beta}{CH_2}-\overset{\alpha}{CH}-COOH$$
$$\underset{H_2N}{|}$$

图3-2 赖氨酸的表达通式

（二）氨基酸的分类

氨基酸的分类方法有四种。

1. 根据氨基酸在 pH5.5 溶液中带电状况可分为酸性、中性和碱性氨基酸三类。

2. 按照氨基酸侧链的化学结构，可将氨基酸分为脂肪族氨基酸、芳香族氨基酸、杂环族氨基酸和亚氨基酸四大类。

3. 按照氨基酸侧链基团的极性，把氨基酸分为极性氨基酸和非极性氨基酸两类。

4. 从对人体营养的角度，根据氨基酸对人体生理的重要性和在人体内能否合成，将氨基酸分为必需氨基酸和非必需氨基酸两类。

三、氨基酸的生产方法

目前，构成天然蛋白质的20种氨基酸的生产方法有5种：直接发酵法、微生物生物转化法、酶法、化学合成法和蛋白质水解提取法。通常将直接发酵法和微生物生物转化法统称为发酵法。现在除少数几种氨基酸（如酪氨酸、半胱氨酸、胱氨酸和丝氨酸）用蛋白质水解提取法产生外，多数氨基酸都采用发酵法生产，也有几种氨基酸采用酶法和化学合成法生产。

（一）化学合成法

化学合成法是利用有机合成和化学工程相结合的技术生产氨基酸的方法。通常是以 α-卤代羧酸、醛类、甘氨酸衍生物、异腈酸盐、乙酰氨基丙二酸二乙酯、卤代烃、α-酮酸及某些氨基酸为原料，经氨解、水解、缩合、取代、加氢等化学反应合成 α – 氨基酸。它的最大优点是在氨基酸的品种上不受影响，除制备天然氨基酸外，还可用于制备各种特殊结构的非天然氨基酸。由于合成得到的氨基酸都是 DL 型外消旋体，必须经过拆分才能得到人体能够利用的 L – 氨基酸。目前多用固定化酶拆分 DL – 型氨基酸。

（二）酶法

酶法是利用微生物特定的酶系作为催化剂，使底物经过酶催化生成所需的产品，由于底物的多样性，本法不但可以制备天然氨基酸，还可以制备难以用发酵法或合成法制备的光学活性氨基酸。借助于酶的生物催化，可使许多本来难以用发酵法或合成法制备的光学活性氨基酸，有工业生产的可能。如 L – 色氨酸合成酶可催化吲哚和 L – 丝氨酸合成 L – 色氨酸；苯丙氨酸解氨酶可催化反式肉桂酸和铵盐合成 L – 苯丙氨酸。本法产物浓度高、副产物少、成本低、周期短、收率高、专一性强、固定化酶或细胞可反复使用、节省能源和劳务。但要将此法用于工业生产还需进一步研究，关键在于如何获得廉价的底物和酶原。

（三）蛋白水解法

蛋白质水解以毛发、血粉及废蚕丝等蛋白为原料，通过酸、碱或蛋白水解酶水解成多种氨基酸的混合物，经分离纯化获得各种氨基酸的生产方法。目前蛋白质水解分为酸水解法、碱水解法及酶水解法。目前用此法生产的氨基酸主要有 L – 胱氨酸、L – 半胱氨酸。该方法的优点是原料来源丰富，投产比较容易；缺点是成本高，产量低。

（四）直接发酵法

发酵法是以糖为碳源、以氨或尿素为氮源，通过微生物的发酵繁殖，直接生产氨基酸的方法。所用菌种主要为细菌、酵母菌。按照生产菌株的特性，直接发酵法可分为四类：第一类是使用野生型菌株直接由糖和铵盐发酵生成氨基酸，如谷氨酸、丙氨酸和缬氨酸的发酵生产；第二类是使用营养缺陷突变株直接由糖和铵盐发酵生产氨基酸；第三类是由氨基酸结构类似物抗性突变生产氨基酸；第四类是使用营养缺陷型兼抗性突变株生产的氨基酸。常见氨基酸的中间体和发酵应用的微生物（表 3 – 1）。

表 3 – 1　氨基酸的中间产物及发酵应用的微生物

氨基酸	前体（中间产物）	微生物	产率（g/L）
丝氨酸	甘氨酸	嗜甘油棒状杆菌	16
色氨酸	氨茴酸	异常汉逊酵母	3
色氨酸	吲哚	麦角菌	13
蛋氨酸	2 – 羟基 – 4 – 甲基 – 硫代丁酸	脱氨极毛杆菌	11
异亮氨酸	α – 氨基丁酸	黏质赛氏杆菌	8
异亮氨酸	D – 苏氨酸	阿氏棒状杆菌	15
苏氨酸	高丝氨酸	谷氨酸小球菌	20

本法的优点是直接生产 L – 型氨基酸，原料丰富，以廉价碳源或化工原料代替葡萄糖，成本大大降低。缺点是产物浓度低，生产周期长，设备投资大，有副反应，单晶体氨基酸的分离比较复杂。

（五）微生物生物转化法

此法是以氨基酸的中间产物为原料，用微生物将其转化为相应的氨基酸，这样可以避免氨基酸生物合成途中的反馈抑制作用。主要应用于很难避开其反馈调节机制，而难以用直接发酵法生产的氨基酸，如用甘氨酸作为前体工业化生产 L – 丝氨酸。

四、氨基酸及其衍生物在医药中的应用

在生命活动中，人和动物通过消化系统吸收氨基酸，并通过与蛋白质之间的转化，维持蛋白质在体内的动态平衡，若其动态平衡失调则机体代谢紊乱，甚至引起疾病。而且许多氨基酸还有特定的药理效应，所以在临床治疗中具有重要的应用价值。

（一）氨基酸的营养价值及其与疾病的关系

氨基酸是构成蛋白质的基本单位，它参与体内代谢和各种生理功能活动。故蛋白质营养价值实际是氨基酸作用的反应。健康人依靠膳食中的蛋白质获取各种氨基酸满足机体需求，缺乏蛋白质则影响机体生长及正常生理功能，抗病力减弱引起病变，《中国药典》（2020 年版）批准的氨基酸输液成分见表 3 - 2。例如，赖氨酸能促进人体钙的吸收，加速骨骼生长，有助于婴幼儿的生长发育。而婴幼儿食物中赖氨酸含量较低，加工过程中易被破坏，容易引起赖氨酸缺乏，导致蛋白质代谢平衡失调、胃液分泌减少，消化力下降，引起厌食，影响生长发育。因此，在婴幼儿食品中添加足够量的赖氨酸是必要的。

表 3 - 2　氨基酸营养输液各成分及含量（g/1000ml）

成分	18AA 含量		18AA - Ⅰ 含量		18AA - Ⅱ 含量		18AA - Ⅲ 含量		18AA - Ⅳ 含量
脯氨酸	1.00		8.1		2.9		3.30		1.10
丝氨酸	1.00		7.5		1.9		2.20		0.73
丙氨酸	2.00		3.0		7.2		6.20		2.07
异亮氨酸	3.52		3.9		2.5		5.60		1.87
亮氨酸	4.90		5.3		3.4		12.50		4.17
门冬氨酸	2.50		4.1		1.5		3.80		1.27
酪氨酸	0.25		0.5		0.2		0.35		0.116
谷氨酸	0.75		9.0		2.5		6.50		2.17
苯丙氨酸	5.33		5.5		3.5		9.35		3.11
缬氨酸	3.60		4.3		3.2		4.50		1.50
脯氨酸	1.00		8.1		2.9		3.30		1.10
苏氨酸	2.50		3.0		2.5		6.50		2.17
甲硫氨酸	2.25		1.9		2.5		3.50		1.17
甘氨酸	7.60		2.1		3.5		10.70		3.57
盐酸精氨酸	5.00	精氨酸	3.3	精氨酸	4.9	精氨酸	7.90	精氨酸	2.63
盐酸赖氨酸	4.30	盐酸赖氨酸	4.9	盐酸赖氨酸	5.5	醋酸赖氨酸	12.40	醋酸赖氨酸	4.13
盐酸组氨酸	2.50	组氨酸	2.4	组氨酸	3.0	组氨酸	6.00	组氨酸	2.00
色氨酸	0.90	色氨酸	1.0	色氨酸	0.85	色氨酸	1.30	N - 乙酰 - L - 色氨酸	0.52
胱氨酸	0.10	盐酸半胱氨酸	0.145	胱氨酸	0.2	半胱氨酸	1.00	盐酸半胱氨酸	0.48

（二）治疗消化道疾病的氨基酸及其衍生物

此类氨基酸及其衍生物有谷氨酸及其盐氨酸、谷氨酰胺、乙酰谷酰胺铝、甘氨酸及其铝盐等。其中谷氨酸、谷氨酰胺、乙酰谷酰胺铝主要通过保护消化道或促进黏膜增生而达到防治综合性胃溃疡病、十二指肠溃疡等疾病。甘氨酸及其铝盐可中和过多胃酸，保护黏膜，用于治疗胃酸过多症及胃溃疡。

（三）治疗肝病的氨基酸及其衍生物

治疗肝病的氨基酸有精氨酸盐酸盐、磷葡精氨酸、鸟氨酸、赖氨酸盐酸盐及天冬氨酸等。L－精氨酸、L－瓜氨酸及L－鸟氨酸是机体尿素循环中间体的重要成分，有助于将血液中的氨转化为尿素排出体外，加速肝脏解氨毒作用，常用于治疗外科、灼伤及肝功能不全所致高血氨症，精氨酸还是肝性昏迷忌钠病人的急救药品。L－谷氨酸可激活三羧酸循环，促进血氨下降，临床上用于治疗肝性昏迷及肝性脑病等高血氨症。

（四）用于治疗肿瘤的氨基酸及其衍生物

近年来，发现不同癌细胞的增殖需要大量消耗某种特定氨基酸。寻找这种氨基酸的结构类似物——代谢拮抗剂，被认为是治疗癌症的一种有效手段。天冬酰胺的结构类似物是S－氨甲酰基－半胱氨酸，有抗白血病的明显效果。偶氮丝氨酸是谷氨酰胺的抗代谢物，用于治疗急性白血病及霍奇金病。

（五）治疗脑及神经系统疾病的氨基酸及其衍生物

该类药物主要有谷氨酸的钙盐和镁盐、色氨酸、左旋多巴等。L－谷氨酸的钙盐和镁盐可维持神经肌肉正常兴奋，临床上用于治疗神经衰弱、神经官能症、脑外伤以及癫痫小发作。左旋多巴在体内经氨基酸脱羧酶脱羧成为多巴胺，改善帕金森病症状；左旋多巴因增加脑内多巴胺及去甲肾上腺素等神经递质，可以提高大脑对氨的耐受，临床也用于治疗肝昏迷。

（六）治疗其他疾病的氨基酸及其衍生物

胱氨酸及半胱氨酸均有抗辐射作用，并能促进造血功能，增加白细胞、促进皮肤损伤的修复，临床用于治疗辐射损伤、肝炎、重金属中毒等。门冬氨酸可以制成各种盐类后使用，门冬氨酸钾盐主要用于消除疲劳，治疗心脏病、肝病等，也可以治疗低钾血症。乙酰半胱氨酸为黏液溶解剂，其分子式中含有巯基（—SH），可使多肽链中的双硫键（—S—S—）断裂，降低痰的黏度，痰易排出，不仅能溶解白痰也能溶解脓性痰。用于术后咯痰困难，急、慢性支气管炎，支气管扩张，肺炎，肺结核，肺气肿等引起痰液黏稠和咳痰困难者。

五、赖氨酸的制备

（一）结构与性质

L－赖氨酸（L－Lysine，L－Lys）存在于所有蛋白质中，是碱性必需氨基酸。由于谷物食品中的赖氨酸含量很低，且在加工过程中易被破坏，故称为第一限制性氨基酸。其化学名称为2，6－二氨基己二酸，含有2个氨基（—NH$_2$）和1个羧基（—COOH），是一种具有明显碱性的氨基羧酸。其分子式为C$_6$H$_{14}$O$_2$N$_2$，分子量为146.20，具有不对称的α－碳原子，按光学活性可分为L型和D型（图3－3）。只有L型才能被生物利用，故通常所说的赖氨酸均指L型。

图3－3　赖氨酸结构式

由于游离的赖氨酸易吸收空气中的二氧化碳，故制取结晶比较困难。一般均制成赖氨酸盐酸盐的形式。

赖氨酸盐酸盐熔点为263℃，纯品为白色单斜晶形粉末，无臭，味甜，比旋光度为 +21°。易溶于水，在水中的溶解度0℃时为53.6g/100ml，25℃时为89g/100ml，50℃时为111.5g/100ml，70℃时为142.8g/100ml。不溶于乙醇和乙醚。赖氨酸的口服半致死量LD_{50}为4.0g/kg，赖氨酸含有α-氨基及ε-氨基，只有在ε-氨基为游离状态时，才能被动物机体所利用，故具有游离ε-氨基的赖氨酸称为有效赖氨酸。在提取时，要特别注意防止有效赖氨酸受热破坏而影响其使用价值。

（二）生产工艺

1. 菌种 营养缺陷型异变菌株；调节突变菌种的黄色短杆菌；非营养缺陷型的赖氨酸生产菌。常用生产菌种为北京棒杆菌 AS1.563。

2. 工艺流程 见图3-4。

图3-4 微生物发酵法生产赖氨酸的工艺流程

3. 生产过程控制要点

（1）培养基

1）碳源 赖氨酸产生菌几乎都只能利用葡萄糖、果糖、麦芽糖和蔗糖，作为这些糖类来源的原料主要是淀粉（如大米、玉米和薯类）、甘蔗糖蜜、甜菜糖蜜等。维持低糖浓度发酵对菌体生长和赖氨酸生长均有利，糖浓度5%以下，可获得高产。

2）氮源 赖氨酸是二氨基的碱性氨基酸，所以赖氨酸发酵所用的氮源比普通发酵要大得多。赖氨酸发酵中，有机氮源和无机氮源均有使用。常用大豆饼粉、花生饼粉和毛发的水解液。其用量一般为2%～5%。

3）无机盐 磷、镁、钾、钙等无机盐是菌体生长促进物质。磷酸化作用是糖代谢主要途径之一；镁能刺激菌体生长，又是很多酶促反应中的无机激活剂。硫构成蛋白质和某些酶的活性中心。

4）生长因子 赖氨酸发酵中，一般添加生物素能明显增加赖氨酸产量，培养基的生物素含量在30μg/L以上较好。

（2）赖氨酸发酵工艺条件 赖氨酸发酵过程分为两个阶段，发酵前期（0～12小时）为菌体生长期，主要是菌体繁殖，很少产酸。当菌体生长一定时间后，转入产酸期。赖氨酸发酵的两个阶段没有谷氨酸发酵那样明显，但工艺控制上应该根据两个阶段的不同而异。

1）温度 幼龄菌对温度敏感，在发酵前期，提高温度，生长代谢加快，产酸器提前，但菌体易衰老，产量减少，因此，发酵前期控制温度32℃，中后期30℃。

2）pH控制 pH 6.5～7.5，最适为6.5～7.0。在整个发酵过程控制pH平稳为好。

3）种龄和接种量 种龄以对数生长期的种子为好。当采用二级种子扩大培养时，接种量较少，约

2%，种龄一般为 8～12 小时，当采用三级种子扩大培养，接种量较大，约 10%，种龄一般为 6～8 小时。

4）供氧　在培养条件适中时，特别重要的因素是通气搅拌效果。赖氨酸是门冬氨酸族氨基酸，它在供养充足，细菌充分呼吸时能达到最大生成量。发酵罐培养时，耗氧速率为 40～54mmol/（L·h）。发酵罐结构一定时，一般通过调节通气量来控制供氧。

5）生物素　可促进草酰乙酸生成，增加门冬氨酸供给，提高赖氨酸产量。以葡萄糖、丙酮酸为唯一碳源时，添加过量的生物素（200～500μg/L），赖氨酸的积累显著增加。

6）醋酸　乙酰 CoA 促进磷酸烯醇式丙酮酸羧化作用，添加醋酸，增加乙酰 CoA 的生成，促进磷酸烯醇式丙酮酸羧化反应，提高赖氨酸产量。

7）硫酸铵　对赖氨酸的发酵影响也较大。当硫酸铵含量大时菌体生长迅速，但赖氨酸产量较低。无其他铵离子的情况下，硫酸铵用量为 4.0%～4.5% 时，赖氨酸产量最高。

4. 发酵液的预处理　包括除去菌体和影响提取收率的杂质离子，除去菌体的方法有离心分离法和添加絮凝剂沉淀两种方法。

（1）离心分离法　采用高速离心机分离除去，因菌体小需要反复离心，故成本高。

（2）添加絮凝剂沉淀　是先将发酵液调节到一定 pH，加入适量的絮凝剂，使菌体絮凝沉淀，加助滤剂过滤除去。

钙离子一般通过加入草酸，产生其钙盐沉淀而除去。

5. 赖氨酸的提取

（1）从发酵液中提取赖氨酸通常有四种方法　①沉淀法，利用赖氨酸生成难溶性的盐而沉淀分离；②有机溶剂油提法；③离子交换树脂吸附法；④电渗析法。

（2）732 型离子交换树脂吸附法　目前工业生产均采用 732 型离子交换树脂吸附法提取赖氨酸，该法回收率高，产品纯度高。

操作步骤：包括上柱吸附和洗脱。

1）上柱吸附　上柱液以一定流速通过树脂层，树脂吸附上柱液中的赖氨酸，称为上柱吸附。

2）上柱方式　上柱有正上柱和反上柱两种。正上柱是上柱液自上而下通过树脂层，属于多级交换，交换容量比较大。如果发酵液含固形物比较多，流速较快时，容易造成树脂层的堵塞，这时应采用反上柱。反上柱是上柱液自下而上通过树脂层，属于一级交换，交换容量比较小。

3）交换容量　是指单位质量离子交换树脂所能吸附的最大赖氨酸量。它反映树脂的交换能力大小。正上柱时，一般每吨树脂可吸附 90～100kg 赖氨酸盐酸盐；反上柱时，一般每吨树脂可吸附 70～80kg 赖氨酸盐酸盐，流出液 pH 为 5 时表明吸附已达饱和。

4）上柱流速　是指上柱液通过树脂层的速度。上柱流速对交换效果影响很大。上柱流速应根据上柱液性质、树脂性质、柱的大小及上柱方式等具体情况决定。赖氨酸提取上柱流速根据树脂柱的大小，线速度一般为 0.01～0.08m/s。交换柱：直径 1.0～1.4m 时，取线速度 0.05～0.05m/s。

5）洗脱与收集　从树脂上洗脱赖氨酸所采用的洗脱剂有氨水、氨水＋氯化铵或氢氧化钠等。

6）氨水洗脱　使用氨水洗脱时，一般浓度为 3.6%～5.4%。优点是洗脱液经浓缩除氨后，杂质较少，有利后续工序精制；缺点是树脂吸附的阳离子如 Ca^{2+}、Mg^{2+} 等不易洗脱。随着操作的次数增加，造成树脂吸附能力下降。

7）氨水＋氯化铵洗脱　特点是可以洗脱被树脂吸附的 Ca^{2+} 等阳离子，提高树脂的交换容量，而且在碱性条件下赖氨酸先被洗脱，然后 Ca^{2+} 等阳离子才被洗脱，可采取分段收集，减少赖氨酸收集液中阳离子的含量。同时，通过调节氨水和氯化铵的比例，可直接使赖氨酸形成单盐酸盐，无需中和。

8）氢氧化钠洗脱　特点是没有氨味，操作容易，但是在洗脱液中 Na^+ 含量较高，影响赖氨酸的提纯精制。

9）洗脱操作及洗脱液收集　采用单柱顺流洗脱，一般线速度为 $0.01 \sim 0.03 m/s$，收率可达 $90\% \sim 95\%$。

6. 赖氨酸的精制

（1）真空浓缩　因洗脱液中赖氨酸浓度较低（ $60 \sim 80 g/L$ ）而氨的含量较高（ $10 \sim 15 g/L$ ），故需用真空浓缩除氨并提高赖氨酸含量。蒸发的主要工艺条件为：温度 $70℃$ 以下，真空度 $0.08 MPa$ 左右，加热蒸汽约为 $0.2 MPa$。一般以真空度高些、温度低些为好。

（2）中和结晶与分离　赖氨酸盐酸盐浓缩液放入搅拌结晶罐中，搅拌结晶 $16 \sim 20$ 小时，控制温度在 $5℃$ 左右。母液经浓缩后再结晶，直至不能结晶时，将母液稀释后上离子交换柱吸附回收赖氨酸。所得的晶体为赖氨酸盐酸盐粗晶体。

（3）重结晶和干燥　将赖氨酸盐酸盐粗结晶加一定量水，加热至 $70 \sim 80℃$ 使其溶解成浓度为 $1.12 g/cm^3$，加入 $3\% \sim 5\%$ 活性炭，搅拌脱色，过滤得赖氨酸盐酸盐清液。炭渣用水洗涤，洗水用于下批溶解赖氨酸盐酸盐。清液在 $70℃$ 以下，真空度 $0.8 MPa$，真空蒸发后放入结晶罐搅拌结晶。

赖氨酸盐酸盐晶体在 $60 \sim 80℃$ 下进行干燥至含水 0.1% 以下。然后粉碎至 $60 \sim 80$ 目，包装得成品。

六、生化制药原料选择的相关知识

（一）生物活性物质的来源

1. 动物脏器

（1）胰脏　如激素、酶、多肽、核酸、多糖、氨基酸等，已提取 40 多种生物药物。

（2）脑　富含脂质、神经传递和多种神经多肽。

（3）胃黏膜　主要分泌消化液，如胃蛋白酶等，是生产胃蛋白酶和胃膜素的原料。

（4）肝脏　可制备肝注射液、肝水解物、肝细胞生长因子、造血因子、SOD、肝抑素、维生素、磷脂类、胆固醇等。

（5）脾脏　已用于生产的药物有脾水解物、脾 RNA 和脾转移因子。

（6）小肠　是消化和吸收的场所，可制备糖蛋白、核苷酶酸、溶菌酶、胃肠道激素。

（7）猪小肠黏膜　是生产肝素的原料，用十二指肠为原料可制取肝素。

（8）脑垂体　主要是各类激素，已用垂体为原料生产的药物有缩宫素注射液（OX）、加压素及助产素等。

（9）心脏　用心脏生产的药物主要有细胞色素 C、辅酶 Q_{10} 和心血通注射液。

（10）其他动物脏器　如肺、肾、胸腺、扁桃体、眼球、鸡冠等也都是重要的生物制药原料。

2. 血液、分泌物和其他代谢物

（1）血液　生产药品，主要有人血制剂、抗凝血酶Ⅲ、凝血因子Ⅷ、纤维蛋白原、免疫球蛋白、干扰素、白介素等；此外还生产生化试剂、营养食品、医药化妆品、饲料添加剂。

（2）分泌物　尿液可制备尿激酶、尿抑胃肽等；胆汁可生产胆酸、胆红素。

3. 海洋动物

（1）海藻　提取一些抗肿瘤、防治心血管疾病、治疗慢性气管炎等的活性物质。

（2）腔肠动物　从中分离具有抗菌、抗癌作用的物质，如海葵毒素。

（3）节肢动物　从中分离具有抗癌、抑制心脏和神经阻断的物质，如甲壳素。

（4）软体动物　从中分离具有抗毒素、抗肿瘤、抗菌、降血脂、止血和平喘作用的多糖、多肽、毒素等物质。

（5）鱼类　制备鱼油、多种激素、毒素、硫酸软骨素等，可治疗癌症和调节心肌、中枢神经系统。

（6）爬行动物　具有滋阴养肾、抗肿瘤作用，对中枢神经、呼吸、运动系统等活性较强。

（7）海洋哺乳动物　如鲸鱼鱼肝油，可抗贫血、扩张血管和降低血压。

4. 植物　药用植物品种繁多，除含有生物碱、强心苷、黄酮、皂苷、挥发油、树脂、鞣质等有效药理成分外，还含有氨基酸、蛋白质、酶、激素、糖类、脂类、维生素等生化成分，如天花粉蛋白、菠萝蛋白酶、木瓜蛋白酶、凝集素、多糖等。

药用植物中的主要药理成分如下。

（1）生物碱　是生物体内中一类含氮有机化合物的总称，它们有类似碱的性质，能和酸结合成盐，如麻黄碱、吗啡。

（2）强心苷　是一类对心肌有兴奋作用，具有强心生理活性的成分，它们的分子中都有一个 C17 位被不饱和内脂环所取代的甾体母核，如洋地黄毒苷。

（3）黄酮　系两个芳环通过三碳链相互连接而成的一系列化合物，大多数具有颜色，在植物体内大部分与糖结合成苷。

银杏中含银杏素、异银杏素、白果素等都是黄酮类，它们具有解痉、降压、扩张冠状血管等药理作用。

（4）皂苷　是一类比较复杂的化合物，它们的水溶液振摇时能产生大量持久的蜂窝状泡沫，与肥皂相似，故名皂苷。它们有减低液体表面张力的作用，可乳化油脂，用作去垢剂。人参中含皂苷总量约4%。

（5）挥发油　是具有香味和挥发性、可随水蒸气蒸馏的易流动的油状液体。它们多数具有多方面的药理作用，如解表、发汗、祛风、镇痛、杀虫、抗菌。薄荷、茴香、樟木、桂皮都含有挥发油。

（6）树脂　常与挥发油、树胶、有机酸等混合存在，与挥发油共存的称油树脂，与树胶共存的称胶树脂，与芳香族有酸共存的称香树脂。药用的如松香、乳香、没药、安息香等。

（7）鞣质　又称丹宁、鞣酸，是存在于植物中的一类分子较大的复杂多元酚类化合物，可与蛋白质结合成不溶于水的沉淀，故能与生兽皮结合而形成致密、柔顺、不易腐败又难以透水的皮革，所以称鞣质。茶叶、柿子中含有丰富的鞣质。鞣质可用于解毒、抗菌、治疗烧伤（是创面收敛、干燥、结痂）。

5. 微生物

（1）细菌

1）氨基酸　利用微生物酶可转化对应的 α-酮酸或羟基酸作用产生氨基酸等。

2）有机酸　柠檬酸、苹果酸、乳酸、醋酸、丙酮、丁醇等。

3）糖类　利用细菌可制取葡聚糖、聚果糖、聚甘露糖、脂多糖等。

4）核苷酸类　用细菌可生产 5′-AMP、5′-肌苷酸。

5）维生素　维生素 B$_1$、维生素 B$_2$、维生素 B$_6$、维生素 C 等。

6）酶　淀粉酶、蛋白酶、脂肪酶、弹性蛋白酶等。

（2）放线菌　是最重要的抗生素产生菌，已有 1000 多种抗生素，约 2/3 产自放线菌。还可制备核苷酸（5‑脱氧肌苷酸）、维生素和酶。

（3）真菌　可利用真菌生产酶、有机酸、氨基酸、核酸、维生素、促生素、多糖；还可用直接利用真菌本身作为药物，如灵芝、银耳、冬虫夏草。

（4）酵母　富含维生素、蛋白质、多肽和核酸等。

（二）原料的预处理和粉碎方法

1. 预处理方法

（1）动物组织先要剔除结缔组织、脂肪组织等非活性部分；植物种子去壳除脂；微生物要进行菌体与发酵液分离等基本操作。

（2）冷冻预处理　有些材料要冷冻保存，以便抑制微生物和酶的作用。

（3）有机溶剂除去部分水分　用丙酮或乙醇进行脱水和脱脂，有利于贮存。

2. 原料的粉碎

（1）机械法　利用剪切力来破碎细胞，常采用的设备有组织捣碎机、高压匀浆机、研钵、球磨机、万能粉碎机、绞肉机、击碎机、刨片机等。动物组织多在冰冻状态绞碎、溶浆。

（2）物理法

1）反复冻融法　把待破碎的样品冷至 −20 ~ 15℃，使之凝固，然后缓慢地溶解，如此反复操作，大部分动物性细胞内的颗粒可以捣碎。

2）冷热交替法　将材料投入沸水中，在 90℃ 左右维持数分钟，立即置于冰浴中，使之迅速冷却，绝大部分细胞被破坏。此法多用于细菌或病毒中提取蛋白和核酸。

3）超声波处理法　多用于微生物材料，处理的效果与样品浓度、使用频率有关。用大肠埃希菌制备各种酶时，常用 50 ~ 100mg/L 菌体浓度，在 1 ~ 10KC 频率下处理 10 ~ 15 分钟。操作时注意避免溶液中气泡的存在。

4）加压破碎法　加气压或水压，达 0.59 ~ 34.32MPa 的压力时，可使 90% 以上细胞被压碎。多用于微生物酶制剂的工业制备。

（3）生化及化学法

1）自溶法　将新鲜的生物材料存放在一定的 pH 和适当温度下，利用组织细胞中自身的酶系将细胞破坏，使细胞内含物释放出来的方法。

2）溶菌酶处理法　溶菌酶是专一地破坏细菌细胞壁的酶。多用于微生物，对蜗牛酶、纤维酶及植物细胞也适用。

3）表面活性剂处理法　表面活性剂的分子中，兼有亲脂性和亲水基团，能降低水的界面张力，具有乳化、分散、增溶作用。

即学即练 3‑2

答案解析

动物性细胞一般采取（　　）预处理。

A. 机械处理法　　　　B. 反复冻融处理　　　　C. 超声波处理　　　　D. 加压破碎

PPT

任务三　多肽与蛋白质类药物制备

一、多肽与蛋白质类药物的基本概念

多肽类生化药物是以多肽激素和多肽细胞生长调节因子为主的一大类内源性活性成分。

自 1953 年人工合成了第一个有生物活性的多肽——催产素以后，整个 20 世纪 50 年代都集中于脑垂体所分泌的各种多肽激素的研究。60 年代，研究的重点转移到控制脑垂体激素分泌的多肽激素的研究。20 世纪 70 年代，神经肽的研究进入高潮。生物胚层发育渊源关系的研究表明，多数胃肠肽存在于中枢系统中，很多脑活性肽也存在于胃肠道组织中，从而推动了胃肠道激素研究的进展，极大地丰富了生化药物的内容。

蛋白质生化药物包括蛋白质类激素、蛋白质细胞生长调节因子、血浆蛋白质类、黏蛋白、胶原蛋白及蛋白酶抑制剂等，其作用方式从对机体各系统和细胞生长的调节，扩展到被动免疫、替代疗法和抗凝血等。

细胞生长调节因子系在体内和体外对效应细胞的生长、增殖和分化起调控作用的一类物质，这些物质大多是蛋白质或多肽，也有非多肽和蛋白质形式，许多生长因子在靶细胞上有特异性受体，它们是一类分泌性、可溶性介质，仅微量就具有较强的生物活性。细胞生长调节因子常称为生长因子，包括细胞生长抑制因子和细胞生长刺激因子。

 实例分析

> **实例**　糖尿病是一组以高血糖为特征的代谢性疾病。长期高血糖，会导致各种组织，特别是眼、肾、心脏、血管、神经的慢性损害、功能障碍。糖尿病是目前威胁全球人类健康最重要的非传染性疾病之一。目前，1 型糖尿病患者的终身治疗和血糖控制不佳的 2 型糖尿病均需注射胰岛素进行治疗。
>
> **问题**　1. 胰岛素的化学本质是什么？其制备方法有哪些？
>
> 　　　　2. 中国科学家在胰岛素的研究上有过什么突出贡献？
>
> 　　　　3. 为什么胰岛素只有注射剂型？
>
> 答案解析

二、多肽与蛋白质类药物的分类

（一）多肽类药物

多肽类药物主要有多肽激素、多肽类细胞生长调节因子和含有多肽成分的组织制剂。

1. 多肽激素　主要包括垂体多肽激素、下丘脑激素、甲状腺激素、胰岛激素、胃肠道激素和胸腺激素等。

2. 多肽类细胞生长调节因子　包括表皮生长因子、转移因子、心钠素等。

3. 含有多肽成分的组织制剂　这是一类临床确有疗效，但有效成分还不十分清楚的制剂，主要有骨宁、眼生素、血活素、氨肽素、妇血宁蜂毒、蛇毒、胚胎素、助应素、神经营养素、胎盘提取物、花粉提取物、脾水解物、肝水解物、心脏激素等。

 知识链接

胰岛素

胰岛素于 1921 年由加拿大人 F. G. 班廷和 C. H. 贝斯特首先发现。1922 年开始用于临床，使过去无法医治的糖尿病患者得到治疗，但是由于为动物胰岛素，故容易发生免疫反应。1965 年 9 月 17 日，中国科学家人工合成了具有全部生物活力的结晶牛胰岛素，它是第一个在实验室中用人工方法合成的蛋白质。20 世纪 80 年代，人们通过基因工程（重组 DNA）（转基因）酵母（啤酒酵母、毕赤酵母或汉逊酵母）或重组中国仓鼠卵巢细胞（CHO）表达出高纯度的合成人胰岛素，其结构和人体自身分泌的胰岛素一样。20 世纪 90 年代末，在对人胰岛素结构和成分的深入研究中发现，对肽链进行修饰，均有可能改变其理化和生物学特征，从而可研制出更适合人体生理需要的胰岛素类似物。胰岛素类似物可紧临餐使用，也称为餐时胰岛素或速效胰岛素。

（二）蛋白质类药物

1. 蛋白质类激素　主要包括垂体蛋白质激素、促性腺激素和胰岛素等。

2. 血浆蛋白质　主要成分有白蛋白、纤维蛋白溶解酶原、血浆纤维结合蛋白、免疫丙种球蛋白、抗淋巴细胞免疫球蛋白、Veil 病免疫球蛋白、抗 – D 免疫球蛋白、免疫球蛋白、抗血友病球蛋白、纤维蛋白（Fg）等。不同物种间的血浆蛋白质存在着种属差异，虽然动物血浆蛋白质与人血浆蛋白质的结构非常相似，但不能用于人体。

3. 蛋白质类细胞生长调节因子　主要包括干扰素 α、β、γ（IDN），白细胞介素 1 – 16（11），神经生长因子（NGF），肝细胞生长因子（HGF），骨形态发生蛋白（BMP）等。

4. 黏蛋白　主要有胃膜素、硫酸糖肽、内在因子、血型物质 A 和 B 等。

5. 胶原蛋白　主要有明胶、氧化聚合物明胶、阿胶、冻干猪皮等。

6. 碱性蛋白质　主要有硫酸鱼精蛋白。

7. 蛋白酶抑制剂　主要有胰蛋白酶抑制剂、大豆胰蛋白酶抑制剂等。

8. 植物凝集素　有聚羟基脂肪酸酯（PHA）、刀豆素（ConA）等。

三、多肽与蛋白质类药物的主要生产方法

（一）提取法

提取法是指通过生化工程技术，从天然动植物及重组动植物体中分离纯化多肽与蛋白质。天然动植物体内的有效成分含量低，杂质太多，引起人们对重组动植物的重视，重组动植物是指通过基因工程技术，将药物基因或能对药物基因起到调节作用的基因转导入动植物组织细胞，以提高动植物组织合成药用成分的能力。

（二）发酵法

微生物发酵法是多肽与蛋白质类药物的主要生产方式。利用基因工程菌发酵生产多肽与蛋白质类药物，具有周期短、成本低、产品质量高的优点，一直受到全国世界生物制药企业的青睐。多肽与蛋白质类药物多属于人体特有的细胞因子、激素、蛋白质，目前经过基因工程方法可生产绝大多数多肽与蛋白

质类药物。

四、生物技术在多肽和蛋白质类药物中的应用

活性多肽和蛋白质是生化药物中非常活跃的一个领域，20 世纪 70 年代以后，随着基因工程技术的兴起和发展，人们首先把目标集中在应用基因工程技术制造重要的多肽和蛋白质药物上，已实现工业化的产品有胰岛素、干扰素、白细胞介质、生长素、EPO 等，现正从微生物和动物细胞的表达向转基因动、植物方向发展。

许多活性蛋白质、多肽都是有活性的蛋白质前体，经过酶的加工剪切转化而来，他们中间许多都有共同的来源、相似的结构，甚至还保留着若干彼此所特有的生物活性。如生长激素与催乳激素的肽链氨基酸顺序约有近一半是相同的，生长激素具有弱的催乳激素活性，而催乳激素也有弱的生长激素活性。因此，研究活性多肽、蛋白质的结构与功能的关系及活性多肽之间结构的异同与其活性的关系，将有助于设计和研制新的药物。

另外，鉴于一些蛋白质和多肽生化药物有一定的抗原性、容易失活、在体内的半衰期短、用药途径受限等难以克服的缺点，对一些蛋白质生化药物进行结构修饰，应用计算机图像技术研究蛋白质与受体及药物的相互作用，发展蛋白质工程及设计相对简单的小分子来代替某些大分子蛋白质药物，起到增强疗效或增加选择性的作用等，已成为现代生物技术药物研究的主要内容。预计生物技术作为生物药物生产的重要手段将全面革新传统的生物制药技术。与此同时，也将全面革新医疗时间的全过程。

五、降钙素的制备实例

（一）结构、功能与性质

降钙素是由 32 个氨基酸残基组成的单链多肽，相对分子质量约为 3500，其氨基端为半胱氨酸，它与第 7 位上的半胱氨基形成二硫键，羧基端为脯氨酸。羧基端的脯氨酸对降钙素的活性至关重要，如果失去该氨基酸，剩下的 31 个氨基酸组成的多肽完全无降钙素的活性。

降钙素分子的极性较强，不溶于丙酮、乙醇、三氯甲烷、乙醚、苯、异丙醇、四氯化碳等有机溶剂及有机酸，易溶于水和碱性溶液。降钙素易被光氧化，保存时需避光，在避光的条件下 25℃ 保存可稳定 2 年。干燥状态比水溶液中稳定，一般需要制成固体制剂。

（二）降钙素的生产工艺

降钙素的生产工艺一般采用天然的猪甲状腺和鲑、鳗的心脏或心包膜为原料通过生化分离提取。

1. 工艺流程 见图 3-5。

图 3-5 降钙素生产工艺路线

2. 工艺过程及控制要点

（1）猪甲状腺绞碎，用丙酮脱脂，制成脱脂的猪甲状腺丙酮粉。

（2）用 0.1mol/L HCl 作为提取液，用量为甲状腺丙酮粉的 0.55~0.6 倍（V/W），提取温度 60℃，边加热边搅拌，提取时间约 1 小时，然后再加丙酮粉质量的 0.6 倍水（V/W），充分搅拌 1 小时，离心，沉淀用水洗涤，合并上清液和洗液后，继续搅拌 2 小时后离心。

（3）上清液用 0.5 倍体积的异戊醇–醋酸–水（20:32:48）的混合液混匀沉淀得降钙素粗品，沉淀时控制温度为 50℃，沉淀加少量硅藻土作助滤剂过滤，收集沉淀。

（4）沉淀用适量 0.3mol/L NaCl 溶液溶解，用 10% HCl 调节 pH 2.5，离心除去不溶物，收集离心液。

（5）离心液用 10 倍水稀释后，通过 CMC（羧甲基纤维素钠）柱（5cm×50cm）。预先用 0.02mol/L 醋酸缓冲液（pH 4.5）平衡 CMC 柱。收集含有降钙素的组分。

（6）收集降钙素组分，冻干或用 2mol/L NaCl 盐析，制得降钙素粉末。由此生产出来的降钙素粉末含量约为 3.6U/mg，若需更高纯度，则需进一步纯化。

3. 生物活性测定　样品用经过 0.1mol/L CH_3COONa 溶液稀释过的 0.1% 白蛋白溶液溶解，取 0.2ml 样品按倍比稀释法配置，选用雄性大白鼠，静脉注射后 1 小时收集血液，测定血液样品中的钙含量。血液中钙含量用原子吸光光度计测量。用猪甲状腺中提取的降钙素标准作对照，稀释 10mU/ml、25mU/ml、50mU/ml 和 100mU/ml 浓度梯度，然后用同样方法注射大白鼠，1 小时后取血样测钙含量，以钙含量对降钙素标准品浓度作直角坐标标准曲线。将待测样品的钙值与标准曲线对照，可查出待测样品的生物活性。

六、生化药物提取的相关知识

提取也称抽取、萃取，就是利用一种溶剂对物质的不同溶解度，从化合物中分离出一种或几种组分的过程。分为固体处理（液–固萃取）和液体处理（液–液萃取）。针对生物材料和目的物的性质选择合适的溶剂系统与提取条件。目的物与杂质的溶解度和稳定性存在差异，在提取过程中应增加目的物的溶出度，尽可能减少杂质的溶出度。

（一）提取条件的准备

1. 溶剂　常用水、稀盐、稀酸、稀碱，有机溶剂如乙醇、丙酮、三氯甲烷、四氯化碳、丁醇等。丁醇提取的 pH、温度范围较广（pH 3~6，−2~40℃）。适用于动植物和微生物原料。

2. pH　与溶解度和稳定性有很大关系，一般选择在 pH 的两侧。

3. 温度　一般在 5℃ 以下，但对温度耐受力较大的药物，可适当提高温度，使蛋白质变性分离，有利于提取和纯化。如胃蛋白酶、酵母醇脱氢酶及多肽激素类。选择 37~50℃ 提取，效果较好。

（二）影响提取因素

1. 被提取物质溶解度的大小　一般极性对极性；非极性对非极性；酸对碱；碱对酸；高温；远离等电点。

2. 扩散作用的影响　扩散方程式 $G = DF \times \triangle C / \triangle X \times t$

3. 分配作用的影响　分配定律（C_1/C_2）恒温、恒压 = K。

（三）提取注意事项

1. 蛋白质类药物要防止其高级结构的破坏，即变性作用。
2. 对酶类药物的提取要防止辅酶的丢失。
3. 多肽类及核苷酸类药物需注意避免酶降解的作用。
4. 脂类药物防止氧化，减少与空气接触。

任务四　核酸类药物制备

PPT

一、核酸类药物的基本概念

核酸（RNA、DNA）是由许多核苷酸以 $3',5'$ – 磷酸二酯键连接而成的大分子化合物。在生物的遗传、变异、生长发育以及蛋白质合成等方面起着重要的作用。核苷酸是核酸的基本结构，核苷酸又由碱基、戊糖和磷酸三部分组成，碱基与戊糖组成的单元叫核苷。生物体内核酸代谢与核苷酸代谢密切相关。因而核酸类药物包括核酸、核苷酸、核苷、碱基及其衍生物。

二、核酸类药物的分类

核酸类药物可分为两大类。

（一）具有天然结构的核酸类物质

这些物质都是生物体合成的原料，或是蛋白质、脂肪、糖等生物合成、降解以及能量代谢的辅酶。属于这一类的核酸类药物有肌酐、ATP、辅酶 A、脱氧核苷酸、肌苷酸、鸟三磷（GTP）、胞三磷（CTP）、尿三磷（UTP）、腺嘌呤、腺苷、$5'$ – 核苷酸混合物、$2',3'$ 核苷酸混合物、辅酶 I、辅酶 A 等。

（二）自然结构碱基、核基、核苷酸结构类似物或聚合物

临床上用于治疗病毒、肿瘤、艾滋病等。抗病毒的药物有三氟胸苷、齐多夫定等 8 种。此外还有氮杂鸟嘌呤、巯嘌呤、氟胞嘧啶、肌苷二醛、聚肌胞、阿糖胞苷等已用于临床。

常见核酸类药物的名称及治疗范围见表 3 – 3。

表 3 – 3　常见核酸类药物的名称及治疗范围

名　称	治疗范围
核糖核酸（RNA）	口服用于记忆衰退、动脉硬化性痴呆的治疗；静脉注射用于刺激造血和促进白细胞生成，治疗慢性肝炎、肝硬化、初期癌症
脱氧核糖核酸（DNA）	有抗放射性作用；能改善机体虚弱疲劳；与细胞毒药物合用，能提高细胞毒药物对癌细胞的选择性作用；与红霉素合用，能降低其毒性，提高抗癌疗效
免疫核糖核酸（iRNA）	推动正常的 RNA 分子在基因水平上通过对癌细胞 DNA 分子进行诱导，通过反转录酶系统促使癌细胞发生逆分化，如可用于肝炎治疗的抗乙肝 iRNA
转移因子（TF）	相对分子质量较小，含有多核苷酸、多肽化合物，$M_t < 10000$，它只传递细胞免疫信息，无体液免疫作业，不致促进肿瘤生长，治疗恶性肿瘤比较安全，也可用于治疗肝炎
聚肌胞苷酸（poly I : C）	干扰素诱导物，具有光谱抗病毒作用；用化学合成、酶促合成方法生产
腺苷三磷酸（ATP）	用于心力衰竭、心肌炎、心肌梗死、脑动脉和冠状动脉硬化、急性脊髓灰质炎、肌肉萎缩、慢性肝炎等

续表

名　称	治疗范围
核酸－氨基酸混合物	用于气管炎、神经衰弱等
辅酶 A（CoA）	用于动脉硬化、白细胞、血小板减少，肝、肾疾病等
脱氧核苷酸钠	用于放疗、化疗引起急性白细胞减少症
腺苷一磷酸（AMP）	有周围血管扩张作用、降压作用；用于静脉曲张性溃疡等
鸟苷三磷酸（GTP）	用于慢性肝炎、进行性肌肉萎缩等症
辅酶Ⅰ（NAD）	用于白细胞减少及冠状动脉硬化
辅酶Ⅱ（NADP）	促进体内物质的生物氧化

三、核酸类药物的生产方法

核酸类药物的生产方法主要有酶解法、半合成法、直接发酵法。

（一）酶解法

酶解法是先用糖质原料、亚硫酸纸浆废液或其他原料发酵生产酵母，再从酵母菌体中提取核糖核酸（RNA），提取出的核糖核酸经过青霉素菌属或链霉菌属等微生物产生的酶进行酶解，制成各种核苷酸。

（二）半合成法

半合成法即微生物发酵和化学合成并用的方法。例如，由发酵法先制成 5 - 氨基 - 4 - 甲酰胺咪唑核苷，再用化学合成法制成鸟苷酸。

（三）直接发酵法

直接发酵法是根据生产菌的特点，采用营养缺陷型菌株或营养缺陷兼结构类似物抗性菌株，通过控制适当的发酵条件，打破菌体对核酸类物质的代谢调节，使之发酵生产大量的目的核苷或核苷酸。例如，用产短杆菌腺嘌呤缺陷型突变株直接发酵生产肌苷酸。

以上 3 种生产方法各有优点。用酶解法可同时得到腺苷酸和鸟苷酸，如果其副产物尿苷酸和胞苷酸能被开发利用，其生产成本可以进一步降低。发酵法生产腺苷酸和鸟苷酸的工艺正在不断改良，随着核苷酸的代谢控制及细胞膜的渗透性等方面研究的进展，其发酵产率有望得到提高。半合成法可避开反馈调节控制，获得较高的产量。近年来发展起来的化学酶合成法，大大提高了收率，降低了成本。

四、核酸类药物的临床应用

（一）核酸类药物可以平衡机体的代谢

机体缺乏天然结构的核酸类物质，会使生物体代谢造成障碍，发生疾病。提供这类药物，有助于改善机体的物质代谢和能量代谢平衡，加速受损组织的修复，促使机体恢复正常生理功能。临床已广泛运用于血小板减少症、白细胞减少症、急慢性肝炎、心血管疾病、肌肉萎缩等代谢障碍性疾病。

（二）核酸类药物是合成其他类药物的原材料

具有自然结构碱基、核苷、核苷酸结构类似物或聚合物是当今治疗病毒、肿瘤、艾滋病的重要药物，也是产生干扰素、免疫抑制剂的临床药物。这类药物大部分由自然结构的核酸类物质通过半合成生产。

五、三磷酸腺苷（ATP）的制备实例

（一）三磷酸腺苷（ATP）的理化性质

ATP 也叫作三磷酸腺苷或腺三磷，是一种不稳定的高能化合物，水解时释放出较多能量，是生物体内最直接的能量来源。ATP 分子式的简写形式是 A－P～P～P。由腺苷和三个磷酸基所组成，分子式为 $C_{10}H_{16}N_5O_{13}P_3$，分子量为 507.184。三磷酸基团从腺苷开始被编为 α、β 和 γ 磷酸基。ATP 的化学名称为 5′－三磷酸－9－β－D－呋喃核糖基腺嘌呤。

ATP 为白色结晶或类白色粉末，无臭，略有酸味；有引湿性。在水中易溶，在乙醇、乙醚、三氯甲烷及苯中极微溶解。碱性溶液中较稳定，酸性及中性溶解中易溶解。受热也易分解，用于心肌梗死及脑溢血时，应在发病后 2～3 周开始应用。不良反应较少；静脉注射宜慢。辅助酶类药，用于进行性肌萎缩、脑溢血后遗症、心功能不全、心肌疾患及肝炎等的治疗。

（二）三磷酸腺苷（ATP）的生产

三磷酸腺苷（ATP）是重要的医药品。自然界中，ATP 广泛分布在生物细胞内，以哺乳动物肌肉中含量最高，为 0.25%～0.4%。

1. 氧化磷酸法

（1）生产工艺流程　氧化磷酸法是以酵母为工具，加入 AMP、葡萄糖、无机磷，经 37℃培养发酵，把葡萄糖氧化成乙醇和二氧化碳，同时释放大量的能量，转化为化学能，促使 AMP 生成 ATP，在酵母中腺苷酸激酶几乎可以定量地把 AMP 转化为 ATP，其转化率达 90%，理论收率达 85%。

（2）生产工艺过程和控制要点

1）氧化反应　取 ATP（纯度 85% 以上）50g 用 2L 水溶解，必要时用 6mol/L NaOH 溶解调至全部溶解。另取 $K_2HPO_4 \cdot 3H_2O$ 184.8g，KH_2PO_4 57.7g，$MgSO_4 \cdot 7H_2O$ 17.5g，溶于 5L 自来水中。再将两溶液混合后，投入离心甩干的新鲜酵母 1.8～2kg 及葡萄糖 175g，立即在 30～32℃下缓慢搅拌，全部反应时间为 4～6 小时。然后将反应液冷却至 15℃左右，加入 400g/L（约 40%）三氯乙酸 500ml，并用盐酸调 pH 至 2，用尼龙布过滤，去酵母菌体和沉淀物，得上清液。

2）分离纯化　在上清液中加入处理过的颗粒活性炭，于 pH 2 下缓慢搅动 2 小时，吸附 ATP。倾泻除去上清液后，用 pH 2 的水洗涤活性炭，漂洗去大部分酵母残体后装入色谱柱中，再用 pH 2 的水洗至澄清，用 $V_{氨水} : V_{水} : V_{95\%乙醇} = 4 : 6 : 100$ 的混合洗脱液以 30ml/min 的流速洗脱 ATP。

将 ATP 氨水洗脱液置于水浴中，用 HCl 调 pH 至 3.8，加 3～4 倍体积的 95% 乙醇，在 5～10℃ 静置 6～8 小时，倾去乙醇，沉淀即为 ATP 粗品。将粗品置于 1.5L 蒸馏水中，加硅藻土 50g，搅拌 15 分钟，布氏漏斗过滤，取上清液调 pH 至 3，上 717 氯型阴离子柱，一般 100g 树脂可吸附 10～20g 的 ATP，吸附饱和后用 pH 3 的 0.03mol/L 氯化钠溶液洗柱，去 ADP 杂质。然后用 pH 3.8、1mol/L 氯化钠溶液洗脱，收集遇乙醇沉淀部分的洗脱液。

3）精制　洗脱液加硅藻土 25g，搅拌 15 分钟，抽滤，清液调 pH 至 3.8，加 3～4 倍体积的 95% 乙醇，立即产生白色 ATP 沉淀，置于冰箱中过夜。次日倾去上液，用丙酮、乙醚洗脱沉淀，脱水，用垂熔漏斗过滤，置 P205 干燥器中，减压干燥，即得 ATP 成品，按 AMP 质量计算，收率 100%～120%，含量 80% 左右。

2. 直接发酵法

（1）生产工艺流程　产氨短杆菌在适量浓度的 Mn^{2+} 存在时，其 5′－磷酸核糖、焦磷酸核糖、焦磷

酸核糖激酶和核苷酸焦磷化酶能从细胞内渗出来，若在培养基中加入嘌呤碱基，可分段合成相应的核苷酸。其能源供应和氧化磷酸化法一样。

（2）生产过程及控制要点

1）菌种　采用产氨短杆菌 B-787 进行发酵。

2）菌种培养　培养基组成为葡萄糖 10%、$MgSO_4 \cdot 7H_2O$ 1%、尿素 0.2%、$FeSO_4 \cdot 7H_2O$ 0.001%、$ZnSO_4 \cdot 7H_2O$ 0.001%、$CaCl_2 \cdot 2H_2O$ 0.01%、玉米浆适量、K_2HPO_4 1%、KH_2PO_4 1%，pH 7.2。种龄通常为 20~24 小时，接种量 7%~9%，pH 控制在 6.8~7.2。

3）发酵培养　500L 发酵罐培养，培养温度为 28~30℃，24 小时前通风量 1:0.5L/（L·min），24 小时后通风量 1:1L（L·min），40 小时后投入腺嘌呤 0.2%、烷基醇酰胺 0.15%、尿素 0.3%，升温至 37℃，pH 7.0。

4）提取、精制　发酵液加热使酶失活后，调节 pH 至 3~3.5，过滤除去菌体，滤液通过 769 活性炭柱，用氨醇溶液洗脱，洗涤液再经过氯型阴离子柱，经 NaCl-HCl 溶液洗脱，洗脱液加入冷乙醇沉淀，过滤，丙酮洗涤，脱水，置 P205 真空干燥器中干燥，得 ATP 精品。按发酵液体积计算，收率为 2g/L。

六、生化制药层析的相关知识

离子交换层析：采用不溶性高分子化合物作为离子交换剂，分离纯化各种生化物质。

（一）基本原理

离子交换树脂在水中能溶胀，溶胀后，其分子中的极性基团（活性基团），具有可扩散的离子，能与溶液中的离子起交换作用；非极性基团作为树脂的骨架，使树脂不溶于水并具有网状结构，为离子交换的进行及溶液和树脂的分离创造了条件。离子交换层析包括吸附、吸收、穿透、扩散、离子交换、离子亲和力等物理化学过程。

（二）树脂种类和理化性能

1. 强酸性阳离子交换树脂　功能团为磺酸基等，pH 一般没有限制。

2. 弱酸性阳离子交换树脂　功能团为羧基、酚基等。在酸性溶液中不发生交换，pH 越大交换能力越强。

3. 强碱性阴离子交换树脂　功能团为三甲基季铵基团，pH 没有限制。

4. 弱碱性阴离子交换树脂　功能团为伯胺基、仲胺基、叔胺基等。pH 越低交换能力越大。四种树脂性能比较见表 3-4。

表 3-4　四类树脂性能的比较

性能	阳离子交换树脂		阴离子交换树脂	
	强酸性	弱酸性	强碱性	弱碱性
活性基团	磺酸	羧酸、酚羟基	季铵	伯胺、仲胺、叔胺
交换速度	快	慢（除非离子化）	快	慢（除非离子化）
pH 对交换能力的影响	无	在酸性溶液中交换能力很小	无	在碱性溶液中交换能力很小
盐的稳定性	稳定	洗涤时水解	稳定	洗涤时水解
再生	用 3~5 倍再生剂	用 1.5~2 倍再生剂	用 3~5 倍再生剂	用 1.5~2 倍再生剂

（三）影响交换速度的因素

1. 树脂颗粒的大小 颗粒小、表面积大，能促进内部和外部扩散。

2. 搅拌和流速 加快搅拌速度或加大液体流速，都能减少树脂外液膜的厚度，从而使液相扩散速度增加。

3. 离子浓度 交换速度随离子浓度的上升而增加，达到一定浓度后交换速度不再升高。

4. 离子的水化半径 水化半径小的易被吸附。

5. 树脂酸碱性的强弱和溶液的 pH。

6. 交联度大小 交联度越小，树脂越易膨胀，交换速度越快，但交联度小的树脂选择性较差。

7. 有机溶剂的影响 当有机溶剂存在时，会降低树脂对有机离子的选择性，而容易吸附无机离子。

任务五　酶类药物的制备

PPT

一、基本概念

酶是由生物活细胞产生的具有特殊催化功能的一类生物活性物质，其化学本质是蛋白质，故也称为酶蛋白。药用酶是指可用于预防、治疗和诊断疾病的一类酶制剂。生物体内的各种生化反应几乎都是在酶的催化作用下进行的，所以酶在生物体的新陈代谢中起着至关重要的作用。

二、酶类药物的分类

根据药用酶的临床用途，可将其分为以下 6 类。

（一）促进消化酶

这类酶的作用是水解和消化食物中的成分，如蛋白质、糖类和脂类。主要有淀粉酶、蛋白酶、脂肪酶和纤维素酶等。

（二）消炎酶类

蛋白酶的消炎作用已被试验所证实，其中应用最多的是溶酶菌，其次为菠萝蛋白酶和胰凝乳蛋白酶。消炎酶一般制成肠溶性片剂使用。

（三）与治疗心脑血管疾病有关的酶类

健康人体血管中很多酶有助于促进血栓的溶解，也有助于预防血栓的形成。目前已用于临床的酶类主要有链激酶、尿激酶、纤溶酶、凝血酶和蚓激酶等。

（四）抗肿瘤的酶类

已发现有些酶类能用于治疗某些肿瘤，如门冬酰胺酶、谷氨酰胺酶、蛋氨酸酶、酪氨酸氧化酶等，其中门冬酰胺酶是一种引人注目的抗白血病药物。它是利用门冬酰胺酶选择性地争夺某些类型瘤组织的营养成分，干扰或破坏肿瘤组织代谢，而正常细胞能自身合成门冬酰胺，故不受影响。谷氨酰胺酶能治疗多种白血病、腹水瘤、实体瘤等。神经氨酸苷酶是一种良好的肿瘤免疫治疗剂。

（五）与生物氧化还原电子传递有关的酶

这类酶主要有细胞色素 C、超氧化物歧化酶、过氧化物酶等。细胞色素 C 是参与生物过氧化的一种非常有效的电子传递体，是组织缺氧治疗的急救和辅助用药；超氧化物歧化酶在抗衰老、抗辐射、消炎等方面也有显著疗效。

（六）其他药用酶

酶在解毒方面的应用研究已引起人们的注意，如青霉素酶、有机磷酸解毒酶等。青霉素酶能分解青霉素，可应用于治疗青霉素引起的过敏反应；透明质酸酶可分解黏多糖，使组织间质的黏稠性降低，有助于组织通透性增加，是一种药物扩散剂等。表 3 – 5 是近年来国内外正在研究和已开发成功的药用酶品种。

表 3 – 5　酶类药物

名称	来源	用途	名称	来源	用途
胰酶	猪胰	助消化	β – 半乳糖苷酶	米曲霉	助乳糖消化
胰脂酶	猪牛胰脏		胰蛋白酶	牛胰	局部清洁、抗炎
胃蛋白酶	胃黏膜		胰凝乳蛋白酶	牛胰	
高峰淀粉酶	米曲霉		沙雷菌蛋白酶	沙雷菌	
纤维素酶	黑曲霉		核糖核酸酶	红霉素生产菌	
麦芽淀粉酶	麦芽		链道酶	溶血链球菌	
菠萝蛋白酶	菠萝茎	抗炎、消化	蜂蜜曲霉蛋白酶	蜂蜜曲霉	抗炎
木瓜蛋白酶	木瓜果汁		灰色链霉菌蛋白酶	灰色链霉菌	
链激酶	B – 溶血性链球菌	溶解血栓	蛇毒血凝酶	蛇毒	凝血
尿激酶	男性尿		凝血酶原激酶	血液、脑等	
纤溶酶	人血浆		凝血酶	牛血浆	止血
半曲纤溶酶	半曲霉		人凝血酶	人血浆	
蛇毒纤溶酶	蛇毒	抗凝血	溶菌酶	鸡蛋卵蛋白	抗炎、抗出血
蛋白质 C	人血浆	抗凝、溶血栓	超氧化物歧化酶	猪牛等红细胞	消炎、抗辐射、抗衰老
脱氧核糖核酸酶	牛胰	祛痰	门冬酰胺酶	大肠埃希菌	抗白血病、抗肿瘤
酸性蛋白酶	沙雷菌	抗炎、化痰	谷氨酰胺酶	大肠埃希菌	抗肿瘤
激肽释放酶	猪胰、颌下腺	降血压	葡聚糖酶	曲霉、细菌	预防龋齿
组胺酶	小肠黏膜	抗过敏	枯草杆菌蛋白酶	枯草杆菌	局部清洁伤口
青霉素酶	蜡状芽孢杆菌	青霉素过敏症	透明质酸酶	睾丸	局部麻醉、增强剂
尿酸酶	黑曲霉	高尿酸血症	细胞色素 C	牛、猪、马心脏	改善组织缺氧

三、酶类药物的基本生产方法

（一）酶类药物的生产技术

1. 生化提取酶技术

（1）原料选择原则　生物材料和体液中虽普遍含有酶，但各种酶的含量却非常少。个别酶的含量在 0.0001% ~ 1%，因此，在提取酶时应根据各种酶的分布特点和存在特性选择适宜的生物材料。

1）酶在生物材料中的分布　生物体内酶在各部位的含量是不同的，选择适宜的生物原料，确保该部位的含量比较高，如乙酰化酶在鸽肝中含量高，提取此酶时宜选用鸽肝为原料；凝血酶选用牛血；溶菌酶选用鸡蛋清等。酶在组织中的分布情况见表 3 – 6。

表 3-6 某些酶在组织中的含量

酶	来源	含量 （g/100g 湿组织重）	酶	来源	含量 （g/100g 湿组织重）
胰蛋白酶	牛胰	0.55	细胞色素 C	肝	0.015
甘油醛 - 3 - 磷酸脱氧酶	兔骨骼肌	0.40	柠檬酸酶	猪心肌	0.07
过氧化氢酶	辣根	0.02	脱氧核糖核酸酶	胰	0.0005

2）不同发育阶段及营养状况　酶含量的差别及杂质干扰情况，如从鸽肝中提取乙酰化酶，饥饿状态下取材，可排除杂质肝糖原对提取过程的影响；凝乳酶只能用哺乳期小牛的胃作材料等。

3）动物材料要新鲜　用动物组织作原料，应在动物宰杀后立即取材。

4）综合成本　选材时应注意原料来源应丰富，能综合利用一种资源获得多种产品，还应考虑纯化条件的经济性。

（2）生物材料的预处理　生物材料中酶存在于组织或细胞中，因此提取前需将组织或细胞预处理，以便将酶从中释放出来，利于提取。生物材料的预处理方法有以下几种。

1）机械处理法　用绞肉机将事先切成小块的组织绞碎。当绞成组织糜后，许多酶都能从粒子较粗的组织糜中提取出来，实验室常用的是玻璃匀浆器和组织捣碎器，工业上可用高压匀浆泵。

2）反复冻融处理　冷冻到 -10℃左右，再缓慢溶解至室温，如此反复多次。由于细胞中冰晶的形成及剩下液体中盐浓度的增高，可使细胞中颗粒及整个细胞破碎，从而使酶释放出来。

3）制备丙酮粉　组织经丙酮迅速脱水干燥制成丙酮粉，不仅可减少酶的变性，同时因细胞结构的破坏使蛋白质与脂质结合的某些化学键打开，促使某些结合酶释放到溶液中，如鸽肝乙酰化酶的制备就是用此法处理。

4）微生物细胞的预处理　若是胞外酶，则除去菌体后就可直接从发酵液中提取；若是胞内酶，则需将菌体细胞破壁后再进行提取。通常用离心法或压滤法取得菌体，用生理氯化钠溶液洗涤除去培养基后，冷冻保存。

2. 微生物发酵产酶技术　利用发酵法生产药用酶的工艺过程，同其他发酵品相似，下面简要讨论一下发酵法生产药用酶的技术关键。

（1）高产菌株的选育　菌种是工业发酵生产酶制剂的重要条件。优良菌种不仅能提高酶制剂产量和发酵原料的利用率，而且还与增加品种、缩短生产周期、改进发酵和提炼工艺条件等密切相关。

（2）发酵工艺的优势　优良的生产菌株，只是生产酶的先决条件，要有效地进行生产还必须探索菌株产酶的最适培养基和培养条件。首先要合理选择培养方法、培养基、培养温度、pH 和通气量等。在工业生产中还要摸索一系列工程和工艺条件，如培养基的灭菌方式、种子培养条件、发酵罐的形式、通气条件、搅拌速度、温度和 pH 调节控制等。还要研究酶的分离、纯化技术和制备工艺，这些条件的综合结果将决定酶生产的经济效益。

（3）培养方法　目前药用酶生产的培养方法主要有固体培养方法和液体培养方法。

1）固体培养法　亦称麸曲培养法，该法是利用麸皮和米糠为主要原料，另外还需要添加谷糠、豆饼等，加水拌成含水适度的固体物料作为培养基。目前我国酿造业用的糖化曲霉，普遍采用固体培养法。

2）液体培养法　是利用液体培养使微生物生长繁殖和产酶。根据通气（供氧）方法的不同，又分为液体表面和液体深层培养两种，其中液体深层通气培养是目前应用最广泛的方法。

（二）酶的提取

酶的提取方法主要有水溶液法、有机溶剂法和表面活性剂法三种。

1. 水溶液法　常用稀盐溶液或缓冲溶液提取。经过预处理的原料，包括组织糜、匀浆、细胞颗粒及丙酮粉等，都可用水溶液抽提。

2. 有机溶剂法　某些结合酶如微粒体和线粒体膜的酶，由于和脂质结合牢固，用水溶液很难提取，为此必须除去结合的脂质，且不能使酶变性，最常用的有机溶剂是丁醇。

3. 表面活性剂法　表面活性剂分子具有亲水或憎水性的基团。表面活性剂能与酶结合使之分散在溶液中，故可用于提取结合酶，但此法用得较少。

（三）酶的纯化

酶的纯化是一个复杂的过程，不同的酶，因性质不同，其纯化工艺可有很大不同。

1. 杂质的除去　酶提取液中，除所需要的酶外，还含有大量的杂蛋白、多糖、脂类和核酸等，为了进一步纯化，可用下列方法除去。

（1）调 pH 和加热沉淀法　利用蛋白质在酸碱条件下变性的性质，可通过调 pH 和等电点除去某些杂蛋白，也可利用不同蛋白质对热稳定性的差异，将酶液加热到一定温度，使杂蛋白变性而沉淀。

（2）蛋白质表面变性法　利用蛋白质表面变性性质的差别，也可除去杂蛋白。例如制备过氧化氢酶时，加入三氯甲烷和乙醇进行振荡，可以除去杂蛋白。

（3）选择性变性法　利用蛋白质稳定性的不同，除去杂蛋白。如对胰蛋白酶、细胞色素 C 等少数特别稳定的酶，甚至可用2.5％三氯乙酸处理，这使其他杂蛋白都变性而沉淀，而胰蛋白酶和细胞色素 C 仍留在溶液中。

（4）降解或沉淀核酸法　在微生物制备酶时，常含有较多的核酸，为此，可用核酸酶，将核酸降解为核苷酸，使黏度下降便于离心分离。

（5）利用结合底物保护法　除去杂蛋白酶和底物结合或竞争性抑制剂结合后，稳定性大大提高，这样就可以用加热法除去杂蛋白。

2. 脱盐　酶的提纯以及酶的性质研究中，常常需要脱盐。最常用的脱盐方法是透析和凝胶过滤。

（1）透析　由于透析主要是扩散过程，如果袋内外的盐浓度相等，扩散就会停止，因此需要经常更换溶剂。

（2）凝胶过滤　这是目前脱盐最常用的方法，不仅能除去小分子的盐，而且也可除去其他相对分子质量较小的物质。用于脱盐的凝胶主要有 SephadexG – 10、G – 15、G – 25 等。

3. 浓缩　酶的浓缩方法很多，有冷冻干燥法、离子交换法、超滤法、凝胶吸水法等。

（1）冷冻干燥法　是最有效的方法，它可将酶液制成干粉。采用这种方法既能使酶浓缩，酶又不易变性，便于长期保存。

（2）离子交换法　此法常用的变换剂有 DEAE Sephadex A50、PAE – Sephadex A50 等。当需要浓缩的酶液通过交换柱时，几乎全部的酶蛋白会被吸附，然后用改变洗脱液 pH 或离子强度等法即可达到浓缩目的。

（3）超滤法　优点在于操作简单、快速且温和，操作中不产生相变。

（4）凝胶吸水法　由于 Sephadex Bio – Gel 都具有吸收水及相对因子质量较小化合物的性能，因此用这些凝胶干燥粉末和需要浓缩的酶液混在一起后，干燥粉末就会吸收溶剂，再用离心或过滤方法除去凝胶，酶液就得到浓缩。

4. 酶的结晶 把酶提纯到一定程度以后（通常纯度应达到 50% 以上），而进行结晶，伴随着结晶的形成，酶的纯度经常有一定程度的提高。从这个意义上讲，结晶既是提纯的结果，也是提纯的手段。酶的结晶方法如下。

（1）盐析法 即在适当的 pH、温度等条件下，保持酶的稳定，慢慢改变盐浓度进行结晶。结晶时采用的盐有硫酸铵、枸橼酸钠、乙酸铵和硫酸镁等。

（2）有机溶剂法 酶液中滴加有机溶剂，有时也能使酶形成结晶。这种方法的优点是结晶悬液中含盐少。结晶用的有机溶剂有乙醇、丙醇、丁醇等。与盐析法相比，用有机溶剂法易引起酶失活。

（3）复合结晶法 可以利用某些酶与有机化合物或金属离子形成复合物或盐的性质来结晶。

（4）透析平衡法 利用透析平衡进行结晶也是常用方法之一。它既可进行大量样品的结晶，也可进行微量样品的结晶。

（5）等电点法 一般地说，在等电点附近，酶的溶解度较小，这一特征为酶的结晶条件提供了理论根据。

四、L-门冬酰胺酶的制备实例

（一）结构与性质

L-门冬酰胺酶（L-Asparaginase，L-ASP），又名 L-天门冬酰胺酶，商品名为左旋门冬酰胺酶，目前在临床上已被用于儿童急性淋巴细胞白血病的治疗。L-ASP 单独使用时，对儿童急性淋巴细胞白血病的有效率为 60%，与长春碱及皮脂甾类药物联合使用时，有效率可高达 95%。此外，L-ASP 对急性粒细胞性白血病、急性单核细胞性白血病、慢性淋巴细胞性白血病、何杰金病及非何杰金病淋巴瘤、黑色素瘤也有一定的疗效，对胰腺癌细胞的增多还有一定的抑制作用，是临床治疗白血病的重要药物。

L-ASP 抗肿瘤的作用机制在于 L-ASP 能将血清中的门冬酰胺水解为门冬氨酸和氨，而门冬酰胺是细胞合成蛋白质及增殖生长所必需的氨基酸。肿瘤细胞缺乏门冬酰胺合成酶，不能合成 L-门冬酰胺，需要摄取外源 L-门冬酰胺才能存活。当外源 L-门冬酰胺被分解掉时，癌细胞蛋白质合成受限，细胞大量破坏而不能生长、存活，因此 L-ASP 能有效抑制肿瘤细胞的增殖。

L-ASP 是由四个相同亚基（A、B、C、D）组成的同型四聚体，有 222 个对称轴，在 AB 或 CD 之间存在 6 对相互作用，形成两对二聚物，所以更准确地说 L-ASP 是两个二聚物的二聚体。它的每个亚基含有 326 个氨基酸残基，包括 N 端和 C 端两个 β 结构域。两个结构域之间有一段连接序列相连。

L-ASP 呈白色粉末状，微有吸湿性，溶于水，不溶于丙酮、三氯甲烷、乙醚及甲醇。20% 水溶液室温贮存 7 天，5℃贮存 14 天均不减少酶的活力。干燥品 50℃、15 分钟酶活性降低 30%，60℃、1 小时内失活。最适 pH 为 8.5，最适温度为 37℃。

L-门冬酰胺酶的生产菌是霉菌和细菌。常用的有大肠埃希菌（*E. coli* AS 1.357）和欧文菌（*Erwinia carotovora*）。

（二）生产工艺

1. 工艺流程 见图 3-6。

大肠埃希菌 $\xrightarrow[\text{37℃，24小时}]{\text{肉汤培养基}}$ 肉汤菌种 $\xrightarrow[\text{37℃，4~8小时}]{\text{玉米浆}}$ 种子菌种

$\xrightarrow[\text{37℃，6~8小时}]{\text{玉米浆}}$ 发酵液 $\xrightarrow[\text{丙酮}]{\text{（压滤·风干）}}$ 菌体干粉 $\xrightarrow[\text{pH8.3，37\%}]{\text{（提取）硼酸缓冲液}}$

提取液 $\xrightarrow[\text{pH4.2~4.4}]{\text{醋酸}}$ 干粗酶 $\xrightarrow[\text{60℃，30分钟}]{\text{甘氨酸}}$ 酶溶液 $\xrightarrow[\text{不同pH处理}]{\text{（精制）聚乙二醇}}$

无热原的酶液 $\xrightarrow{\text{无菌分装}}$ L-门冬酰胺酶冻干制剂

图 3-6　L-门冬酰胺酶生产的工艺流程

2. 工艺过程及控制要点

（1）菌种培养　采取大肠埃希菌（*E.coli* AS 1.357），普通肉汤培养基，接种后于 37℃ 培养 24 小时。

（2）种子培养　16% 玉米浆，接种量 1%~1.5%，37℃ 通气搅拌培养 4~8 小时。

（3）发酵罐培养　玉米浆培养基，接种 8%，37℃ 通气搅拌 6~8 小时，离心分离发酵液，得菌体，加 2 倍量丙酮搅拌，过滤，滤饼过筛，自然风干成菌体干粉。

（4）提取、沉淀、热处理　每千克菌体干粉加入 0.01mol/L 醋酸调节 pH 8.0 的硼酸缓冲液 10L，37℃ 保温搅拌 1.5 小时，降温到 30℃ 以后，用 5mol/L 醋酸调节 pH 至 4.2~4.4 进行压滤，滤液中加入 0.2 倍体积的丙酮，放置 3~4 小时，过滤，收集沉淀，自然风干，即得干粗酶。取粗制酶，加入 0.3% 甘氨酸溶液，调节 pH 8.8，搅拌 1.5 小时，离心，收集上清液，加热到 60℃，热处理 30 分钟。离心弃去沉淀，上清液加 2 倍体积的丙酮，析出沉淀，离心，收集酶的沉淀，用 0.1mol/L、pH 8.0 磷酸缓冲液溶解，再离心弃去不溶物，得上清酶溶液。

（5）精制、冻干　将上述酶溶液调节 pH 至 8.8，离心弃去沉淀，清液再调 pH 至 7.7 加入 50% 聚乙二醇，使浓度达到 16%。在 2~5℃ 放置 4~5 天，离心得沉淀。用蒸馏水溶解，加 4 倍量的丙酮，沉淀，同法重复一次，沉淀用 pH 6.4、0.05mol/L 磷酸缓冲液溶解，50% 聚乙二醇重复处理 1 次，即得 L-门冬酰胺酶。溶于 0.5mol/L 磷酸缓冲液，在无菌条件下用 6 号垂熔漏斗过滤，分装，冷冻干燥制得注射液用 L-门冬酰胺酶成品。

五、生化制药分离的相关知识

（一）盐析法分离纯度

利用不同的蛋白质在高浓度盐溶液中，溶解度不同程度的降低来进行分离纯化。在低盐浓度下，溶解度随着盐浓度升高而增加，称为盐溶作用；当盐浓度不断升高时，不同蛋白质的溶解度又以不同程度下降并先后析出沉淀，称为盐析作用。

优点：设备和条件要求低，安全应用范围广泛。在高盐的情况下，蛋白质不易发生变化，一般在室温下操作。

缺点：分级分离能力不高。

常用的中性盐有硫酸铵、硫酸镁、硫酸钠、氯化钠、磷酸钠。

盐析时应注意的几个问题。

1. 无机盐饱和度　由于蛋白质的结构和性质不同，盐析要求的饱和度也不同，要按工艺要求，正确计算饱和度。

2. pH 的选择 蛋白质在 pH 时的溶解度最小。因此，进行盐析时的 pH，要选择在被分离蛋白质的 pI 附近。

3. 蛋白质浓度 在相同条件下，蛋白质浓度越大越易沉淀，使用盐的饱和度极限也越低。蛋白质浓度越高，其他蛋白质共沉作用也越强，这是不希望的。选择适当的蛋白质浓度，可避免共沉的干扰。

4. 温度 一般在室温下进行，浓盐对蛋白质有保护作用。但对温度敏感的蛋白质，要在低温下进行。常在 0~4℃ 范围内迅速操作，如尿激酶。

5. 盐析沉淀物的脱盐 盐析的沉淀分离后，经脱盐才能获得纯品。最常用的脱盐方法是透析，时间一般较长，应常更换透析液，注意防止污染。

（二）有机溶剂沉淀法分离纯化

利用不同蛋白质在不同浓度的有机溶剂中的溶解度差异而分离目的蛋白质的方法。蛋白质的沉淀与溶解，与溶剂的介电常数有关，常用溶剂的介电常数见表 3-7。降低溶液的介电常数，使其溶解度变小，同时，还破坏蛋白质的水化膜而使蛋白质沉淀析出。

表 3-7 几种溶剂的介电常数

溶剂	20℃时的介电常数	溶剂	20℃时的介电常数
乙醚	4.33	甲醇	33
丙酮	21.4	水	80
乙醇	24	2.5mol/L 甘氨酸水溶液	137

有机沉淀法应注意的问题。

1. 控制工艺过程的温度 整个操作过程应在低温下进行，而且最好是同一温度。

2. 防止溶剂局部浓度过高 加入有机溶剂时搅拌要均匀，速度要适当，避免局部过高，引起沉淀物的破坏、变性或失活。

3. 及时处理沉淀物 沉淀物经过过滤或离心后，要立即用水或缓冲液溶解，降低有机溶剂的浓度。

4. pH 的选择 在待沉淀蛋白质的 pI 附近。

5. 有机溶剂 是酶和蛋白质的变性因素，尤其是对敏感酶类。

（三）等电点沉淀法分离纯化

利用蛋白质在等电点时的溶解度最低，而各种蛋白质又具有不同的等电点的特性进行分离的工艺过程。

由于各种蛋白质在等电点时，仍有一定的溶解度而沉淀不完全，多数蛋白质的等电点又都十分接近，所以单独使用效果不理想，分辨力差，多用于提取后去除杂蛋白。实际生产中常与有机溶剂沉淀法、盐析法联合使用。

任务六 糖类药物的制备

PPT

一、糖类药物的类型

糖及其衍生物广布于自然界生物体中，种类繁多。按照所含糖基数目的不同可分为单糖、低聚糖和多糖等形式（表 3-8）。

表 3 - 8　常见糖类药物

类型	品名	来源	作用与用途
单糖及其衍生物	甘露醇	由海藻提取或葡萄糖电解	降低颅内压、抗脑水肿
	山梨醇	由葡萄糖氢化或电解还原	降低颅内压、抗脑水肿、治青光眼
	葡萄糖	由淀粉水解制备	制备葡萄糖输液
	术醛酸内酯	由葡萄糖氧化制备	治疗肝炎、肝中毒、解毒、风湿性关节炎
	葡萄糖酸钙	由淀粉或葡萄糖发酵	钙补充剂
	植酸钙（菲汀）	由玉米、米糠提取	营养剂、促进生长发育
	肌醇	由植酸钙制备	治疗肝硬化、血管硬化、降血脂
	1，6 - 二磷酸果糖	酶转化法制备	治疗急性心肌缺血性休克、心肌梗死
多糖	右旋糖酐	微生物发酵	血浆扩充剂、改善微循环、抗休克
	右旋糖酐铁	用右旋糖酐与铁络合	治疗缺铁性贫血
	糖酐酯钠	由右旋糖酐水解酯化	降血脂、防治动脉硬化
	猪苓多糖	由真菌猪苓提取	抗肿瘤转移、调节免疫功能
	海藻酸	由海带或海藻提取	增加血容量、抗休克、抑制胆固醇吸收
	透明质酸	由鸡冠、眼球、脐带提取	化妆品基质、眼科用药
	肝素钠	由肠黏膜和肺提取	抗凝血、抗肿瘤转移
	肝素钙	由肝素制备	抗凝血、防治血栓
	硫酸软骨素	由喉骨、鼻中隔提取	治疗偏头痛、关节炎
	硫酸软骨素 A	由硫酸软骨素提取	降血脂、防治冠心病
	冠心舒	由猪十二指肠提取	治疗冠心病
	甲壳素	由甲壳动物外壳提取	人造皮、药物赋形剂
	脱乙酰壳多糖	由甲壳质提取	降血脂、金属解毒、止血、消炎

（一）单糖

单糖是糖的最小单位，如葡萄糖、果糖、氨基葡萄糖等；单糖的衍生物如 6 - 磷酸葡萄糖、1,6 - 二磷酸果糖、磷酸肌醇等。

（二）低聚糖

常指由 2 ~ 20 个单糖以糖苷键相连组成的聚合物，如麦芽乳糖、乳果糖、水苏糖等。

（三）聚多糖

常称为多糖，是由 20 个以上单糖聚合而成的，如香菇多糖、右旋糖酐、肝素、硫酸软骨素、人参多糖和刺五加多糖等。多糖在细胞内的存在方式有游离型与结合型两种。

二、糖类物质的来源

（一）单糖及其衍生物的来源

自然界已发现的单糖主要是戊糖和己糖。常见的戊糖有 D - (-) - 核糖、D - (-) - 2 - 脱氧核糖、D - (+) - 木糖和 L - (+) - 阿拉伯糖。它们都是醛糖，以多糖或苷的形式存在于动植物中。己糖以游离或结合的形式存于动植物中。

（二）低聚糖的来源

低聚糖又称为寡糖，低聚糖的获取方法大体上可分为以下几种：从天然原料中提取，采取用微波固相合成法、酸碱转化法、酶水解法获取。

（三）多糖的来源

1. 动物多糖　来源于动物结缔组织、细胞间质，是研究最多、临床应用最早、生产技术最成熟的多糖，重要的有肝素、透明质酸和硫酸软骨素等。

2. 植物多糖　来源于植物的各种组织，从各种中草药可以提取分离出药用的多糖。我国近年来对植物多糖，特别是中草药多糖的药物活性研究越来越深入，据研究，这些糖缀合物具有免疫调节、抗肿瘤、降血糖、抗放射、抗突变等多方面的药理作用。

3. 微生物多糖　是一类无毒、高效、无残留的免疫增强剂，能够提高机体的非特异性免疫和特异性免疫反应，增强对细菌、真菌、寄生虫及病毒的抗感染能力和对肿瘤的杀伤能力，具有良好的防病治病的效果。微生物多糖的生产不受资源、季节、地域等的限制，而且周期短、工艺简单、易于现实生产规模大型化和管理技术自动化。微生物多糖的种类繁多，按生物来源可分细菌多糖、真菌多糖和藻类多糖，现在从真菌得到真菌多糖已达数百种，如香菇多糖、云芝多糖、灵芝多糖等。

三、糖类药物的生理活性

多糖研究最多的是多糖类药物。多糖类药物具有以下多种生理活性。

（一）调节免疫功能

主要表现为影响补体活性，促进淋巴细胞增生，激活或提高吞噬细胞的功能，增强机体的抗炎、抗氧化和抗衰老。如香菇多糖能促进 T、B 淋巴细胞增殖，提高 NK 细胞活性，常用于恶性肿瘤的辅助治疗。

（二）抗感染作用

多糖可提高机体组织细胞、原虫、病毒和真菌感染的抵抗能力。如甲壳素对皮下肿胀有治疗作用，对皮肤伤口有促进愈合的作用。

（三）促进细胞 DNA、蛋白合成，可促进细胞增殖和生长

多糖对肝脏细胞的生长具有促进作用，促进 DNA、RNA 合成，减轻肝毒性物质引发的病变，增强肝脏解毒和肝细胞保护作用，用于病毒性肝炎、脂肪肝等均有良好的防治效果。多糖可以改善肾细胞代谢和肾功能，降低血肌酐水平，可缓解肾切除后肾功能衰竭，对肾病综合征、急性肾功能衰竭等均有良好的防治效果。

（四）抗辐射损伤作用

茯苓多糖、紫菜多糖、透明质酸等均有抗 ^{60}Co γ–射线损伤的作用。

（五）抗凝血作用

肝素是天然抗凝剂，用于防治血栓、周围血管病、心绞痛、充血性心力衰竭以及作为肿瘤的辅助治疗。甲壳素、芦荟多糖、黑木耳多糖等均具有类似的抗凝血作用。

（六）降血脂、抗动脉粥样化作用

如硫酸软骨素、小分子肝素等具有降血脂、降胆固醇抗动脉粥样硬化作用。

（七）其他作用

多糖类药物除具有上述活性作用外，还具有其他多方面的活性作用，如右旋糖酐可以代替血浆蛋白维持血液渗透压；中等相对分子质量的右旋糖酐用于增加血容量，维持血压；而相对分子质量小的右旋糖酐是一种安全有效的血浆扩充剂。海藻酸钠能增加血容量，使血压恢复正常。

四、糖类药物生产的一般方法

（一）单糖、低聚糖及其衍生物的生产

游离单糖及小分子寡糖易溶于冷水及温乙醇，可以用水或在中性条件下以50%乙醇为提取溶剂，也可以用80%乙醇，在70~78℃下回流提取，溶剂用量一般为材料的20倍，需多次提取，一般提取流程如下：粉碎植物材料，乙醚或石油醚脱脂，搅拌加碳酸钙，以50%乙醇温浸，浸液合并，于40~50℃减压浓缩至适当体积，用中性醋酸铅去杂蛋白及其他杂质，铅离子可通 H_2S 除去，再浓缩至黏稠状；以甲醇或乙醇温浸，去除不溶物（如无机盐或残留蛋白质等）；醇液经活性炭脱色，浓缩，冷却，滴加乙醚，或置于硫酸干燥器中旋转，析出结晶。单糖或小分子寡糖也可以在提取后，用吸附层析法或离子交换法进行纯化。

（二）多糖的生产

多糖的生产包括提取、纯化、浓度的测定和纯度检查等环节。

1. 多糖的提取　提取多糖时，一般需先进行脱脂，以便多糖释放。方法：将植物材料粉碎，用甲醇或乙醇–乙醚（1:1）混合液，加热搅拌温浸1~3小时，也可用石油醚脱脂。动物材料可用丙酮脱脂、脱水处理。

多糖的提取方法主要有以下几种。

（1）稀碱液提取　主要用于难溶于冷水、热水，可溶于稀碱的多糖。此类多糖主要是不溶性的胶类，如木聚糖等，提取时可先用冷水浸润材料，使其溶胀后，再用0.5mol/L NaOH提取，提取液用盐酸中和、浓缩后，加乙醇沉淀多糖，如在稀碱中不易溶出者，可加入硼砂，如甘露醇聚糖、半乳聚糖等能形成硼酸配合物，用此法可得到相当纯的产品。

（2）热水提取　适用于能溶于冷水和乙醇，易溶于热水的多糖提取。提取时材料先用冷水浸泡，再用热水（80~90℃）搅拌提取，提取液除蛋白质，离心，得清液。透析或用离子交换树脂脱盐后，用乙醇沉淀得多糖。

（3）黏多糖的提取　大多数黏多糖可用水或盐溶液直接提取，但因大部分黏多糖与蛋白质结合于细胞中，故需用酶解法或碱解法裂解糖–蛋白间的结合键，促使多糖释放。

1）碱解法　多糖与蛋白质结合的糖肽键对碱不稳定，故可用碱解法使糖与蛋白质分开。碱处理时，可将组织在40℃以下，用0.5mol/L NaOH溶液提取，提取液以酸中和，透析后，以高岭土、硅酸铝和其他吸附剂除去杂蛋白，再用乙醇沉淀多糖。

2）酶解法　蛋白酶水解法已逐步取代碱提取法而成为提取多糖最常用的方法。理想的工具酶是专一性低、具有广谱水解作用的蛋白质水解酶。鉴于蛋白酶不能断裂糖肽键及其附近的肽键，因此

成品中会保留较长的肽键。为除去长肽段，常与碱解法合用。常用的酶制剂有胰蛋白酶等。酶解液中的杂蛋白可用三氯醋酸法、磷钼酸—磷钨酸沉淀法等方法去除，再经透析后，用乙醇沉淀即可制得粗品多糖。

2. 多糖的纯化 多糖的纯化方法很多，但必须根据目的物的性质及条件选择合适的纯化方法，而且往往用一种方法不易得到理想结果，因此必要时应考虑几种方法合用。

(1) 乙醇沉淀法 是制备黏多糖最常用的手段。乙醇的加入，改变了溶液的极性，导致糖溶解度下降。供乙醇沉淀的多糖溶液，其含多糖的浓度以 1% ~ 2% 为佳。如使用充分过量的乙醇，黏多糖浓度小于 0.1% 也可以沉淀完全，向溶液中加入一定浓度的盐，如醋酸钠、醋酸钾、醋酸铵或氯化钠有助于黏多糖从溶液中析出，盐的最终浓度为 5% 即可。使用醋酸盐的优点是在乙醇中其溶解度更大，即使在乙醇过量时也不会发生这类盐的共沉淀。一般只要黏多糖浓度不太低，并有足够的盐存在，加入 4 ~ 5 倍乙醇后，黏多糖可完全沉淀。可以使用多次乙醇沉淀法使多糖脱盐，也可以用超滤法和分子筛法（Sephade – xG – 10 或 G – 15）进行多糖脱盐。加完乙醇，搅拌数小时，以保证多糖完全沉淀。沉淀物可用无水乙醇、丙酮、乙醚脱水，真空干燥即可得疏松粉末状产品。

(2) 分级沉淀法 不同多糖在不同浓度的甲醇、乙醇或丙酮中的溶解度不同，因此，可用不同浓度的有机溶剂分级沉淀不同大小的黏多糖。在 Ca^{2+}、Zn^{2+} 等二价金属离子的存在下，采用乙醇分级分离黏多糖可获得最佳效果。

(3) 季铵盐络合法 黏多糖与一些阳离子表面活性剂如十六烷基三甲基溴化铵（CTAB）和十六烷基氯化吡啶（CPC）等能形成季铵盐络合物。这些络合物在低离子强度的水溶液中不溶解，离子强度增大时，这些络合物可以解离、溶解、释放。

(4) 离子交换层析法 黏多糖由于具有酸性基团（如糖醛酸和各种硫酸基），在溶液中以聚阴离子形成存在，因而可用阴离子交换剂进行交换吸附。常用的阴离子交换剂有 D254、Dowex – X2、ECTEOI A – 纤维素等。吸附时可以使用低盐浓度样液，洗脱时可逐步提高盐浓度或分步梯度洗脱。如以 Dowex 进行分离时，分别用 0.5mol/L、1.25mol/L、1.5mol/L、2.0mol/L 和 3.0mol/L NaCl 洗脱，可以分离透明质酸、硫酸乙酰肝素、硫酸软骨素、肝素和硫酸角质素。

此外，多糖的分离纯化中也常用区带电泳法、超滤法及金属络合法等。

五、硫酸软骨素的制备实例

(一) 结构与性质

硫酸软骨素（CS）按其化学成分和结构差异，又分为 A、B、C、D、E、F、G、H 等多种，药用硫酸软骨素是从动物软骨中提取的，主要是 A、C 及各种硫酸软骨素的混合物。一般硫酸软骨素含 50 ~ 70 个双糖基本单位，相对分子质量在 10000 ~ 50000。

硫酸软骨素为白色粉末，有引湿性。硫酸软骨素或其他钠盐及钙盐等易溶于水，不溶于乙醇、丙酮、乙醚、三氯甲烷等有机溶剂。此外硫酸软骨素还具有以下化学性质。

1. 水解反应 硫酸软骨素可被浓硫酸降解成小分子，并被硫酸化，降解的程度和硫酸化的程度随着温度的升高而增加，在 $-30 ~ -5℃$ 的温度下，2 小时可使平均分子量 M 降至 3000 ~ 4000。硫酸软骨素也可以在稀盐酸溶液中水解而成小分子产物，温度越高，水解速率越快。

2. 酯化反应 硫酸软骨素分子中的游离羟基可以被酯化，而生成多硫酸衍生物。

3. 中和反应 硫酸软骨素呈酸性，其聚阴离子能与多种阳离子生成盐。这些阳离子包括金属离子和有机阳离子，如碱性染料甲苯胺蓝等。可以利用此性质对它进行纯化，如用阴离子交换树脂法纯化等。

（二）生产工艺

1. 工艺流程 见图3-7。

图3-7 硫酸软骨素的生产工艺流程

2. 工艺过程及控制要点

（1）预处理 将新鲜的软骨除脂肪等结缔组织后，置于冷库保存。提取时取出，用粉碎机粉碎。

（2）提取 将粉碎的软骨置于不锈钢反应罐内，加入1倍量的40%氢氧化钠溶液，加热升温至40℃，保温搅拌提取24小时，然后冷却，加入工业盐酸调pH至7.0~7.2，用双层纱布过滤，滤渣弃去，收集滤液。

（3）酶解 将上述滤液置于不锈钢消化罐中，在不断搅拌的条件下，加入1:1盐酸调节pH至8.5~9.0，并加热至50℃，加入3%（按原软骨的量计）相当于1:25倍胰酶，继续升温，控制消化温度在53~54℃，共计5~6小时。水解过程中，由于氨基酸的增加，pH下降，需用100g/L（10%）氢氧化钠调整pH至8.8~9。水解终点检查，取少许反应液过滤于比色管中，10ml滤液加100g/L（10%）三氯乙酸1~2滴，若微显浑浊，说明消化良好，否则酌情增加胰酶。

（4）吸附 当罐内温度达53~54℃时，用1:1盐酸调节pH至6.8~7，加入14%（按原软骨的量计）活性白陶土、1%活性炭，搅拌下，用100g（10%）氢氧化钠调整pH保持在6.8~7，搅拌吸附1小时，再用1:2盐酸调节pH至5.4，停止加热，静置片刻，过滤，收集澄清滤液。

（5）沉淀 将上述澄清滤液置于搪瓷罐中，然后迅速用100g/L（10%）氢氧化钠调节pH至6.0，并加入澄清液体积10g/L（1%）的氯化钠，溶解，过滤至澄明。

搅拌下，缓缓加入90%乙醇，使含醇量达70%，每隔30分钟搅拌一次，搅拌4~6次，使细小颗粒增大而沉降，静置8小时以上，吸去上清液，沉淀用无水乙醇充分脱水洗涤2次，抽干，于60~65℃干燥或真空干燥得粗品。

（6）精制 将上述粗品置于不锈钢反应罐中，按10%左右的浓度溶解，并加入1%氯化钠。加入1%的胰酶，在pH为8.5~9.0，控制消化温度为53~54℃，酶解3L左右。然后升温至100℃，过滤至清，滤液用盐酸调pH至2~3，过滤，然后再用氢氧化钠调pH至6.5，用90%乙醇沉淀过夜，然后过滤液收集沉淀。

（7）干燥 将沉淀经无水乙醇脱水，真空干燥后得精品。

六、生化制药纯化的相关知识

（一）膜分离法分离纯化

膜分离技术包括超滤、反渗透析、电渗析、微孔过滤、气体渗析和超精密过滤。

1. 超滤　根据溶质分子和悬浮粒子是否通过多孔膜来进行筛分。在液压的驱动下，能通过超滤膜的分离粒子的范围一般在 $0.001 \sim 0.01\mu m$。即利用一种特制的膜对溶液中的各种溶质分子进行选择性过滤。

优点：成本低、操作方便、条件温和、能较好地保持药物活性、回收率高。适用于酶和蛋白质药物的分离、浓缩、脱盐、提纯除菌、除病毒和热原。

2. 反渗透　以高分子透过性薄膜为分离介质，在超过溶液渗透压力的情况下，使溶液中的溶剂透过薄膜，同时使溶质和不溶物阻截在膜前。这一过程类似于渗透，但方向相反，即溶剂从高浓度一侧传递到低浓度的一侧，故称反渗透。

特点：能耗小，体积小，适应大规模生产。

3. 微孔过滤　微孔滤膜是由高分子材料制成的薄膜过滤介质，可以过滤一般介质不能截留的细菌和微粒。膜孔径在 $0.2 \sim 10\mu m$。

4. 超精密过滤　以聚乙烯醇为主体的中空多孔滤膜，分级性能在超滤膜与微孔滤膜之间，为 $0.01 \sim 0.2\mu m$。用于水的精制、循环水的净化、除悬浮固体粒子及糖液、酶液的精制。

（二）凝胶层析分离纯化

凝胶层析分离纯化是指化合物随流动相经装有凝胶的固定相的层析柱时，因其各种物质分子大小不同而被分离的技术。又称凝胶过滤、凝胶渗透过滤、分子筛过滤、阻滞扩散层析、排阻层析。

优点：设备简单、操作方便，分离效果好，回收率高，分离条件缓和，不使活性物质失活变性，凝胶可重复使用，无需再生处理。

缺点：分离速度慢。

广泛用于分离氨基酸、多肽蛋白质、酶及多糖等药物。

几种常用的凝胶如下。

1. 葡聚糖凝胶　基本骨架是 $1 \sim 6$ 个糖苷键。是由葡聚糖和甘油以醚桥形式交联而成的网状结构。最著名的商品为 Sephadex 葡聚糖凝胶，珠状颗粒物，化学性质稳定，不溶于水、弱酸、碱和盐溶液。低温时，在 $0.1mol/L$ 盐酸中保持 $1 \sim 2$ 小时不改变性质；室温时，在 $0.1mol/L$ 盐酸中放置半年也不改变；在 $0.25mol/L$ 的氢氧化钠中，$60℃$ 放置 2 个月不发生改变。可在 $120℃$ 加热 30 分钟灭菌而不被破坏，但高于 $120℃$ 即变黄。湿状贮存易发霉，若长期不用，需加防腐剂。

2. 聚丙烯酰胺凝胶　由碳－碳骨架构成，完全为惰性。稳定性比葡萄糖凝胶好，洗脱时不会有凝胶物质下来。

缺点：不耐酸。遇酸时酰胺键会水解为羧基，使凝胶带有一定的离子交换基团。

3. 琼脂糖凝胶　天然凝胶，不是共价交联，是以氢键交联。空隙度以契纸糖的浓度来改变，化学稳定性不如葡聚糖凝胶。没有干凝胶，必须在溶胀状态保存，遇脱水剂、冷冻和一些有机溶剂即破坏，丙酮和乙醇对它无影响。在 pH 为 $4.5 \sim 9$，温度为 $0 \sim 40℃$ 稳定。对硼酸有吸附，不能用硼酸缓冲液。能分离几万到几千万相对分子质量的物质，弥补了葡聚糖和聚丙烯酰胺凝胶的不足。

4. 疏水性凝胶　常用的为聚甲丙烯酸酯（Polymethacrylate）凝胶、聚苯乙烯凝胶。

PPT

任务七　脂类药物的制备

一、脂类药物的分类

脂类系脂肪、类脂及其衍生物的总称。脂类药物是其中具有特定生理药理效应者。脂类药物分为复合脂类及简单脂类两大类：复合脂类包括与脂肪酸相结合的脂类药物，如卵磷脂及脑磷脂等；简单脂类药物为不含脂肪酸的脂类，如甾体化合物、色素类及 CoQ_{10} 等。

脂类药物共同的物理性质是不溶或微溶于水，易溶于某些有机溶剂。简单脂类药物在结构上极少有共同之处，其性质差异较大，所以其来源和生产方法也是多种多样，见表3-9。

表3-9　脂类药物分类

复合脂类		简单脂类
甘油三酯	甘油和脂肪酸结合而成，其脂肪酸中含碳原子2~22个，仅存在偶数碳的化合物，是天然存在最普通的化合物，分为包合脂肪酸和不饱和脂肪酸	萜类化合物 产生香味的重要化合物，在香辛植物中含量很高
饱和脂肪酸	脂肪酸中碳与碳之间以单键相连，在常温下呈凝聚状态，在动物脂肪中含量较高	
不饱和脂肪酸	脂肪酸中碳与碳之间存在双键或三键，在常温下呈液态，称为"油"，在植物脂中含量较高，常见的有油酸、亚麻酸和亚油酸	甾类化合物 包括对代谢起调节作用的性激素、肾上腺皮质激素和胆汁酸，与心血管疾病相关的胆固醇
甘油磷酸	含有磷酸的酯，是生物膜中最重要的成分，包括卵磷脂、脑磷脂和肌醇等，在蛋黄和大豆中含量较高	
其他	包括鞘磷脂和蜡等	

二、脂类药物的理化性质

（一）脂肪和脂肪酸

1. 水溶性　脂肪一般不溶于水，易溶于有机溶剂（如乙醚、石油醚、苯等）。由低级脂肪酸构成的脂肪则能在水中溶解，脂肪的相对密度小于1，故浮于水面上。

2. 熔点　脂肪的熔点各不相同，脂肪的熔点取决于脂肪酸链的长短及其双键数的多寡。脂肪酸的碳链越长，则脂肪的熔点越高，饱和脂肪酸熔点随其相对分子质量而变化，相对分子质量越大，其熔点就越高。带双键的脂肪酸存在于脂肪中能显著地降低脂肪的熔点。不饱和脂肪酸的双键越多，熔点越低。

3. 吸收光谱　脂肪酸在紫外和红外区显示特有的吸收光谱，可对脂肪酸进行定性、定量或结构研究。饱和酸和非共轭酸在220nm以下的波长区域有吸收峰。共轭酸中的二烯酸在230nm附近显示出吸收峰。红外吸收光谱可有效地应用于测定脂肪酸的结构，它可以用于判断有无不饱和键、是反式还是顺式、脂肪酸侧链的情况。

4. 皂化作用　脂肪内脂肪酸和甘油结合的酯键容易被氢氧化钾或氢氧化钠水解，生成甘油和水溶性的肥皂，这种水解称为皂化作用。

5. 加氢作用 脂肪分子中如果含有不饱和脂肪酸，可因双键加氢而变为饱和脂肪酸。

6. 加碘作用 脂肪不饱和双键可以加碘，100g 脂肪所吸收碘的克数称为碘价。脂肪中不饱和脂肪酸越多，或不饱和脂肪酸所含的双键越多，则碘价越高。

7. 氧化和酸败作用 脂类的多不饱和脂肪酸在体内容易氧化而生成过氧化脂质，它不仅能破坏生物膜的生理功能，导致机体的衰老，还会伴随某些溶血现象的发生，出现贫血、血栓、动脉硬化、糖尿病等。

（二）磷脂

由于磷脂分子中含有疏水性脂肪酸链和亲水基团（磷酸、胆碱或乙醇胺等基团），因此具有表面活性，可乳化于水，以胶体状态在水中分散。卵磷脂、脑磷脂及神经鞘磷脂的溶解度在不同的脂肪溶剂中具有显著差别，可用来分离此三种磷脂。

卵磷脂为白色蜡状物，空气中极易氧化，迅速变成暗褐色。卵磷脂有降低表面张力的能力，若与蛋白质或碳水化合物结合则作用更大，是一种极有效的脂肪乳化剂。它与其他脂类结合后，在体内水系统中均匀扩散。因此，能使不溶于水的脂类处于乳化状态。

神经鞘磷脂对氧较为稳定。不溶于醚及冷乙醇，可溶于苯、三氯甲烷及热乙醇。

（三）萜式脂

胆固醇为白蜡状结晶片，不溶于水而溶于脂肪溶剂，可与卵磷脂或胆盐在水中形成乳状物。胆固醇与脂肪混合时能吸收大量水分。胆固醇不能皂化，能与脂肪酸结合成胆固醇脂，为血液中运输脂肪酸的方法之一。脑中含胆固醇很多，约占湿重的 2%，几乎完全以游离的形式存在。

类固醇与固醇比较，甾体上的氧化过程较高，含有 2 以上的含氧基团，这些含氧基团以烃基、酮基、羧基和醚基的形式存在，主要化合物有胆酸、鹅去氧胆碱酸、熊去氧胆碱酸、睾酮、雌二醇、黄体酮等。

三、脂类药物的一般制备方法

（一）脂类的生产

1. 直接提取法

（1）提取溶剂的选择 往往采用几种溶剂相结合的方式进行，乙醇为组合溶剂的必需组分。醇能裂开脂质 - 蛋白质复合物，溶解脂类和使生物组织中脂类降解酶失活。醇溶剂的缺点是糖、氨基酸、盐类等也会被提取出来，要除去水溶性杂质，最常用的方法是水洗提取物，但可能形成难处理的乳浊液。采用 V（三氯甲烷）$:V$（甲醇）$:V$（水）$=1:2:0.8$ 组合溶剂提取脂质，提取物再用三氯甲烷和水稀释，形成两相体系，V（甲醇 + 三氯甲烷）$:V$（水）$=1:0.9$，水溶性杂质分配进入甲醇 - 水相，脂类进入脂肪相，基本能克服上述问题。

使用含醇的混合溶剂，能使许多脂酶和磷脂酶失活，对较稳定的酶，可将提取材料在热水或沸水中浸 1~2 分钟，使酶失活。

（2）提取条件 一般在室温下进行，阻止其发生过氧化与水解反应，如有必要，可低于室温。提取不稳定的脂类时，应尽量避免加热。提取高度不饱和的脂类时，溶剂中要通入氮气驱除空气，操作应置于氮气环境下进行。

（3）脂类的保存 脂类具有过氧化与水解不稳定的性质，提取物不易长期保存；如要保存可溶于

新鲜蒸馏的 V（三氯甲烷）：V（甲醇）$=2:1$ 的溶剂中，于 $-15 \sim 0℃$ 保存，时间较长者（1~2 年）必须加入抗氧化剂，保存于 $-40℃$。

2. 水解法　对有些和其他成分构成复合物质的脂类药物，需经水解或适当处理后，再进行提取分离纯化，或先提取再水解。

（1）脑干中胆固醇酯经丙酮提取，浓缩后残留物用乙醇结晶，再用硫酸水解和结晶才能获得胆固醇。

（2）辅酶 Q_{10} 与动物细胞内线粒体膜蛋白结合成复合物，故从猪心提取辅酶 Q_{10} 时，需将猪心绞碎后用氢氧化钠水解，然后用石油醚提取，经分离纯化制得。

（3）在胆汁中，胆红素大多与葡萄糖醛酸结合成共价化合物，故提取胆红素需先用碱水解胆汁，然后用有机溶剂抽提。

（4）胆汁中胆酸大都与牛磺酸或甘氨酸形成结合型胆汁酸，要获得游离胆酸，需将胆汁用 10% 氢氧化钠溶液加热、水解后，再进一步分离纯化才可得到产物。

3. 生物转化法　包括微生物发酵、动植物细胞培养和酶工程技术。例如，微生物发酵法或烟草细胞培养法生产辅酶 Q_{10}；紫草细胞培养用于生产紫草素；以花生四烯酸为原料，用类脂氧化酶 - 2 为前列腺素合成酶的酶原，通过酶工程技术将原料转化合成前列腺素。

（二）脂类药物的分离

脂类生化药物种类较多，结构各异、性质相差较大，其分离纯化通常用溶解度法与吸附法分离。

1. 溶解度法　是依据脂类药物在不同溶剂中溶解度差异进行分离的方法。如游离胆红素在酸性条件溶于三氯甲烷及二氯甲烷，故胆汁经碱水解、酸化后，用三氯甲烷抽提，其他物质难溶于三氯甲烷，而胆红素则溶出，因此得以分离。又如卵磷脂溶于乙醇，不溶于丙酮，脑磷脂溶于乙醚而不溶于丙酮和乙醇，故脑干丙酮提取液用于制备胆固醇，不溶物用乙醇提取可得卵磷脂，用乙醚提取可得脑磷脂，从而使三种成分得以分离。

2. 吸附分离法　是根据吸附剂对各种成分吸附力的差异进行分离的方法。如从家禽胆汁中提取的鹅去氧胆酸粗品经硅胶柱层析及乙醇 - 三氯甲烷溶液梯度洗脱即可与其他杂质分离。前列腺素 E_2 粗品经硅胶柱层析及硝酸银硅胶柱层析分离得精品。CoQ_{10} 粗制品经硅胶柱吸附层析，以石油醚和乙醚梯度洗脱，即可将杂质分开。胆红素粗品也可通过硅胶柱层析及三氯甲烷 - 乙醇梯度洗脱分离。

（三）脂类药物的精制

经分离后的脂类药物中常有微量杂质，需要适当方法精制，常用的有结晶法、重结晶法及有机溶剂沉淀法。如用层析分离的 PGE_2 经乙酸乙酯 - 己烷结晶，及用层析分离后的 CoQ_{10} 经无水乙醇结晶均可得相应纯品。经层析分离的鹅去氧胆酸及自牛羊胆汁中分离的胆酸需分别用乙酸乙酯及乙醇结晶和重结晶精制，半合成的牛磺熊去氧胆酸经分离后需用乙醇 - 乙醚结晶和重结晶精制。

四、脂类的药用价值

（一）胆酸类的药用价值

胆酸类化合物是人及动物肝脏生产的甾族化合物，集中于胆囊，排入肠道对脂肪起乳化作用，促进脂肪消化吸收，同时促进肠道正常菌落繁殖，抑制致病菌生长，保持肠道正常功能。不同的胆酸有不同的药理效应及临床应用。

（二）色素类的药用价值

色素类药物有胆红素、原卟啉、血卟啉及其衍生物。胆红素用于消炎、镇静等，也是人工牛黄的重要成分。胆绿素是胆南星、胆黄素等消炎药的成分。原卟啉用于治疗肝炎。血卟啉为激光治疗癌症的辅助剂，临床上用于治疗多种癌症。血红素用于制备抗癌特效药，临床上可制成血红素补铁剂。

（三）不饱和脂肪酸的药用价值

不饱和脂肪酸主要包括前列腺素、亚油酸、亚麻酸、花生四烯酸及二十碳五烯酸等。前列腺素主要用于治疗肝炎、肝硬化、脑梗死、糖尿病、呼吸系统疾病等，用于催产、中早期引产、肾功能不全、抗早孕及男性不育症等。亚油酸用于防治动脉粥样硬化，治疗高血压、糖尿病等。花生四烯酸治疗冠心病、糖尿病、预防脑血管疾病，对婴幼儿的大脑、神经及视神经系统的发育也具有重要作用，二十碳五烯酸用于预防和改善动脉硬化，防治高血压等。

（四）磷脂类的药用价值

本类药物包括卵磷脂、脑磷脂和大豆磷脂。卵磷脂用于预防高血压、心脏病、阿尔茨海默病、痛风、糖尿病等，临床上用于治疗神经衰弱及预防动脉粥样硬化。脑磷脂用于防治肝硬化、肝脂肪性病变、动脉粥样硬化，治疗神经衰弱，有局部止血作用。大豆磷脂用于口服制剂的乳剂，治疗高血脂、急性脑梗死和神经衰弱等。

（五）固醇类的药用价值

本类药物包括胆固醇、麦角固醇及 β - 谷固醇等。胆固醇为人工合成牛黄原料，以及机体多种甾体激素和胆酸原料。麦角固醇是机体维生素 D_2 的原料。

（六）人工牛黄的药用价值

本类药物包括胆红素、胆酸、猪胆酸、胆固醇及无机盐等。临床上用于治疗热病癫狂、神昏不语、小儿惊风、恶毒症及咽喉肿胀等，外用可治疗疔疮及口疮。

脂类药物的来源及主要用途见表 3 - 10。

表 3 - 10　脂类药物的来源及主要用途

脂类药物	来源	主要用途
胆固醇	脑或脊髓提取	人工牛黄的原料
麦角固醇	酵母提取	维生素 D_2 原料，防治小儿软骨病
β - 谷固醇	甘蔗渣及米糠提取	降低血浆胆固醇
脑磷脂	酵母及脑中提取	止血、防治动脉粥样硬化及神经衰弱
卵磷脂	脑、大豆及卵黄中提取	防治动脉粥样硬化、肝病及神经衰弱
卵黄油	蛋黄中提取	抗铜绿假单胞菌及治疗烧伤
亚油酸	玉米胚及豆油中提取	降血脂
亚麻酸	亚麻油中提取	降血脂，防治动脉粥样硬化
花生四烯酸	动物肾上腺中提取	降血脂，合成前列腺素 E_2 原料
鱼肝油脂肪酸钠	鱼肝油中分离	止血，治疗静脉曲张及内痔
前列腺素 E_1、E_2	羊精囊中提取或酶转化	中期引产，催产或降血压
辅酶 Q_{10}	心肌提取、发酵或合成	治疗亚急性肝坏死及高血压
胆红素	胆汁提取或酶转化	抗氧剂，消炎，人工牛黄原料

续表

脂类药物	来源	主要用途
原卟啉	动物血红素中分离	治疗急性及慢性肝炎
血卟啉及其衍生物	由原卟啉合成	肿瘤激光疗法辅助剂及诊断试剂
A-猪去氧胆酸	由牛羊胆汁中提取	治疗胆汁缺乏、胆囊炎及消化不良
胆酸	由牛羊胆汁中提取	人工牛黄的原料
猪去氧胆酸	由猪胆汁中提取	降低胆固醇，治疗支气管炎
胆石去氧胆酸	胆酸脱氢制备	治疗胆囊炎
鹅去氧胆酸	禽胆汁提取或半合成	治疗胆结石
熊去氧胆酸	由胆酸合成	治疗急性或慢性肝炎，溶解胆结石
牛磺熊去氧胆酸	化学半合成	治疗炎症，退热
牛磺鹅去氧胆酸	化学半合成	抗艾滋病，抗流感及副流感病毒感染
牛磺去氧胆酸	化学半合成	抗艾滋病，抗流感及副流感病毒感染
人工牛黄	由胆红素、胆酸配制	清热解毒，抗惊厥

五、胆固醇的制备实例

(一) 胆固醇的理化性质

胆固醇化学名称为胆甾-5-烯-3β-醇，相对分子量为386.64，胆固醇是最初由胆结石中分离得到的一种有羟基的物质，属固醇类化合物，存在于脑、脊髓、神经、血液、肝、骨、胰脏等组织中，是胆结石的主要成分。主要用作人工牛黄原料，也用于合成维生素 D_2 和维生素 D_3 的起始材料和化妆品原料。难溶于水，易溶于丙酮、乙醇、乙醚、苯、三氯甲烷、油脂等有机溶剂。

(二) 胆固醇的生产工艺

生产方法以猪脑或脊髓为原料。

1. 工艺流程 见图3-8。

猪脑及脊髓 —(提取)丙酮/过滤→ 滤液 —(浓缩)蒸馏/过滤→ 固体物 —(溶解)乙醇/回流、过滤→ 滤液 —(结晶)乙醇→ 粗胆固醇酯

粗胆固醇酯 —(水解)乙醇、硫酸→ 粗胆固醇酯结晶 —回流、结晶→

粗胆固醇酯结晶 —(重结晶)乙醇/过滤、干燥→ 胆固醇成品

图3-8 胆固醇生产工艺流程

2. 技术要点

(1) 提取、结晶 取新鲜动物脑及脊髓（除去脂肪和脊髓膜）若干，绞碎，40~50℃烘干，得干燥脑粉。干燥脑粉加1.2倍量丙酮浸渍，不断搅拌，提取4.5小时，反复提取6次，过滤，合并提取液，蒸馏浓缩至出现大量黄色固体物，同时回收丙酮，向固体物中加入10倍量乙醇，加热回流溶解1小时，得胆固醇乙醇溶液，过滤，滤液在0~5℃冷却，静置，结晶，过滤得粗胆固醇酯结晶。

(2) 精制胆固醇 取粗胆固醇酯结晶加入5倍量和5%~6%的硫酸，加热回流8小时，得水解液，0~5℃冷却，结晶，过滤，得晶体，加95%乙醇洗至中性。将洗至中性的晶体加10倍量95%乙醇，加

3%活性炭，加热溶解，回流脱色1小时，保温过滤，滤液在0~5℃冷却结晶，反复3次，过滤，把结晶压干，挥发除去乙醇，70~80℃真空干燥，得精制胆固醇。

六、生化制药浓度的相关知识

（一）浓缩

低浓度溶液通过除去溶剂变为高浓度溶液的过程称为浓缩。浓缩常在提取后和结晶前进行，有时也贯穿于整个制药过程。

1. 蒸发装置的设计原理 加热、扩大液体表面积、低压。

2. 薄膜蒸发浓缩 卧式喷淋降膜蒸发器、Rose 蒸发器、板式蒸发器。

3. 减压蒸发浓缩 减压抽真空（真空浓缩），适用于不耐热的药物和制品。

4. 吸收浓缩 通过吸收剂直接吸收除去溶液中的溶剂分子使溶液浓缩的方法。吸收剂与溶液不起化学反应，不吸附生化药物，易与溶液分开。吸附剂除去溶液剂后可重复使用。

5. 常用的吸收剂 聚乙二醇、聚乙烯吡咯烷酮、蔗糖、凝胶。

凝胶可直接投入待浓缩溶液中，溶剂和小分子被吸收到凝胶内，大分子留在溶液中，然后离心过滤。使用聚乙二醇时，先将溶液装入半透膜的袋内，扎紧袋口，外加聚乙二醇覆盖，袋内溶剂渗出即被聚乙二醇吸去。

（二）结晶

利用某些药物具有形成晶体的性质使目标物（溶质）呈晶体从溶液中析出的过程称结晶。结晶的条件如下。

1. 纯度 各种物质在溶液中均须达到一定纯度才能析出结晶。蛋白质和酶，纯度不低于50%。总趋势是越纯越易结晶，但已结晶的制品不表示达到了绝对的纯化，只能说是相当纯的程度。纯度不高时，有时加入有机溶剂和制成盐，也能得到结晶。

2. 浓度 结晶液的浓度应较高，以利于分子间的碰撞聚合。但浓度过高，相应杂质和溶液的黏度增大，反而不利于结晶，或生成纯度较低的粉末结晶。

3. pH 选择 pH 在 pI 附近，有利于晶体析出。

4. 温度 通常在低温条件下进行，活性物质不易变性，又可避免细菌繁殖。

5. 时间 结晶的生成和生长需要时间。但生物药物要求在几小时内完成，时间不宜过长。

6. 晶种 不宜结晶的药物常加晶种。

任务八 维生素与辅酶类药物的制备

PPT

一、维生素的概述

维生素是维持机体正常代谢功能的一类化学结构不同的小分子有机化合物，它们在机体不能合成，大多需从外界摄入。人体所需的维生素广泛存在于食物中，其在机体内的生理作用有以下特点。

（1）维生素不能供给能量，也不是组织细胞的结构成分，而是一种活性物质，对机体代谢起调节和整合作用。

（2）维生素需求量很少，例如人每日需维生素 A 0.8～1.7mg、维生素 B_1（硫胺素）1～2mg、维生素 B_2（核黄素）1～2mg、维生素 B_3（泛酸）3～5mg、维生素 B_6（吡哆素）2～3mg、维生素 D 0.01～0.02mg、叶酸 0.4mg、维生素 H（生物素）0.2mg、维生素 E 14～24μg、维生素 C 60～100mg 等。

（3）绝大多数维生素是通过辅酶或辅基的形式参与机体酶促反应体系，在代谢中起调节作用，少数维生素还具有一些特殊的生理功能。

（4）人体内维生素缺乏时，会发生一类特殊的疾病，称"维生素缺乏症"。人体每日需要量应根据机体需要提供，使用不当，反而会导致疾病。

维生素缺乏的临床表现是源于多种代谢功能的失调，大多数维生素是许多生化反应过程中酶的辅酶和辅基，见表 3－11。例如维生素 B_1，在体内的辅酶形式是硫胺素焦磷酸（TPP），是 α－酮酸氧化脱羧酶的辅酶；又如泛酸，其辅酶形式是 CoA，是转乙酰基酶的辅酶。有的维生素可在体内转变为激素，因此用维生素及辅酶能治疗多种疾病。

表 3－11　维生素、辅酶、辅基和酶

维生素	辅酶、辅基	酶
维生素 B_1（硫胺素）	硫胺素焦磷酸（TPP）	丙酮酸脱羧酶等的辅酶
维生素 B_2（核黄素）	黄素单核苷酸（FMN） 黄素腺嘌呤二核苷酸（FAD）	琥珀酸脱氢酶，单胺氧化酶等黄素酶的辅酶
维生素 B_3（泛酸）	辅酶 A（CoA）	丙酮酸脱氢酶、脂肪酸氧化酶、α－酮戊二酸脱氢酶等酶的辅酶
维生素 B_6（吡哆醇）	磷酸吡哆醛	氨基酸转氨、脱羧酶的辅酶
维生素 B_{12}（钴胺素）	5'－脱氢腺嘌呤 核苷钴胺素（B_{12}辅酶）	甲基丙二酸单酰 CoA 变位酶的辅酶
烟酸、烟酰胺（尼克酸）	烟酰腺嘌呤二核苷酸（NAD、CoI） 烟酰腺嘌呤二核苷酸磷酸（NADP、CoI）	各种脱氢酶的辅酶
叶酸	四氢叶酸（FH_4、CoF）	一碳单位转移酶的辅酶
生物素	羧化酶－生物素	羧化酶的辅酶
硫辛酸	乙酰硫辛酰胺	硫辛酰胺转乙酰酶、二氢硫辛酰胺脱氢酶辅酶
泛醌	辅酶 Q	呼吸链氧还酶辅酶

二、维生素与辅酶类药物的分类

维生素通常根据它们的溶解性质可分为脂溶性和水溶性两大类。脂溶性维生素主要有维生素 A、维生素 D、维生素 E、维生素 K、维生素 Q 和硫辛酸等；水溶性维生素有维生素 B_1、维生素 B_2、维生素 B_6、维生素 B_{12}、烟酸、泛酸、叶酸、生物素和维生素 C 等。目前世界各国已将维生素的研究和生产列为制药工业的重点。我国维生素产品研究开发近年来也有很大发展，新老品种已超过 30 种（表 3－12）。

表 3－12　维生素及辅酶类药物

名称	主要功能	生产方式	临床用途
维生素 A	促进黏多糖的合成，维持上皮组织正常功能，促进骨的形成	合成、发酵、提取	用于夜盲症等维生素 A 缺乏症的治疗，也用于抗癌
维生素 D	促进成骨作用	合成	用于治疗佝偻病、软骨病等

续表

名称	主要功能	生产方式	临床用途
维生素 E	抗氧化作用，保护生物膜，维持肌肉正常功能，维持生殖功能	合成	用于治疗进行性肌营养不良、心脏病、抗衰老等
维生素 K	促进凝血酶原和促凝血球蛋白等凝血因子的合成，解痉止痛作用	合成	用于维生素 K 缺乏所致的出血症和胆道蛔虫病等的治疗
硫辛酸	转酰基作用，转氨作用	合成	适用于肝炎、肝昏迷等
维生素 B_1	α – 酮酸脱羧作用，转酰基作用	合成	用于治疗维生素 B_1 缺乏病、食欲不振等
维生素 B_2	递氢作用	发酵、合成	用于治疗口角炎
烟酸、烟酰胺	扩张血管作用，降血脂递氢作用	合成	用于治疗高脂血症、糙皮症等
维生素 B_6	参与氨基酸的转氨基、脱羧作用，参与多烯脂肪酸的代谢	合成	用于白细胞减少症等的治疗
生物素	与 CO_2 固定有关	发酵	用于鳞屑状皮炎、倦怠等的治疗
泛酸	参与转酰基作用	合成	用于巨幼细胞贫血等的治疗
维生素 B_{12}	促进红细胞的形成、转移，促进血红细胞成熟，维持神经组织正常功能	发酵、提取	用于恶性贫血、神经疾患的治疗
维生素 C	氧化还原作用，促进细胞间质形成	合成、发酵	用于治疗坏血病和感冒等，也用于防治癌症等
谷胱甘肽	巯基酶的辅酶	合成、提取	治疗肝脏疾病，具有广谱解毒作用
芦丁	维持和恢复毛细血管的正常弹性	提取	治疗高血压等疾病
维生素 U	保持黏膜的完整性	合成	治疗胃溃疡、十二指肠溃疡等
胆碱	神经递质，促进磷脂合成等	合成	治疗肝脏疾病
辅酶 A（CoA）	转乙酰基酶的辅酶，促进细胞代谢	发酵、提取	用于白细胞减少症、肝脏疾病等的治疗
辅酶 I（NAD）	脱氢酶的辅酶	发酵、提取	冠心病、心肌炎、慢性肝炎等的治疗
辅酶 Q（CoQ）	氧化还原酶的辅酶	发酵、提取	用于治疗肝病和心脏病
叶酸	一碳单位转移酶系的辅酶，参与嘌呤和胸腺嘧啶的合成	提取、合成、发酵	预防胎儿神经管畸形

三、维生素及辅酶类药物的一般生产方法

维生素及辅酶类药物的生产，在工业上大多数是通过化学合成——酶促和酶拆分法获得，近年来发展起来的微生物发酵法代表着维生素生产的发展方向。

（一）化学合成法

根据已知维生素的化学机构，采用有机化学合成原理和方法，制造维生素。近代的化学合成，常与酶促合成、酶拆分等结合在一起，以改进工艺条件，提高收率和经济效益。用化学合成法生产的维生素有烟酸、烟酰胺、叶酸、维生素 B_1、硫辛酸、维生素 B_6、维生素 D、维生素 E、维生素 K 等。

（二）发酵法

即用人工培养微生物方法生产各种维生素，整个生产过程包括菌种培养、发酵、提取、纯化等。目前完全采用微生物发酵法或微生物转化制备中间体的有维生素 B_{12}、维生素 B_2、维生素 C 和生物素、维生素 A 原（β 胡萝卜素）等。

（三）直接从生物材料中提取

主要从生物组织中，采用缓冲液抽提、有机溶剂萃取等，如从猪心中提取辅酶 Q_{10}，从槐米中提取芦丁，从提取链霉素后的废液中制取维生素 B_{12} 等。

在实际生产中，有的维生素既用合成法又用发酵法生产，如维生素 C、叶酸、维生素 B_2 等；也有既用生物提取法又用发酵法生产的，如辅酶 Q_{10} 和维生素 B_{12} 等。

四、辅酶 A 的制备实例

（一）辅酶 A 组成与性质

CoA 分子由 β – 巯基乙胺、4′ – 磷酸泛酸和 3′, 5′ – 二磷酸腺苷所组成。纯品为白色或淡黄色粉末，最高纯度为 95%，一般为 70% ~ 80%。具有典型的硫醇味，易溶于水，不溶于丙酮、乙醚和乙醇中。兼有核苷酸和硫醇的通性，是一种强酸。易被空气、过氧化氢、碘、高锰酸钾等氧化成无催化活性的二硫化合物。与谷胱甘肽、半胱氨酸可形成混合的二硫化物。二硫键可被锌和盐酸、锌汞齐、碘化氢或碱金属硼氢化物所破坏。稳定性随着制品纯度的增加而降低，纯度为 1.5% ~4% 的 CoA 丙酮粉，在室温条件下干燥存储 3 年尚不失活。水溶液 pH 小于 7，数天内不失活；pH 为 7 时，热压温度 120℃，30 分钟失活 23%；pH 为 8 时，40℃、24 小时失活 42%。真空干燥时温度 40℃、4 小时失活 14.3%，24 小时失活 15%；76.8℃、4 小时失活 21.3%；24 小时失活 21.6%；100℃、4 小时失活 70.5%，24 小时失活 89.5%。高纯度的冻干粉，有很强的吸湿性，暴露在空气中很快吸收水分并失活。在碱性溶液中易失活。在酸性溶液中，还观察到一个有趣的现象：pH 为 2.6 时，其活性不但没有损失，反而有所增加。活性的增加与时间、温度有关，40℃时，3 小时达到 20% ~25%，为最大值，4 小时以后，活性开始下降，并于 24 小时恢复到原来水平。

（二）辅酶 A 的生产工艺过程

制取 CoA 有用动物肝、心、酵母等作为原料的提取法和微生物合成法等。

1. 以猪肝为原料的 GMA 提取法

（1）工艺流程 见图 3 –9。

图 3 –9 以猪肝为原料的 CoA 提取工艺流程

（2）工艺过程

1）绞碎、提取 将新鲜猪肝去结缔组织，绞碎，得肝浆，再投入 5 倍体积的沸水中，立即煮沸，保鲜搅拌 15 分钟，迅速过滤，冷却至 30℃以下，过滤得提取液。

2）除蛋白 在搅拌下向提取液中加入 50g/L（5%）三氯乙酸，加入量为 2%，静置 4 分钟吸取上清液，沉淀过滤，收集并合并滤液与上清液。

3）吸附、梯度洗脱、酸化 将 pH 约为 5 的清液，直接流入经再生的 GMA 树脂柱，柱比（1:7）~（1:10），树脂与提取液比（1:50）~（1:60），流速每分钟为树脂体积的 10% ~ 15%。

吸附完毕，以去离子水洗涤树脂柱至清，用 3 ~ 4 倍体积的 0.01mol/L 盐酸 0.1mol/L 氯化钠以 2% 的流速流洗树脂柱，最后用 5 倍体积的 0.01mol/L 盐酸 - 1mol/L 氯化钠以 2% 的流速洗脱 CoA，收集至洗脱液呈无色，pH 下降至 2 ~ 3 为止。洗脱液用盐酸调节 pH 为 2 ~ 3，过滤除沉淀，得 CoA 浓缩液。

4）吸附、脱盐、洗脱 取上述浓集液，于交换柱中装入 GMA 1/2 体积的 LD - 601，以 5% 流速吸附。LD - 601 用 1 倍体积 pH 3 的硝酸水以 2% ~ 4% 的流速通过，洗去黏附于 LD - 601 大孔吸附树脂表面的氯化钠，至洗液无氯离子反应。再用 3 ~ 4 倍体积的氨醇液 V（乙醇）: V（水）: V（氨水）= 40:60:0.1，以 1% ~ 2% 的流速洗脱，弃去少量无色液，得氨醇洗脱液。

5）浓缩、酸化 将氨醇洗脱液薄膜浓缩至原体积的 1/20，用稀硝酸酸化至 pH 2.5，放置冰箱过夜，次日离心除去不溶物，得澄清液。

6）沉淀、脱水、干燥 上述清液在搅拌下逐渐加入 10 倍体积的 pH 2.5 ~ 3 的酸化丙酮中，静置沉淀。离心，收集沉淀，丙酮洗涤 2 次，置于五氧化二磷真空干燥器中，干燥，即得 CoA 丙酮粉。

2. 以酵母为原料的提取法

（1）破壁、提取 取新鲜压榨酵母 100kg 投入预先搅动的等量沸水中，升温至 84℃，立即放入碎冰中搅拌，冷却至 30℃ 以下，离心或绢丝袋吊滤去渣（提取细胞色素 C）。滤液为提取液。

（2）吸附、洗脱、浓缩 将浓缩液从柱顶加入 766 型颗粒活性炭柱，进行吸附，加入流速为 1.9 ~ 2.1ml/min，吸附完后用自来水冲洗至流出澄清液为止，再用 40% 乙醇洗涤，直至以数滴洗液加 10 倍丙酮不呈白色浑浊为止，约需 1600L。再以 3.2% 氨乙醇洗脱，出现微黄色开始收集，pH 约为 6，洗脱液加过量丙酮至不显白色浑浊为止，边洗脱边真空浓缩，以除去乙醇和氨，至洗脱液体积的一半，真空浓缩的温度控制在 55 ~ 60℃，得粗品浓缩液（冰箱中可保存 1 个月）。

（3）吸附、洗脱、浓缩、干燥 将粗品浓缩液，用 10mol/L 氢氧化钾调节，再加入 13.5kg 60 ~ 80 目 717 甲酸型树脂（先以 2mol/L 氢氧化钠处理，水洗至中性后，再加 1mol/L 甲酸及 0.5mol/L 甲酸铵溶液处理，最后经 1mol/L 甲酸处理即可使用），搅拌吸附 16 小时取出，树脂以蒸馏水清洗，然后上柱，用蒸馏水平衡，至中性，最后用 1mol/L 甲酸及 0.5mol/L 甲酸铵液洗脱，约 320L，再用一根小的 766 型颗粒活性炭柱（活性炭加 2mol/L 盐酸浸没煮沸 5 分钟，用蒸馏水洗至中性）吸附脱盐，倾入流速 65 ~ 70ml/min，吸附完后用蒸馏水洗至中性，以 150L 的 40% 乙醇洗，再以 65L 含氨 3.2% 的 40% 乙醇液洗下 CoA，真空浓缩至 6L，温度 55 ~ 60℃。浓缩液用 8mol/L 硝酸调 pH 为 2 ~ 3，逐步倒入 10 倍以上 pH 为 2 ~ 3 的丙酮，沉淀离心取上清液，沉淀以无水丙酮洗 1 ~ 2 次，减压干燥即得中间品。

（4）溶解、去杂质 取中间体溶于 5 倍体积的水中，有不溶物应离心除去，加入中间品 2.5 倍量的 732 强酸性离子交换树脂，搅拌 5 分钟，过滤，再以 2 倍水洗树脂，滤液合并。再加 5 倍 704 弱碱性离子交换树脂，调整 pH 为 2 ~ 3，迅速过滤，以 3 倍水洗沉淀，滤液合并，再加入中间品 0.3 倍量半胱氨酸盐酸盐，并以 10mol/L 氢氧化钾调 pH 为 7，放置 10 分钟，加入等体积的 5mol/L 硫酸（1:1，按中间品质量计算），将已活化好的锌汞齐按中间品的 2.5 倍量加入，振摇 10 分钟，有相当的气泡产生，溶液色泽由深至浅，倾去上清液，并以少许水洗锌汞齐 2 次，滤液与上清液合并。在水浴中热至 35 ~ 40℃，分次加入混悬的氧化亚铜 [V（中间体）: V（氧化亚铜）= 8:1.5]，应较快溶解，每加 1 次后应以 0.1ml 吸管吸出反应液，并观察管中反应液是否迅速呈白色浑浊状，否则，再加氧化亚铜，直至析出检测液时，反应液呈白色浑浊为止。随搅动迅速加入 3 倍量水中，即有大量的白色沉淀析出，离心分离沉淀，以 0.125mol/L 硫酸洗涤沉淀物 2 次，再水洗至不呈硫酸根反应为止。

（5）去铜离子、去半胱氨酸　将沉淀物悬浮于水 [V（水）：V（中间品）＝10：6] 中，用 10mol/L 氢氧化钠调 pH 为 2.5，通硫化氢 2～2.5 小时，pH 应不小于 3.5。再以 4mol/L 盐酸调 pH 为 2～3，离心倾取上清液，用少许水洗残渣 2 次，合并洗液，呈无色或微黄色澄明液。加入 5 倍量 732 树脂，搅拌 5 分钟，布氏漏斗过滤，合并水洗液，减压浓缩，温度 50～55℃，至 250ml 左右，再加 pH 3 的 20 倍体积丙酮，剧烈振摇，有白色沉淀析出，放置 10 分钟，离心，以无水丙酮脱水 2 次，真空干燥即得成品。按新鲜压榨酵母质量计算，收率 3000U/kg。

五、生化制药干燥的相关知识

干燥是从湿的固体生物药物中，除去水分或溶剂而获得相对或绝对干燥制品的工艺过程。它也是一种蒸发，但不同于浓缩。通常包括原料药的干燥和制成的临床制剂的干燥。

（一）常压干燥

通风与加热结合。成本低、干燥量大，但时间长，易污染。

（二）减压干燥

利用专用设备减压加速干燥，使溶剂迅速蒸发。时间短、温度低，是制药常用的方法。

（三）喷雾干燥

将液体通过喷射装置喷成雾滴后，在一定流速的热气中，迅速蒸发干燥的方法。

从理论推算：每升液体，如果喷雾成 10μm 直径的雾滴，约有 1.91×10^{12} 个，表面积有 600m²。实验表明：把含水量为 80% 的 1L 溶液，喷雾成直径为 10～60μm 雾滴，当与热空气接触时，仅 3～5 秒即可使雾滴水分气化而得到干燥产品。

优点：快速高效，可在无菌条件下操作，应用广泛。

缺点：热利用率不高，设备费用投资大。

（四）冷冻干燥

在低温及高真空 6.67～40Pa（0.05～0.3mmHg）下，将物料与溶液中的水分直接升华的干燥方法。

适用于高度热敏的生物药物。制剂应具有多孔性、疏松、易溶的特点，一般含水量在 1%～3%。设备投资及维护费用高，生产能力不大。

改进的干燥设备：环型喷射干燥器、振动流动干燥器、涡流干燥器等。

实践实训

实训二　甲壳素、壳聚糖及肝素生物药物的制备实训

一、甲壳素及壳聚糖的制备

（一）甲壳素的制备

1. 实训目的与要求　初步掌握利用蝗虫壳制备可溶性甲壳素的操作技术；计算蝗虫壳制备甲壳素

的成品率和原辅材料成本费。

2. 原理　甲壳素又称甲壳质、壳蛋白，是一种含氮多糖物质。为无脊椎动物甲壳的主要构造成分，虾、蟹、昆虫等动物的外骨骼主要由甲壳质与碳酸钙组成。甲壳质为白色半透明固体，不溶于水、乙醇和乙醚，溶于浓硫酸和浓盐酸。经酸碱处理后，除去壳内的钙质、蛋白脂肪、色素等。

3. 主要仪器设备及试剂（试药）与材料　电动搅拌器、三颈瓶、烘箱、水浴锅、天平、盐酸、氢氧化钠、高锰酸钾、亚硫酸钠、蝗虫。

4. 实训内容与步骤

（1）原料处理　蝗虫用自来水洗净，烘箱100℃烘干。

（2）盐酸浸泡　用2mol/L盐酸浸泡，时而搅拌，直至无泡产生，除碳酸钙和磷酸盐等。

（3）自来水洗至中性（pH试纸检测）。

（4）碱处理　用5%～10%的氢氧化钠在90～95℃搅拌并加热3～4小时。用于除蛋白质、脂质、色素。

（5）水洗至中性（pH试纸检测）。

（6）用5%高锰酸钾浸泡30分钟氧化脱色，进而用5%亚硫酸钠浸泡15～30分钟脱色。

（7）水洗至中性得产品为白色片状甲壳素。

5. 思考题　计算蝗虫壳制备甲壳素的成品率和原辅材料成本费。

（二）壳聚糖的制备

1. 实训目的与要求　掌握可溶性壳聚糖的制备原理；掌握壳聚糖的应用价值；掌握黏度计的使用。

2. 原理　脱乙酰反应及脱乙酰的条件控制。

3. 主要仪器设备及试剂（试药）与材料　电动搅拌、三颈瓶、旋转黏度计、烘箱、水浴锅、天平、盐酸、氢氧化钠、高锰酸钾、亚硫酸钠。

4. 实训内容与步骤

（1）甲壳素加40%～50%的氢氧化钠110℃回流2小时脱乙酰基。

（2）水洗至中性，烘干，得白色粉末状的壳聚糖。

（3）用NDJ-1旋转黏度计测壳聚糖的黏度。

装好黏度计，调至水平状态，插上电源。

称取1g壳聚糖于200ml烧杯中用100ml 2%的冰醋酸水浴溶解。杯中溶解液置于转子中，液面指示线与杯中液面相齐。试调转速与转换转子，直至读数指针停在10～100，测转速。连测三次取平均值。若黏度较高，说明壳聚糖含量高。否则甲壳素还未完全转化为壳聚糖，还需继续强碱热水解。

5. 思考题　壳聚糖的应用价值是什么？

（三）壳聚糖抑菌试验

1. 实训目的与要求　掌握配制培养基的一般方法和步骤；了解常见杀菌、消毒的基本原理及方法；掌握干热灭菌、高压蒸汽灭菌及过滤除菌的操作方法。掌握配制不同梯度浓度的药敏纸片的方法。

2. 主要仪器设备及试剂（试药）与材料

（1）器材　试管、三角瓶、烧杯、量筒、玻璃棒、培养基、分装器、天平、牛角匙、高压蒸汽灭菌锅、pH试纸、棉花、牛皮纸、记号笔、麻绳、纱布、吸管、培养皿、电烘箱、注射器、微孔滤膜过滤器、镊子等。

（2）试剂 牛肉膏、蛋白胨、NaCl、琼脂、大肠埃希菌、金黄色葡萄球菌、铜绿假单胞菌。

3. 实验内容与步骤

（1）培养基的配制 自行设计。

称量→溶化→调 pH→过滤→分装→加塞→包扎→灭菌→无菌检查。

高压蒸汽灭菌：加水→装物品→加盖→加热→排冷空气→加压→恒压→降压回零→排气→取物→无菌检查。

（2）抑菌试验（大肠埃希菌、金黄色葡萄球菌、铜绿假单胞菌）配制 0.1%、0.5%、1.0% 的壳聚糖乙酸各 5ml（称取 1g 壳聚糖于烧杯中用 100ml 2% 的冰醋酸水浴溶解，即为 1.0% 的壳聚糖乙酸溶液））。做药敏纸片，再将溶剂本身也做成药敏纸片。做药敏纸片时要注意药物的浓度，同时设置几个不同浓度梯度的纸片。

（3）观察抑菌圈 先用 1.5% LB 固体培养基铺底，然后将培养的大肠埃希菌、金黄色葡萄球菌、铜绿假单胞菌加到 0.8% LB 固体培养基中，然后倒于铺好底的平板上，待凝固后，用打孔器打孔。

1）将已溶解的 0.1%、0.5%、1.0% 的壳聚糖乙酸分别加到孔中，37℃ 过夜培养，观察是否有抑菌圈出现。

2）几个不同浓度梯度的药敏纸片贴在凝固后平板上 37℃ 过夜培养，观察是否有抑菌圈出现。

4. 思考题

（1）培养基配好后，为什么必须立即灭菌？如何检查灭菌后的培养基是无菌的？

（2）培养微生物的培养基应具备哪些条件？为什么？

二、肝素生物药物的制备

（一）实训目的

了解肝素钠的提取原理，掌握其分离、纯化的实训技术。

（二）原料与试剂

1. 收集新鲜猪小肠黏膜，保证不变质，不腐败。

2. 氢氧化钠、盐酸、氯化钠试剂均为工业品；乙醇、巴比妥、柠檬酸三钠均为化学纯；氯化钙、高锰酸钾、过氧化氢均为分析纯。

3. 天青 A 生物染料。

4. D-254 树脂是一种大孔径阴离子树脂，这里作为吸附剂。

5. 滑石粉作为助滤剂。

6. 732 树脂全称 001×7 强酸性苯乙烯，是阳离子交换树脂，作为吸附剂。

（三）器材

提取罐（或反应锅）、吸附罐、陶瓷缸、电动搅拌器、722 型分光光度计、恒温水浴、低温冰箱（-20℃）、酸度计、比重计、温度计（1~100℃）、漏斗、试管、尼龙布、白涤纶布、竹筛、量筒（1000ml）、烧杯、移液管。

（四）实训步骤

目前肝素的提取制备分为粗制和精制两个阶段；粗制包括肝素蛋白质复合物提取、降解和分级分离两步；精制是把粗品经过纯化得到精品。在粗品提取的三步中，常采用碱式盐（即盐解）来完成前两步，即提取和解离肝素蛋白质的复合物，第三步分级分离采用沉淀法和离子交换法。

1. 猪小肠黏膜提取肝素钠粗品工艺（盐解–离子交换法）

（1）提取　将新鲜的小肠黏膜移入不锈钢提取锅中，按肠黏膜量加入 4% ~ 5% 的粗盐（工业级），加热搅拌。用 30% ~ 40% 氢氧化钠溶液调 pH 至 9.0，等锅内温度升到 50℃ 时停止加热，搅拌下 55℃ 保温 2 小时，然后升温到 85℃ 左右，这时停止搅拌，保持温度 90℃ 15 分钟，趁热用竹筛过滤除去大的杂物，最后用 100 目尼龙布过滤提取液（过滤前如液面上有浮油，应先捞去）。滤液供吸附用，滤渣是经高温灭菌的优质蛋白饲料，直接冲洗后可喂养动物或晒干后配制饲料。

（2）吸附　将滤液移入吸附罐中，等液体温度冷至 50℃ 以下时，按原来小肠黏膜量加入 5% 已处理好的 D–254 树脂，搅拌吸附 6 ~ 8 小时，注意搅拌不可太快，以使整个液体维持转动为宜，以防弄碎树脂。然后用尼龙布滤掉液体，收集树脂。

（3）清洗　把树脂倒入不锈钢桶中，用水反复清洗，至水变清为止，也可直接用尼龙袋装树脂冲洗，但千万注意不可冲洗掉树脂。在树脂中加 2 倍量的 7% 精盐水，浸泡 1 小时，不时搅拌，滤掉盐水。然后再加 2 倍量 8% 精盐水浸泡 1 小时，也要不时轻轻搅动，滤干，收集树脂。

（4）洗脱（也称解析）　将树脂移入桶中，用 25% 精盐水（用前要过滤）浸泡 3 小时，用量为刚浸没树脂面为宜，要不时轻轻搅动，以使洗脱液与树脂充分接触，促使肝素钠被解析下来，然后过滤，收集滤液。树脂可再用 18% 精盐水重复洗脱一次，然后滤去树脂（备用），合并二次洗脱液。

（5）乙醇沉淀　将洗脱液用 100 目的涤纶袋过滤除去杂物，然后移入搪瓷缸中，加入质量分数为 85% 以上的乙醇，使洗脱液中乙醇的质量分数达 35% ~ 40%（夏季可略高点），搅匀过夜（沉淀缸最好放在通风、低温处），然后虹吸出上层乙醇清液，乙醇可收回再用。

（6）复沉　加 3 倍量 95% 乙醇于沉淀缸内，搅匀，盖好沉淀缸，静置 6 小时。然后虹吸出上层乙醇清夜（回收再用）。

（7）脱水　加 3 倍量 95% 乙醇到沉淀缸中，搅拌均匀，盖好沉淀缸，静置 6 小时。然后虹吸出上层乙醇清液（回收再用）。把下层沉淀滤干或用白布吊干（也可用新砖挤干水分）。

（8）干燥　将吊干的粗品放在石灰缸中干燥。具体操作步骤如下：先把石灰块装在搪瓷缸中，石灰量以装 2/3 为好。在石灰块上盖上一块硬纸板，硬纸板上做一些小洞，以便吸水。在硬纸板上放一层纸，然后把肝素粗品放在纸上，用塑料布包好石灰缸，放置 1 ~ 2 天即可干燥，干燥品也可装入塑料袋或瓶内，于石灰缸中保存。

2. 肝素钠的精制工艺（高锰酸钾氧化法）

（1）配液　肝素钠粗品沉淀经过复沉后就可以直接用于精制，用 2% 氯化钠水溶液把粗品配成 10% 肝素钠溶液（即 1kg 肝素钠粗品加 9L 盐水，如果是干粗品，用 15 倍量 1% 氯化钠水溶液溶解），备用。

（2）氧化　在上述肝素钠溶液（粗品）中，加入 4% 高锰酸钾进行氧化，也可按每亿单位肝素钠加 79g 高锰酸钾。先将肝素钠粗品溶液调节 pH 至 7 ~ 9，并加热至 80℃，高锰酸钾也先加热到 80℃，在搅拌下加到肝素钠溶液中，保温 2 ~ 5 小时。

（3）过滤　加滑石粉或纤维素粉助滤，收集滤液。

（4）沉淀　滤液用 1:2 盐酸调 pH 至 6.4，加入 1 倍左右的 95% 乙醇于冷处沉淀 8 小时以上，收集沉淀物。

（5）脱水、干燥　沉淀物分别用无水乙醇和丙酮脱水，再干燥，即得肝素钠精品。

（五）肝素钠含量的测定

高效液相色谱法测定。

色谱条件与系统适用性试验：用十八烷基硅烷键合硅胶为填充剂；以 0.05mol/L 磷酸二氢钾溶液 – 乙腈 – 甲醇（57∶38∶5）为流动相，并用磷酸调节 pH 为 3.7±0.2；检测波长为 254nm。理论板数按灰黄霉素峰计算不低于 800。

测定方法：取本品约 50mg，精密称定，置 50ml 量瓶中，加流动相溶解并稀释至刻度，精密量取 5ml，置 50ml 量瓶中，加流动相稀释至刻度，摇匀，精密量取 10μl 注入液相色谱仪，记录色谱图；另取灰黄霉素对照品适量，同法测定。按外标法以峰面积计算出供试品中 $C_{17}H_{17}ClO_6$ 的含量。

（六）总结汇报

小组完成实训后，对实训过程、结果及收获进行总结，并向同学们和老师汇报。

1. 小组评价　实训结束后，小组成员互相评价各自在实训过程中的表现和收获。

2. 实训总结　小组成员提交的实训报告，应包括实训的目的、材料、实训的方法、结果、参考文献等。

目标检测

答案解析

一、单项选择题

1. 乙醇沉淀多糖溶液时，其多糖浓度以（　　　　）为佳。

　　A. 3%～7%　　　　　　B. 1%～2%　　　　　　C. 10%～15%　　　　　　D. 30%～35%

2. 简单脂为不含有（　　　）的脂类。

　　A. 核酸　　　　　　　B. 蛋白质　　　　　　　C. 脂肪酸　　　　　　　D. 糖

3. 不适合用于生产核酸类药物的方法是（　　　）。

　　A. 酶解法　　　　　　B. 半合成法　　　　　　C. 直接发酵法　　　　　D. 稀碱液提取法

4. 降钙素生物提取的原料，一般选用（　　　）。

　　A. 猪甲状腺　　　　　B. 动物软骨　　　　　　C. 猪脑　　　　　　　　D. 动物肝

5. 酶的化学本质是（　　　）。

　　A. 核酸　　　　　　　B. 蛋白质　　　　　　　C. 脂肪酸　　　　　　　D. 糖

二、多项选择题

1. 核酸类药物包括（　　　）。

　　A. 核酸及其衍生物　　　　　　　　　　　　B. 核苷酸及其衍生物

　　C. 核苷及其衍生物　　　　　　　　　　　　D. 碱基及其衍生物

2. 蛋白质类生化药品包括（　　　）。

　　A. 干扰素　　　　　　B. 胰岛素　　　　　　　C. 白介素　　　　　　　D. 促甲状腺素

3. 酶提取的方法主要有（　　　）。

　　A. 水溶液法　　　　　B. 有机溶剂法　　　　　C. 表面活性剂法　　　　D. 碱液法

4. 多糖的提取方法主要有（　　　）。

　　A. 稀碱液提取法　　　　　　　　　　　　　B. 热水提取法

　　C. 有机溶剂法　　　　　　　　　　　　　　D. 酶解法

5. 生产辅酶 Q_{10} 常用的方法有（　　　）。

　　A. 直接从生物材料中提取　　　　B. 微生物发酵法

　　C. 转化法　　　　　　　　　　　D. 化学合成法

三、简答题

1. 简述生化药物的特点。

2. 简述酶类药物的特点。

书网融合……

知识回顾　　　　微课 1　　　　微课 2　　　　习题

项目四 生物制品生产技术

学习引导

生物制品是应用普通的或以基因工程、细胞工程、蛋白质工程、发酵工程等生物技术获得的微生物、细胞及各种动物和人源的组织和液体等生物材料制备的，用于人类疾病预防、治疗和诊断的药品，主要包括疫苗、血液制品、细胞因子、重组产品及诊断试剂等。

生物制品制备技术直接影响生物制品的品质，面对着原料复杂、产物含量低、杂质多等技术性问题，应该如何保证生物制品的质量？如何开展制备技术方法？

本项目主要介绍生物制品的制备方法及生物制品技术的发展趋势。

学习目标

1. **掌握** 预防类生物制品的种类和疫苗的基本性质，以及疫苗的生产工艺流程；治疗类生物制品的种类和血液制品、细胞因子类药物的基本性质，以及血液制品的制备方法。

2. **熟悉** 诊断类生物制品的种类和免疫诊断的基本原理；生物制品生产的原理、方法和适用药物范围。

3. **了解** 生物制品生产岗位环境、工作形象、岗位职责及相关法律法规。

任务一 预防类生物制品的制备 _{微课1}

PPT

实例分析 4-1

实例 某年某月某省某个人从某疫苗批发企业人员及其他非法经营者处非法购进儿童、成人用二类疫苗，未经严格冷链存储运输销往全国多个省市，涉案金额达 5.7 亿元。此次疫苗安全事件引发社会高度关注，同时也暴露出监管方面存在诸多漏洞。

问题 1. 什么是疫苗？

2. 疫苗的种类有哪些？

答案解析

一、疫苗的相关概念

疫苗（vaccine），泛指所有用减毒或杀死的病原生物（细菌、病毒、立克次体等）或其抗原性物质所制成的，能诱导机体产生抗体的生物制品。国内常将细菌制成的用作人工主动免疫的生物制品称为细菌性疫苗（简称菌苗）；而将病毒、立克次体制成的称为疫苗。国际上将细菌性疫苗、病毒性疫苗及类毒素疫苗统称疫苗。

（一）病毒性疫苗

病毒性疫苗根据其性质分类如下。

1. 灭活疫苗　是选用免疫原性强的病原体，经人工培养后，用物理化学方法灭活而制成。灭活疫苗主要诱导特异性抗体的产生，由于灭活疫苗的病原体不能进入宿主细胞内增殖，难以通过内源性加工递呈而诱导出 CD8 的 CTL，故细胞免疫弱，免疫效果有一定的局限性。为维持血清抗体水平，常需多次接种。常见的灭活疫苗有甲型肝炎灭活疫苗、乙脑灭活疫苗、脊髓灰质炎灭活疫苗等。

2. 减毒活疫苗　是用减毒或无毒力的活病原微生物制成。传统的制备方法是将病原体在培养基或动物细胞中反复传代，使其失去毒力但保留免疫原性。多数活疫苗的免疫效果良好而且免疫时间持久，除诱导机体产生体液免疫外，还可以产生细胞免疫，经自然感染途径接种还有黏膜局部免疫形成。常用的活疫苗有卡介苗、麻疹、脊髓灰质炎减毒活疫苗等。

病毒疫苗工艺流程见图 4 - 1。

图 4 - 1　病毒疫苗工艺流程及环境区域划分示意图

（二）细菌性疫苗

用细菌、支原体、螺旋体或其衍生物制成，进入人体后使机体产生抵抗相应细菌能力的生物制品。主要分为减毒活疫苗（常用的有炭疽疫苗以及结核疫苗等）、灭活疫苗（常用的有气管炎疫苗、霍乱疫苗、伤寒疫苗等）、亚单位疫苗或成分疫苗。

细菌性疫苗的工艺流程见图 4 - 2。

（三）类毒素疫苗

类病毒（toxoid）已失去外毒素的毒性，但保留免疫原性，接种后能产生抗毒素。类毒素疫苗在体内吸收慢，能长时间持久刺激机体产生大量抗毒素，免疫效果好，可减少注射次数及注射量，常用的有白喉、破伤风类毒素等。类毒素还常与灭活疫苗混合使用，如百白破三联疫苗。

图 4-2　细菌疫苗工艺流程及环境区域划分示意图

（四）新型疫苗

新型疫苗（new vaccine）是利用现代生物技术、免疫学、生物化学、分子生物学等研制出的新疫苗，有下述几种：基因工程疫苗、亚单位疫苗、基因工程载体疫苗、核酸疫苗，遗传重组疫苗和自身免疫疫苗等。

二、菌苗的生产——气管炎疫苗的制备

（一）概述

气管炎、哮喘和肺气肿是一种可以影响世界各国所有年龄人群且常常是致命的慢性或反复发作性疾病。三者的全球发病率达 10%，发病病人给社会造成的经济负担已超过了结核病及艾滋病的总和。目前临床对气管炎的治疗主要以抗生素为主，而我国呼吸道感染的病原菌对抗生素的耐药性高达 40% 以上。细菌耐药的直接后果是临床治疗困难，病情难以控制。接种或口服气管炎疫苗是一种有效的相对经济的预防控制手段之一。

支气管炎是由于感染或非感染因素引起的气管、支气管黏膜及其周围组织的慢性非特异性炎症。其病理特点是支气管腺体增生、黏液分泌增多。临床以咳嗽、咳痰为主要症状或伴有喘息及反复发作的慢性过程为特征。肺气肿是由于终端末梢细支气管远端的气道弹性逐渐减退而导致的气道过于膨胀，肺容量逐渐增大的肺部疾病，其发病率和病死率较高。

气管炎疫苗是一种免疫调节剂，它的主要成分是甲型溶血性链球菌、白色葡萄球菌和卡他球菌三种微生物灭活菌体。从分子免疫学角度分析，气管炎疫苗作为微生物抗原，能提高机体的非特异性和呼吸道黏膜的特异性免疫功能。临床研究表明，应用气管炎疫苗后，可出现干扰素、IgA、IgG、CD3[+]、CD4[+] 等方面提高，从而增强了机体对病毒、病原菌及其他外来抗原的抵抗力，起到了预防呼吸道感染的作用。

（二）生产工艺流程

气管炎疫苗生产工艺流程，见图 4-3。

1. 生产用菌种　分别将卡他球菌和白色葡萄球菌接种到肉汤琼脂上，甲型溶血性链球菌接种到羊血琼脂培养基上，37℃培养 18～24 小时（链球菌可延长至 48 小时）。种子培养物不超过 10 代。

2. 生产用培养基　白色葡萄球菌和卡他球菌用 pH 7.2～7.4 肉汤琼脂培养基，甲型溶血性链球菌采用含 0.5% 葡萄糖的羊血琼脂（pH 7.4～7.6）培养基。

3. 菌种的接种　用涂布法接种，接种后置 37℃培养 18～24 小时，甲型血溶性链球菌亦可用液体培养法（液体培养大量接种甲型溶血性链球菌时用 10L 瓶装 6000～7000ml 培养基，接种菌种量不少于 0.5%，培养过程应振荡 2～3 次），必要时延长至 48 小时。在培养过程中逐管（瓶）检查有无杂菌生长，并取样做革兰染色镜检。

4. 菌液制备　染杂菌者废弃，将卡他球菌和白色葡萄球菌菌苔刮入生理氯化钠溶液溶液内，制成均匀的菌液。甲型溶血性链球菌经离心 15～30 分钟，加生理氯化钠溶液溶液制成菌液。

5. 无菌试验　菌液制备好后，逐管（瓶）接种到琼脂斜面，置 35～37℃培养 2 天，24～26℃培养 1 天。有杂菌生长者，废弃。

6. 甲醛灭活　菌液用甲醛溶液灭活，使得甲醛终浓度为 0.1%～0.3%。于 37℃培育 2～3 天后，2～8℃保存。

7. 灭活检查　将纯菌试验合格的原液，取样接种含硫乙醇酸盐培养基及琼脂斜面各 1 管（甲型溶血性链球菌应加试管斜面），置于 37℃培养 5 天，如有本菌或杂菌生长者，可用加倍量原液及培养基复试 1 次。

8. 菌液处理　用无菌生理氯化钠溶液对检查合格的菌液进行洗涤，最后制成菌悬液。将无菌检查合格原液充分摇匀，用带附盖及内置双层纱布的漏斗分别过滤至有刻度的灭菌 10L 瓶内。

9. 配制　将不同菌种的原液用 PBS 稀释至浓度 6.0×10^8 个/毫升，利用分光光度计测定，在 660nm 波长下的吸收值如下。

（1）白色葡萄球菌原液配制浓度：0.48～0.57。

（2）甲型溶血性链球菌原液配制浓度：1.08～1.27。

（3）卡他球菌原液配制浓度：0.5～0.6。

10. 合并　将三种菌液等比例混合后，使其在 660nm 波长下吸收值为 0.5～0.9。

11. 分批　按《中国药典》（2020 年版）中生物制品分批的相关规定进行。

（三）工艺要点

1. 种子批的制备　生产用菌种应采用种子批系统。原始种子批应验明其记录、历史、来源和生物学特性。从原始种子批传代、扩增后经冻干保存作为主种子批；从主种子批传代、扩增后冻干保存作为工作种子批。主种子批和工作种子批的各种特性应与原始种子批一致。工作种子批用于生产。

2. 种子批检定

（1）菌落形态　肉眼观察相应培养基上形成的菌落：白色葡萄球菌菌落呈乳白色，边缘整齐，不透明，不产生色素；卡他球菌菌落呈灰白色，半透明；甲型溶血性链球菌菌落呈灰白色，光滑，有绿色溶血环。

菌种（培养特性、染色镜检、生化反应、血清学特性）
↓
接种培养
↓
菌液制备
↓
甲醛灭活（终浓度1:4000）
↓
离心洗涤
↓
原液合并
↓
半成品配制
↓
分装、包装

图 4-3　气管炎疫苗的生产工艺流程图

（2）革兰染色镜检　白色葡萄球菌为 G⁺，不规则排列球菌；卡他球菌为 G⁻ 双球菌，也有呈单球菌状者；甲型溶血性链球菌为 G⁺，链状（长链或短链状）球菌。

（3）凝集试验　用生理氯化钠溶液将培养 18～24 小时的菌苔制成含菌 6.0～10^8 个/毫升的菌悬液，与相应的血清做定量凝集试验，摇匀后放 37℃ 过夜，次日观察结果，以肉眼可明显见到的凝集（＋）的血清最高稀释度为凝集反应效价。凝集效价不应低于血清效价之半。

三、病毒性疫苗的生产——甲型肝炎灭活疫苗的制备

（一）概述

甲型肝炎（简称甲肝）是由甲肝病毒（hepatitis A virus，HAV）感染人体引起的一种急性传染病，是病毒性肝炎中传播面最广、发病率最高的一种。发展中国家尤为严重。甲肝病毒主要经粪 - 口途径传播，以青少年及儿童发病为主。甲肝在人群中的流行率与社会经济发展水平密切相关，世界各国均有流行的相关报道，但在发达国家，随着社会公众健康水平的提高，HAV 感染率大幅下降；可是在发展中国家相对严重，每年全球约有 1 亿人感染 HAV，虽然甲肝是自限性疾病，并不导致慢性迁延性肝脏疾病，但有少数患者发生死亡。

（二）结构特点

甲肝病毒为直径 27～32nm 圆球形颗粒，归属微小核糖核酸病毒（picornavirus）肝病毒属（Hepatovirus）。无包膜有蛋白衣壳，HAV 基因组为线状单股正链 RNA，长约 7.5kb，仅含一个开放阅读框，编码约 2227 个氨基酸的多蛋白聚合体，加工成熟后产生四种结构蛋白和其中非结构蛋白。5′端含约 734 个核苷酸非编码区（NCR），3′端含约 63 个非编码核苷酸并连接一段 PolyA 尾巴。研究发现 HAV5′NCR 等区域的变异是导致细胞适应和减毒的关键。

（三）制备

目前，我国上市销售的甲肝疫苗剂型以冻干和水针剂型为主，根据其性质又可分为甲肝减毒活疫苗和灭活疫苗。甲肝疫苗生产用细胞主要是：人二倍体细胞（2BS 株、KMB₁₇ 株或其他经批准的细胞株），国内一些企业的研发部门在摸索 MRC - 5 的人二倍体细胞的生产工艺；甲肝疫苗所采用的毒种，常见的有 TZ84 株、吕 8 株、HM - 175 株、H2 减毒株及 L - A - 1 减毒株。

目前常用的细胞大规模培养方法有转瓶培养、细胞工厂培养、生物反应器培养等。转瓶技术为传统的贴壁细胞培养技术，细胞接种在旋转的圆筒形培养器转瓶中，培养过程中转瓶不断旋转，使细胞交替接触培养液和空气。转瓶培养具有结构简单、投资少、技术成熟、放大只需简单的增加转瓶数量等优点。但也有其缺点：劳动强度大，占地空间大，单位体积提供细胞生长的表面积小，细胞生长密度低，瓶间差异较难控制等。转瓶培养技术在我国疫苗生产中使用了较长的时间，工艺相对成熟。

细胞工厂（cell factory）培养技术在国外已有三十多年的应用历史，近十来年在中国开始逐渐普及，它在有限的空间内利用了最大限度的培养表面，从而节省了大量的厂房空间，无需进行任何厂房改造即可实现扩大产能的目的。由于其便捷安全的操作方式，较少的占用空间，可控性好，细胞工厂已被越来越多的国内生产及科研用户接受，既有优于转瓶的优势，又没有类似生物反应器的应用限制，细胞工厂的应用将会越来越广泛，并在今后几年间迅速成为较成熟的新一代细胞培养技术。

(四) 工艺流程

甲型肝炎灭活病毒疫苗的生产流程，见图 4-4。

图 4-4 甲型肝炎疫苗生产工艺流程

1. 溶液配制 分别配制 0.02% EDTA、PBS 缓冲液、NaHCO₃溶液，并在 121℃下灭菌 60 分钟；另配制 3% GLN、胰酶溶液（均采用过滤方式除菌）；Al（OH）₃溶液于 116℃灭菌 20 分钟。

2. 细胞复苏 取经高温灭菌的烧杯一只，内装 2/3 杯 41℃的注射用水。取出细胞冻存管并迅速置入烧杯中不断搅拌，使冻存管中的冻存物迅速融化。在 A 洁净级别的操作间中，打开冻存管，将融化的细胞悬液转移到离心管中，1000r/min 离心 5 分钟，弃上清液，加入少量生长液进行吹打，并将细胞吸至含生长液的无菌细胞培养瓶中。

3. 细胞传代 镜检观察，当细胞生长到要求水平时，则进行细胞传代。弃旧液，加 PBS 清洗细胞表面一次并倒去，然后加入胰酶消化液消化细胞。消化时，水平放置细胞瓶，使消化液覆盖整个细胞面，消化 1~2 分钟，肉眼观察瓶壁，至细胞层出现裂纹。倒掉消化液让细胞干消化一段时间，待细胞面呈现毛玻璃状时，每瓶加入少量新的生长液，充分吹打细胞，使细胞脱落并分散均匀。根据消化前细胞生长情况按 1:2~1:5 比例进行分装，分装后，每瓶补加足量的生长液。

4. 病毒接种 在层流罩下用 PBS 溶液清洗细胞表面。弃 PBS 洗液，加入细胞消化液消化；倒掉消化液让细胞干消化一段时间，待细胞面呈现毛玻璃状时，每瓶加入少量病毒稀释液，充分吹打细胞。每 5~7 天更换一次维持液。

5. 病毒液收获 在层流罩下将待收毒的细胞瓶用乙醇进行表面消毒，向瓶内加入 PBS 溶液来清洗细胞表面。弃 PBS 并加入胰酶消化液消化细胞，轻晃动数圈，使消化液布满整个细胞表面，待细胞表面呈现毛玻璃状时，弃消化液，加入 PBS 冲洗、吹打细胞。于 4~8℃条件下，用大容量低速冷冻离心机以 2500r/min 离心 25 分钟。弃上清液，用不含牛血清的维持液悬浮沉淀（20μl/cm²）即为病毒液，同时取样做无菌，冻存于 –80℃ 冰库中。

6. 超声破碎 在层流罩下组装好探头，紫外消毒 30 分钟，超声波破碎仪 90% 振幅工作，开 1 分钟，停 1 分钟，破碎 10 次后，保存于 –80℃。如此重复冻融超声破碎 3 次，滴片显微镜下观察细胞破碎达 99% 以上（同时留样待检）。

7. 三氯甲烷抽提 于层流罩下将上述破碎合格细胞悬液平均分装于两个离心杯中，再 1∶1 加入等量三氯甲烷振荡 30 分钟，用低速冷冻离心机以 3000r/min，4～8℃ 离心 30 分钟，吸取上层水相。在剩余的蛋白相中再按 1∶1 加入等量 PBS 溶液，重复上述程序共 5 次操作。合并 5 次收集的水相，获得甲肝疫苗粗制品，于 4℃ 保存备用（取样做无菌及抗原滴度检测）。

8. 病毒纯化 将甲肝疫苗粗制品采用超滤技术进行超滤浓缩，然后选用 DEAE Sepharose FF 凝胶进行纯化。先对凝胶进行平衡，将超滤浓缩后获得的产物加于凝胶上，全部进入凝胶层后，加入洗脱液分布洗脱。

9. 病毒灭活及吸附 将纯化后甲肝病毒液除菌过滤后，加入终浓度为 250μg/ml 的甲醛，于 36～37℃ 灭活 12 天，病毒灭活到期后，每个灭活容器应立即取样，分别进行病毒灭活验证试验。灭活后的病毒液即为原液。HAV 被吸附到 Al（OH）$_3$ 上或与 Al（OH）$_3$ 共沉淀。

10. 分装、分批 按《中国药典》（2020 年版）中生物制品分批的相关规定进行。

（五）生产工艺要点

1. 疫苗生产用毒株 为国家药品监督管理局批准的相关病毒的毒株，病毒种子批，须按现行《中国生物制品规程》要求，进行鉴别试验、无菌试验，用酶联免疫法进行病毒滴定，病毒滴度有明确要求。

2. 细胞库的建立 生产用细胞常见的有人二倍体细胞（2BS 株、KMB$_{17}$ 株或其他经批准的细胞株）及动物细胞。但应符合"生物制品生产检定用动物细胞基质制备及质量控制"的有关规定。取自同批工作细胞库的 1 支或多支细胞管，经复苏扩增后的细胞仅用于一批疫苗的生产。对于甲肝疫苗的生产来说 2BS 细胞株原始细胞库应不超过第 14 代，主细胞库应不超过第 31 代，工作细胞库次应不超过第 44 代。KMB$_{17}$ 株原始细胞库应不超过第 6 代，主细胞库应不超过第 15 代，工作细胞库应不超过第 45 代。

取工作细胞库中的 1 支或多支细胞管，经复苏、扩增制备的一定数量并用于接种病毒的细胞为一个消化批。

3. 病毒接种 将培养好的细胞洗脱下来，然后将已稀释的无菌试验合格的毒种加入细胞悬液中，37℃ 水浴 10 分钟（不停摇动）后置 37℃ 温室用磁力搅拌器搅拌吸附 40 分钟，吸附完毕平均分装至细胞培养瓶中，补加适量生长液。分装完毕，置 35℃ 恒温室培养，定期更换维持液。

4. 洗涤细胞、维持培养 细胞培养过程中，用含有牛血清及 MEM 作为生长液；种毒后培养，应定期更换不含牛血清的维持液。

5. 病毒收获及纯化 将培养好的病毒连同细胞，一起洗脱下来。经过超滤浓缩将病毒液浓缩为一定倍数；浓缩病毒液再经 DEAE Sepharose FF 柱层析或其他适宜方法进行精制纯化。病毒的灭活可采用甲醛或 β–丙内酯，在规定时间内进行病毒灭活。

6. 疫苗配制 经过精制纯化的疫苗半成品，加入适宜稳定剂及用 Al（OH）$_3$ 进行吸附，配制成甲肝灭活疫苗。分装至西林瓶内，每支装量为 0.5ml 或 1.0ml。

四、疫苗的相关知识

（一）生物制品批签发

生物制品批签发是指国家对疫苗类制品、血液制品、用于血源筛查的体外生物诊断试剂以及国家药品监督管理局规定的其他生物制品，每批制品出厂上市或者进口时进行强制性检验、审核的制度。检验不合格或者审核不被批准者，不得上市或者进口。

国家药品监督管理局主管全国生物制品批签发工作；承担生物制品批签发检验或者审核工作的药品检验机构由国家药品监督管理局指定。

生物制品批签发检验或者审核的标准为现行的国家生物制品规程或者国家药品监督管理局批准的其他药品标准。

（二）除菌过滤

无菌制剂分为两种：最终灭菌的无菌制剂和非最终灭菌的无菌制剂。对于生物制品、生物大分子以及对热不稳定的产品可以通过无菌操作及除菌过滤的方式来保证药品的生产质量。除菌过滤的优势明显，不发生相的变化，从而保证了药液的活性。

1. 除菌过滤的机制　过滤是指以多孔物质为材质，通过多孔物的拦截作用，将颗粒物孔径大于介质的物质分离出来的操作。除菌过滤其实质就是采用了微滤（microfiltration，MF）方法。MF 是出现比较早、制备技术相对成熟的一种过滤方式之一。MF 所采用的介质：微滤膜，孔径为 $0.05 \sim 10\,\mu m$，可以将细菌、微粒、胶团等不溶物去除，使滤液变纯净，在医药行业中广泛应用。由微滤膜折叠制成的精密滤芯可适用于滤除硬软质、颗粒状、纤维状等各种颗粒，具有过滤面积大、流量大、装卸方便等优点。

2. 过滤方式及装置

（1）方式　一般采用深度过滤膜作为预过滤，再用微孔滤膜精确分离大小不同的各种颗粒或细菌。深度过滤膜是由不规则放置的纤维构成的网状孔道而形成的滤网。微滤膜是一组由多层的网状小孔紧密相连而成的薄片，每层的网孔均有一定的孔径。孔径的大小由产品的性能而定，滤膜的孔径从 $0.45 \sim 0.2\,\mu m$、$0.1\,\mu m$ 和 $0.07\,\mu m$，有的甚至达到 $0.01\,\mu m$。

（2）装置　筒式滤器的关键部位是滤芯。滤芯是由多层微滤膜片装配在一个长筒式的聚丙烯的核心上，外加一个长筒形的聚丙烯的保护网，上下两端都有盖子。其材质种类较多，常见的有尼龙、聚醚砜（PES）、聚四氟乙烯（PTFE）以及聚偏二氟乙烯（PVDF）。

筒式滤器为了达到处理效果，可以将滤芯串联，也可在大的筒式过滤芯容器内，插入多支滤芯（并联）。过滤液通过加压容器进入筒式过滤芯的外层，经多层过滤膜，滤液流入中心，排出容器。

平板式滤器：一般为圆盘式。微滤膜置于平板过滤支撑架上，滤液是垂直通过平板微滤膜进行过滤的。平板滤器结构简单、拆装方便、密封性好，采用孔径较小的膜来达到除菌的目的，适用于生物制品及少量或贵重液体的澄清、除菌过滤。过滤器一般采用不锈钢材质。

在除菌过滤中，一般无法对滤器工作的全过程中关键（滤膜孔径大小、膜完整性等）参数进行监控。因此，每次除菌过滤前、后均应做滤膜完整性试验，即起泡点试验或压力维持试验，来确认滤膜在过滤之前、过程中的有效性和完整性。滤器及滤膜在使用前要采用注射用水来清洁处理，并用高压蒸汽进行灭菌。更换品种和批次前，应先清洗滤器，再更换滤膜。

任务二　治疗类生物制品的制备 微课2

PPT

实例分析4-2

实例　近年来，发现患者输血后发生的肝炎，大多为丙型肝炎，而且还有新的未知病毒感染不断出现。对此，国际上于1983年至2008年针对血液制品的安全性召开了多次会议来研究对策。会上一致认为，HBV、HCV和HIV是可能造成血液制品污染的主要病原，由于这些病毒感染率高，危害严重，故更能引起人们的普遍关注。此外，人嗜T淋巴细胞病毒、巨细胞病毒、EB病毒、甲型肝炎病毒、丁型肝炎病毒、人细小病毒、朊病毒和雅克氏病毒的污染也是输血和血液制品生产中值得注意的问题。

问题　1. 如何防止血液制品不良事件的发生？
　　　　2. 应该从哪些方面保证血液制品的安全性？

答案解析

一、血液制品相关概念

血液制品是指由健康人的血浆或特异免疫人血浆分离、提纯或由重组DNA技术制成的血浆蛋白组分或血细胞组分制品，目前用于临床的主要是血浆蛋白制品和血细胞组分制品，尤其是血浆蛋白制品，是一种非常重要的治疗制剂，通常所说的血液制品主要指血浆蛋白制品。

血液制品的分类及常用品种见表4-1。

表4-1　血液制品的分类及常用品种

分类	常用品种	临床用途
白蛋白类制品	人血白蛋白	休克、烧伤、体外循环、ARDS
免疫球蛋白类制品	人免疫球蛋白	提高免疫力、预防病毒性传染疾病
	乙肝免疫球蛋白	乙肝的治疗和预防、肝移植
	破伤风免疫球蛋白	治疗破伤风
凝血因子类制品	人凝血因子Ⅷ	血友病
	人凝血酶原复合物	凝血因子缺乏性出血性疾病

血液制品的原料是血浆，人血浆中有92%~93%是水，仅有7%~8%是蛋白质，血液制品就是从这部分蛋白质分离提纯制成的。

二、人血白蛋白的制备

白蛋白（图4-5）系由健康人的血浆，经低温乙醇蛋白分离或经国家批准的其他方法分离提取，并经60℃加热处理10小时灭活病毒后制成的液体制剂或冻干制剂。

图4-5　人血白蛋白

（一）结构与性质

白蛋白约占血浆总蛋白的65%。同种白蛋白制品无抗原性，主要功能是维持血浆胶体渗透压的主要物质。

白蛋白是在肝细胞内合成且合成速度极快的一个一级结构简单的单链蛋白，相对分子量为67000，由584个氨基酸残基组成，N端为天门冬氨酸，C端为亮氨酸，在离子强度为0.15时，pI为4.7，易溶于水，在饱和度达60%以上的硫酸铵中沉淀。由于分子量相对较小、表面积相对较大，故渗透压高，但不会从毛细血管和肾小球渗透而流失，而且其特性黏度低，可以穿过毛细血管壁和细胞间隙，能在血液循环与组织液之间自由交换；由于其负电性强，能与多种分子可逆的结合，在血液循环与各种体液之间传递运送各种生理活动所必要的物质。白蛋白是最重要的血浆蛋白，临床上常用的血浆容量扩张剂，以及对严重烧伤、低蛋白血症、肝肾疾病及新生儿高胆红质血症等的治疗有重要作用。

根据来源，白蛋白分为两种：一种是从人血浆中分离获得的人血白蛋白；另一种是从产妇胎盘种分离获得的胎盘白蛋白。

（二）分布

人体血浆中约40%的白蛋白分布在血管内，60%在血管外；每小时约5%由血液循环进入组织液，再经淋巴系统，主要通过胸导管重新返回血液循环，即全部血管内白蛋白每天与血管外交换1次。白蛋白在体内分布情况见表4-2。

表4-2　白蛋白在体内分布情况

组织、器官	70kg体重的成人（g）	器官中的浓度（g/kg）
血管内	140	24
血管外	210	—
肌肉	50	2.3
皮肤	40	7.7
肠	8	5
肝	2	1.4
其他组织	110	—
全身总计	350	—

（三）人血白蛋白的制备

人血浆中已发现的蛋白成分约百种。其中大约有二十多种已用作临床用途。血浆蛋白的分离是血液制剂生产工艺的主要目的，最终产品为免疫球蛋白及白蛋白，其他蛋白成分则在预处理中或分离不同组分过程中进一步加工获得。

常见的分离蛋白的方法如下。

1. 利凡诺法　是利用利凡诺与蛋白形成络合物，降低溶解性而进行分离血浆蛋白的。该法设备要求低、工艺简单，曾在国内被广泛用来生产白蛋白和丙种球蛋白。

2. 盐析法　是无机盐类在水溶液中电离成正负离子，这些离子不仅可以中和蛋白颗粒表面的电荷，而且由于与水分子亲和力大而与蛋白竞争水分子，蛋白颗粒因电荷性减弱和水化膜难以形成而从溶液中析出。其中，使用最多的盐类是硫酸铵。盐析法始终未能发展成大规模生产工艺，原因是无论在理论上还是实践上都无法将血浆这样一种复杂的蛋白质分离成各种成分并达到满意的程度。

3. 层析法 是一种常用的蛋白分析和分离的方法，随着层析技术和相关设备的出现，层析法逐渐被用于血浆蛋白制品的生产。其原理是按分子大小的顺序进行分离，也可按介质的不同分为凝胶、离子交换层析、亲和层析。应用该技术使原来用盐析、有机溶剂沉淀不可分离的血浆蛋白成分，特别是小量和微量的成分被一个接一个的分离出来。层析法生产工艺简单、耗能少、产品纯度高，但不适合大型连续生产。多用来对低温乙醇法产生的一些粗制进行加工精制。

4. 低温乙醇法 是以混合血浆为原料，逐级降低酸度（pH 7.0 降至 pH 4.0），提高乙醇浓度（0% 升至40%），同时降低温度（2℃降至 –2℃），各种蛋白组分在不同条件下以组分形式分别从溶液中析出，并经离心或过滤将其分离出来。根据粗制品沉淀的先后顺序的不同，蛋白相对分子量越大越早析出，相对分子量越小，则析出的越晚。各种粗制品经超滤、层析、除菌、病毒灭活等手段，制成最终产品。

低温乙醇法的最大优点是适应工业化、自动化的生产要求，随着新版 GMP 的颁布，国家对于生物制品的要求也随之提高，国内一些企业在不变更生产工艺的前提下，实现了低温乙醇血浆蛋白分离工艺系统的自控，使得产品质量进一步提高。目前，我国现行人血白蛋白规程规定：可采用 Cohn –6 法或 Nitschmann – kistler 法生产制造人血白蛋白。

（1）人血白蛋白生产工艺流程 N –K 法制备人血白蛋白工艺流程，见图 4 –6。

图 4 –6 N –K 法制备人血白蛋白工艺流程图

1）注射用水及 75% 乙醇，血浆袋在化浆室用注射用水清洗干净，并将血浆转入不锈钢容器中，并不断搅拌，冷却至 1 ~ 3℃。

2）调血浆 pH 至 5.8，将 100ml 血浆用 900ml 注射用水稀释，调 pH 至 5.8 ~ 5.9，加缓冲液流速不超过 1L/min。

3）向反应液中加入 19% 乙醇，加入 0.9% 的 NaCl 溶液，调节蛋白浓度在 1.2%。每加试剂一次反应 15 分钟，搅拌 2 小时，静置 6 小时，并使温度维持在 -3℃。

4）离心，获取上清液向其中加入 0.025mol/L 的醋酸锌溶液，并调 pH 至 5.8，温度 -5℃，蛋白浓度 6.2%。

5）在上清液 1 中加入 19% 的乙醇，搅拌 3 小时，静置 1 小时并离心。

6）获得上清液 2，用 5 倍注射用水进行稀释，调 pH 至 4.7，搅拌 1 小时后静置 4 小时，保持温度在 -9℃。

7）在提取组分 V 时加 0.01mol/L 的 Ba（$C_2H_3O_2$）$_2$ 做稳定剂，促进 Zn^{2+} 与蛋白结合，加速组分 V 溶解，加注射用水使乙醇浓度调至 15%，反应 15 分钟，搅拌 1 小时，静置 6 小时。

8）将 2‰ 的硅藻土加入 15% 乙醇中，过滤后将上清液转入另一反应罐中。过滤压力小于 0.8MPa，残留在过滤器内的反应液用氮气吹出。

9）温度 -6℃ 下，用碳酸氢钠缓冲液调上清液 pH 为 4.8，反应 30 分钟。然后将反应液降温至 -12℃，乙醇浓度调至 40%，加后反应 30 分钟，搅拌 1 小时并离心。

10）离心结束后，对 Fr V 重量进行称量，放入 -20℃ 冷库保存。萃取出的锌蛋白可与乙醇水溶液中的螯合剂反应，从而脱去金属离子，得到高纯度的蛋白，1）+2）+3）中先提丙种球蛋白后提 α - 球蛋白、β - 球蛋白以及 γ - 球蛋白，分装、清场。

（2）低温乙醇法分离蛋白的影响因素

1）乙醇浓度　乙醇是蛋白质沉淀剂，也是蛋白质变性剂，因此要求沉淀反应在低温环境下进行。单纯地从防止变性出发，温度越低越好，但还要兼顾各种蛋白在不同温度的溶解度不同，温度过低也会影响分离效果。向水溶液中加入乙醇的时候应当在相对低温的环境中进行，因为随着乙醇浓度的升高，温度也会发生波动。有研究表明，在添加乙醇时，浓度从 0% ~ 10% 的阶段必须放缓添加速度，当浓度超过 30% 即可加速。同时发现，利用低温乙醇法分离蛋白质组分时，乙醇浓度每提高 10%，白蛋白的溶解度则以 10 倍幅度下降。

2）蛋白质浓度　蛋白质在分离过程中有时需要适当稀释，以降低蛋白质浓度，从而减少蛋白质之间的相互作用产生沉淀现象，提高了蛋白质分离效果及其组分的回收率。但浓度过低则沉淀聚集时间长，而且加大容器体积和分离容量，影响生产效率，一般以 2.5% ~ 3.0% 为宜。

3）离子强度　盐类与蛋白质的相互影响基本上随离子强度的变化而变化，离子强度与乙醇浓度之间要保持一种平衡关系，才可能在一定范围内保持蛋白质溶解度的恒定。低温乙醇法生产工艺中离子强度变化的范围在 0.01 ~ 0.16。

4）反应液温度　由于蛋白质自身的特点决定，过高的温度会导致蛋白质的变性，低温乙醇法工艺中，整个生产过程均应在 0℃ 以下进行，温度范围在 -8 ~ 0℃，若温度控制不好，轻则影响蛋白质回收率，重则造成蛋白质的变性。如沉淀组分时，若蛋白质溶液温度高出规定要求 1 ~ 2℃ 时，蛋白质得率降低 30% ~ 40%；若温度提高 3 ~ 4℃ 时，可引起最终产品完全失活。

5）pH　N - K 法对于 pH 的准确控制要求较高，pH 的准确控制与否，对白蛋白的收率影响较大。当蛋白质分子含有相等的正负电荷时，溶解度小，利于蛋白质分离沉淀。白蛋白等电点 pH 为 4.7 ~ 4.8；转铁蛋白 pH 为 5.69。通常低温乙醇法是在 pH 4.7 ~ 7.4 进行分离血浆中蛋白组分的。

三、人凝血酶原复合物的制备

人凝血酶原复合物是一种供静脉输注，促进血液凝固的止血制剂，含有凝血因子Ⅱ（凝血酶原）、凝血因子Ⅶ（稳定因子）、凝血因子Ⅸ（抗乙型血友病因子）和凝血因子Ⅹ（自身凝血酶Ⅲ）。

凝血酶原复合物被广泛地应用于治疗乙型血友病、严重创伤或外科手术中出血过多以及由肝疾患、维生素K缺乏而继发的Ⅱ、Ⅶ、Ⅸ、Ⅹ因子低下所造成的出血，也用于治疗具有Ⅷ因子抗体的甲型血友病的出血。此外还用于在抗凝疗法中，因服用抗凝药物如香豆素等过量而引起的出血症状。

（一）结构、性质及活性

凝血酶原复合物中主要的凝血因子Ⅱ、Ⅶ、Ⅸ、Ⅹ都属于依赖维生素K的凝血因子，其共同有的生化特征是：分子中均含有特殊的氨基酸残基——γ羧基谷氨酸（Gla），Gla是可以与钙离子结合的氨基酸，它的存在使依赖维生素K凝血因子具有与金属离子结合的特征。依赖维生素K凝血因子与钙离子结合后发生结构改变，从而显露出与磷脂膜结合的特征，并进而参与血液凝固的过程。依赖维生素K凝血因子都是丝氨酸蛋白酶（原），它们的催化区在结构和氨基酸顺序上与糜蛋白酶和胰蛋白酶同源。另外，这类因子氨基末端区的氨基酸顺序相似，即Gla集中在肽链氨基末端的前45个氨基酸残基组成的肽段中，这一肽段被称为"Gla区"。

1. 凝血酶原（prothrombin） 酶原即"凝血因子Ⅱ（factor Ⅱ，FⅡ）"，是一单链糖蛋白，相对分子量为72000，由579个氨基酸残基组成，其中包括在分子的氨基末端区有10个Gla；凝血酶原的糖含量约为8%，3条不同的糖基链分别连在分子中天冬酰胺78、100和373上，但3条糖链末端均为N-乙酰神经氨酸。凝血酶原在正常人血浆中的浓度为150～200mg/L，生物半衰期是72小时。

凝血酶原活化后变成具有蛋白水解活性的凝血酶，凝血酶是蛋白水解酶，它通过对多种凝血因子的蛋白水解作用而参与凝血过程；还可激活蛋白C发挥抗凝活性，能诱导血小板活化，近年来又发现它有刺激成纤维细胞分裂、对巨噬细胞有趋化性、参与内皮细胞增殖调控等诸多功能。

2. 因子Ⅶ（factor Ⅶ，FⅦ） FⅦ是一单链糖蛋白，血浆浓度仅为0.5～2.0mg/L，生物半衰期是4～6小时，相对分子质量为50000，由406个氨基酸残基组成，其中包括在氨基末端区有11个Gla残基，而其天冬氨酸63被β-羟基化，分子中糖含量约为13%。

FⅦ的作用主要是和组织因子形成活性复合物（组织因子-因子Ⅶ）后激活FX而启动外源性凝血途径。正常情况下，FⅦ是以蛋白酶原形式存在于循环血液中。一般认为FⅦ具有低的催化活性，在凝血开始时，FⅦ与组织因子结合而使少量FX转化为Xa，Xa反过来又激活FⅦ成为FⅦa，FⅦa具有强催化活力，与组织因子结合后能激活大量的FX，从而启动凝血过程。

3. 因子Ⅸ（factor Ⅸ，FⅨ） 凝血因子Ⅸ，简称"FⅨ"，是一单链糖蛋白，生物半衰期是24～56小时，由415个氨基酸残基组成，相对分子质量是56000，分子含糖量约为17%。

凝血因子Ⅸ的作用是在凝血过程中酶激活FX而使其活化为FX，人血浆中，FⅨ是以酶原形式存在，不具备酶解活性，它只有在被激活转为FⅨa，并要在Ca^{2+}存在条件下，于磷脂膜表面与Ⅷa形成复合物后才能有效地激活FX。FⅨ和Ⅸa均能与活化血小板结合，但不能静息血小板作用。

4. 因子X（factor X，FX） FX在血浆中是以双链形式存在的，相对分子质量为59000，是由一条轻链（相对分子质量约为17000）和重链（相对分子质量约为49000）组成的双链糖蛋白，两链之间由二硫键相连。

FX处于内源性凝血途径和外源性凝血途径的共同通路。通过内源性、外源性凝血途径的激活，FX转为活化的FXa。FX在Ca^{2+}存在条件下，在磷脂膜表面与FVa形成复合物即凝血酶酶原，后者激活凝血酶原使之转为具有酶解活性的凝血酶。FXa除具有蛋白酶解活性外，还有酯酶活性。

（二）临床应用

凝血酶原复合物内所含凝血因子单位可用1ml血浆中的含量作为1U，每瓶200U FIX，相当于200ml血浆中的FIX的含量。

1. 凝血酶原缺乏症　分先天性和继发性：单纯的低凝血酶原血症和凝血酶原缺乏症由先天引起；肝脏出血、外科手术等出血可造成继发性包括凝血酶原在内的多种凝血因子缺乏。

2. 维生素K缺乏症　严重的肝脏疾病，如重症肝炎、中毒性肝病以及晚期肝癌等可引起维生素K的摄入、吸收、代谢和利用过程的障碍，导致肝细胞不能合成正常的维生素K依赖性凝血因子。

3. 血友病B（FIX）缺乏症　血友病B又称"遗传性FIX缺乏症"。临床上以创伤性出血为特点，出血时一般采用血浆或凝血酶原复合物替代疗法，治疗量取决于出血量的大小和欲达到所需止血FIX的水平。

4. 因子X缺乏症　先天性FX缺乏是一种常染色体隐形遗传病，50%的此类患者来源于近亲婚配的家族。此类患者可用血浆、PCC或VX浓缩剂治疗。

5. 因子Ⅶ缺乏症　FⅦ缺乏症一般分为两种：一种是先天性因子Ⅶ缺乏症，较为少见，它是一种常染色体隐性遗传的疾病；另一种是继发性FⅦ缺乏症，主要见于肝脏疾病患者，肝脏疾病维生素K摄入、吸收、代谢和利用过程中的障碍，导致肝脏合成包括因子Ⅶ在内的维生素K依赖性凝血因子缺乏症。因子Ⅶ是肝脏疾病最早和减少最多的凝血因子。

6. 带有因子Ⅷ抑制剂的甲型血友病　治疗甲型血友病患者经常输注FⅧ制剂，有的会产生抗-FⅧ，这类患者大约占甲型血友病的20%，对他们输注PCC有抑制抗-FⅧ的作用。

（三）制备

PCC的制备都是使用无机盐吸附剂（例如硫酸钡、磷酸三钙、氢氧化铝）和（或）离子交换吸附剂（例如DEAE-纤维素、DEAE-Sephadex A50和DEAE-Sepharose Fast Flow）进行的。这些吸附剂的特性允许为了达到治疗目的从人血浆中大规模制备含FⅡ、FⅦ、FIX以及FX四种凝血因子的浓缩物。

1. PCC制备的工艺流程　见图4-7。

（1）将原料血浆融化，保持血浆温度在0~4℃，在此温度下离心去除冷沉淀。

（2）凝胶平衡：1倍凝胶体积平衡液洗涤凝胶5分钟，洗涤1~2次，滤液废弃；加1倍凝胶体积平衡液，用4mol/L冰醋酸溶液调pH为7.2~7.0；浸泡5分钟；用1倍凝胶体积平衡液洗涤凝胶3分钟，洗涤2次，滤液废弃；用1倍凝胶体积平衡液洗涤凝胶6~8次，使滤液pH为7.2~7.3。

（3）将血浆升温至6~8℃并逐级过滤。结束后，用0.9% NaCl溶液冲洗管道以及滤器内残留的血浆，并收集。

（4）将过滤后的血浆与平衡后的DEAE-Sephadex A50凝胶混合，使血浆温度维持在2~8℃，搅拌吸附40分钟。

（5）收集凝胶，用平衡液冲洗凝胶3次以上，再用洗脱液将制品洗脱下来，并收集洗脱液，进行超滤，预浓缩。

图4-7　PCC生产工艺流程图

（6）血浆置入反应罐，加入 S/D 灭活剂，使 TNBP 和 Tween 80 的终浓度分别为 0.3% 和 1%，保持温度在 24～25℃下不断搅拌，处理 6 小时。

（7）将 S/D 灭活剂灭活的蛋白液搅拌，按血浆量的 1%～1.5% 加入用平衡液预平衡好的凝胶，吸附 45～50 分钟。收集凝胶，弃流出液。

（8）用洗涤液冲洗凝胶以去除残余的 S/D。再用洗脱液浸润 10 分/次，洗 3 次以上。

（9）收集洗脱下来的制品并进行超滤，预浓缩，再用 3～5 倍体积透析液超滤，将超滤浓缩后蛋白液的 pH 调整至 6.8～7.0，补加透析液。

（10）分装、冻干、干热灭活。

2. 生产工艺要点

（1）PCC 的原料主要为新鲜冷冻血浆、去冷沉淀的血浆和低温乙醇法分离出的组分Ⅰ上清或组分Ⅲ沉淀，分离纯化的方法主要是凝胶吸附法和亲和层析法。PCC 生产中关键是防止凝血酶的激活，采用去冷沉淀的上清血浆比低温乙醇法的组分Ⅰ上清、组分Ⅲ沉淀更好。

（2）在去除沉淀的上清液中对于凝胶 DEAE - Sephadex A50 的加入量也有一定要求，1.5g/L 时，凝血因子的活性最大。另外，对于加入凝胶后吸附的时间应控制在 40 分钟左右，以保证充分吸附。

（3）蛋白含量对制品凝血因子活化有一定影响，相对高的蛋白含量可以抑制或延缓凝血因子活化过程；而当蛋白含量相对较低时，制品非常不稳定，容易激活进而出现凝块。因此生产过程中，应采取有效措施，避免制品超滤、稀配中局部出现蛋白含量过低状况。

（4）电导率的高低影响制品的品质，因此在生产中，采取如用电导率相对较高的平衡液/洗脱液来洗涤、超滤、稀释制品等，尽可能保持整个工艺操作中制品电导率不低于 15ms/cm，进而达到控制凝血因子活化的目的。

四、血液制品生产的相关知识

血液制品的安全性一直都是人们所关注的重点，对于其安全性的风险一般由原料血浆及生产制作中的局限所造成。其中原料血浆的安全性更直接关系到产品的可靠及安全性，甚至是血液制品生产企业生死存亡的关键。

（一）原料血浆传播的病原体

常见的经原料血浆传播的病原体有下列几种：梅毒螺旋体、人免疫缺陷病毒（HIV－Ⅰ、HIV－Ⅱ）、类嗜 T 细胞病毒（HTLV）、甲肝病毒（HAV）、乙肝病毒（HBV）、丙肝病毒（HCV）、丁肝病毒（HDV）、人疱疹病毒（HHV）等。我国是肝炎大国，几种肝炎病毒严重威胁到输血的安全，其中90%的 HCV 是经输血传播的，这些病毒的存在加大了采集健康原料血浆的困难程度。

（二）生产条件所致感染

随着分离与纯化技术的不断发展和进步，血液制品的生产工艺也在发生着比较大的变化。以白蛋白生产为例，从过去的盐析法、利凡诺法发展到目前大多数企业所采用的低温乙醇法 Cohn－6 或 Nitschmann－kistler 法，一些企业也采取了压缩过滤法来替代离心分离法用于生产。针对生物大分子结构的特点，开发了"仿生亲和"工艺，获得了专一、稳定且高效的亲和层析载体，用于白蛋白、抗体、凝血因子Ⅶ或胰岛素、眼镜蛇神经毒素等的大规模分离提取。在新的生产工艺发展的同时，各企业也重视并开发了许多检测系统，以及在制造过程中采取各种灭活手段来提高制品安全性，但是客观存在的困难还是不能保证现在所生产的血液制品能达到绝对安全的程度。原因是多方面的，检测方法的局限使得对某些致病因子、新出现的感染性因子及新病毒的变异株还缺乏认识或缺乏检测手段，例如常规的免疫学检测方法对 HBV 新的变异株无法识别、对非脂包膜病毒的灭活没有有效手段，更重要的是管理层面的原因导致检验结果的人为错误。

五、细胞因子类制品相关概念

细胞因子（cytokine，CK）是指由免疫细胞（淋巴细胞、单核巨噬细胞）和非免疫细胞（成纤维细胞、上皮样细胞和树突状细胞等）产生的调节细胞功能的一组高活性、多功能小分子多肽，大多与糖链结合而以糖蛋白形式由细胞分泌至周围组织液中。细胞因子能调节机体的生理功能，参与各种细胞的增殖、分化、凋亡和行使功能，在某些情况下还可产生病理作用，参与自身免疫、肿瘤、移植排斥、休克等疾病的发生和发展。

20 世纪 70 年代末，随着基因工程技术的发展，为细胞因子研究提供了新的契机。利用 cDNA 克隆技术，细胞因子结构被阐明；利用外源基因表达技术，可获得大量重组细胞因子纯品，使得细胞因子的功能研究获得明确的结果。由于研究技术的创新，细胞因子研究领域获得了惊人的成果，分子克隆成功并阐明结构与功能的细胞因子，已不下百种，有数十种重组细胞因子在进行临床研究，其余细胞因子已被批准作为药物上市销售，成为治疗某些疾病的首选药物，在临床广泛应用。

根据细胞因子主要生物学功能可将其分为五类。

1. 干扰素（interferon，IFN） 是最早发现的细胞因子，依据其来源和结构，可将 IFN 分为 IFN－α、IFN－β、IFN－γ，分别由白细胞、成纤维细胞和活化的 T 细胞产生。

2. 白细胞介素（interleukin，IL） 种类繁多，功能复杂，许多 IL 不仅与白细胞相互作用，还参与其他细胞的相互作用，如血管内皮细胞、神经细胞、成骨细胞等的相互作用，在机体的多系统中发挥功能。

3. 造血生长因子（hematopoietic factor） 与血液细胞的生成有关，包括集落刺激因子（colony stimulating factor，CSF）、粒细胞集落刺激因子（G－CSF）、多能集落刺激因子（multi－CSF）、巨噬细胞集落刺激因子（M－CSF）和干细胞因子（stem cell factor，SCF）等。

4. 肿瘤坏死因子（tumor necrosis factor，TNF） 是一类能直接造成肿瘤细胞死亡的细胞因子，依据其来源和结构分为两种，即 TNF－α 和 TNF－β，前者因单核巨噬细胞产生，后者由活化的 T 细胞产生，又称淋巴毒素（lymphotoxin，LT）。

5. 转化生长因子（transforming growth factor，TGF） 包括 TGF－α 和 TGF－β。肿瘤细胞和正常 T 细胞产生，对胚胎早期细胞的发育有诱导作用，但对成熟 T 细胞功能表达有抑制作用。

六、重组人促红细胞生成素的制备

（一）概述

重组人促红细胞生成素（recombinant human erythropoietin，RhEPO）是一种促进造血前提细胞分化、繁殖的细胞因子。人促红细胞生成素主要由肾脏近曲小管附近的细胞合成和分泌，基本的生理功能是刺激骨髓红细胞的生产和释放，由于红细胞缺少细胞核、线粒体等细胞成分，不能通过自身分裂，故自身生成促红细胞生成素是人体产生红细胞的唯一途径。

（二）结构与功能

RhEPO 是由 193 个氨基酸组成的高度糖基化蛋白质，其中有 27 个氨基酸为信号肽，166 个氨基酸组成了较为成熟的蛋白质。去糖基化不影响 EPO 体外生物活性，但缩短了在体内的半衰期，导致在体内活性丧失，因此糖基对于 EPO 的活性非常重要，基因工程方法生产的 EPO 不能利用大肠埃希菌作为表达系统，只能利用哺乳动物作为表达系统，如用 CHO 细胞来生产 EPO。

（三）临床应用

EPO 是治疗肾功能衰竭所致贫血的首选药物，还用于治疗多种严重贫血，如恶性肿瘤、艾滋病继发贫血、化疗和放疗引起的贫血、类风湿关节炎及其他慢性炎症引起的贫血、早产儿贫血、运动性贫血等；对手术和癌症等需要输血的病人，EPO 治疗可代替输血、造血干细胞移植和化疗引起的贫血，用于择期手术的自身输血的血液储备等方面也有一定疗效。

（四）制备

由于现阶段生产重组人促红细胞生成素主要是通过 CHO（中国仓鼠卵巢细胞）细胞，来分泌、表达生产促红细胞生成素，因此多采用大规模细胞培养的方法来获得目的产物，通过提取纯化，来获得精制品。

1. 工艺流程 重组人促红细胞生成素的生产工艺流程，见图 4－8。

（1）细胞及培养基 RhEPO 生产用的 CHO 细胞株一般多为基因工程方法构建的，细胞复苏及传代使用含 10% 胎牛血清的

图 4－8 重组人促红素生产工艺流程图

DMEM 培养基来进行种子细胞的扩增。

（2）培养方式 经过复苏或扩增的细胞可采用转瓶或者克氏瓶来进行贴壁培养。

（3）目的产物的收集 CHO 细胞株用含 10% 胎牛血清的 DMEM 培养基，经克氏瓶移至转瓶培养成单层后，收集培养液，其中 EPO 表达量约为 1 000IU/ml.。

（4）纯化 将粗提物通过 Sepharose 6FF 凝胶柱经缓冲液洗脱，收集洗脱液，用 Tris－Cl 平衡的 Q－Sepharose FF 柱再次洗脱，最后经 Superdex75 进行精制，流动相为 20mmol/L 的 Tris－Cl。

（5）除菌过滤 将层析后的 RhEPO 半成品原液加入保护液，用 0.22μm 的滤膜除菌过滤，并取样测定效价，以及进行无菌及热原试验。

（6）分装及清场。

2. 生产控制要点

（1）工程细胞 重组人促红细胞生成素工程细胞系由带有人促红细胞生成素基因的重组质粒转染的 CHO－dhfr⁻（二氢叶酸还原酶基因缺陷型细胞）细胞系。由原始细胞库的细胞传代，扩增后冻存于液氮中，作为主细胞库；从主细胞库的细胞传代，扩增后冻存于液氮中，作为工作细胞库。每次传代不超过经批准的代次。细胞系冻存于液氮中，检定合格后方可用于生产。

（2）外源因子检查 细菌和真菌、支原体、病毒检查均应为阴性。

（3）细胞鉴别试验 应用同工酶分析、生物化学、免疫学、细胞学和遗传标记物等任一方法进行鉴别，应为典型 CHO 细胞。

（4）细胞培养液及细胞培养 生产用细胞培养液应不含牛血清和任何抗生素。细胞培养全过程应严格按照无菌操作。细胞培养时间可根据细胞生长情况而定。

（5）蛋白质含量 用 4g/L 碳酸氢铵溶液将供试品稀释至 0.5～2mg/ml，作为供试品溶液。以 4g/L 碳酸氢铵溶液作为空白测定供试品溶液在 320nm、325nm、330nm、340nm、345nm 和 350nm 的吸光度。用读出的吸光度的对数与其对应波长的对数做直线回归，求得回归方程。

（6）纯度

1）电泳法 用非还原 SDS－聚丙烯酰胺凝胶电泳法，考马斯亮蓝染色，分离胶浓度为 12.5%，加样量应不低于 10μg，经扫描仪扫描，纯度应不低于 98.0%。

2）高效液相色谱法 亲水硅胶体积排阻色谱柱，排阻极限 300kD，孔径 24nm，粒度 10μm，直径 7.5mm，长 30cm；流动相为 3.2mmol/L 磷酸氢二钠：1.5mmol/L 磷酸二氢钾：400.4mmol/L 氯化钠，pH7.3；上样量 20～100μg，于波长 280nm 处检测，以人促红细胞生成素色谱峰计算理论板数应不低于 1500。按面积归一化法计算人促红细胞生成素纯度，应不低于 98.0%。

3）分子量 用还原型 SDS－聚丙烯酰胺凝胶电泳法，考马斯亮蓝 R250 染色，分离胶浓度为 12.5%，加样量应不低于 1μg，分子质量应为 36～45kDa。

3. 质量控制 重组人促红细胞生成素在收集细胞的时候，凡接触过菌液的用具，如离心杯、玻璃器皿等应用新洁尔灭浸泡杀菌 1 小时以上，才可清洗。离心后的废弃液经灭菌后才可倒入下水道。经离心或其他方法分离，上清液即为粗制促红细胞生成素。不得用对人体有害的化学试剂裂解细胞。另外在纯化过程中，不得加入对人体有害的物质，加入的物质应能在以后的纯化过程中被去除或证明其浓度在允许的范围内，且不得影响制品安全性。重组人促红细胞生成素半成品及成品质量检测还要做无菌试验、鉴别试验、异常毒力试验、热原试验及水分、pH、外观等项目检测。

任务三　诊断类生物制品的制备

PPT

>
> **实例分析 4-3**
>
> **实例**　妊娠检测诊断试剂盒，商品名又称早孕检测试纸，本产品系由在硝酸纤维素膜上包被的抗人绒毛膜促性腺激素（HCG）单克隆抗体和抗鼠 IgG 及在玻璃纤维膜上吸附的胶体金－抗 HCG 单克隆抗体结合物组成，应用双抗体夹心法及免疫层析法原理检测尿液中的人绒毛膜促进腺激素（HCG）。
>
> **问题**　什么是诊断试剂？

一、诊断类生物制品相关概念

诊断类生物制品是指利用病原微生物本身或其生长繁殖过程中的产物，或利用某些动物机体中自然具有的或经病原微生物及其他蛋白质物质刺激而产生的一些物质制造出来的，用于检测相应抗原、抗体或机体免疫状态的一类制品，包括菌素、毒素、诊断血清、分型血清、因子血清、诊断菌液、抗原、抗体致敏血清、免疫扩散板等，如用于诊断结核病的结核菌素、炭疽沉淀血清等。另外还有各种诊断用试剂盒，如 ELISA 试剂盒。

用于诊断的生物制品主要包括以下几类。

1. 体内试验诊断制剂类　常用的有布鲁斯氏菌素、结核菌素和锡克试验毒素（白喉）三种，皮内注射 0.1ml，观察反应，判断是否患过相应疾病或免疫接种是否成功。

2. 一般传染病的诊断制剂类　包括各种诊断菌液、病毒液和诊断血清。

3. 诊断肿瘤用制剂　如甲胎蛋白血清、癌胚抗原诊断试剂盒等。

4. 测定免疫水平的诊断制剂　测定人体内所含的五种免疫球蛋白（IgG、IgA、IgM、IgD、IgE），以 Ig 单价诊断血清与患者血清作定量测定，用于疾病诊断、治疗以及机体免疫功能的测定，亦是临床诊断某些疾病的重要指标。

5. 激素用诊断制剂　如妊娠诊断制剂。

二、免疫学基本概念

（一）抗原

抗原（antigen，Ag），是指能够引起免疫反应产生免疫应答，并能与相应免疫应答产物（抗体或致敏淋巴细胞）在体内外发生特异性结合的物质。它是形成特异性免疫的起始因素和必备条件。抗原分子一般具备两种特性：一是免疫原性（immunogenicity），即可以刺激机体产生免疫应答，包括诱导产生抗体及效应 T 淋巴细胞；二是抗原性（antigenicity），即与抗体或效应 T 细胞发生特异性结合的能力。同时具有免疫原性和抗原性的物质称之为完全抗原（complete antigen），如大多数蛋白质、细菌、病毒等。具有与抗体结合能力，而单独不能诱导抗体产生的物质称半抗原（hapten）。半抗原多为简单的小分子物质，通常用大分子蛋白质作为载体，或用非抗原的物质多聚赖氨酸作载体。

1. 抗原的分类

（1）依据抗原来源分类

1）异种抗原　来自另一种属或物种的抗原性物质，如微生物、动物蛋白等。

2）异嗜性抗原　在动植物、微生物与人类间共有的、抗原决定簇相同的抗原。

3）同种异型抗原　来自同种而基因型不同的个体的抗原性物质，如人类个体间不同的血型抗原等。

4）自身抗原　能引起自身免疫应答的自身组织成分。

（2）依据抗原激活 B 细胞产生抗体时是否需要 T 细胞协助抗原分类

1）胸腺依赖性抗原（thymus－dependent antigen，TDAg）　这类抗原需要在巨噬细胞及 T 细胞参与下，才能激活 B 细胞产生抗体。大多数抗原，如细菌、病毒、异种血清等，其共同特点是结构复杂，分子量大，抗原表面决定簇种类多，能引起体液免疫与细胞免疫。TDAg 抗原刺激机体产生 IgG 类抗体，引起细胞免疫应答和回忆应答。

2）胸腺非依赖性抗原（thymus－independent antigen，TIAg）　这类抗原无需 T 细胞辅助即可刺激 B 细胞产生抗体。少数抗原如细菌脂多糖（LPS）、细菌多聚鞭毛素等。TIAg 只能引起体液免疫，不引起细胞免疫，只能激发 B 细胞产生 IgM 类抗体，无 IgG 的转换，也不引起回忆应答。

（二）抗体

机体免疫系统被抗原激活后，分化成熟的 B 细胞转化为浆细胞，由浆细胞产生能与抗原发生特异性结合的球蛋白，即为抗体（antibody，Ab）。抗体主要存在于血清内，但也见于其他体液及外分泌液中，抗体介导的免疫称为体液免疫。

1937 年 Tiselius 利用电泳方法将血清蛋白分为白蛋白、α（甲种）1、α2、β（乙种）和 γ（丙种）球蛋白等组分，并且又证明了抗体的活性部分是在丙种球蛋白部分。具有抗体活性和化学结构与抗体相似的球蛋白，称为免疫球蛋白（immunoglobulin，Ig）。Ig 是化学结构的概念，抗体则是生物学功能的概念。需注意的是，所有的抗体都是 Ig，但并不是所有的 Ig 都有抗体活性。

（三）抗原组分、抗体的制备

虽然自然界中的许多物质都可以作为抗原，但用于制备诊断试剂的抗原必须是经过纯化的抗原。常见的抗原制备方法如下。

1. 颗粒性抗原的制备　颗粒性抗原以细菌或细胞抗原为主，细菌抗原多用液体或固体培养基经过细菌培养过程后收集菌体进行处理所制成。常见的细胞抗原是制备溶血素用的羊红细胞。其制备方法简单，即采集新鲜羊红细胞，用灭菌的生理氯化钠溶液洗涤 2 次，最终配制成浓度为 10^6 个/毫升的细胞悬液。

2. 可溶性抗原的制备　蛋白质、糖蛋白、酶、核酸、细菌毒素等都是良好的可溶性抗原，但这些多来自于细胞或组织的蛋白成分复杂，不能直接应用，因此，使用前需进行纯化处理。

（1）组织和细胞抗原的制备　对于粗抗原的制备，通常是将新鲜或冻存的组织进行预处理，并将其分制成小块进行粉碎，常用的粉碎方法有高速组织捣碎机法和研磨法。粉碎的组织经离心处理后，在其上清液中就含有目的抗原。

对于细胞中可溶性抗原的制备方法，除了上述机械捣碎法外，还有反复冻融法、超声破碎法、酶处理法等。

（2）超速离心法　是分离亚细胞成分和蛋白质的一种有效的方法，其主要依据各颗粒的比重不同来实现分离的目的。超速离心法又分为差速离心和梯度离心。差速离心是采用低速离心和高速离心交替进行；梯度密度离心是根据颗粒的不同沉降速度处于不同密度梯度层内，达到分离的目的，常用梯度密度介质有蔗糖、甘油等。

（3）选择性沉淀法　该法主要根据不同蛋白质的理化性质的差异，采用不同沉淀剂或改变某些条件来促使抗原成分分离出来，来达到纯化的目的。常用的选择性沉淀法有盐析法、有机溶剂沉淀法等。

（4）色谱层析法　常用的有凝胶过滤法、离子交换层析法、亲和层析法。这些技术可以准确地将目的抗原从复杂的组分中分离出来。

（5）纯化抗原的鉴定　对于纯化的抗原主要对其含量、理化性质、纯度及免疫活性进行鉴定，一般常把几种方法联合使用才能得到相对可靠的结果。

（四）抗体的获得

只有质量好的抗原，才能获得特异性强和效价高的抗体。抗体获得的方法主要有以下几种。

1. 免疫动物　可作抗原感染或免疫的动物有兔、山羊或绵羊、马和豚鼠等。动物种类的选择主要是根据抗原的特性和所要获得抗体的量和用途。如制备抗 γ - 免疫球蛋白抗血清多用兔和山羊，这是因为动物反应良好，且能提供足够量的血清；豚鼠适用于制备抗酶类抗体和补体结合试验用的抗体，但抗血清产量较少；对于难以获得的抗原，且抗体需要量少，可用纯系小鼠制备。

2. 免疫剂量　依照抗原的种类、免疫次数、注射途径、受体动物种类及所要求抗体特性等的不同而异。一般而言，抗原剂量首次为 $300 \sim 500 \mu g$，剂量过低不能形成足够的免疫刺激，过高又可能造成免疫耐受。

3. 佐剂　由于不同的抗原产生的免疫反应能力也有高低，且不同个体的反应不同，因此，在注射抗原的同时，通常加入一些能增强抗原的抗原性的物质，来刺激机体产生免疫应答，这种物质称为免疫佐剂。佐剂除了增加抗原刺激作用外，更重要的是，能刺激网状内皮系统参与免疫反应，增强机体对抗原的细胞免疫，促使抗体的产生。

（五）酶联免疫法

酶联免疫法为检测体液中微量物质的固相免疫测定方法，即酶联免疫吸附测定法（ELISA）。使抗原或抗体结合到某种固相载体表面，并保持其免疫活性。

酶联免疫法的原理是使抗原或抗体与某种酶连接成酶标抗原或抗体，这种酶标抗原或抗体既保留其免疫活性，又保留酶的活性。在测定时，把受检标本（测定其中的抗体或抗原）和酶标抗原或抗体按不同的步骤与固相载体表面的抗原或抗体起反应。用洗涤的方法使固相载体上形成的抗原抗体复合物与其他物质分开，最后结合在固相载体上的酶量与标本中受检物质的量成一定的比例。加入酶反应的底物后，底物被酶催化变为有色产物，产物的量与标本中受检物质的量直接相关，故可根据颜色反应的深浅来进行定性或定量分析。由于酶的催化频率很高，故可极大地放大反应效果，从而使测定方法达到很高的敏感度。

三、丙型肝炎病毒抗体诊断试剂的制备

丙型肝炎病毒（hepatitis C virus，HCV）是一种严重危害人类健康的传染病，主要由血液、体液传播，占输血后肝炎的 90%。其病原体丙型肝炎病毒（HCV）与艾滋病毒（HIV）、乙型肝炎病毒

（HBV）并列为 3 个最危险的血液传播病毒。据 WHO 统计，全球 1.7 亿人感染 HCV，丙型肝炎慢性转化率为 50% ~ 85%，危害十分严重。我国 HCV 的感染率约为 3.2%，预防感染是防治 HCV 的有效方法。

从发现丙型肝炎病毒以来，丙肝的检测技术发展迅速，灵敏度和特异性都有明显提高，方法也在不断完善。

（一）生产工艺

丙型肝炎病毒抗体诊断试剂的生产流程，见图 4 - 9。

图 4 - 9　HCV 诊断试剂的生产流程图

1. 抗原　检测试剂制备抗体所用的抗原，是利用分子生物技术重组的含有丙型肝炎病毒基因中的高度保守区域，通过基因技术利用大肠埃希菌作为表达的载体，经过高度纯化得到抗原。具有较好的免疫原性。

2. 抗体制备　利用实验动物（鼠或兔）分离含有特异性抗体的血清，经过盐析粗提，并用亲和层析的方法获得纯度较高的抗体。

3. 酶标记抗体的制备　采用改良过碘酸法或其他适宜方法进行辣根过氧化物酶（horse radish peroxidase，HRP）或其他酶标记。取 5mg HRP 溶于 0.5ml，加入 0.5ml 过碘酸钠混匀，置于 4℃ 静置 30 分钟。取出后加入乙二醇溶液 0.5ml，室温静置 30 分钟；加入 5mg 纯化的抗体，混匀并置于透析袋中，用 0.05mol/L 的碳酸盐缓冲液缓慢搅拌透析。加入硼氢化钠 0.2ml 混匀，置于 4℃ 静置 2 小时，在上面溶液中缓慢加入等体积的饱和硫酸铵溶液，混匀，静置 30 分钟，离心弃上清液。沉淀以 0.02mol/L 的 PBS 溶解，装入透析袋，透析除盐。加入等体积的甘油，混匀，分装，冻存备用。

4. 抗体包被板制备　固相载体的物质最常用的是聚苯乙烯，因其有较强的吸附蛋白质的能力，并且不损害蛋白质的免疫活性，故不影响反应过程中的显色反应。载体形状主要有 3 种：微量滴定板、小珠和小试管。以微量滴定板最为常用。国际上标准的微量滴定板为 12 × 8 的 96 孔式。选择包被抗体的最佳包被浓度，用 0.05mol/L 的碳酸盐缓冲液稀释，每孔加 100 ~ 200μl 于微量滴定板孔内，孵育 12 小时。弃去包被液，用洗涤液充分洗涤各孔，洗涤晾干后，加入封闭液。4℃ 封闭 3 ~ 5 小时，弃去封闭液，室温干燥 20 小时。干燥后迅速真空包装，并将置于 2 ~ 6℃ 保存。

5. 稀释液、洗涤液、终止液配制

（1）稀释液　0.05% Tween20；2% 兔血清；0.05mol/L NaCl；PBS（pH7.4）；1% 硫柳汞。

（2）洗涤液　0.2mol/L $NaH_2PO_4 \cdot 2H_2O$；0.2mol/L $Na_2HPO_4 \cdot 12H_2O$；0.05% Tween20；NaCl；双蒸水。

（3）终止液　2mol/L H_2SO_4；双蒸水。

6. 显色液、阴性对照、阳性对照　显色液 A 为含有过氧化氢的柠檬酸盐缓冲液；显色液 B 为含有四甲基联苯胺的柠檬酸盐缓冲液。

（1）阴性对照　正常人血清。

（2）阳性对照　含有 HCV 抗体的人血清。

（二）生产控制要点

1. 凡接触过病毒及病毒液的用具，如容器具、玻璃器皿等应进行高压蒸汽灭菌处理 1 小时以上，才可清洗。废弃液等接触过病毒的溶液经灭菌后才可倒入下水道。

2. 将抗原或抗体固定的过程称为包被，其实质就是抗原或抗体结合到固相载体表面的过程。蛋白质与载体通过物理方法相结合，这种物理吸附是非特异性的，受蛋白质的分子量、等电点、浓度等的影响。应根据不同蛋白质的性质来选择吸附方法。

3. 酶标记抗体的制备是一步关键的操作。良好的酶结合物既有酶催化能力，也保持了抗体的免疫活性。结合物中酶与抗体之间有恰当的分子比例，有效合理的抗体配比是提高试剂灵敏度的关键因素，抗体配比不合适还有可能导致漏检的问题。

四、免疫诊断试剂的相关知识

（一）分子诊断技术

近些年来，分子诊断技术的迅速发展，对医学科学的进步产生了巨大的推动作用。人类对疾病的诊断，不再限于检测体液中蛋白类、糖类或其他物质浓度的变化，而是应用分子生物学技术从分子（DNA）水平检测与分析疾病发生的原因、追踪疾病发展过程、对感染的病原微生物进行鉴别、分类以及筛选有效的治疗药物等。分子诊断技术的基础是分子生物学，医学作为生命科学的重要领域，首先得益于分子生物学理论与技术的渗透和影响。现代分子诊断技术主要是指应用免疫学和分子生物学的方法来对病原物质进行诊断检测，例如，免疫微粒技术、DNA 诊断技术、免疫脂质体技术（liposone immunity，LIA）、癌症的分子诊断技术等。

但是，不管是传统的常规诊断，还是现代的分子诊断技术，一种有效的诊断方法都应该具备以下三个条件：①强专一性（specificity），是指诊断只对目标分子或只对某一种病原菌分子产生阳性反应。②高灵敏度（sensitivity），即便只有微量的目标分子，或是在有很多干扰存在的情况下，也能够很灵敏地检测出所寻找的病原菌分子。③操作简单（simplicity），主要是在做大规模检测时，要求能够操作简单方便、高效准确而且廉价。

（二）酶联免疫试剂盒

ELISA（酶联免疫吸附试验，酶联免疫试剂盒）：将已知的抗原或抗体吸附在固相载体（聚苯乙烯微量反应板）表面，使酶标记的抗原抗体反应在固相表面进行，用洗涤法将液相中的游离成分洗除。常用的 ELISA（酶联免疫吸附试验）法有双抗体夹心法和间接法，前者用于检测大分子抗原，后者用于测定特异抗体。

实践实训

实训三　诊断试剂制备模拟实训

一、ABO 血型诊断试剂的生产

（一）ABO 血型诊断试剂的制作

1. 设备仪器　离心机；平板滤器装置（配套 0.22μm 滤膜）。

2. 备料　新鲜血液；试剂 75% 乙醇；亚甲蓝；吖啶黄；无菌服及口罩、玻璃器皿（121℃，1 小时高压灭菌）。

3. 具体操作步骤

（1）血液的采集　利用无菌采血系统从健康的献血人员采集血液，置于灭过菌的玻璃器皿中。经传染病项目（HBsAg、HCV 抗体、HIV-1/HIV-2 抗体、梅毒血清）检验应为阴性，丙氨酸氨基转移酶（ALT）值应在正常范围内。用人 A 血型红细胞和 B 血型红细胞分别测定抗 A 和抗 B 血型血清凝集效价，均应不低于 1:128。

（2）分离　采集的血液凝固后置于 2~6℃ 的环境中 48 小时，便于去除冷凝集素，在洁净室内安装无菌操作要求进行离心，分离血清到无菌的容器内。

（3）灭活与保存　分离制得的血清经 56℃ 处理 30 分钟，使血清中的某些补体及酶等活性物质失活，保证血清的稳定性，加入叠氮化钠或其他适宜的防腐剂保存。

（4）染色　取制备好的血清，加入染料，使抗 A 血型血清呈蓝色（抗 A 血清中加入亚甲蓝），抗 B 血型血清染色呈黄色（抗 B 血清中加入吖啶黄）。

（5）除菌过滤　利用经过灭菌的平板滤器，在无菌环境将血清通过滤器中 0.22μm 的滤膜来达到除菌的目的。

（6）分装、冻干　经过除菌过滤的血清，按照无菌操作要求分装到无菌容器中，及时封口，或冷冻干燥制成冻干品。

（二）工艺生产要点

1. 所用玻璃器皿及容器具经过高温灭菌处理；平板滤器系统在生产前后，均应做完整性测试——起泡点试验，从而保证膜的完整性，将整个系统于 121℃ 处理 1 小时。

2. 采集的血低温存放，其目的是为了去除冷凝集素。否则当成品抗血清在较低温度情况下使用的话，容易出现假阳性反应，干扰检测结果。

二、实训小结

实训制备的 ABO 血型检测试剂主要依据血型正定型，目前血型正定型是根据血型抗体与对应红细胞抗原的凝集反应来检测的。对应制备的检测试剂使用步骤：在反应容器或平板上加制备好的定型试剂；采集受检者全血；将两者混匀，根据结果来判定。但是由于制备以及保存等原因，可能结果会产生一些误差，而且真正的实用性还是有一定的差距。

在制备过程中一定要注意冷凝集素的去除，冷凝集素对于结果的准确性有着比较大的影响，可以根据实际检测结果，来对比一些，看哪个同学在制备过程中操作的更严谨、更认真。

三、诊断试剂的相关知识

（一）ABO 血型的相关概念

1900 年，奥地利维也纳大学的 Karl Landsteiner 发现了人类红细胞的同种凝集现象，随之发现了人类第一个血型系统：ABO 血型系统。ABO 系统是最早发现的血型系统，开创了免疫血液学研究和应用工作的新纪元。正确鉴定血型是安全输血的第一要务，输血作为临床抢救病患生命的重要医疗手段，输入 ABO 血型不相容的血清，会引起严重的输血反应，因此，准确的 ABO 血型检定则是安全输血的保障。

人的血液中凡红细胞上具有 A 抗原者为 A 型，有 B 抗原者为 B 型，A 抗原和 B 抗原都没有者为 O 型，A 抗原和 B 抗原都有者为 AB 型。为了准确地鉴别血型，常采集富含抗 A 或抗 B 抗体的健康人血，经分离纯化血清，制成抗 A 或抗 B 血清，用于鉴别血型。此外，还有采用动物血清及单克隆抗体制备检测 ABO 血型的血清。

（二）免疫诊断中的酶

酶是一类及其特殊的蛋白质，它能够参与一切生物生命活动的代谢反应，具有极强的作用专一性、极高的催化效率且反应条件温和等显著特点。疾病治疗效果的好坏，决定于诊断的正确性。随着技术的不断发展，酶学诊断也飞速发展。酶学诊断方法具有可靠、简便而且快捷等特点，已广泛应用于临床诊断中。酶学诊断包括两方面：一是根据体内原有酶活力的变化来诊断疾病；另一个是利用酶来测定体内某些物质的含量，从而确诊某些疾病。

由于酶的强专一性，可以使其在一个复杂体系中，准确地测出某一物质的含量，这种方式成为物质分析检测的重要手段。国外已普遍将酶学分析法应用于临床诊断及相关分析等方面。酶法检测使用的酶可以是游离的，也可以采用固定化酶或单酶电极等方式，通过酶作用后物质的变化为依据来进行检测。酶电极由于其具有高度简便化、自动化等优点，引起了人们的广泛关注，是目前固定化酶技术中研究与应用最活跃的领域之一。常用的酶电极有葡萄糖氧化酶电极（测定葡萄糖）、乳酸脱氢酶电极（测定乳酸）以及青霉素酶电极（测定青霉素）。

单酶或多酶偶联检测：单酶检测技术是最简单的，通过单酶与底物发生反应，利用反应前后物质的变化进行检测底物的量。其具有准确灵敏、快捷简便等优点，是酶法检测中最常用的技术。多酶偶联反应检测是通过利用两种或两种以上的酶的联合作用，使底物经过进一步反应，转化为易检测的产物，便于检测被测物质的量。

酶联免疫法检测：将酶与抗原或抗体结合，制成酶标记的抗原或抗体，利用酶标抗原（抗体）与待检测的抗体（抗原）结合，经酶催化作用定量检测，即可得出欲测定的抗体或抗原的量。常用的标记酶有碱性磷酸酶和过氧化物酶等。ELISA 广泛用于多种抗体或抗原的检测以及某些疾病的诊断。

（三）血液标本的采集

血液是由占 45% 的血细胞（红细胞、白细胞及血小板）和占 55% 的血浆组成的红色黏稠液体。不断流动的血液参与机体的各项功能活动，维持正常的新陈代谢和内外环境的平衡。同时，很多因素会影响血液标本检测，例如患者的活动、精神状态、年龄、性别、种族、标本采集的时间以及是否吸烟等都会明显影响检测结果。

1. 采血方法 正确的采集血样标本是获得准确、可靠的实验结果的关键。血液标本的采集分为静脉采血法、皮肤采血法和真空采血法，均应保持血液标本的完整性。

（1）静脉采血法　当所需血量较多或采用全自动血液分析仪测定时，通常使用静脉采血法。位于体表的浅静脉几乎均可作为采血部位，通常采用肘部静脉；如肘部静脉不明显时，可改用手背静脉或内踝静脉，必要时也可从股静脉采血。

（2）皮肤采血法　主要是采微动脉、微静脉和毛细血管的混合血。主要用于一般常规检查，多选择手指为采血部位。WHO推荐取左手无名指指端内侧血液做血液一般检验。婴幼儿手指太小可用脚拇趾或足跟采血。应严格实行一人一针制，有利于采血的质量控制。皮肤采血的主要缺点是易于溶血、凝血和可能混入组织液，检查结果重复性差。

（3）真空采血法　又称为负压采血法。标准真空采血管是采用国际通用管盖识别颜色规则的（蓝色——1∶9枸橼酸钠管，黑色——1∶4枸橼酸钠管，紫色——血常规管，绿色——肝素管，灰色——血糖管，黄色——促凝管，淡黄色——分离胶促凝管，红色——无添加剂），这样便于采血人员准确辨认和使用。该法采用封闭式采血，血样无需在容器之间转移，减少了溶血现象，保证待验血标本原始性状的完整性，使结果更真实，为临床诊断提供可靠依据。

2. 抗凝剂选择　采用理化方法，去除或抑制血液中某些凝血因子，阻止血液凝固，称为抗凝。能阻止血液凝固的试剂或物质，称为抗凝剂。常用抗凝剂如下。

（1）乙二胺四乙酸（EDTA）盐　常用其钠盐或钾盐，EDTA能与血液中Ca^{2+}结合成螯合物，而使Ca^{2+}失去凝血作用，从而阻止血液凝固，对血细胞形态和血小板计数影响很小，适用于多项血液学检查。但EDTA影响血小板聚集，不适合用于凝血象检查和血小板功能试验。

（2）草酸盐　常用的有草酸钠、草酸钾和草酸铵。草酸盐溶解后解离的草酸根离子与样本中的Ca^{2+}形成草酸钙沉淀，使Ca^{2+}失去凝血功能。草酸钠通常用0.1mol/L浓度，与血液按1∶9比例使用，过去主要用于凝血象检查。但草酸盐对凝血V因子保护功能差，影响凝血酶原时间测定效果；草酸盐与钙结合形成的沉淀物，影响自动凝血仪的使用。因此，凝血象检查宜选用枸橼酸钠为抗凝剂。

（3）肝素　是生理性抗凝剂，广泛存在于肺、肝、脾等几乎所有组织和血管周围肥大细胞和嗜碱性粒细胞的颗粒中。肝素具有抗凝力强、不易溶血、不影响血细胞体积等优点，主要是加强抗凝血酶Ⅲ灭活丝氨酸蛋白酶的作用，从而阻止凝血酶的形成，并有阻止血小板聚集等多种抗凝作用。尽管肝素可以保持红细胞的自然形态，但由于其可引起白细胞聚集，并使血涂片在罗氏染色时产生蓝色背景，因此肝素抗凝血不适合血液学一般检查。

（4）枸橼酸盐　主要为枸橼酸钠，凝血试验时枸橼酸盐能与血液中的Ca^{2+}结合形成螯合物，从而阻止血液凝固。枸橼酸钠与血液的比例为1∶9。枸橼酸盐在血中的溶解度低，抗凝力不如前几种抗凝剂。多用于临床血液学检查，一般用于红细胞沉降率和凝血功能测定。因其毒性小，也是输血保养液的成分之一。

目标检测

答案解析

一、单项选择题

1. 凝血因子Ⅷ制剂在临床上主要用于（　　　）的治疗。

　　A. 甲型血友病　　　B. 乙型血友病　　　C. 丙型血友病　　　D. 肺气肿

2. 细菌外毒素经甲醛作用及加温处理后可以去除毒性而仍保留其免疫原性称为（　　　）。

  A. 外毒素   B. 内毒素   C. 类毒素   D. 蛋白毒素

3. 生物血液制品所使用的血浆属于（　　）。

  A. 辅料   B. 原料   C. 中间品   D. 成品

4. 在血液制品生产中对原材料和成品都要严格进行 HBsAg 和抗 – HCV、抗 – HIV 检查，该检查项目属于安全性检定项目中的（　　　）检查。

  A. 一般安全性检查   B. 杀菌、灭活和脱毒情况检查

  C. 外源性污染检查   D. 过敏性物质检查

5. （　　　）是疫苗最主要的有效活性成分，它决定了疫苗的特异免疫原性。

  A. 稳定剂   B. 免疫佐剂   C. 防腐剂   D. 抗原

二、多项选择题

1. 生物制品包括（　　　）。

  A. 各种疫苗   B. 免疫调节剂   C. 抗血清   D. 抗毒素

2. 人血白蛋白和免疫球蛋白去除乙醇可采用（　　　）。

  A. 透析   B. 微滤   C. 冻干   D. 超滤

3. 生物制品是以微生物、细胞、动物或人源组织和体液等为原料，应用传统技术或现代生物技术制成，用于人类疾病（　　　）的药品。

  A. 治愈   B. 预防   C. 治疗   D. 诊断

4. 血液制品是由健康人血浆或特异免疫人血浆（　　　）制成的血浆蛋白组分或血细胞组分制品。

  A. 分离   B. 提纯   C. 过滤   D. 重组 DNA 技术

5. 根据所参与免疫应答的免疫细胞的不同，可将免疫反应分为（　　　）。

  A. T 淋巴细胞介导的细胞免疫反应   B. B 淋巴细胞介导的体液免疫反应

  C. T 淋巴细胞介导的体液免疫反应   D. B 淋巴细胞介导的细胞免疫反应

三、简答题

1. 什么是生物制品？国家怎样对生物制品进行质量控制？

2. 简述人血白蛋白的生产工艺流程。

3. 简述细胞因子类药物的种类及功能。

书网融合……

知识回顾   微课1   微课2   习题

项目五　发酵工程制药技术

学习引导

发酵工程制药是从 20 世纪 40 年代随着抗生素发酵工业的建立而兴起的。70 年以来，由于细胞融合、细胞固定化以及基因工程等技术的建立，发酵工程制药进入了一个崭新的阶段。现代发酵工程的主体是指利用工业微生物菌种，特别是采用经 DNA 重组技术构建的微生物基因工程菌来生产产品。发酵工程是现代生物技术的重要组成部分，是现代生物技术实验成果产业化的关键技术。

发酵工程制药技术是发酵工程产品的核心操作技能，菌种的制备与选育能力直接影响发酵工程产品的品质，面对着原料复杂、菌种选育、染菌多等技术性问题，应该如何保证发酵工程产品的质量？如何开展发酵工程技术方法？

本项目主要介绍发酵工程产品的发酵、提取、分离制备方法及发酵工程技术的发展趋势。

学习目标

1. **掌握**　培养基中成分及作用；发酵制药生产中常用的灭菌、除菌方法和适用范围；发酵过程的工艺参数及其控制方法。
2. **熟悉**　发酵制药生产中菌种的选育原理和方法。
3. **了解**　常用的生物分离、纯化、干燥方法。

任务一　发酵工程制药生产过程

PPT

一、发酵工程制药发展历程

（一）第一阶段

液体深层通气搅拌发酵技术，即带有搅拌和通气装置的钢制发酵罐，大量培养基的生产设备的灭菌技术，大量空气的净化除菌技术，无菌接种技术，制定和完善了发酵过程中的发酵液 pH、温度、营养物质浓度等参数的监控。典型代表：青霉素的液体深层发酵生产。

（二）第二阶段

代谢控制发酵工程技术，利用代谢控制的手段，进行微生物菌种选育和发酵条件控制。

（三）第三阶段

现代生物技术，20 世纪 70 年代以后，基因工程、细胞工程等生物工程技术的开发，使发酵工程进入了定向育种的新阶段，新产品层出不穷。

二、发酵工程药物制造的一般流程

发酵工程药物制造的一般流程：①菌种培养；②孢子制备；③种子制备；④发酵生产；⑤发酵液预处理；⑥提取精制；⑦成品检验；⑧成品包装。

（一）上游阶段

包括优良种株的选育、最适发酵条件（pH、温度、溶氧和营养组成）的确定、营养物的准备等。其中的菌种培养和孢子制备步骤属于上游阶段，在实验室完成。

（二）中游阶段

将实验室成果产业化、商品化，它主要包括在最适发酵条件下，发酵罐中大量培养细胞和生产代谢产物的工艺技术。首先有严格的无菌生长环境，包括发酵开始前采用高温高压对发酵原料和发酵罐以及各种连接管道进行灭菌的技术；在发酵过程中不断向发酵罐中通入干燥无菌空气的空气过滤技术；其次在发酵过程中根据细胞生长要求控制加料速度的计算机控制技术；还有种子培养和生产培养的不同的工艺技术。此外，根据不同的需要，发酵工艺还可分为分批发酵、补料分批发酵和连续发酵。在进行任何大规模工业发酵前，必须在实验室规模的小发酵罐进行大量的试验，得到产物形成的动力学模型，并根据这个模型设计中试的发酵要求，最后从中试数据再设计更大规模生产的动力学模型。由于生物反应的复杂性，在从实验室到中试，从中试到大规模生产过程中会出现许多问题，这就是发酵工程工艺放大问题。上述种子制备、发酵生产等属于中游阶段，在生产车间完成。

（三）下游阶段

发酵液分离和纯化产品的技术：包括固液分离技术（离心分离、过滤分离和沉淀分离等）、细胞破壁技术（超声、高压剪切、渗透压、表面活性剂和溶壁酶等）、蛋白质纯化技术（沉淀法、色谱分离法和超滤法等），最后还有产品的包装处理技术（真空干燥和冷冻干燥等）。发酵液预处理、提取精制、成品检验、成品包装等属于下游阶段，在生产车间完成。

任务二 生产准备（环境、设备）

PPT

一、生产环境

（一）接种室

1. 接种室 菌种的移接工作是在接种室完成的，所以接种室必须按照接种室设计、操作进行。当菌种移接操作不当，或接种室管理不严格杂菌较多时，就可能在移种过程中造成污染。因此首先要严格遵守接种室管理制度，严格控制接种室的洁净程度，根据生产工艺的要求，建立合理的接种室，并交替使用各种灭菌手段对接种室进行经常性的洁净处理（图 5-1）。

2. 接种室清洁、消毒

（1）接种室的内表面（墙壁、地面、天棚）应当平整光滑、无裂缝、接口严密、无颗粒物脱落，避免积尘，便于有效清洁，必要时应当进行消毒。

（2）定期用乳酸或甲醛熏蒸，每次约30分钟，无特殊情况每周消毒一次。带进接种室的物品必须精简，必要时可用75%乙醇擦拭消毒物品表面。

（3）接种前1小时开启工作台上方层流罩送风开关，开启接种室和缓冲间紫外线消毒1小时，待紫外线灯关后15~20分钟，即可进入接种室。

图5-1 菌种接种室

（4）做好个人卫生，在更衣间穿戴好已灭菌的无菌服、帽，用0.2%新洁尔灭溶液或用75%乙醇消毒手，烘干，携带无菌毛巾进入接种室，操作过程应注意动作要轻、快、准，避免大动作，避免说话。

（5）每次使用完毕，应用浸泡过消毒液的毛巾擦拭桌面，换洗毛巾和更换消毒液。

（二）生产区

生产区应当有整洁的生产环境；厂区的地面、路面及运输等不应当对药品的生产造成污染；生产、行政、生活和辅助区的总体布局应当合理，不得互相妨碍；厂区和厂房内的人、物流走向应当合理。

为降低污染和交叉污染的风险，厂房、生产设施和设备应当根据所生产药品的特性、工艺流程及相应洁净度级别要求合理设计、布局和使用。

生产区应当有适度的照明，目视操作区域的照明应当满足操作要求。厂房应当有适当的照明、温度、湿度和通风，确保生产和贮存的产品质量以及相关设备性能不会直接或间接地受到影响。

每次生产结束后应当进行清场，确保设备和工作场所没有遗留与本次生产有关的物料、产品和文件。下次生产开始前，应当对前次清场情况进行确认。

生产开始前应当进行检查，确保设备和工作场所没有上批遗留的产品、文件或与本批产品生产无关的物料，设备处于已清洁及待用状态。检查结果应当有记录。

生产操作前，还应当核对物料或中间产品的名称、代码、批号和标识，确保生产所用物料或中间产品正确且符合要求。

二、生产设备

生产设备不得对药品质量产生任何不利影响。与药品直接接触的生产设备表面应当平整、光洁、易清洗或消毒、耐腐蚀，不得与药品发生化学反应、吸附药品或向药品中释放物质。

应当配备有适当量程和精度的衡器、量具、仪器和仪表。设备所用的润滑剂、冷却剂等不得对药品或容器造成污染，应当尽可能使用食用级或级别相当的润滑剂。

生产设备应当有明显的状态标识，标明设备编号和内容物（名称、规格、批号）；没有内容物的应当标明清洁状态。

应当制定设备的预防性维护计划和操作规程，设备的维护和维修应当有相应的记录。

不得使用未经校准、超过校准有效期、失准的衡器、量具、仪表以及用于记录和控制的设备、仪器。

发酵生产设备主要包括空气过滤器、联轴器装置、轴封、轴承、变速装置、搅拌装置、挡板、空气分布管、换热装置和电机等。

（一）空气过滤器

目前，用于发酵过程中空气过滤的介质有纤维状或颗粒状物，包括棉花活性炭过滤器、平板式超细纤维过滤器、金属烧结管过滤器和微孔膜过滤器。

1. 棉花活性炭过滤器 为圆筒形，过滤介质由上下两层棉花和中间一层颗粒活性炭组成，由两层多孔筛板将过滤介质压紧并加以固定，棉花用未经脱脂的，压紧后仍有弹性，纤维长度适中。装填过滤器时，介质层总高度为 0.3~1.0m。

棉花活性炭过滤器进行灭菌时，一般是自上而下通入 2×10^5 ~ 4×10^5 Pa 的蒸汽，灭菌 45 分钟左右，用压缩空气吹干备用。

2. 平板式超细纤维过滤器 通常以 3~6 张滤纸叠合在一起，两面用麻布和细铜丝网保护，同时垫以橡皮垫，再用法兰盘压紧，以保证过滤器的严密。

这种过滤器占地小，装卸方便。平板式超细纤维过滤器进行灭菌时，一般是自上而下通入 2×10^5 ~ 4×10^5 Pa 的蒸汽，灭菌 45 分钟左右，用压缩空气吹干备用。

3. 金属烧结管过滤器 金属烧结过滤管是采用粉末冶金工艺将镍粉烧结形成单管状，将单根或几十以至上百根金属烧结过滤管安装在不锈钢过滤器壳体内，用硅橡胶作为密封材料。使用时为了防止空气管道中的铁锈和微粒以及蒸汽管道中的铁锈对金属烧结过滤管的污染，在金属烧结过滤管过滤器之前要加装一个与其匹配的空气预过滤器和蒸汽过滤器。

4. 微孔膜过滤器 过滤介质是由耐高温、疏水的聚四氟乙烯薄膜构成，厚度为 150μm。它能滤除所有大于 0.01μm 的微粒，除去空气中夹带的几乎所有的微生物，获得发酵用的无菌空气。是目前发酵工程制药最常用的过滤器之一（图 5-2）。

图 5-2　微孔膜过滤器

（二）发酵罐

生产企业不锈钢发酵罐见图 5-3，实验室全自动不锈钢发酵罐见图 5-4。

图 5-3　生产企业不锈钢发酵罐

图 5-4　实验室全自动不锈钢发酵罐

1. 联轴器装置 大型发酵罐搅拌轴较长，常分为二至三段，用联轴器使上下搅拌轴成牢固的刚性连接。常用的联轴器有鼓形及夹壳形两种。小型的发酵罐可采用法兰将搅拌轴连接，轴的连接应垂直，中心线对正。

2. 轴封　作用是使罐顶或罐底与轴之间的缝隙加以密封，防止泄漏和污染杂菌。常用的轴封有填料函和端面轴封两种。

3. 轴承　为了减少振动，中型发酵罐一般在罐内装有底轴承，而大型发酵罐装有中间轴承，底轴承和中间轴承的水平位置应能适当调节。

4. 变速装置　试验罐采用无级变速装置。发酵罐常用的变速装置有三角皮带传动、圆柱或螺旋圆锥齿轮减速装置，其中以三角皮带变速传动较为简便。

5. 搅拌装置　生产前应检查搅拌器叶片与圆盘涡轮是否已经固定牢固。

通用式通气搅拌发酵罐都有搅拌装置，搅拌有以下四个目的。

(1) 打碎气泡，增加气液接触面积。

(2) 产生涡流，延长气泡在液体中的停留时间。

(3) 造成湍流，减少气泡外滞流膜的厚度。

(4) 动量传递，有利于混合及固体物料保持悬浮状态。

搅拌器的作用是打碎气泡，使空气与溶液均匀接触，使氧溶解于发酵液中。搅拌器的形式多样，一般通用式通气搅拌发酵罐大多采用涡轮式搅拌器，且以圆盘涡轮搅拌器为主，这样可以避免在阻力较小的搅拌器中心部位沿着搅拌轴周边快速上升逸出。

桨叶类型有平直叶、弯叶、箭叶三种类型，叶片数量至少三个，通常为六个，多至八个桨叶类型不同，破碎气泡的能力不同，翻动流体的能力也不同。

在相同的搅拌功率下，破碎气泡的能力大小顺序依次为平直叶、弯叶、箭叶；而翻动流体的能力大小顺序依次为箭叶、弯叶、平直叶。可见，综合传质和混合能力则是弯叶最好。

6. 挡板　一般都装有四块挡板以防止涡流形成和提高通气效率。挡板与罐壁间留隙缝，目的是消除发酵罐内死角。挡板的作用如下。

(1) 加强搅拌，促进液体上下翻动和控制流型，并可防止由搅拌引起的中心旋涡，即避免"打旋"现象。

(2) 改变液流的方向，由径向流改为轴向流，促使液体剧烈翻动，增加溶解氧。

7. 空气分布器　作用是向发酵罐中吹入无菌空气，并使其分布均匀。空气分布器有两种。

(1) 采用单孔管，开口朝下，以防止固体物料在管口堆积形成堵塞，管口距罐底 40mm 左右。

(2) 采用带小孔的环形空气分布管，但容易使喷气孔堵塞。

8. 换热装置

(1) **夹套式换热装置**　这种装置多应用于容积较小的发酵罐、种子罐；夹套的高度比静止液面高度稍高即可，无须进行冷却面积的设计。这种装置的优点是：结构简单；加工容易，罐内无冷却设备，死角少，容易进行清洁灭菌工作，有利于发酵。其缺点是：传热壁较厚，冷却水流速低，发酵时降温效果差。

(2) **竖式蛇管换热装置**　这种装置是竖式的蛇管分组安装于发酵罐内，有四组、六组或八组不等，根据管的直径大小而定，容积 5m³ 以上的发酵罐多用这种换热装置。

优点是冷却水在管内的流速大，传热系数高。这种冷却装置适用于冷却用水温度较低的地区，水的用量较少。

但是气温高的地区，冷却用水温度较高，则发酵时降温困难，发酵温度经常超过 40℃，影响发酵产率，因此应采用冷冻盐水或冷冻水冷却，这样就增加了设备投资及生产成本。

（三）发酵罐的管道

发酵车间的管道大多数以法兰连接，但常会发生诸如垫圈大小不配套、法兰不平整、法兰与管道的焊接不好、受热不均匀使法兰翘曲以及密封面不平等现象，从而形成"死角"而染菌。因此法兰的加工、焊接和安装要符合灭菌要求，使衔接处管道畅通、光滑、密封性好，垫片内径与法兰内径匹配，安装时必须对准中心，同时尽可能减少连接法兰。

任务三　菌种制备

PPT

目前工业规模的发酵罐容积已达到几十立方米或几百立方米。如按百分之十左右的种子量计算，就要投入几立方米或几十立方米的种子。要从保藏在试管中的微生物菌种逐级扩大为生产用种子是一个由实验室制备到车间生产的过程。

进行工业化的发酵生产要求菌种具有较高的发酵水平，这是由工业化的发酵生产成本决定的，如果菌种的生产能力低，就难以收回设备运行及维持成本，更难以获得一定的经济利润。因此，只有具备较高生产能力的菌种，才能够进行工业化的发酵生产。

一、菌种的选育

（一）自然选育

利用微生物在一定条件下产生自发突变的原理，通过分离、筛选排除衰变型菌落，从中选择维持原来生产水平的菌株。在工业化发酵生产上，自然选育主要用于维持菌种的生产能力，用于优良生产菌株的保存。自然选育有时也可用来选育高产突变株，不过这种正突变的概率很低，获得优良菌种的可能性极小，因此也就难以依赖自然选育来获得高产突变株。为了保持生产菌种的稳定性，自然选育作为日常工作的一部分。自然选育流程见图 5 - 5。自然选育的主要步骤如下。

1. 单孢子悬浮液的制备　用无菌生理氯化钠溶液或缓冲液将斜面上长成熟的孢子洗下，倒入装有玻璃珠的锥形瓶中，充分振摇 15 ~ 20 分钟，制成单孢子悬浮液。悬浮液采用血球计数法，或稀释后采用平板菌落计数法进行活菌计数，根据计数结果再定量稀释，使悬浮液的单孢子数控制在 50 ~

图 5 - 5　自然选育流程图

200 个单细胞/毫升。

2. 稀释及单菌落培养　取适量单孢子悬浮液涂布在平板上，分离量以 10～50 个菌落/平皿为宜，培养后长出单菌落。

3. 单菌落传斜面　用接种环挑取培养后的各型单菌落，接入斜面培养基中并将斜面恒温培养，每个单菌落传一只斜面，挑取的数量一般不少于 100 个。

4. 摇瓶初筛　初筛：初步筛选，以多量筛选为原则。将斜面培养成熟后用接种铲铲取适当大小的培养物一块，将斜面直接接入发酵瓶，于恒温摇床培养，发酵结束后，测定产量，以生产菌株作对照，挑选高产量菌株，挑选量以 5%～20% 为宜。

5. 菌种保藏　根据初筛的结果，挑选产量较高的菌株进行菌种保藏。

6. 摇瓶复筛　复筛：对初筛得到的高产菌株进行复试，以挑选出稳定高产菌株为原则。

对初筛获得的每个斜面，接入 2～3 只摇瓶，并要重复 3～5 次。采用母瓶、发酵瓶两级发酵，测定产量。

（1）实验以生产菌株作对照，重复 3～5 次，以统计分析法确定产量水平。

（2）挑选高产菌株，产量至少要比对照菌株提高 5%。

（3）检测菌落纯度，摇瓶单位波动情况，糖、氮代谢等情况，合格后上罐试验，复筛得到的高产菌株要进行保藏。

7. 放大试验　将得到的高产菌株在实验罐上进行放大发酵试验，并不断改进发酵条件，直至达到工业化生产的能力。

📱 **知识链接**

青霉素的发现

1928 年，弗莱明在伦敦梅利医院当医生。这个 47 岁的中年人正在起劲地研究对付葡萄球菌的办法。人们受伤后伤口化脓，原因之一便是由葡萄球菌引起的。一天早晨，弗莱明发现其中一只培养皿里竟长出了一团青绿色的霉毛。显然，这是某种天然霉菌落进去造成的。这使他感到懊丧，因为这只培养皿里的培养物没有用了。弗莱明在清理污染平皿时，发现了历史性的奇迹——青霉菌生长范围之外，出现了一个"空白带"，原本在此范围内的葡萄球菌全部被杀死了。根据这一发现，弗莱明进行了后续研究，成功为青霉素应用于临床奠定了坚实基础。

（二）诱变育种

诱变育种是指有意识地将生物体暴露于物理的、化学的或生物的一种或多种诱变因子，促使生物体发生突变，进而从突变体中筛选具有优良性状的突变株的过程。

当前发酵工业中使用的菌株，几乎都是通过诱变育种得到的具有优良性状的高产菌株。诱变育种具有速度快、收效大、方法简便等优点，是当前菌种选育的主要方法，在生产中得到广泛的作用。诱变育种主要包括出发菌株的选择、诱变处理和筛选突变株 3 个部分。

1. 出发菌株的选择

（1）选择纯种　发酵产量稳定、波动范围小的菌株。

（2）选择具有优良性状的出发菌株　产量高、形态优、生理好等。

（3）对诱变剂敏感。

2. 诱变处理　诱变剂是凡能诱发微生物基因突变，使突变频率远远超过自发突变频率的物理因子或化学物质。

（1）物理诱变剂　物理诱变因子主要包括紫外线、X - 射线、γ - 射线、快中子、超声波等，其中以紫外线辐射使用最为普遍，其他物理诱变因子则受设备条件的限制，难以普及。

（2）化学诱变剂　是一些能和 DNA 起作用，改变其结构，并引起遗传变异的化学物质。其稳定性与温度、光照、pH、化合物的半衰期以及与溶剂是否起反应等因素有关。化学诱变剂据其与 DNA 作用方式不同有 3 类：第一类烷化剂如氮芥（NM）、乙烯亚胺（EI）、硫酸二乙酯（EMS）、亚硝基脲（NIG）等；第二类碱基类似物如 5 - 溴尿嘧啶（5 - BU）、5 - 氟尿嘧啶（5 - FU）等；第三类移码诱变剂如吖啶黄、吖啶橙等。

（3）生物诱变剂　噬菌体可作为诱变剂应用于抗噬菌体菌种的选育，其作用原理可能与传递遗传信息、诱变抗性突变有关。

确定诱变剂后，诱变剂剂量的选择也是育种工作的一个关键问题。凡既能增加变异幅度，又能促使变异向正变范围移动的剂量就是合适剂量。

对一般微生物而言，诱变率往往随诱变剂剂量的增高而增高，但达到一定程度后，再提高剂量，反而会使诱变率下降。目前的处理剂量已从以前采用的死亡率 90% ~ 99.9% 降低到 70% ~ 80%，甚至为更低的剂量，特别是对于经过一再诱变的高产菌株。

剂量似乎也不宜过低，因为在使用高剂量诱变时，除个别核被诱发变异外，还可以使其他的核破坏致死，最终能形成较纯的变异菌落；另外，高剂量可能引起遗传物质的巨大损伤，产生回复突变少，促使变异后菌株的稳定。

3. 突变株的筛选

（1）随机筛选　菌种经诱变处理后，凭经验随机选择一定数量的菌落，其中包括未发生突变的野生型菌株和发生突变后的正向及负向突变株，再进行摇瓶筛选。随机筛选方法包括摇瓶筛选法、琼脂块筛选法和筛选自动化与筛选工具的微型化等。

（2）半理性化筛选　根据推理性设计，人们得到了多种类型的突变株，诸如去代谢物调节突变株、抗生素酶缺失突变株、形态突变株、耐前体及结构类似物突变株、膜渗透性突变株等，并得到了满意的结果。

（三）现代菌种选育技术

1. 杂交育种　将两个基因型不同的菌株经吻合或接合使遗传物质进行交换和重新组合，从中分离和筛选具有新性状的菌株。

2. 原生质体融合　是指微生物在酶的作用下，脱去细胞壁，剩下由原生质膜包围着的原生质部分。原生质体融合育种的特点如下。

（1）杂交频率较高　细胞壁去除后在高渗条件下形成类似于球形的原生质体。

（2）受接合型或致育型的限制较小　二亲株中任何一株都可能起受体或供体的作用，因此有利于不同种属间微生物的杂交。

（3）遗传物质传递更为完整　原生质体融合是二亲株的细胞质和细胞核进行类似的合二为一的过程。

（4）存在着两株以上亲株同时参与融合形成融合子的可能性。

（5）有可能采用产量性状较高的菌株作融合亲株。

（6）提高菌株产量的潜力较大。

（7）有助于建立工业微生物转化体系。

3. 基因工程技术 基因工程又称为基因拼接技术或 DNA 重组技术。是在生物体外，通过对 DNA 分子进行人工"剪切"和"拼接"，对生物的基因进行改造和重新组合，然后导入受体细胞内进行无性繁殖，使重组基因在受体细胞内表达，产生出人类所需要的基因产物。

二、菌种的保藏

（一）菌种保藏的目的

选育出来的优良菌种，要保持其生产性能的稳定，不污染杂菌，不死亡，这就是菌种保藏的主要目的。

（二）菌种保藏的原理

菌种保藏主要根据菌种的生理、生化特性，人工创造条件使菌体的代谢活动处于休眠状态。

一般利用菌种的休眠体，如孢子、芽孢等，创造最有利于休眠状态的环境条件，理想的菌种保藏方法应具备的条件如下。

1. 经长期保藏后菌种存活健在。

2. 保证高产突变株不改变表型和基因型，特别是不改变初级代谢产物和次级代谢产物生产的高产能力。

3. 菌种保藏的基本措施是低温、干燥、隔绝空气或氧气，缺乏营养物质等。以降低菌种的代谢活动，减少菌种变异，达到长期保存的目的。

（三）常用的菌种保藏法

1. 斜面低温保藏法 是最早使用的而且现今仍然普遍采用的方法，适用对象为各类微生物。

操作流程：将菌种接入所要求斜面培养基上，置最适温度和湿度下培养，培养后将长好的菌体或孢子，置于 4℃左右，湿度小于 70% 的冰箱中保藏，定期重新移植培养保藏。保存期间要注意冰箱温度，不能波动太大，切忌在 0℃ 以下保存，否则培养基会结冰脱水，造成菌种衰退或死亡。保存时间为 1~3 个月。斜面低温保藏法优点是简单易行，不要求特殊的设备；缺点是保存时间短，且传代多，菌种容易产生变异。

2. 液状石蜡封存保藏法 在长好菌苔的斜面试管中，加入灭过菌的液状石蜡，可防止培养基水分蒸发，隔绝培养物与氧的接触，从而降低微生物代谢活动，推迟细胞退化，延长保存时间。适用于不能利用液状石蜡作碳源的微生物的保藏，如霉菌、酵母菌、放线菌、少数细菌，但不能保存以石蜡为碳源的菌种，如毛霉、根霉等。在斜面菌种加入已灭菌的液状石蜡，用量高出斜面 1cm，试管直立，置 4℃冰箱低温保藏。

操作流程：选用优质纯净无色中性的液状石蜡，经 121℃ 蒸汽灭菌 30 分钟，然后在 150~170℃ 烘箱中干燥 1~2 小时，使水汽蒸发，液状石蜡变清。再按照无菌操作将灭菌的液状石蜡注入长好菌苔的斜面试管中，液面高出斜面 1cm。试管直立，置 4℃冰箱低温保存。保存时间为 1 年。液状石蜡封存保藏法优点是比较简便；缺点是石蜡油管的转接和搬运都不方便，菌种生产能力容易下降。

3. 沙土管保藏法 用人工方法模拟自然环境使菌种得以栖息，干燥、低温是保藏的关键，适用于产孢子的放线菌、霉菌、产芽孢的细菌。

操作流程：沙土是沙和土的混合物，沙和土的比例一般为 3:2 或 1:1，将黄土和泥土分别洗净，过筛，按比例混合后，装入小试管中，装料高度约为 1cm 左右，经间歇灭菌 3 次以上，灭菌后烘干，并做无菌检查后备用。将要保存的菌种斜面孢子刮下，直接与沙土混合，或用无菌水洗下孢子制成悬浮液再与砂土混合。混合后的沙土管放在盛有五氧化二磷或无水氯化钙的干燥器中，用真空泵抽气干燥，真空干燥 4~6 小时后，干燥后的沙土管放在干燥器内置 4℃ 冰箱低温保存。保存期在 1 年以上。沙土管保藏法优点是简单易行，不需特殊仪器，保存时间长，不易变异；缺点是存活率低、工作量大。

4. 冷冻干燥保藏法 在较低的温度下（-15℃ 以下），迅速将细胞冻结以保持细胞结构的完整，然后在真空下使水分升华。为防止冻结和水分不断升华对细胞的损害，采用保护剂来制备细胞悬液。目前国内保护剂常用脱脂乳和蔗糖，国外尚有运用动物血清等。一般保存时间为 5~10 年，最多可达 15 年。冷冻干燥保藏法优点是适用对象广、存活率高、变异率低、保存时间长，是目前保存菌种的一种比较好的方法。

5. 液氮超低温保藏法 微生物在 -130℃ 以下，所有的新陈代谢活动暂时停止而生命延续，微生物菌种得以长期保存。可通过加入保护剂来降低细胞内溶液的冰点，减少冰晶对细胞的伤害。适用对象为各类微生物、藻类、原生动物、支原体、高等动、植物细胞。液氮超低温保藏法是目前最可靠的一种长期保存菌种的方法。

6. 甘油冷冻保藏法 将对数期菌体悬浮于新鲜培养基中，加入 10%~15% 消毒甘油、混匀速冻，冻存于 -70~-80℃，可保存 3~5 年。

（四）菌种保藏的主要事项

1. 菌种在保藏前所处的状态 主要保藏微生物休眠体——孢子或芽孢。采用以稍低于生长最适温度培养至孢子成熟的菌种进行保存，效果最好。

2. 菌种保藏所用的基质 斜面低温所用的培养基，碳源比例应少些，营养成分贫乏；砂土管保藏应将砂土充分洗净；保护剂在灭菌时注意温度、时间。

3. 操作过程对细胞结构的损害 冷冻、真空干燥；添加保护剂，减少对细胞结构的破坏、死亡和变异衰退。

三、孢子制备

生产菌种的制备一般包括两个过程，即在固体培养基上生产大量孢子的孢子制备过程和在液体培养基中生产大量菌丝的种子制备过程。

对于产孢子能力强的及孢子发芽、生长繁殖快的菌种可以采用固体培养基培养孢子，孢子可直接作为种子罐的种子，这样操作简便，不易污染杂菌。对于产孢子能力不强或孢子发芽慢的菌种，可以用液体培养法。菌种进入种子罐有两种方法。

1. 孢子进罐法 将斜面孢子制成孢子悬浮液直接接入种子罐。此方法优点是可减少批与批之间的差异，操作简便、工艺过程简单、便于控制孢子质量，成为发酵生产的一个方向。

2. 摇瓶菌丝进罐法 适用于某些生长发育缓慢的放线菌，此方法优点是可以缩短种子在种子罐内的培养时间。

四、种子制备

实验室制备的孢子或液体种子移种至种子罐扩大培养，种子罐的培养基虽因不同菌种而异，但其原则为采用易被菌利用的成分如葡萄糖、玉米浆、磷酸盐等，如果是需氧菌，同时还需供给足够的无菌空气，并不断搅拌，使菌（丝）体在培养液中均匀分布，获得相同的培养条件。

（一）种子罐的作用

主要是使孢子发芽，生长繁殖成菌（丝）体，接入发酵罐能迅速生长，达到一定的菌体量，以利于产物的合成。

某些孢子和菌丝繁殖速度缓慢的菌种，需将孢子经摇瓶培养成菌丝再进入种子罐。摇瓶种子可采用母瓶、子瓶两级培养。摇瓶种子优点是可以缩短种子在种子罐内的培养时间。

（二）种子罐级数的确定

种子罐级数是指制备种子需逐级扩大培养的次数，取决于：

1. 菌种生长特性、孢子发芽及菌体繁殖速度。

2. 所采用发酵罐的容积。

3. 发酵罐的接种量。

（三）确定种子罐级数需注意的问题

1. 种子级数越少越好，可简化工艺和控制，减少染菌机会。

2. 种子级数太少，接种量小，发酵时间延长，降低发酵罐的生产率，增加染菌机会。

3. 虽然种子罐级数随产物的品种及生产规模而定。但也与所选用工艺条件有关。如改变种子罐的培养条件，加速了孢子发芽及菌体的繁殖，也可相应地减少种子罐的级数。

五、影响生产菌种的因素及其控制

生产菌种是影响生产水平的重要因素。生产菌种质量的优劣，主要取决于菌种本身的遗传特性和培养条件两个方面。就是既要有优良的菌种，又要有良好的培养条件才能获得高质量的种子。生产菌种质量受很多因素的影响，主要包括以下几方面。

（一）培养基

生产过程中经常出现种子质量不稳定的现象，常常是原材料质量不稳定造成的。例如在金霉素、庆大霉素生产中，配制产孢子斜面培养基用的麸皮，因小麦产地、品种、加工方法及用量的不同对孢子质量的影响也不同。蛋白胨加工原料不同如鱼胨或骨胨，对孢子影响也不同。

水质的影响：地区不同、季节变化和水源污染，均可造成水质波动，影响种子质量。

菌种在固体培养基上可呈现多种不同代谢类型的菌落，氮源品种越多，出现的菌落类型也越多，不利于生产的稳定。

培养基质量的波动，起主要作用的是其中无机离子含量不同，如微量元素 Mg^{2+}、Cu^{2+}、Ba^{2+} 能刺激孢子的形成。磷含量太多或太少也会影响孢子的质量。

解决措施：

1. 培养基所用原料要经过发酵试验合格才可使用。

2. 严格控制灭菌后培养基的质量。

3. 斜面培养基使用前，需在适当温度下放置一定时间。

4. 供生产用的孢子培养基要用比较单一的氮源，作为选种或分离用的培养基则采用较复杂的有机氮源。

（二）培养条件

1. 温度 对多数微生物的斜面孢子质量有显著的影响。一般来说，提高培养温度，可使菌体代谢活动加快，缩短培养时间，但是温度过高会导致菌丝过早自溶；温度过低会导致菌种生长发育缓慢。不同的菌体要求的最适温度不同，须经实践考察确定。例如龟裂链霉菌斜面培养基最适温度为 36～37℃，如果高于 37℃，则孢子成熟早，易老化，接入发酵罐后出现菌丝对糖、氮利用缓慢，氨基氮回升提前，菌丝过早自溶，发酵产量降低等现象。一般各生产单位都严格控制孢子斜面的培养温度。

2. 湿度 制备斜面孢子培养基的湿度对孢子的数量和质量有较大的影响。例如土霉素生产菌种龟裂链霉菌，孢子制备时发现：在北方气候干燥地区孢子斜面长得较快，在含有少量水分的试管斜面培养基下部孢子长得较好，而斜面上部由于水分迅速蒸发呈干疤状，孢子稀少。试验表明，在一定条件下培养斜面孢子时，在北方相对湿度控制在 40%～45%，而在南方相对湿度控制在 35%～42%，所得孢子质量较好。一般来说，真菌对湿度要求偏高，而放线菌对湿度要求偏低。在培养箱培养时，如果相对湿度偏低，可放入盛水的平皿，提高培养箱内的相对湿度。

3. 培养时间和冷藏时间 一般来说，衰老的孢子不如年轻的孢子，因为衰老的孢子已在逐步进入发芽阶段，核物质趋于分化状态。过于衰老的孢子会导致生产能力的下降。斜面冷藏对孢子质量的影响与孢子成熟程度有关。如土霉素生产菌种孢子斜面培养 4 天左右即于 4℃冰箱保存，发现冷藏 7～8 天菌体细胞开始自溶。而培养 5 天以后冷藏，20 天未发现自溶。因此孢子培养的时间应该控制在孢子量多、孢子成熟、发酵产量正常的阶段终止培养。冷藏时间对孢子的生产能力也有影响，总的原则是冷藏时间宜短不宜长。曾有报道，在链霉素生产中，斜面孢子在 6℃冷藏两个月后的发酵单位比冷藏一个月降低 18%，冷藏 3 个月后降低 35%。

4. 接种量 是指移种的种子液体积与接种后培养液体积之比。接种量的大小由发酵罐中菌体的生长繁殖速度决定的。接种量大小影响培养基中孢子的数量，进而影响菌体的生理状况。制备孢子时的接种量要适中，接种量过大或过小均对孢子质量产生影响。

接种量过小则斜面上长出的菌落稀疏，接种量过大则斜面上菌落密集一片。一般传代用的斜面孢子要求菌落分布较稀，适用于挑选单个菌落进行传代培养。接种摇瓶或进罐的斜面孢子要求菌落密度适中或稍密，孢子数量达到要求。

任务四 备料、配料

PPT

微生物的生长、繁殖需要不断地从外界吸收营养物质，以获得能量并合成新的物质。工业培养基是提供微生物生长繁殖和生物合成各种代谢产物所需要的，按照一定比例配制的多种营养物质的混合物。培养基组成对菌体生长繁殖、产物的生物合成、产品的分离精制乃至产品的质量和产量都有重要影响。

一、发酵培养基的基本要求

1. 培养基能够满足产物最经济的合成。

2. 发酵后所形成的副产物尽可能的少。

3. 培养基的原料应因地制宜，价格低廉；且性能稳定，资源丰富，便于采购运输，适合大规模储藏，能保证生产上的供应。

4. 所选用的培养基应能满足总体工艺的要求，如不应该影响通气、提取、纯化及废物处理等。

二、发酵培养基的成分

（一）碳源

是培养基的主要营养成分之一，是构成微生物细胞和代谢产物中碳素来源的营养物质，并为微生物的生长繁殖和代谢活动提供能源。常用的碳源有糖类、脂肪、有机酸、醇类和碳氢化合物等。

（二）氮源

是培养基的主要营养成分之一，是构成微生物细胞和代谢产物中的氮素来源的营养物质。常用的氮源可分为有机氮源和无机氮源两大类。实验室中常用蛋白胨、牛肉膏、酵母膏等作为有机氮源，工业生产上常用硫酸铵、尿素、氨水、豆饼粉、花生饼粉等原料作氮源。

1. 无机氮源　常用的无机氮源有铵盐（如氯化铵、硫酸铵、硝酸铵、磷酸铵）、硝酸盐（如硝酸钠、硝酸钾）和氨水等。

无机氮源易被菌体吸收利用，微生物对它们的吸收快，所以也称之为迅速利用的氮源。无机氮源的迅速利用常会引起 pH 的变化，培养液中就留下了酸性或碱性物质，这种经微生物生理作用（代谢）后能形成酸性物质的无机氮源称为生理酸性物质，如硫酸铵，若菌体代谢后能产生碱性物质的则此种无机氮源称为生理碱性物质，如硝酸钠。正确使用生理酸碱性物质，对稳定和调节发酵过程的 pH 有积极作用。

2. 有机氮源　常用的有机氮源有花生饼粉、豆饼粉、棉籽饼粉、玉米浆、玉米蛋白粉、蛋白胨、酵母粉、鱼粉、蚕蛹粉、尿素、废菌丝体和酒糟等。它们在微生物分泌的蛋白酶作用下，水解成氨基酸，被菌体进一步分解代谢，最终用于合成菌体的细胞物质和含氮的目的产物。天然原料中的有机氮源由于产地不同，加工方法不同，其质量不稳定，常引起发酵水平波动，因此，在选择有机氮源时注意品种、产地、加工方法、贮藏条件对产量的影响，注意他们与菌体生长和代谢产物生物合成的相关性。

（三）无机盐及微量元素

无机盐类是微生物生命活动所不可缺少的物质。主要元素有磷、硫、镁、钾、钙、铁、铜、锌、锰、钼和钴等；各种不同的产生菌以及同一种产生菌在不同的生长阶段对这些物质的需求是不相同的，低浓度时往往呈现刺激作用，高浓度却表现出抑制作用。最适浓度要依据菌种的生理特性和发酵工艺条件来确定。

（四）水

对于发酵制药企业来说，恒定的水源是至关重要的，因为在不同水源中存在的各种因素对微生物发酵代谢影响甚大。水源质量的主要考虑参数包括 pH、溶解氧、可溶性固体、污染程度以及矿物质组成和含量。

（五）生长调节物质

1. 生长因子　从广义上讲，凡是微生物生长不可缺少的微量的有机物质，如氨基酸、嘌呤、嘧啶、维生素等均称生长因子。如以糖质原料为碳源的谷氨酸生产菌均为生物素缺陷型，以生物素为生长因子，生长因子对发酵的调控起到重要的作用。有机氮源是这些生长因子的重要来源，多数有机氮源含有较多的 B 族维生素和微量元素及一些微生物生长不可缺少的生长因子。

2. 前体　指某些化合物加入发酵培养基中，能直接被微生物在生物合成过程中合成到产物分子中去，而其自身的结构并没有多大变化，但是产物的产量却因加入前体而有较大的提高。

3. 产物促进剂　是指那些非细胞生长所必需的营养物，又非前体，但加入后却能提高产量的添加剂。有些促进剂本身是酶的诱导物；有些促进剂是表面活性剂，可改善细胞的透性，改善细胞与氧的接触从而促进酶的分泌与生产。

三、培养基的种类

按照工业发酵中的用途可分为孢子（斜面）培养基、种子培养基、发酵培养基和补料培养基。

（一）孢子（斜面）培养基

这是供微生物细胞生长繁殖用的，包括细菌、酵母等的斜面培养基以及霉菌、放线菌孢子培养基或麸曲培养基等。这类培养基主要作用是供给细胞生长繁殖所需的各类营养物质。

（二）种子培养基

是供孢子发芽和大量繁殖菌丝体用的培养基。一般是指种子罐的培养基和摇瓶种子的培养基。其作用是扩大培养，增加细胞数量，培养出强壮、健康、活性高的细胞。

（三）发酵培养基

发酵培养基是发酵生产中最主要的培养基，它不仅耗用大量的原材料，而且也是决定发酵生产成功与否的重要因素。对发酵培养基的营养要求是如下。

1. 营养成分要适当丰富和完全，既有利于菌体生长繁殖又不导致菌体过量繁殖，而抑制了目的产物的合成。

2. 培养基 pH 稳定地维持在目的产物合成的最适 pH 范围。

3. 根据目的产物生物合成的特点，添加特定的元素、前体、诱导物和促进剂等对产物合成有利的物质。

4. 控制原料的质量，避免原料波动对生产造成的影响。

（四）补料培养基

在补料分批发酵过程中，间歇或连续补加的、含有一种或多种培养基成分的新鲜料液。补料培养基可以是单一成分，也可以按一定比例配制成复合补料培养基。

四、备料、领料、配料

（一）备料

工业发酵中用于配制培养基的原材料品种较多，有化学成分单一的无机盐，有成分复杂、质量不太稳定的天然化合物。由于它们的来源广，加工方法不同，制备出来的培养基质量是不稳定的。因此，在备料时，要检查培养基的各种原材料产地来源、加工方法以及每批质量检测报告等。特别是要确定有机氮源如玉米浆、蛋白胨等所使用的原材料和加工方法。在改换原材料品种时，必须先行小试，甚至中试，不符合质量标准或生产工艺要求的原材料不能随意用于生产。

原材料的颗粒度也影响培养基灭菌质量，颗粒度太大，会产生培养基灭菌不完全的现象。因此，在备料过程中应检查原材料的颗粒度符合要求。

（二）领料

领料单由领用材料的部门或人员（简称领料人）根据所需领用材料的数量填写的单据。其内容有领用日期、材料名称、单位、数量、金额等。为明确材料领用的责任，领料单除了要有领用人的签名外，还需要主管人员的签名、保管人的签名等。领料人凭借领料单到仓库中领取所需材料时，由库存管理人员确认并出具出货单方可领取材料。

领料人职责：

1. 根据发酵生产的各种培养基配方，计算培养基的实用量。

2. 把实用量填入领料单，要求把所需的各种原材料按指定的地方放好。

3. 各罐的零头料，由指定人员称好，配齐，相应放入各罐原材料堆里。

4. 各罐料零头配齐后，自行一一检查，核对原材料的批号、种类、数量，并做好记录。

（三）配料

配料操作：

1. 配料前要确认配料罐已清洁，先放入一定量的饮用水，开启配料罐电机搅拌，按照顺序将原材料一一加入配料罐中，搅拌30分钟，搅拌均匀。

2. 打开物料第一阀（即过滤器前的阀门），同时检查关闭另一罐的第一阀（指两罐同用一个过滤器）。

3. 打开过滤器的水阀门，同时开启下水道阀门，待过滤器注满水后，使空气由下水道排出，见有水流出时关闭下水道阀门即可打料。

4. 开输送泵电钮。

5. 待罐内培养基的液面下降快要接近单向阀时，即打开水阀门冲洗罐内培养基直至干净后，待压力表上升（一般0.3MPa）即关闭物料管第二道阀门，打开下水道阀门把罐内剩余的水打入下水道，打完后停输送泵。

配料过程应避免一些人为因素，如投错料、计算错误等改变培养基的配方导致培养基质量下降，影响生产。

任务五　灭菌与除菌

PPT

一、灭菌方法

（一）加热灭菌

1. 高温蒸汽湿热灭菌法　每一种微生物都有一定的最适生长温度范围。当微生物处于最低温度以下时，代谢作用几乎停止而处于休眠状态。当温度超过最高限度时，微生物细胞中的原生质胶体和酶发生不可逆的凝固变性，使微生物在很短时间内死亡，加热灭菌即是根据微生物这一特性而进行的。

高温蒸汽湿热灭菌是指直接用蒸汽冷凝时释放大量潜热，并具有强大的穿透力，使微生物细胞中的原生质胶体和酶蛋白质变性凝固，核酸分子的氢键破坏，酶失去活性，于是微生物因代谢发生障碍而在短时间内死亡。目前发酵生产最有效、最常用的方法就是高温蒸汽湿热灭菌。

2. 干热灭菌　指在干燥高温条件下，微生物细胞内的各种与温度有关的化学反应迅速增加，细胞内蛋白质和核酸等物质变性，使微生物的致死率迅速增高而达到灭菌的目的。

干热灭菌适用于需要保持干燥并且能够耐高温的器械、容器的灭菌。常采用的条件是 160℃，灭菌 1~2 小时。

（二）辐射灭菌

辐射灭菌是利用紫外线、高能量的电辐射或放射性物质产生的高能粒子来杀灭微生物。用于灭菌的射线包括紫外线、X - 射线、γ - 射线等。

（三）化学灭菌法

化学物质容易与微生物细胞内成分发生化学反应，如使蛋白质变性，酶类失活，破坏细胞膜的通透性而杀灭微生物。适用于厂房、无菌室等器具，甲醛最为常用。由于化学物质加入培养基之后很难去除，所以化学物质不适用培养基的灭菌。

（四）介质过滤灭菌

对培养液中某些不耐热的成分可采用过滤除菌法，发酵过程中所用的大量无菌空气也是采用过滤除菌法。

二、培养基与发酵设备的灭菌方法

工业生产上通常采用的蒸汽灭菌法，包括实罐灭菌（实消）、空罐灭菌（空消）、连续灭菌（连消）及附属设备灭菌。

（一）实罐灭菌

也称实消或分批灭菌，将配制好的培养基输送入发酵罐内，经过间接蒸汽预热，然后直接通入饱和蒸汽加热，使培养基和设备一起灭菌，达到要求的温度和压力后维持一定时间，实消的温度一般为 121℃，再冷却至发酵要求的温度，全过程包括升温、保温、降温三个过程。对培养基中固体物质含量较多时较适宜实罐灭菌。

1. 实罐灭菌过程

（1）首先清洗输料管路，用泵将配制好的培养基送到发酵罐内。

（2）进料过程中开启搅拌以防料液沉淀，然后通入蒸汽开始灭菌。

（3）一般先开各排气阀，将蒸汽引入夹套和蛇管进行预热，待罐温升到 80~90℃，逐渐关小排气阀。

（4）将蒸汽从进气口、排料口、取样口、冲洗视镜管等直接通入罐内升温、升压。

（5）罐温 121℃，罐压 1.0×10^5 Pa，保温 30 分钟，灭菌过程要间断或连续开动搅拌，以利泡沫破裂。

（6）保温结束后关闭排气阀、进气阀，关闭夹套阀，开启冷却水阀，待罐内压力低于过滤器压力时开启空气阀通入空气。

2. 培养基实罐灭菌过程中应注意的问题

（1）灭菌前罐内均需要高压水清洗，清除堆积物。

（2）灭菌时要保证各路进汽通畅及罐内培养基翻腾激烈，要控制好温度和压力。

（3）灭菌过程中要保持压力稳定，要严防泡沫升至罐顶或逃液，排气要通畅。

（4）实罐灭菌时必须避免"死角"，即蒸汽到达不了或达不到灭菌温度的地方，以免灭菌不彻底而使系统染菌。

（5）投料过程中，避免麸皮和豆饼粉等固形物在罐壁上残留的问题。

（6）灭菌结束后应立即引入无菌空气保压，避免产生负压并抽吸外界空气。在引入无菌空气前，罐内压力必须低于分过滤器压力，否则培养基将倒流入过滤器内。

（7）在蒸汽与培养基直接接触时，有一部分蒸汽要冷凝成水，从而使培养基稀释，因而在配制培养基时应预先扣除这部分冷凝水，一般情况下要预先扣除冷凝水 10%。

（二）空罐灭菌

也称空消，是指将饱和蒸汽通入未加培养基的发酵罐（种子罐）内，进行罐体的湿热灭菌过程。空消的罐压、罐温可稍高于实消温度，保温时间也可延长。

（三）连续灭菌

也称连消，是指将培养基在发酵罐外，通过专用消毒设备，连续不断地加热，维持保温和冷却，然后进入发酵罐（种子罐）的灭菌过程。

连续灭菌的时间短、温度较高，培养基受到的破坏较少，故质量较好。连续灭菌时蒸汽负荷均衡一致，但不足之处是所需设备较多，操作较麻烦，染菌的机会也相应增加。

1. 连续灭菌操作步骤

（1）配料罐　也称为配料预热罐，其主要作用是将料液预热到 60~75℃，避免连续灭菌时由于料液与蒸汽温度相差过大产生水汽撞击而影响灭菌质量。

（2）连消塔　也称加热器，连续灭菌是在连消塔中完成的。连消塔的主要作用是使高温蒸汽与料液迅速接触混合，并使料液温度很快提高到灭菌温度（126~132℃），输入速度 <0.1m/min，在连消塔内停留时间为 20~30 秒。

（3）维持罐　作用就是使料液在灭菌温度下保持 5~7 分钟，以达到灭菌的目的。罐压一般维持 4×10^5 Pa。维持罐培养基由进料口连续进入维持罐底部，液面不断上升，离开维持罐流入冷却器。

（4）喷淋冷却器　用冷水在排管外从上向下喷淋，使管内料液逐渐冷却，料液在管内由下向上逆向流动，一般冷却到 40~50℃，输送到预先空消的罐内。

2. 连消灭菌过程中应注意的问题

（1）配料罐在使用前及使用后均用水清洗，热天还需要定期用甲醛消毒，同时葡萄糖和氮源应分开消毒。

（2）连续灭菌设备（包括连消塔、维持罐、冷却管和管路）应定期清理检修，料液进入连消塔前必须先预热，尤其要注意避免培养基堵塞连消塔，否则很容易染菌。

（3）黏稠培养基的连续灭菌，必须降低料液输送速度及防止冷却时堵塞冷却管。在条件许可时，应尽量使用液化培养基或稀薄培养基。

（四）发酵附属设备及管路的灭菌

发酵附属设备有总空气过滤器、管道、计量罐、补料罐等。一般总空气过滤器、补料罐灭菌时灭菌温度为 121℃，灭菌时罐压为 1.0×10^5 Pa，灭菌时间为 30 分钟；油罐（消沫剂罐）灭菌时罐压为 1.5 ×

$10^5 \sim 1.8 \times 10^5 Pa$，灭菌时间为 1 小时。管道灭菌时罐压不应低于 $3.4 \times 10^5 Pa$，灭菌时间为 1 小时，新安装的管道或长期未使用的管道灭菌时间可适当延长到 1.5 小时。灭菌后以无菌空气保压，自然冷却 30 分钟即可交付使用。

任务六　发酵过程控制技术

PPT

微生物发酵的生产水平不仅取决于生产菌种本身的性能，而且要赋以合适的环境条件才能使它的生产能力充分表达出来。

为此我们必须通过各种研究方法了解有关生产菌种对环境条件的要求，如培养基、培养温度、pH、氧的需求等，并深入地了解生产菌在合成产物过程中的代谢调控机制以及可能的代谢途径，为设计合理的生产工艺提供理论基础。

同时，为了掌握菌种在发酵过程中的代谢变化规律，可以通过各种监测手段如取样测定随时间变化的菌体浓度，糖、氮消耗及产物浓度，以及采用传感器测定发酵罐中的培养温度 pH、溶解氧等参数的情况，并予以有效地控制，使生产菌种处于产物合成的优化环境之中。

同样的菌种、同样的培养基在不同工厂、不同批次会得到不同的结果，可见发酵过程的影响因素是复杂的，比如设备的差别、水的差别、培养基灭菌的差别，菌种保藏时间的长短，发酵过程的细微差别都会引起微生物代谢的不同。了解和掌握分析发酵过程的一般方法对于控制代谢是十分必要的。

一、发酵过程的工艺参数控制

（一）物理参数

1. 温度（℃）　发酵整个过程或不同阶段发酵液所维持的温度。温度对发酵的影响主要表现在如下。

（1）影响发酵中的酶反应速度。

（2）影响菌体生长速度、产物合成速度。

（3）影响氧在培养液中的溶解度、传递速率。

2. 压力（Pa）　发酵过程中发酵罐维持的压力。发酵过程中维持罐内一定的压力，主要有两方面的作用。

（1）罐内维持正压，可防止外界空气中杂菌的侵入，保证纯种培养。

（2）罐压的高低与氧、二氧化碳在培养液中的溶解度有关，间接影响菌体代谢。目前发酵生产上通常罐压一般维持在 $0.02 \sim 0.05 MPa$。

3. 搅拌转速（r/min）　搅拌器在发酵罐中转动速度，以每分钟的转数表示。主要作用是提高氧传递速率，使物料混合。搅拌转速大小与发酵液的均匀性和氧在发酵液中的传递速率有关。发酵罐容积越大，所需的最大搅拌转速越小。

4. 搅拌功率（kW）　搅拌器搅拌时所消耗的功率，常指每立方米发酵液所消耗的功率（kW/m^3）。搅拌功率的大小与溶氧传递系数 KLa 有关。

5. 空气流量［L/（L·min）］　每分钟每单位体积发酵液通入空气的体积。它是需氧发酵中重要的控制参数之一。它的大小与氧的传递和其他控制参数有关。一般控制在 $0.8 \sim 1.5 L/（L·min）$。主要作用是供氧、排出废气、提高溶氧传递系数 Kla。

6. 黏度（Pa·s）　黏度大小可作为细胞生长或细胞形态的标志之一，反映发酵罐中菌丝分裂过程情况。在发酵过程中通常用表观黏度表示。黏度的大小可改变氧传递的阻力，又可表示相对菌体浓度。

7. 浊度（%）　浊度能及时反映单细胞生长状况的参数。

（二）化学参数

1. pH（酸碱度）　发酵过程中各种产酸、产碱生化反应的综合结果，与菌体生长和产物合成有重要的关系。pH 的高低与菌体生长和产物合成有着重要的关系，是发酵工艺控制的重要参数之一。

2. 基质浓度（g/100ml，mg/100ml）　发酵液中糖、氮、磷与重要营养物质的浓度。基质浓度的变化对产生菌的生长和产物的合成有重要影响，也是提高代谢产物产量的重要控制手段。

3. 溶解氧（DO）浓度（mmol/L，mg/L，饱和度%）　是微生物体内一系列细胞色素氧化酶催化产能反应的最终电子受体，也是合成某些产物的基质。利用 DO 浓度的变化，可以了解微生物对氧利用的规律，反映发酵代谢正常与否的情况。是一个重要的控制参数。

4. 产物浓度（μg/ml）　是反映发酵产物产量高低、代谢正常与否的重要参数。作用是决定发酵周期长短的根据。

5. 尾气 O_2 浓度和 CO_2 浓度　从尾气中 O_2 和 CO_2 浓度的含量可以算出产生菌的摄氧率、呼吸商和发酵罐的供氧能力，从而了解产生菌的呼吸代谢规律。

（三）生物参数

1. 菌（丝）体浓度　菌体浓度简称菌浓，是指单位体积培养液中菌体的含量，它反映了菌体的生理特性，是种子质量和发酵过程控制的重要参数指标。

2. 菌丝形态　丝状菌发酵过程中菌丝形态的改变是生化代谢变化的反映。一般都以菌丝形态作为衡量种子质量、区分发酵阶段、控制发酵过程的代谢变化和决定发酵周期依据之一。

二、发酵过程的重要影响参数与控制

（一）温度的影响与控制

微生物生长、维持及产物的生物合成都是在一系列酶催化下进行的，温度是保证酶活性的重要条件。不同的微生物菌种的最适生长温度和产物形成的最适温度都是不同的。在最适温度下，微生物生长迅速；超过最高温度微生物即受到抑制或死亡；在最低温度范围内微生物尚能生长，但生长速度非常缓慢。在最低和最高温度之间，微生物的生长速率随温度升高而增加，超过最适温度后，随温度升高，生长速率下降，最后停止生长，引起死亡。

最适发酵温度随菌种、培养基成分、培养条件和菌体生长阶段而改变，理论上，在整个发酵过程中不应只选一个培养温度，而应根据培养的不同阶段调整温度，以达到最佳效果。例如青霉素菌丝生长的最适温度为 27℃，而分泌青霉素的最适温度为 20℃，因此生产上采用变温控制法，使之适合不同发酵阶段的需要。如采用从 26℃逐渐降温至 22℃的发酵温度，可延缓菌丝衰老，增加培养液中的溶氧度，延长发酵周期，有利于发酵后期的单位效价增长。

培养温度不仅影响产物的浓度，而且会改变微生物合成的方向。例如四环素产生金色链霉菌同时产生金霉素和四环素，当温度低于 30℃时，这种菌合成金霉素能力较强；温度提高，合成四环素的比例也提高，温度达到 35℃时，金霉素的合成几乎停止，只产生四环素。

（二）pH 的影响与控制

发酵培养基的 pH 对微生物生长具有非常明显的影响。也是影响发酵过程中各种酶活的重要因素。微生物生长都有最适 pH 范围及其变化的上下限，超出此上下限，菌体将无法忍受而自溶。pH 对产物的合成也有明显的影响。

在发酵过程中，pH 的控制主要包括以下内容。

1. 调节好基础配方的酸碱度，如基础配方中若含有玉米浆，pH 呈酸性，必须调节 pH，若要控制消后 pH 在 6.0，消前 pH 往往要调到 6.5～6.8。

2. 在基础配方中加入维持 pH 的物质，如碳酸钙，或具有缓冲能力的试剂，如磷酸缓冲液等。

3. 通过补料调节 pH，在发酵过程中根据糖、氮消耗需要进行补料，在补料与调节 pH 没有矛盾时采用补料调节 pH。

4. 当补料与调节 pH 发生矛盾时，加酸碱调节 pH。

即学即练 5-1

青霉素发酵时，适宜 pH 是（　　　）。

A. 4.4～4.6　　　　　B. 5.4～5.6　　　　　C. 6.4～6.6　　　　　D. 7.4～7.6

答案解析

（三）溶氧的影响和控制

溶氧是需氧微生物生长所必需的。在发酵过程中有多方面的限制因素，而溶氧往往最易成为控制因素。发酵液中溶解氧浓度的高低对菌体生长、产物的合成以及产物的性质都会产生不同的影响。溶氧低，导致能量供应不足，由无氧代谢供应能量，能量利用率低下，且碳源不完全氧化产生有机酸，这些物质的积累将抑制菌体的生长代谢；溶氧偏高，培养基过度氧化，细胞成分由于氧化而分解，不利于菌体生长。

在发酵过程中引起溶氧异常下降的可能原因如下。

1. 污染好气性杂菌，大量的溶氧被消耗掉，使溶氧在较短时间内下降到零附近，如果杂菌本身耗氧能力不强，溶氧变化就可能不明显。

2. 菌体代谢发生异常现象，需氧要求增加，使溶氧下降。

3. 某些设备或工艺控制发生故障或变化，也能引起溶氧下降，如搅拌功率消耗变小或搅拌速度变慢，影响供氧能力，使溶氧降低。又如消沫油因自动加油器失灵或人为加量过多，也会引起溶氧迅速下降。

在发酵过程中引起溶氧异常上升可能原因：在供氧条件没有发生变化的情况下，耗氧量的显著减少导致溶氧异常升高。如菌体代谢出现异常，耗氧能力下降，使溶氧上升。特别是污染烈性噬菌体，影响最为明显，产生菌尚未裂解前，呼吸已受到抑制，溶氧就明显上升，菌体破裂后完全失去呼吸能力，溶氧就直线上升。

因此，从发酵液中溶解氧的浓度的变化，可了解微生物代谢是否正常、工艺控制是否合理、设备供氧能力是否充足等问题，以帮助查找不正常的原因和控制好发酵生产。

（四）二氧化碳的影响与控制

二氧化碳是呼吸和分解代谢的终产物，几乎所有发酵均产生大量的二氧化碳。溶解在发酵液中的二氧化碳对氨基酸、抗生素等发酵有抑制或刺激作用。在工业发酵过程中，为了排除二氧化碳的影响，需综合考虑二氧化碳在发酵液中的溶解度、温度和通气状态。如遇到泡沫上升引起逃液时，有时采用减少通气量和提高罐压的措施来抑制逃液，但这将增加二氧化碳的溶解度，对菌体的生长有害。

（五）泡沫的影响与控制

在发酵过程中因通气搅拌与发酵产生二氧化碳以及发酵液中糖、蛋白质和代谢物等稳定泡沫的物质存在，使发酵液含有一定数量的泡沫，这属于正常现象。

1. 泡沫的影响　过多的泡沫会带来许多不利因素，主要表现如下。

（1）降低发酵罐装料系数。

（2）增加了菌群的非均一性。

（3）影响菌体的生长。

（4）造成大量"逃液"，增加了染菌的机会，产物流失。

（5）消泡剂加入会影响发酵产量或给后提取工序带来困难。

2. 泡沫的控制　分为机械消泡和化学消泡剂消泡两大类。

（1）机械消泡　借助机械搅拌起到破碎气泡消除泡沫的作用。机械消泡的优点在于不需要引进外源物质如消泡剂，从而减少染菌机会，并节省原材料，且不会增加下游提取工艺的负担。但其效果往往不如消泡剂迅速、可靠，需要一定的设备和消耗一定的动力，其最大的缺点是不能从根本上消除泡沫的形成。

（2）化学消泡剂消泡　是工业发酵过程中常用的消除泡沫的方式。发酵常用的消泡剂分为天然油脂类、聚醚类、高级醇类和硅树脂类。常用的天然油脂类有豆油、玉米油、棉籽油、菜籽油、猪油等，除作为消泡剂外，这些物质还可作为碳源。其消泡能力不强。应用较多的是聚醚类，主要成分为聚氧丙烯甘油（简称 GP 型）和聚氧乙烯氧丙烯甘油（简称 GPE 型），又称泡敌，GP 型亲水性差，在发泡介质的溶解度小，消泡能力相当于豆油的 60 ~ 80 倍；GPE 型亲水性好，消泡能力强，作用快，通常用量为 0.03% ~ 0.035%，消泡能力比植物油大 10 倍以上。消沫剂的使用应结合生产实际加以选择。

任务七　粗品分离与精制技术

PPT

发酵产物的分离与精制，是实现发酵的最终目标即获得高品质的发酵产品。发酵产物一般要经过一系列单元操作，才能把目标产物从发酵液中提取分离出来，精制成为合格的产品。发酵产物的提取分离步骤一般都比较多，但通常首先要进行固液分离，将微生物细胞和发酵液分开，然后根据发酵产物的存在部位确定后续分离步骤。若目标产物存在于发酵液中，则后续分离纯化工作针对发酵液进行；若目标产物存在于微生物细胞内，则后续分离纯化工作将针对收集的微生物细胞进行，因而提高细胞破碎率就成为发酵产物提取分离不可忽视的重要环节。

一般说来，发酵产物的分离与精制可分为 4 个阶段：①发酵液的预处理和固液分离，目的是除去发酵液中的菌体细胞和不溶性固体杂质。②初步纯化（提取），目的是除去与产物性质差异较大的杂质，为后道精制工序创造有利条件。③高度纯化（精制），去除与产物的物理化学性质比较接近的杂质。④成品加工，成品形式由产品的最终用途决定。

发酵液分离纯化的一般工艺流程，见图 5 - 6。

图5-6 发酵液分离纯化的一般工艺流程

一、发酵液的预处理和固液分离技术

微生物发酵结束后的培养物中含有大量的菌体细胞或细胞碎片、残余的固体培养基以及代谢产物，这些发酵培养物很难直接采用离心或过滤操作实现固液分离。如果进行适当的预处理，通过改变其流体特性、降低滤饼比阻或离心沉降特性，以及使发酵液相对纯化措施来提高固液分离效率和后续分离效率及收率。

（一）发酵液预处理和固液分离的目的

分离菌体和其他悬浮颗粒（细胞碎片、核酸和蛋白质的沉淀物）；除去部分可溶性杂质和改变滤液性质，以利于提取和精制的顺利进行。

（二）发酵液的预处理

采用理化方法设法增大悬浮液中固体粒子的大小、降低黏度，以利于过滤。去除会影响后续提取的高价无机离子。

1. 高价无机离子的去除方法

（1）去除钙离子，可用草酸，草酸溶解度较小，故用量大时，可用其可溶性盐，如草酸钠。反应生成的草酸钙还能促使蛋白质凝固，提高滤液质量。但草酸价格较贵，应注意回收。

（2）去除镁离子，可用三聚磷酸钠，它和镁离子形成可溶性络合。用磷酸盐处理，也能大大降低钙离子和镁离子的浓度。

（3）去除铁离子，可加入黄血盐，使形成普鲁士蓝沉淀。

2. 杂蛋白质的去除方法

（1）热变性，加热是最常用的使蛋白质变性的方法，但热处理通常会对原发酵液质量有一定的影响，特别是会导致色素增加，破坏目标产物，因此只适合于对热较稳定的发酵产物的提取。

（2）沉淀法，在酸性溶液中，蛋白质能与一些阴离子如三氯乙酸盐、水杨酸盐等形成沉淀；在碱性溶液中，蛋白质能与一些阳离子如 Ag^+、Cu^{2+} 等形成沉淀。

（3）大幅度改变 pH。

3. 凝聚和絮凝 凝聚是在中性盐作用下，由于胶体粒子之间双电子层排斥电位的降低，而使胶体体系不稳定的现象。发酵液中的菌体细胞或蛋白质等胶体粒子的表面，一般都带有电荷，带电的原因很多，主要是吸附溶液中的离子和自身基团的电离。

絮凝是指在某些高分子絮凝剂存在下，基于架桥作用，使胶粒形成粗大的絮凝团的过程，是一种以物理的集合为主的过程。

絮凝技术预处理发酵液的优点不仅在于过滤速度的提高，还在于能有效地去除杂蛋白质和固体杂质，如菌体、细胞和细胞碎片等，提高滤液质量。

影响絮凝的因素有絮凝剂的用量、分子量和类型、溶液的 pH、搅拌速度和时间等。

（三）发酵液的过滤

过滤是指在压力（或真空）的情况下将悬浮液通过过滤介质以达到固液分离的目的。在过滤操作中，要求滤速快、滤液澄清并且有高的收率。

1. 影响过滤速度的因素

（1）菌种 真菌的菌丝比较粗大，如青霉菌的菌丝直径可达 $10\mu m$，发酵液容易过滤，不需特殊处理。其滤渣呈紧密饼状物，很容易从滤布上刮下来，故可采用鼓式真空过滤机过滤。

放线菌发酵液菌丝细而分枝，交织成网络状。如链霉素发酵液菌丝仅 $0.5\sim1.0\mu m$，还含有很多多糖类物质，黏性强，过滤较困难，一般需经预处理，以凝固蛋白质等胶体。

细菌发酵液的菌体更细小，因此，过滤十分困难，如不用絮凝等方法预处理发酵液，往往难以采用常规过滤的设备来完成过滤操作。

（2）发酵条件 主要包括培养基的组成、未用完培养基的数量、消沫油和发酵周期等。

2. 改善过滤性能的方法 发酵工业中用于改善发酵液过滤性能的方法通常有等电点、蛋白质变性、吸附、凝聚和絮凝、加入助滤剂、直接在发酵液中形成填充–凝固剂、酶解作用等。

3. 固–液分离设备的选择 不同性状的发酵液应选择不同的固–液分离设备。常用于发酵液的分离设备有板框压滤机、鼓式真空过滤机、离心沉降分离机。

（1）板框压滤机 板框压滤机的过滤面积大，过滤推动力（压力差）能较大幅度地进行调整，并能耐受较高的压力差，故对不同过滤特性的发酵液适应性强，同时还具有结构简单、价格低、动力消耗少等优点，因此，目前，在国内被广泛采用。自动板框过滤机是一种较新型的压滤设备，它使板框的拆装、滤渣的脱落卸出和滤布的清洗等操作都能自动进行，大大缩短了非生产的辅助时间和减轻了劳动强度。对于菌体较细小、黏度较大的发酵液，可加入助滤剂或采用絮凝等方法预处理后进行压滤。

板框压滤机缺点：不能连续操作，设备笨重，劳动强度大；卫生条件差；非生产的辅助时间长，阻碍了过滤效率的提高。

（2）鼓式真空过滤机 能连续操作，并能实现自动化控制，但是压差较小，主要适用于霉菌发酵液的过滤。而对菌体较细或黏稠的发酵液不太适用。一种较好的解决办法是过滤前在转鼓面上预铺一层助滤剂，操作时，用一把缓慢向鼓面移动的刮刀将滤饼连同极薄的一层助滤剂一起刮去，这样使过滤面积不断更新，以维持正常的过滤速度。放线菌发酵液可采用这种方式过滤。

鼓式真空过滤机优点：能连续操作，能实现自动化控制。缺点：压差较小，主要适用于霉菌发酵液的过滤。

（3）离心分离　优点是分离速度快，效率高，操作时卫生条件好，适合于大规模的分离过程。缺点是投资费用高，能耗较大。

（四）微生物细胞的破碎

细胞破碎技术是指利用外力破坏细胞壁和细胞膜，使细胞内目标物释放出来的技术。微生物的代谢产物有的分泌到细胞或组织之外，例如细菌产生的碱性蛋白酶、霉菌产生的糖化酶等，称为胞外产物。还有许多存在于细胞内，例如青霉素酰化酶、碱性磷酸酯酶等，称为胞内产物。

对于胞外产物只需直接将发酵液预处理及过滤，获得澄清的滤液，作为进一步纯化的出发原液，对于胞内产物，则需首先收集菌体进行细胞破碎，使代谢产物转入液相中，然后，再进行细胞碎片的分离。

1. 微生物细胞的破碎技术　常见的细胞破碎方法有机械方法（高效珠磨法、高压匀浆破碎法、超声破碎法）和非机械方法（酶解法、渗透压冲击法、冻结和融化法、干燥法、化学法）。

（1）高效珠磨法　是常用的一种方法，珠磨机是该法所用的设备，它将细胞悬浮液与玻璃小珠、石英砂或氧化铝一起快速搅拌或研磨，使达到细胞的某种程度破碎。

（2）高压匀浆破碎法　采用高压匀浆器是大规模破碎细胞的常用方法，利用高压迫使细胞悬浮液通过针形阀，由于突然减压和高速冲击撞击环造成细胞破裂。

（3）超声破碎法　细胞的破碎是由于超声波的空化作用，从而产生一个极为强烈的冲击波压力，由它引起的黏滞性旋涡在介质中的悬浮细胞上造成了剪切应力，促使细胞内液体发生流动，从而使细胞破碎。

（4）酶解法　利用酶反应，分解破坏细胞壁上特殊的键，从而达到破壁的目的。

（5）渗透压冲击法　是较温和的一种破碎方法，将细胞放在高渗透压的介质中（如一定浓度的甘油或蔗糖溶液），当达到平衡后，介质被突然稀释，或者将细胞转入水或缓冲液中，由于渗透压的突然变化，水迅速进入细胞内，引起细胞壁的破裂。渗透压冲击的方法仅对细胞壁较脆弱的菌，或者细胞壁预先用酶处理，或合成受抑制而强度减弱时才是合适的。

（6）冻结和融化法　将细胞放在低温下突然冷冻和室温下融化，反复多次而达到破壁作用。

（7）干燥法　可采用空气干燥、真空干燥、喷雾干燥和冷冻干燥等。空气干燥主要适用于酵母菌。真空干燥适用于细菌的干燥。冷冻干燥适用于较不稳定的生化物质。

（8）化学法　用酸碱及表面活性剂处理，可以使蛋白质水解，细胞溶解或使某些组分从细胞内渗漏出来。

2. 破碎方法的选择　选择合适的破碎方法需要考虑下列因素。

（1）细胞的数量。

（2）所需要的产物对破碎条件（温度、化学试剂、酶等）的敏感性。

（3）要达到的破碎程度及破碎所必要的速度。

（4）尽可能采用最温和的方法。

（5）具有大规模应用潜力的生化产品应选择适合于放大的破碎技术。

（五）沉淀法

沉淀法是最传统的分离技术之一，沉淀是物理环境的变化引起溶质的溶解度降低，生成固体凝聚物的过程。由于其浓缩作用常大于纯化作用，因而沉淀法通常作为初步分离的一种方法，用于从去除了菌体或细胞碎片的发酵液中沉淀出生物物质，然后再利用色层分离等方法进一步提高其纯度。

沉淀法由于成本低、收率高（不会使蛋白质等大分子失活）、浓缩倍数高和操作简单等优点，是下游加工过程中应用较广泛的方法。常用的沉淀法有盐析法、有机溶剂沉淀法和等电点沉淀法等。

1. 盐析法　就是在蛋白质溶液中加入中性盐使其沉淀析出的过程。盐析法的优点是成本低，不需要什么特别昂贵的设备，操作简单，安全，对许多生物活性物质具有稳定作用。缺点是沉淀物中含有大量的盐析剂。盐析的影响因素如下。

（1）离子强度和类型　在低离子强度下，许多蛋白质比在纯水中的溶解度大大增加，但当溶液中离子强度不断增加时，各离子之间及离子与溶质分子之间相互竞争水分子，结果导致溶质的溶解度渐渐减少，产生盐析现象。

（2）pH　一般地说，蛋白质所带净电荷越多，它的溶解度越大；如果所带的电荷减少至接近于零时溶解度最少，我们称此时的 pH 为该蛋白质的等电点（PI）。

（3）温度　是影响溶解度的重要因素，对于许多无机盐和小分子的有机化合物，温度升高，溶解度也相应增大。但对于蛋白质、酶等生物大分子在高离子强度溶液中，温度的升高，它们的溶解度有时不但不升高，反而减少。

在一般情况下，蛋白质的盐析温度要求不严格，可以在室温下进行，只有某些对温度比较敏感的酶，要求在低温 $0 \sim 4^{\circ}\text{C}$ 下操作，以避免活力的丧失。

2. 有机溶剂沉淀法　有机溶剂的沉淀作用主要是降低水溶液的介电常数，溶液的介电常数减少就意味着溶质分子异性电荷库仑引力的增加从而使溶解度减少。有机溶剂沉淀法优点是分辨能力比盐析法高，即一种蛋白质或其他溶质只有在一个比较窄的有机溶剂浓度范围内沉淀。沉淀不用脱盐，过滤比较容易。在生化制备中应用比盐析法广泛。缺点是容易引起蛋白质变性失活，操作常需在低温下进行，且有机溶剂易燃、易爆、安全要求较高。

3. 等电点沉淀法　对于两性物质，等电点时，净电荷为零，分子间排斥电位降低，因此吸收力增大，能相互聚集起来，发生沉淀。等电点沉淀法的优点是很多蛋白质的等电点都在偏酸性范围内，而无机酸通常价较廉，并且某些酸，如磷酸、盐酸和硫酸的应用能为蛋白质类食品所允许。同时，常可直接进行其他纯化操作，无需将残余的酸除去。缺点是酸化时，易使蛋白质失活，这是由于蛋白质对低 pH 比较敏感。

（六）吸附法

吸附法是利用吸附剂与杂质、色素物质、有毒物质、产品之间分子引力的差异，从而起到分离的作用。在发酵工业的下游加工过程中，吸附法应用于发酵产品的除杂、脱色、有毒物质和抗生素的提纯精制。

吸附法的优点是可不用或少用有机溶剂，操作简便、安全、设备简单，生产过程中 pH 变化小，适用于稳定性较差的生化物质。缺点是吸附法选择性差、收率不高；无机吸附剂性能不稳定，不能连续操作，劳动强度大；炭粉等吸附剂影响环境卫生。

由于凝胶类吸附剂、大网格聚合物吸附剂的应用，克服了以上缺点，近年吸附法又得到重视。

影响吸附过程的因素如下。

1. 吸附剂的性质　吸附剂的理化性质对吸附的影响很大，吸附剂的性质与其原料、合成方法和再生条件有关。一般要求吸附容量大、吸附速度快和机械强度好。

2. 吸附物的性质　能使表面张力降低的物质，易为表面吸附；溶质从较易溶解的溶剂中吸附时，吸附量较少。极性吸附剂易吸附极性物质，非极性吸附剂易吸附非极性物质；对于同系列物质，吸附量的变化是有规则的。

3. 溶液 pH 的影响　pH 影响某些化合物的离解度。

4. 温度的影响　吸附热越大，则温度对吸附的影响越大。

5. 其他组分的影响　当从含有两种以上组分的溶液中吸附时，根据溶质的性质可以产生互相促进、干扰或互不干扰作用。一般说来，对混合物的吸附较纯物质的吸附为差。

（七）离子交换法

离子交换作用：是指一个溶液中的某一种离子与一个固体中的另一种具有相同电荷的离子互相调换位置，即溶液中的离子跑到固体上去，把固体上的离子替换下来。溶液称为流动相，而固体称为固定相。

1. 离子交换剂的分类

（1）阳离子交换剂　可分为强酸型、中酸型和弱酸型。

（2）阴离子交换剂　可分为强碱性、中碱性和弱碱性。

（3）两性离子交换剂。

（4）选择性离子交换剂。

（5）吸附树脂。

（6）电子交换树脂。

2. 影响离子交换速度的因素

（1）树脂颗粒的大小。

（2）树脂的交联度。

（3）溶液中离子浓度。

（4）温度。

（5）离子的大小。

（6）离子价。

（7）树脂强弱。

即学即练 5 - 2

答案解析

下面关于离子交换说法不正确的是（　　　）。

A. 离子交换处理的溶液一样为水溶液

B. 离子交换可看作被分离组分与离子交换剂之间的离子置换反应，其挑选性相当高

C. 离子交换剂在使用后，其性能改变不大，一样不需要再生

D. 离子交换技术最早应用于制备软水和无盐水

二、膜分离技术

是指利用具有一定选择性透过特性的过滤介质，将不同大小、不同形状和不同特性的物质颗粒或分

子进行分离的技术。

（一）分类

根据膜材质和方法的差异，可将膜分离方法分为以下几类：①透析；②超滤；③反渗透；④微滤；⑤电渗析；⑥液膜技术；⑦气体渗透；⑧渗透蒸发。

（二）影响超滤速度的各种因素

1. 压力　当压力较低时，通量较小，膜面上尚未形成浓差极化层，此时通量随压差成正比增大。当压力逐渐增大时，膜面上开始形成浓差极化层，通量随压差而增大的速度开始减慢。当压力继续增大时，浓差极化层浓度达到凝胶层浓度时，通量不随压差而改变。因为当压力继续增大时，虽暂时可使通量增加，但凝胶层厚度也随之增大，即阻力增大，而使通量恢复至原值。

2. 发酵液浓度、温度、流速　通量与料液流速成正比；通量与操作温度成正比；通量与固体浓度成反比。

3. 膜的污染　膜在使用中，尽管操作条件保持不变，但通量仍逐渐降低的现象称为污染。污染的原因一般认为是膜与料液中某一溶质的相互作用，或吸附在膜上的溶质和其他溶质的相互作用而引起的。

膜污染与浓差极化的区别：浓差极化是可逆的，即变更操作条件可以使浓差极化消除，而污染则必须通过清洗的办法，才能消除。经清洗后如纯水达到或接近原来水平，则认为污染已消除。

三、萃取技术

溶剂萃取法是20世纪40年代兴起的一项化工分离技术，它是用一种溶剂将产物自另一种溶剂（如水）中提取出来，达到浓缩和提纯的目的。溶剂萃取法比化学沉淀法分离程度高；比离子交换法选择性好、传质快；比蒸馏法能耗低且生产能力大，周期短，便于连续操作、容易实现自动化等。

萃取是利用物质在两种成相的溶剂中溶解度的不同，使所需的目的物质从一种溶剂中转移到另一种溶剂中，从而达到分离纯化的目的。溶剂萃取法是以分配定律为基础的。在萃取中，被提取的溶液称为料液，其中欲提取的物质称为溶质。

（一）双（两）水相萃取

双水相系统是指某些高聚物之间或高聚物与无机盐之间在水中以适当的浓度溶解会形成互不相溶的两水相或多水相系统。通过溶质在相间的分配系数的差异而进行萃取的方法即为双水相萃取。

1. 双水相萃取的优点　①易于放大；②双水相系统之间的传质过程和平衡过程快速，因此能耗较小，可以实现快速分离；③易于进行连续化操作；④相分离过程温和，生化分子如酶不易受到破坏；⑤选择性高、收率高；⑥操作条件温和。

2. 双水相萃取的影响因素　生物物质在双水相中的分配系数主要由电化学位、疏水作用、生物亲和力、粒子大小和蛋白质的构象效应所决定，这些因素可以分为环境因素和结构因素两个方面。

环境因素包括成相高聚物的种类与浓度、高聚物的亲和基团、盐的种类和浓度、成相采用的重力以及温度等；结构因素主要是亲水性的大小和电荷的影响。

（二）反相胶束（胶团）

蛋白质进入反胶团溶液是一协同过程。在有机溶剂相和水相两宏观相界面间的表面活性剂层，同邻近的蛋白质分子发生静电吸引而变形，接着两界面形成含有蛋白质的反胶团，然后扩散到有机相中，从而实现了蛋白质的萃取。改变水相条件（如 pH、离子种类或离子强度），又可使蛋白质从有机相中返回到水相中，实现反萃取过程。

1. 反相胶团萃取的优点　①成本低；②选择性高；③操作方便；④放大容易；⑤萃取剂（反胶团相）可循环利用；⑥蛋白质不易变性等优点。

2. 影响萃取的因素　①表面活性剂；②水相的 pH；③离子强度；④温度；⑤蛋白质的分子量和浓度等。

（三）超临界流体萃取

超临界萃取是使用超临界流体作为溶剂的萃取方法。

1. 特点　同通常的液体萃取相比，在萃取速率和分离范围方面，超临界流体萃取更为理想。超临界流体萃取是通过温度和压力的调节来控制溶质的蒸汽压和亲和性而实现分离的，这样，就能从天然物质中选择性地分离出用其他办法难以提取的有效成分或脱除有害成分。

2. 典型流程　超临界流体萃取是利用萃取剂密度的变化而导致其对待分离组分的溶解能力的变化，从而实现分离的过程。因此，超临界流体萃取过程分萃取和分离两个阶段。超临界流体萃取的流程可分为等温变压法、等压变温法和吸附法。

（1）等温变压法　通过压力的变化引起超临界流体密度的变化，使得组分从超临界流体中析出分离。萃取剂经压缩达到最大溶解能力的状态点（即超临界状态）后加入萃取器中与物料接触进行萃取。当萃取了溶质的超临界流体通过膨胀阀进入分离槽后，压力下降，超临界流体的密度也下降，对其中溶质的溶解度跟着下降。溶质于是析出并在槽底部收集取出。

（2）等压变温法　等压变温法流程中，超临界流体的压力保持一定，而利用温度的变化，引起超临界流体对溶质溶解度的变化，从而实现溶质与超临界流体分离的过程，降温升压后的萃取剂，处于超临界状态，被送入萃取槽中与物料接触进行萃取。然后，萃取了溶质的超临界流体经加热器升温后在分离槽析出溶质。作为萃取剂的气体经冷却器等降温升压后送回萃取槽循环使用。

（3）吸附法　此种流程是将萃取了溶质的超临界流体，再通过一种吸附分离器，这种吸附分离器中装有只吸附溶质而不吸附萃取剂的吸附剂，当萃取了溶质的超临界流体通过这种吸附分离器后，溶质便与萃取剂即超临界流体分离，萃取剂经压缩后循环使用。

（四）液膜分离技术

液膜分离技术是萃取（膜）技术的重要分支，它是通过两液相间形成界面－液相膜，将两种不同但又能混溶的溶液隔开，经选择性渗透，使物质分离提纯。该技术具有膜薄、比表面积大、分离效率高、速度快、过程简单、成本低和用途广等优点。

影响液膜萃取的操作参数有：①pH；②流速；③共存杂质；④反萃相；⑤操作温度；⑥萃取操作时间。

四、色谱分离技术

色谱分离又称色层分离，它是一种物理分离方法，利用多组分混合物中各组分物理化学性质（如吸附力、分子极性、分子形状和大小、分子亲和力等）的差别，使各组分能以不同程度分布在两相中。其中一相是固定的，称为固定相；另一相则流过此固定相，称为流动相。

（一）色谱分离技术特点

色谱分离技术特点：①分离效率高；②应用范围广；③选择性强；④在线检测灵敏度高；⑤分离快速、易于实现过程控制和自动化操作。

（二）色谱分离技术分类

1. 吸附色谱　是利用固定相介质表面的活性基团对不同溶质分子发生吸附作用的强弱不同而进行分离的方法。

2. 离子交换色谱技术　是以离子交换剂为固定相，液体为流动相的系统中进行的荷电物质分离技术。离子交换色谱的操作流程如下。

（1）离子交换剂的处理　离子交换剂使用之前，需加过量的水悬浮除去细颗粒，再改用酸碱浸泡，以便除去杂质并使其带上需要的反离子。酸碱处理的次序决定了离子交换剂携带反离子的类型。在每次用酸（或碱）处理后，均应先用水洗涤至中性，再用碱（或酸）处理。最后用水洗涤至中性，经缓冲液平衡后即可使用。

（2）离子交换剂的再生　再生可以通过上述的酸、碱反复处理完成，但有时也可以通过转型处理完成。经长期使用的树脂含有很多杂质，欲将其除掉，则应先用沸水处理，然后用酸、碱处理。

（3）分离物质的交换　使用离子交换剂的方法有两种：一种是柱色谱法，也叫动态法，即将离子交换剂装入色谱柱内，让溶液连续通过。另一种是分批法，也叫静态法，即使离子交换剂置入盛溶液的容器内不断缓慢搅拌。

（4）物质的洗脱与收集　在离子交换色谱过程中，常用梯度溶液进行洗脱，而溶液的梯度则是由盐溶度或酸碱度的变化形成的。制备梯度溶液的装置是由两个彼此相通的圆筒容器和一个搅拌器组成的。

3. 凝胶色谱技术　凝胶色谱是利用生物大分子的分子量差异进行的色谱分离的方法。凝胶色谱介质主要是以葡聚糖、琼脂糖、聚丙烯酰胺等为原料，通过特殊工艺合成的色谱介质。

凝胶色谱技术的操作流程如下。

（1）凝胶色谱介质的处理　根据分子量分离范围选择相应型号的凝胶介质，确定是组别分离还是组分分离。在凝胶溶胀与处理过程中，不能进行剧烈的搅拌，严禁使用电磁搅拌器，因为这样会使凝胶颗粒破碎而产生碎片，以至影响色谱的流速。

（2）色谱柱和流动相的选择　色谱柱的选择，主要考虑被分离组分分子量的差异，选用相应的柱长与柱内径之比的色谱柱。

（3）凝胶介质的后处理　色谱柱在使用一段时间后必须做适当的处理，除去凝胶表面的污染物。凝胶柱内的色谱介质一般浸泡在溶液中，容易长菌。防止微生物生长最常用的方法是在凝胶溶液中加入一定的抑菌剂，如 0.02% 叠氮钠、0.01% ~ 0.02% 三氯丁醇或 0.005% ~ 0.01% 乙基汞硫代水杨酸钠等。

4. 亲和色谱技术　亲和色谱是建立在目的蛋白质与固定化配基之间特异性可逆相互作用基础上的吸附色谱。根据蛋白质与配基的不同，可将亲和色谱分生物亲和色谱、金属离子亲和色谱、免疫亲和色谱以及拟生物亲和色谱等。

五、结晶技术

结晶是使溶质呈晶态从溶液中析出的过程。结晶过程具有高度选择性，只有同类分子或离子才能结晶成晶体，因此析出的晶体纯度非常高。为了进行结晶，必须先使溶液达到过饱和后，过量的溶质才会以固体态结晶出来。结晶是一个同时有质量和热量传递的过程。

（一）影响结晶生成的因素

1. 过饱和率　直接影响晶核的形成速率和晶体生长速率，同时也影响晶核的大小。

2. 黏度　黏度大，溶质分子扩散速率慢，妨碍溶质在晶体表面的定向排列，晶体生长速率与溶液的黏度成反比。

3. 温度　温度的高低也直接影响成核速率和晶体生长速率。温度升高，可使成核速率和晶体生长速率增快。经验表明，温度对晶体生长速率的影响较成核速率的影响更为明显。

4. 搅拌　搅拌能促进成核和促进扩散，提高晶核长大速率，搅拌可使晶体与母液均匀接触，使晶体长得更大并均匀生长。但当搅拌强度达到一定程度后，再提高搅拌强度效果就不显著，相反，还会使晶体破碎。

5. 冷却速率　冷却速率能直接影响晶核的生成和晶体的大小。迅速冷却和剧烈搅拌，能达到的过饱和率较高，有利于大量晶核的生成，而得出的晶体较细小，而且常导致生成针状结构。

6. pH 和等电点　pH 和等电点对结晶生成的影响较大。结晶溶液的 pH，一般选择在被结晶溶质的等电点附近可有利于晶体的析出。

7. 晶种　可以是同种物质或相同晶型的物质。加入晶种，能控制晶体的形状、大小和均匀度，为此要求晶种要有一定的形状、大小而且比较均匀。

（二）结晶设备

结晶具有成本较低、设备较简单、操作方便等优点。结晶常用方法是热饱和溶液冷却、添加晶种结晶、将部分溶剂蒸发结晶、添加有机溶剂结晶、盐析结晶和等电点结晶等。结晶常用设备可分为间歇式与连续式结晶设备两类。

任务八　干燥包装

PPT

一、干燥技术

干燥是发酵产品提取和精制过程中最后的操作单元。干燥的主要目的是除去发酵产品中的水分，使发酵产品能够长期保存而不变质，同时减少发酵产品的体积和质量，便于包装和运输。

干燥是将潮湿的固体、半固体或浓缩液中的水分（或溶剂）蒸发除去的过程。干燥过程的实质是在不沸腾的状态下用加热汽化方法驱除湿材料中所含液体（水分）的过程。

（一）对流加热干燥法

对流加热干燥法是空气通过加热器后变为热空气，将热量带给干燥器并传给物料的干燥方法。这种方法利用对流传热方式向湿物料供热，使物料中的水分汽化，形成的水汽同时被空气带走，故空气是载热体又是载湿体。常用的对流加热干燥法又分为气流干燥、沸腾干燥和喷雾干燥等。

1. 气流干燥　是利用热的空气与粉状或颗粒状的湿物料接触，使水分迅速汽化而获得干燥物料的方法。

2. 沸腾干燥　是利用热的空气流使孔板上的粉粒状物料呈流化沸腾状态，使水分迅速汽化达到干燥的目的。

3. 喷雾干燥 是利用不同的喷雾器，将悬浮液或黏滞的液体喷成雾状，使其在干燥室中与热空气接触，由于物料呈微粒状，表面积大，蒸发面积大，微粒中水分急速蒸发，在几秒或几十秒内获得干燥，干燥后的粉末状固体则沉降于干燥室底部，由卸料器排出而成为产品。

（二）接触加热干燥法

接触加热干燥法是用某种加热面与物料直接接触，将热量传给物料，使其中水分汽化。

（三）冷冻升华干燥法

冷冻升华干燥法是将物料冷冻至冰点以下，使水分结冰，然后在较高的真空条件下，使冰直接升华为水蒸气而除去。整个过程分为三个阶段：①冷冻阶段；②升华阶段；③剩余水分的蒸发阶段。

二、包装

包装是待包装产品变成成品所需的所有操作步骤，包括分装、贴签等。但无菌生产工艺中产品的无菌灌装以及最终灭菌产品的灌装等不视为包装。

（一）包装材料

药品包装所用的材料，包括与药品直接接触的包装材料和容器、印刷包装材料。

（二）包装操作

1. 包装开始前应当进行检查，确保工作场所、包装生产线、印刷机及其他设备已处于清洁或待用状态，无上批遗留的产品、文件或与本批产品包装无关的物料。检查结果应当有记录。

2. 包装操作前，还应当检查所领用的包装材料正确无误，核对待包装产品和所用包装材料的名称、规格、数量、质量状态，且与工艺规程相符。

3. 每一包装操作场所或包装生产线，应当有标识标明包装中的产品名称、规格、批号和批量的生产状态。

4. 有数条包装线同时进行包装时，应当采取隔离或其他有效防止污染、交叉污染或混淆的措施。

5. 待用分装容器在分装前应当保持清洁，避免容器中有玻璃碎屑、金属颗粒等污染物。

6. 产品分装、封口后应当及时贴签。未能及时贴签时，应当按照相关的操作规程操作，避免发生混淆或贴错标签等差错。

7. 单独打印或包装过程中在线打印的信息（如产品批号或有效期）均应当进行检查，确保其正确无误，并予以记录。如手工打印，应当增加检查频次。

8. 包装材料上印刷或模压的内容应当清晰，不易褪色和擦除。

9. 包装结束时，已打印批号的剩余包装材料应当由专人负责全部计数销毁，并有记录。如将未打印批号的印刷包装材料退库，应当按照操作规程执行。

任务九　生产质量控制及工艺验证技术

PPT

发酵工程制药产品是临床中最常用的药品之一，在治疗感染性疾病方面发挥着极其重要的作用，其质量的优劣直接关系着该类药品在临床上使用的安全和有效。由于发酵过程复杂、不易控制，容易引入一些特殊的杂质；同时发酵生产的药物结构较复杂，有的不够稳定，药物中可能存在降解产物或聚合物，不仅降低疗效，还可能引起过敏等毒性反应，因此该类药物的质量控制尤为重要。其质量控制按照国家药典、部颁标准或企业标准进行依法检验，基本由四方面组成：①性状描述；②鉴别试验；③一般项目检查；④含量鉴定。

一、生产质量控制

（一）性状

性状是对药物的物理外观的一种描述，是药物表观质量的一个重要指征，外观发生变化时，往往意味着产品内在质量已有所改变。

（二）鉴别试验

鉴别是指用规定的试验方法辨识药品与名称的一致性，即辨识药品的真伪，是药品质量控制的一个重要环节。鉴别的目的是验证某一药物或其制剂确系其本身而并非是其他代替物。鉴别常分为两部分：一为药物本身的鉴别，二为药物成盐后的酸根或金属离子的鉴别。药物本身的鉴别要求专属性强、灵敏度高的方法，目前最常用的鉴别方法是红外光谱法、色谱法（薄层色谱或高效液相色谱）。

（三）一般项目检查

1. 熔点　是多数固体药物需要测定的重要物理常数，也是判断药物纯度的重要依据。纯物质由固态变为液态是在某一温度完成的，若产生了熔距（熔程），表明该物质纯度不够。

2. 比旋度　是检查药物纯度的一个重要指标，特别对于各个组分比旋度不同的多个组分药物尤为重要。

3. 酸碱度　规定的酸碱度范围应满足两方面的要求：①要适合临床使用的要求；②要使该药物处于最稳定状态。

4. 溶液的澄清度与颜色　药物溶解后的澄清度与颜色是产品质量优劣的一个综合指标，既表示了生产过程的 GMP 执行情况，同时也反映了该品种处方组成和生产工艺的合理性和先进程度。

5. 干燥失重或水分　药物含水量的规定应根据其化学本质和稳定性而定。

6. 炽灼残渣及重金属　炽灼残渣主要考察药物先经炭化，然后加硫酸灰化后残留的无机杂质。重金属是检查能与硫化氢或硫化钠作用生成有色硫化物的重金属。

7. 异常毒性　是指用指定的溶剂配成规定剂量的药液经口服、静脉注射或腹腔注射于实验动物（一般用小白鼠），通常在 48 小时内观察其因非药物本身引起的毒性反应以死亡或存活作为观察终点。如实验动物发生死亡，则反映该制品中含有的异常毒性物质超过了正常水平，不能供药用。

8. 热原　是指由微生物产生的能引起恒温动物体温异常升高的致热物质。它包括细菌性热原、内源性高分子热原、内源性低分子热原及化学热原等。

9. 降压物质　采用猫颈动脉血压法检查制品中是否有降低血压的物质。本试验为限度试验，以一定剂量的组胺做血压下降程度的对照标准，从而估计某供试品是否符合规定。

10. 无菌试验　是检查制品中是否染有活菌，药物能抑制或杀死对其敏感的微生物，但并不一定能将所有的微生物杀死，这些污染的微生物在药物存在时不能生长繁殖，而当除去药物后，在适当的条件下又可重新生长。

因此要严格控制生产工艺过程的无菌与无菌操作，消除一切染菌的隐患，才能保证制品无菌。

 实例分析

> **实例** 山东某生物科技有限公司在山东济宁新建年产 25000 吨的饲料级赖氨酸盐酸盐生产厂，其生产工艺为：淀粉 – 葡萄糖 – 工业发酵 – 离子交换提取 – 浓缩 – 结晶 – 干燥。在某次工业发酵过程中，工作人员发现菌体生长速度缓慢、菌体代谢异常，耗糖慢，pH 异常等现象，怀疑可能是染菌造成的。
>
> **问题** 1. 工作人员应该如何进行无菌检查？
>
> 2. 染菌判断的主要方法有哪些？
>
> 答案解析

11. 杂质

（1）**非毒性杂质** 那些在生产过程中产生的或分解后形成的，难以完全去除但基本上无毒的杂质。

（2）**毒性杂质** 在生产过程中带入或产生的对人体有害的生理活性物质，因此各国药典都严格加以控制。

12. 溶出度 药物从片剂等固体制剂在规定溶剂中溶出的速度和程度。溶出度是片剂质量控制的一个重要指标，对难溶性的药物一般都应作溶出度的检查。

（四）含量鉴定

1. 生物检定法 是根据抗生素对细菌作用的强度来测定其效价，生物检定法的特点是：方法合理，灵敏度高，所需样品的量少，应用范围广。包括两种方法：①管碟法；②比浊法。

2. 理化测定法 包括滴定法、紫外 – 可见分光光度法、高效液相色谱法等。此类方法准确、快速、专属性强，但测定结果只能代表药物的含量，不一定能代表效价。所以，一般适用于结构单一、纯度较高的抗生素，主要用于化学合成或半合成法制备的抗生素的含量测定。

二、发酵生产工艺验证

工艺验证也可称过程验证，指与加工产品有关的工艺过程的验证。

（一）要求

所有药品的生产和包装均应当按照批准的工艺规程和操作规程进行操作并有相关记录，以确保药品达到规定的质量标准，并符合药品生产许可和注册批准的要求。

工艺验证应当证明一个生产工艺按照规定的工艺参数能够持续生产出符合预定用途和注册要求的产品。

（二）内容

1. 采用新的生产处方或生产工艺前，应当验证其常规生产的适用性。生产工艺在使用规定的原辅料和设备条件下，应当能够始终生产出符合预定用途和注册要求的产品。

2. 当影响产品质量的主要因素，如原辅料、与药品直接接触的包装材料、生产设备、生产环境（或厂房）、生产工艺、检验方法等发生变更时，应当进行确认或验证。必要时，还应当经药品监督管理部门批准。

3. 清洁方法应当经过验证，证实其清洁的效果，以有效防止污染和交叉污染。清洁验证应当综合考虑设备使用情况、所使用的清洁剂和消毒剂、取样方法和位置以及相应的取样回收率、残留物的性质和限度、残留物检验方法的灵敏度等因素。

4. 应当根据确认或验证的对象制定确认或验证方案，并经审核、批准。确认或验证方案应当明确职责。

5. 确认或验证应当按照预先确定和批准的方案实施，并有记录。确认或验证工作完成后，应当写出报告，并经审核、批准。确认或验证的结果和结论（包括评价和建议）应当有记录并存档。

6. 应当根据验证的结果确认工艺规程和操作规程。

实践实训

实训四　硫酸庆大霉素生产模拟实训

一、实训步骤

（一）庆大霉素生产工艺

庆大霉素发酵工艺流程见图5-7，庆大霉素提炼工艺流程图5-8。

图 5-7　庆大霉素发酵工艺流程图

图 5-8　庆大霉素提炼工艺流程图

（二）生产孢子的制备

庆大霉素（gentamicin）常用菌种为绛红色小单孢菌（micromonmspora purpurea）。将砂土管保藏的孢子接种到斜面培养基上培养。

1. 斜面及平板分离培养基　麸皮 1.5%、琼脂 2.0%、碳酸钙 0.05%、天门冬酰胺 0.01%、磷酸二氢钾 0.03%、硫酸镁 0.05%、氯化钠 0.05%、硝酸钾 0.2%、玉米淀粉 1.0%，消前 pH 6.3 ~6.5。

2. 斜面及平板培养条件 培养温度 34℃，相对湿度 45% ~65%，培养 7 天。

（三）种子培养

1. 一级种子培养基 葡萄糖 0.2%、玉米淀粉 1.2%、玉米粉 2.0%、蛋白胨 0.3%、黄豆饼粉 1.2%、碳酸钙 0.7%、氯化钴 0.002%、硝酸钾 0.1%，消前 pH 7.5 ~7.6。

2. 二级种子培养基 葡萄糖 0.3%、玉米淀粉 2.0%、玉米粉 0.5%、蛋白胨 0.4%、黄豆饼粉 2.0%、碳酸钙 0.7%、氯化钴 0.001%、硫酸铵 0.1%、硝酸钾 0.1%、淀粉酶 0.01%、泡敌 0.02%，消前 pH 7.5 ~7.6。

3. 种子培养条件 培养温度 34℃，通气 1.0V/(V·min)，罐压 0.04 ~0.05MPa，培养 35 ~38 小时。

（四）发酵生产

1. 发酵培养基 葡萄糖 0.5%、玉米淀粉 5.0%、玉米粉 1.0%、蛋白胨 0.6%、黄豆饼粉 3.0%、碳酸钙 0.7%、氯化钴 0.001%、硫酸铵 0.1%、硝酸钾 0.15%、淀粉酶 0.02%、泡敌 0.03%，消前 pH 7.5 ~7.6。

2. 培养条件 培养温度 34 ~36℃，通气 1.0V/(V·min)，罐压 0.03 ~0.04MPa，培养 4 ~6 天。

3. 发酵中间控制

（1）发酵过程中采取补料补水工艺，补料培养基的组成与发酵培养基相同。严格控制补料时间、补料量、加水量，致使生产的罐批体积大、单位高。补料补水时间一般在 20 ~50 小时，每 8 小时左右补一次。50 小时以后如残糖浓度在 2.0%（g/100ml）以上可少量补水，补水量视具体情况而定。

（2）发酵过程中，一般每 6 小时取样一次，测定发酵液的 pH、菌丝浓度、残糖、残氮、庆大霉素效价等指标，同时取样做无菌检查，发现染菌及异常情况要及时处理。

（3）发酵过程中，当 pH 下降至 7.0 以下时直接用碱溶液进行调节，也可考虑通入氨水进行调节。庆大霉素菌种生长的最适 pH 一般为 6.8 ~7.3，产物合成的最适 pH 一般为 7.0 ~7.5。

（五）发酵液预处理

发酵结束后，大多数庆大霉素是与菌丝结合的，需用盐酸或硫酸酸化至 pH 1.5 ~2.5，使庆大霉素完全释放出来，然后用氢氧化钠中和至 pH 6.8 ~7.2，加水稀释，即可采用树脂提取。

（六）吸附和洗脱

庆大霉素生产上采用阳离子交换树脂，静态吸附，动态洗脱。向中和、稀释后的发酵液中投入 1 × 12 - H 型树脂或强酸 732 树脂，15 ~20℃搅拌 6 小时。采用振荡筛或转动筛将饱和树脂和发酵液分离，饱和树脂用 0.1%氢氧化铵与 0.05mol/L 氯化铵的混合液洗涤，然后再用去离子水洗至无 Cl^-，最后用 4% ~5%氨水洗脱。

（七）浓缩和干燥

洗脱液经 201 ×4 树脂脱色、薄膜浓缩去氨，得到 15 万 ~25 万 U/ml 的庆大霉素浓缩液。该浓缩液用 10%硫酸调 pH 4.5 ~5.5 成盐，用 3% ~5%活性炭脱色，经喷雾干燥后制得硫酸庆大霉素成品。

二、实训提示

（一）产品介绍

庆大霉素是一种氨基糖苷类抗生素，主要用于治疗细菌感染，尤其是革兰阴性菌引起的感染。特别是对铜绿假单胞菌和金黄色葡萄球菌有良好的抗菌效能，临床肌肉（静脉）注射后吸收迅速、完全，故被广泛应用于消炎退烧；同时，发现口服给药在体内难以吸收，在肠道中保持较高浓度，确保其杀菌效果，又被临床用于胃肠道和呼吸道感染。后又发现能促进饲料的利用率，在禽畜体内不留残毒或低残毒，于是又被广泛用于畜牧业，生产"绿色食品"。

（二）性质

常用其硫酸盐，为白色或类白色结晶性粉末；无臭；有引湿性。在水中易溶，在乙醇、乙醚、丙酮或三氯甲烷中不溶。

（三）实训过程注意事项

1. 庆大霉素产生菌的液体深层发酵过程分为生长期、生产期和衰亡期3个阶段。各期不仅代谢特征不同，细胞形态结构也发生明显变化。生长期绛红色小单孢菌菌丝充分伸展、分枝状，亚甲蓝染色深，菌体粗壮，表面布满颗粒。进入生产期，菌丝形成中等长度，并有中短分枝状，亚甲蓝染色较生长期浅，菌体粗壮，但表面微小颗粒很少。在衰亡期，菌体原生质染色浅，菌体断裂，破碎，界面模糊。因此发酵过程中细胞的形态结构可作为指导发酵生产的一个指标。

2. 在发酵生产中，钴对庆大霉素生物合成有刺激作用，同时影响组分比例。生产中使用氯化钴，其含量控制在 $10\mu g/ml$ 左右比较适宜。

3. 庆大霉素生产菌种是耗氧量较大的小单孢菌，如果通气量不足，发酵液中的溶解氧浓度降低，就要影响庆大霉素和C族组分的含量。

4. 实训时严格按照各种设备的操作规程进行操作。

5. 生产孢子的制备、种子的制备培养、发酵生产过程中操作应严格遵守无菌操作，并在不同阶段进行定时取样镜检观测、中间体测定以及控制。

6. 发酵过程涉及蒸汽加热，注意保护防止烫伤；设备操作要注意安全。

7. 提取过程会接触到大量的溶媒、硫酸等刺激性化学物质，操作时要注意穿戴好劳保防护用品，注意通风，要注意防火防爆，以免产生火灾或爆炸。

（四）实训场地

菌种室、发酵车间、分离纯化车间、检测室。

（五）主要设备及仪器

微机控制发酵系统及其配套设备、恒温培养箱、恒温摇床、无菌接种室、天平、磅秤、磁力搅拌器、高速离心机、喷雾干燥机等。

三、实训原始记录

（一）培养基配制原始记录

培养基配料原始记录见表5-1。

表 5-1　培养基配料原始记录

培养基类型		总量（L）		罐号		配料日期	
序号	原料名称	原料批号	配比（%）	用料量（kg）	称料量（kg）	备注	
1							
2							
3							
4							
5							
6							
7							
8							
配料人：			复核人：		日期：		

（二）培养基灭菌原始记录

培养基灭菌原始记录见表 5-2。

表 5-2　培养基灭菌原始记录

灭菌情况	时间		温度（℃）	压力（mPa）
	开始	结束		
保温				
配料体积	L		消后体积	L
操作者			复核者	
日期			日期	

（三）种子质量检测原始记录

种子质量检测原始记录见表 5-3、种子质量检测原始记录见表 5-4。

表 5-3　种子质量检测原始记录（存根）

种子批号		培养温度		培养时间	
检测项目	镜检		pH	备注	
检测结果	镜检图				
	文字说明				
检测员：＿＿＿＿＿		检测负责人：＿＿＿＿＿		检测时间：＿＿＿＿＿	

表 5-4　种子质量检测原始记录

种子批号		培养温度		培养时间	
检测项目	镜检		pH	备注	
检测结果	镜检图				
	文字说明				
检测员：＿＿＿＿＿		检测负责人：＿＿＿＿＿		检测时间：＿＿＿＿＿	

（四）发酵罐接种通知单 e 微课

发酵罐接种通知单见表5-5、表5-6。

表5-5 发酵罐接种通知单（存根）

种子批号			培养温度		培养时间	
种子检测项目	镜检					
	pH			备注		
	结果：经检测，该种子质量已合格，可用于接种，现通知接种工序接种					
发酵罐批号				接种时间		
种子检测员：		种子检测负责人：			日期：	
接种人员：		接种负责人：			日期：	

表5-6 发酵罐接种通知单

种子批号			培养温度		培养时间	
种子检测项目	镜检					
	pH			备注		
	结果：经检测，该种子质量已合格，可用于接种，现通知接种工序接种					
发酵罐批号				接种时间		
种子检测员：		种子检测负责人：			日期：	
接种人员：		接种负责人：			日期：	

（五）发酵液分析检测报告单

庆大霉素发酵液分析检测报告单见表5-7。

表5-7 庆大霉素发酵液分析检测报告单（存根）

发酵罐批号：_____ 发酵时间：_____ 检测员：_____

检测项目	检测结果	备注
镜检		
无菌试验		
菌浓（%）		
还原糖含量（g/100ml）		
氨基氮含量（g/100ml）		
发酵液效价（U/ml）		

检测负责人： 检测时间：

（六）发酵过程参数变化原始记录

庆大霉素发酵过程参数变化原始记录见表5-8。

表5-8 庆大霉素发酵过程参数变化原始记录

发酵罐批号：_____ 发酵起始时间：_____

项目	时间								
	h	h	h	h	h	h	h	h	h
无菌试验									
菌体形态									
菌浓（%）									

续表

项目	时间							
	h	h	h	h	h	h	h	h
温度（℃）								
pH								
DO（%）								
搅拌转速（r/min）								
通气量（L/min）								
还原糖浓度（g/100ml）								
氨基氮浓度（g/100ml）								
效价（U/ml）								
发酵控制人签名								

（七）实训考核

实训考核见表 5 – 9。

表 5 – 9 实训考核

考核点	考核要求	考核结果		
		优秀	及格	不及格
培养基的配制	准确按照培养基配方配制			
培养基的灭菌	温度、时间、压力控制适当			
接种	严格无菌操作			
发酵罐操作	操作正确			
发酵罐过程控制	温度、pH、溶氧、泡沫、补料、补氨水等的参数控制和操作正确			
染菌及异常情况处理	及时发现并作出处理			
树脂交换法提取庆大霉素	pH、饱和度、时间和浓缩比例等的参数控制和操作正确			
喷雾干燥法制备硫酸庆大霉素	温度、时间、压力等的参数控制和操作正确			

五、实训报告

专业_____ 班级_____ 学号_____ 姓名_____ 成绩_____

1. 项目名称_____

2. 实训目的_____

3. 实训仪器设备

4. 实训操作流程

5. 实训结果及分析

6. 实训评价

目标检测

答案解析

一、单项选择题

1. 菌种保存技术中，采用斜面低温保藏法一般可保存的时间为（　　）。

　　A. 1～3 个月　　　　B. 6 个月　　　　C. 1 年　　　　D. 5～10 年

2. 下列物质，（　　）不是培养基的有机氮源。

　　A. 氨水　　　　B. 玉米浆　　　　C. 蛋白胨　　　　D. 氨基酸

3. （　　）不能作为判断放罐的指标。

　　A. 产物浓度　　　　B. 溶解氧浓度　　　　C. 温度　　　　D. 菌丝形态

4. 以下可用于生物大分子与杂质分离并纯化的方法有（　　）。

　　A. 超滤　　　　B. 冷冻干燥　　　　C. 气机色谱法　　　　D. 蒸馏

5. 超声波法破碎细胞的主要原理是（　　）。

　　A. 研磨作用　　　　B. 脱水　　　　C. 空化作用　　　　D. 机械碰撞

二、多项选择题

1. 常用的灭菌方法有（　　）。

　　A. 蒸汽湿热灭菌　　　　　　　　　　B. 化学灭菌

　　C. 辐射灭菌　　　　　　　　　　　　D. 介质过滤灭菌

2. 在发酵过程中引起溶氧异常下降的可能原因是（　　）。

　　A. 污染好气性杂菌　　　　　　　　　B. 搅拌功率消耗变小或搅拌速度变慢

　　C. 菌体代谢发生异常现象　　　　　　D. 污染烈性噬菌体

3. 培养基的成分包括（　　）。

　　A. 无机盐　　　　B. 氮源　　　　C. 碳源　　　　D. 微量元素

4. （　　）可以减少泡沫形成。

　　A. 调整培养基结构　　　　　　　　　B. 增加有机氮源

　　C. 加消沫剂　　　　　　　　　　　　D. 改变搅拌速度

5. 适用于破碎细胞的非机械法有（　　）。

　　A. 超声破碎法　　　B. 渗透压冲击法　　　C. 冻结和融化法　　　D. 干燥法

三、简答题

1. 简述自然选育的主要步骤。

2. 培养基分批（实罐）灭菌过程中应注意哪些问题？

3. 发酵过程中为什么要补料？简述补料的内容和方式。

书网融合……

知识回顾　　　　微课　　　　习题

项目六　细胞工程制药技术

学习引导

　　细胞工程药物是指直接将动植物细胞在离体条件下进行培养、增殖，并从培养液中提取的对人类有用的产品或是应用细胞生物学、分子生物学等理论和技术，进行设计、操作，从遗传学水平改变细胞的特性，达到改良和产生药物的目的以及使细胞增加或重新获得产生某种特定药物的能力，再在离体条件下大量培养繁殖，获得细胞有用的代谢产物。

　　细胞工程药物原料的选择及提取技术直接影响细胞工程药物的品质，面对原料复杂、产物含量低、杂质多等技术性问题，应如何保证细胞工程药物的质量？如何判断最优的培养条件？

　　本项目主要介绍细胞工程药物原料的选择原则、常见细胞工程药物的培养方法及细胞工程制药技术的发展趋势。

学习目标

　　1. **掌握**　动物细胞基本知识；植物细胞基本知识；单克隆抗体基本概念、制备原理与制备方法；多克隆抗体制备技术。

　　2. **熟悉**　动物细胞融合和培养操作方法；植物细胞融合和培养操作方法。

　　3. **了解**　植物细胞融合和培养方法；动、植物细胞培养新进展。

任务一　动物细胞培养技术

PPT

一、动物细胞基本知识

（一）动物细胞的形态

　　动物细胞属于真核细胞，细胞结构与原核细胞有较大区别，而且各种细胞都有明确的分工。细胞为了适应其功能的需要，形态也发生了相应的变化。如肌肉细胞呈纺锤形，可起到收缩和伸展作用；神经细胞具有很长的分支，很多的纤维，可以接受和传递刺激。而上皮细胞由于覆盖在表面，常常相互挤压成不规则的正方形。动物细胞体积很小，肉眼一般看不到，须借助于显微镜才能看到。动物细胞的直径多在 $10 \sim 100\mu m$。迄今为止自然界中发现最大的细胞是鸵鸟的卵，卵黄直径可达到 5cm，最小的细胞是支原体，直径为 $50 \sim 300nm$。

（二）动物细胞的结构

动物细胞个头虽然微小，形状也千差万别，但是它们的结构却基本相同。显微镜下观察可以看到动物细胞的基本结构由三部分组成（图6-1）。

图6-1　动物细胞结构图

1. 细胞膜；2. 细胞质；3. 高尔基体；4. 核液；5. 染色质；6. 核仁；7. 核膜；8. 内质网
9. 线粒体；10. 核孔；11. 内质网上的核糖体；12. 核游离的核糖体；13. 中心体

1. 细胞膜　又称细胞质膜，是包围在细胞外面的薄膜，具有保护细胞内部结构和控制物质进出细胞的作用。

2. 细胞质　是细胞膜和细胞核之间的透明、黏稠的物质，称为细胞质。细胞器是分布于细胞质内、具有一定形态、在细胞生理活动中起重要作用的结构，许多物质的合成与分解变化都在这些细胞器中进行，细胞质是细胞生命活动的主要场所。

3. 细胞核　细胞内部有一个近似圆球状的结构是细胞核，是真核细胞区别于原核细胞的最显著的标志之一，细胞核内含有细胞大多数的遗传物质。

（三）动物细胞的分类

根据体外培养时动物细胞对生长基质的依赖性差异，可将动物细胞分为贴壁依赖性细胞、非贴壁依赖性细胞以及兼性贴壁细胞。

1. 贴壁依赖性细胞　此类细胞生长时需要附着于支持物表面，细胞依靠自身分泌的或培养基中提供的贴附因子才能在该表面上生长、增殖。大多数动物细胞以此种培养方式生长，包括非淋巴组织细胞和许多异倍体细胞。当细胞在该表面生长后，细胞分化变得不显著，失去了它们在动物体内的原有特征，贴壁后一般形成两种形态，即纤维样细胞型或上皮样细胞型。

2. 非贴壁依赖性细胞　此类细胞生长不依赖支持物表面，可在培养液中呈悬浮生长，如来源于血液的淋巴细胞、部分肿瘤细胞和转化细胞系等。

3. 兼性贴壁性细胞　此类细胞不严格依赖于支持物，可以贴附于支持物表面生长，但是在一定条件下，也可在培养基中呈悬浮状态生长，通常把这类细胞称为兼性贴壁性细胞。如小鼠骨髓瘤细胞系Sp2/0等。

（四）动物细胞的培养特性

除单细胞原生动物外，动物细胞培养过程具有以下特性：动物细胞较大，无细胞壁，机械强度相对较低，适应环境能力差；细胞生长缓慢，容易受到微生物污染，培养时需抗生素；动物细胞在培养过程中，细胞通常具有群体效应、锚地依赖性、接触抑制性及功能全能型；培养过程中，对氧的需求量少，并且不耐受强力通风和搅拌；培养过程中产物分布于细胞内外，反应过程成本较高，但产品价格昂贵；原代培养细胞一般繁殖 50 代即退化死亡。

（五）动物细胞的培养条件

1. 温度 哺乳动物细胞的生长温度为 35～37℃，偏离这一温度就会影响细胞正常的生长与代谢，甚至造成细胞死亡。当温度达到 41℃ 以上时，细胞将严重受损，但温度在 25～35℃ 时，细胞的生长速度虽然缓慢，但也能够生长，即使 4℃ 条件下细胞也能存活数日。如果在细胞培养物中加入适当比例二甲基亚砜（DMSO）或甘油，密封保存于 -80℃ 或液态氮中则可长期保存。

2. pH pH 的高低对细胞各种酶的活性、细胞壁的通透性以及许多蛋白的功能都有重要影响。细胞培养时最适 pH 为 7.2～7.4，当 pH 低于 6 或高于 7.6 时，细胞的生长就会受到影响，甚至导致死亡。个别的细胞系如表皮细胞可以在 pH 5.5 中维持存活。细胞生长越旺盛，代谢越活跃，培养液中的 pH 改变越迅速。因此，培养基中要加入各种缓冲系统，以维持培养基的 pH 稳定。最常用的缓冲系统有 Na_2HPO_4/NaH_2PO_4 缓冲系统、Tricine - Glycine 缓冲系统等。一般用酚红作为常用指示剂，根据酚红指示剂颜色的变化检验培养液的 pH 变化。

3. 气体条件 动物细胞在体内生长的环境中有 CO_2，在培养中要使用细胞培养箱。动物细胞生长较缓慢，常用空气、氧、二氧化碳和氮的混合气体进行供氧和调节 pH，常用 95% 空气和 5% 二氧化碳的混合气体。

4. 渗透压 动物细胞缺乏细胞壁，外界环境渗透压的高低变化会对细胞存活产生很大的影响。在培养哺乳动物细胞时，培养液的渗透压一般控制在 260～320mOsm/kg。不同细胞对渗透压的耐受性不同，如原代细胞比传代细胞敏感。人血浆渗透压为 290mOsm/kg，鼠细胞渗透压为 320mOsm/kg 左右。一般采用增减 NaCl 的方法。每增加或减少 1mg/ml 的 NaCl，可使培养基的渗透压增加或减少 32mOsm/kg。

5. 营养 动物细胞的培养基一般可分为三类：天然培养基、合成培养基和无血清培养基。

（1）天然培养基 直接采用取自动物体液或从组织中提取的成分作培养液，主要有血清、组织提取物和胚胎浸出液等。血清是天然培养基中最有效和最常用的培养基成分。它含有许多维持细胞生长繁殖和保持细胞生物学性状不可缺少的未知成分，还具有促进细胞贴壁以及中和有毒物质保护细胞的功能。水解乳蛋白、胶原是另外两种较好的天然培养基成分。前者是乳白蛋白的水解产物，后者是从动物真皮中提取的，具有改善细胞表面特性和促使其附着生长的作用。由于该类材料成分复杂、组分不稳定，来源有限，不适合大量培养和生产的需要。

（2）合成培养基 根据天然培养基的成分，人工设计模拟合成的，具有一定化学组成的培养基。合成培养基的化学成分主要为氨基酸、碳水化合物、蛋白质、核酸类物质、维生素、辅酶、激素、生长因子、微量元素及缓冲剂等。与天然培养基相比，有些天然的未知成分尚无法用已知的化学成分替代，因此，细胞培养中使用的基础培养基还必须加入一定量的天然培养基成分，如 10%～20% 小牛血清，以克服合成培养基的不足。合成培养基的优点是成分明确、组分稳定、可大量供应。

（3）无血清培养基　该培养基不添加动物血清，在已知细胞所需营养物质和贴壁因子的基础上，在基础培养基中加入激素和生长因子、结合蛋白、贴附和伸展因子有利于细胞生长的因子和元素。培养时采用逐渐适应的方法即逐渐减少血清加入的量，使本来在含小牛血清培养基中才能生长的细胞逐渐适应无血清培养基。无血清培养基的优点是减少了由血清带来的病毒、真菌和支原体等微生物的污染的危险；避免了血清中蛋白对某些生物测定的干扰，便于试验结果分析；细胞产品容易提纯。

6. 培养环境　无毒、无菌动物细胞生长时间长，培养液的营养又十分丰富，各种因素如环境中的微生物、培养基、培养器皿和操作者自身均可引起污染。培养基受污染后，pH 迅速改变，细胞外形模糊，甚至出现细胞集落。因此，防止污染是动物细胞培养的首要条件。细胞培养中，器材的清洗一般要经浸泡、刷洗、泡酸和清洗。用过的器材要尽快泡在 3% 的磷酸三钠溶液内过夜，然后用水、蒸馏水、无离子水冲洗。操作过程中所有的培养液和器皿等要按操作过程严格灭菌。培养液中通常需要加入适量的抗生素，如青霉素和链霉素双抗液可以抑制可能存在的细菌和霉菌的生长。

二、生产用动物细胞的获得

（一）原代细胞

原代细胞是指直接从机体取下细胞、组织和器官后立即进行培养的细胞。

原代细胞培养又称初代培养，是指从体内取出组织接种培养一直到第一次传代的阶段，一般持续 1~4 周（此处的"代"并不是细胞的"代"数，而是指细胞培养的次数），原代培养即第一次培养。

原代培养的主要步骤：从健康动物体内，无菌条件下取出适量的组织，剪切成小薄片；加入适量浓度的胰蛋白酶或胶原纤维素酶与 EDTA 等进行消化作用使细胞分散；将分散的细胞进行洗涤并纯化后，以 $2 \times 10^6 \sim 7 \times 10^6$ 细胞/毫升的浓度加在培养基中，37℃ 下进行原代培养，并适时进行传代培养。根据培养材料的不同，原代培养又可分为组织培养块和单层培养两种方法。

1. 组织块培养　将动物组织切成直径 $1 \sim 2mm^3$ 小块进行培养的方法。有些动物组织如人的皮肤细胞，由于分散成细胞十分困难，因此常常采用组织块培养法。具体操作是将采用血浆凝固、胶原固着或直接固着于培养器壁的组织块分别置于培养瓶中，加培养液后置 37℃ 的培养箱，通气培养，即可在组织块周围长出新的细胞单层，培养过程中可进行旋转或振荡培养。

2. 单层细胞培养　经机械以及消化分离成单个细胞或单一型细胞群，使之在体外模拟人体生理环境中制成细胞悬浮液，经计数、稀释后，接种于无菌培养液中，37℃ 下进行原代培养，细胞开始形成单层。正常组织初代单层细胞不能进行无限期繁殖。分散细胞常用的酶有胰蛋白酶、胶原酶等，其中胰蛋白酶应用最多。

（二）传代细胞

通过筛选、克隆从原代培养细胞中获得的具有某种特征的有限细胞株，如具有限增殖、$2n$、贴壁、接触抑制等特征的细胞株。

随着原代细胞的生长繁殖，需将细胞瓶中的细胞用胰蛋白酶等消化下来，制成细胞悬液，在转接分装到 2 个或 2 个以上的瓶中培养，称为传代培养。

组织细胞经原代培养后，细胞分裂增殖，培养物逐渐增多长满培养空间，继而相互接触，发生接触性抑制，生长速度减慢甚至停止，这时需将培养瓶中的细胞用胰酶消化下来，制成细胞悬液，转接到 2 个或 2 个以上的培养瓶中进行传代培养（图 6-2）。正常细胞分裂是有限的，一般人的正常细胞传代

50～60次就会衰老死亡，这称为有限细胞系，但其中个别细胞可自发地或人为地转化而成有无限生命力的细胞系成为连续细胞系或已确立的细胞系。肿瘤细胞是自发形成的连续细胞系，它们不受最高分裂次数的限制，可以无休止的繁殖传代下去，因此，肿瘤细胞又称为"永生细胞"，这种细胞不具有接触抑制性和组织分化能力。转化细胞具有无限的生命力，倍增时间短，对培养条件和生长因子要求较低，更适合于大规模培养。

图6-2 动物细胞培养过程

（三）转化细胞系

通过某个转化过程形成的，常由于染色体断裂变成异倍体，失去正常细胞特点，而获得无限增殖能力。转化细胞可以是自发形成（啮齿动物细胞多发）和人工操作形成（病毒感染后转化），或直接从动物肿瘤组织中建立的细胞系。通过某个转化过程形成，常由于染色体断裂成为异倍体，如CHO（中国仓鼠卵巢细胞）。

转化细胞具有无限生命力，一般具有倍增时间短、对外界培养条件要求较低等特点，更适合大规模培养的需要。

（四）融合细胞系

细胞融合是在自发或人工诱导下，两个不同基因型的细胞或原生质体融合形成一个杂种细胞的过程。融合细胞系主要为杂交瘤细胞。

（五）重组工程细胞系

构建含有目的基因的真核细胞表达载体（病毒载体、质粒载体），导入动物细胞，通过选择标记筛选工程细胞。重组工程细胞特点是能够瞬时表达及稳定表达，主要目的是在生产上获得高效稳定表达的工程细胞株。

三、细胞库的建立

生产用的工程细胞必须建立两个细胞库。

（一）原始细胞库

原始细胞库贮存时必须有该细胞的详细档案，包括细胞系的历史、细胞系特性、对各种有害因子的检查结果。

（二）生产用细胞库

从原始细胞库来，或从单一安瓿来，或从多个安瓿来即刻混合，经培养扩增再分装储存形成细胞库。需要建立档案，同时进行无菌、无细胞交叉污染的检查，确定最高使用的传代数。

四、动物细胞的大规模培养方法

动物细胞的大规模培养是指在人工条件下，高密度地大量培养通过基因工程、细胞融合或转化所构建的动物细胞，生产重组蛋白类等药物。

动物细胞培养的方法，一般可根据培养细胞的种类分为原代细胞培养和传代细胞培养；又可根据培养基形态的不同分为液体培养和固体培养；还可根据培养容器和方式的不同分为静止培养、旋转培养、搅拌培养、微载体培养、中空纤维培养、固定床或流化床培养等。

（一）动物细胞培养方法

1. 悬浮培养　可用专门设计的通气搅拌式反应器或气升式生物反应器进行培养，可以降低搅拌剪切力对细胞造成的伤害。采用气升式反应器进行培养，将含混合气体在反应器的底部经喷射管喷入反应器的中央导流管，气体沿培养器顶部逸出，另一部分则被引导沿反应器的内缘下降，直达反应器底部和新吹入的气体在反应器混合而再度上升。这样通过气体上下循环起到供氧及搅拌的作用。该培养方法的优点是操作简便，培养条件比较均一，传质较好，容易扩大培养规模，在培养设计时可以借鉴微生物发酵的经验。缺点是由于细胞体积较小，较难采用灌流培养。应用此类培养系统可以培养杂交瘤细胞生产单克隆抗体。

2. 贴壁培养　细胞贴附在一定的固相表面进行的培养称为贴壁培养。大多数动物细胞在离体培养条件下都需要附着在带有适量的正电荷的固体或半固体表面才能正常生长，并最终附着表面扩展成单层。动物细胞大规模贴壁培养常用的方法是转瓶（滚瓶）培养。转瓶培养的核心是采用可以摇动或转动的圆筒培养容器，能使细胞交替接触培养液和空气（图6-3、图6-4）。转瓶培养一般适用于小量培养到大规模培养的过渡阶段。早期通过该方法培养鸡胚和肾细胞大规模生产疫苗，现在也采用滚瓶培养技术培养基因工程细胞生产 EPO（促红细胞生成素）等基因工程产品，其培养规模可以达到数十升。该方法的优点是生产用动物细胞绝大多数贴壁细胞，适用范围广，较容易采用灌流培养方式使细胞达到高密度。缺点是操作麻烦，传代或放大时需要用蛋白酶等将其从瓶壁上消化下来，需要合适的贴附材料和足够的面积，培养条件不易均一，传质和传氧效果较差。

图 6-3　滚瓶培养过程　　　　　　图 6-4　动物细胞滚瓶培养

3. 贴壁-悬浮培养

（1）微载体培养　微载体是直径 60~250μm，能适用于贴壁生长的微珠，一般是由天然葡聚糖和各种合成的聚合物组成。将对细胞无害的微载体加入培养容器的培养液中，通过搅拌可使贴壁依赖性和兼性贴壁性细胞吸附于颗粒表面长成单层（图 6-5），在培养液中进行悬浮培养。许多淋巴组织细胞和异倍体肿瘤细胞都是贴壁依赖性细胞。因此，大规模培养动物细胞都要使用微载体或微珠。微载体培养动物细胞是适合大规模生产动物细胞以获取生物制品的非常有价值的培养技术。

图 6-5　动物细胞贴附在微载体上生长

理想的微载体应具备细胞快速附着、扩展和繁殖的特性；微载体材料对细胞生长无毒性，同时也不会产生影响产品和人体健康的有害因子；可以高压灭菌，允许细胞易于脱落；可反复使用等特点。微载体培养细胞的优点是细胞附着表面积增大；细胞生长环境均匀，条件易控制；取样及细胞计数简单；细胞与培养液易于分离；适合大规模培养；适于培养原代细胞、二倍体细胞以及基因重组细胞。

（2）微囊化培养　是借鉴固定化技术将细胞包裹在微囊中，在培养液中悬浮培养的一项技术（图 6-6）。首先采用海藻酸钠包埋细胞制成固定化凝胶颗粒，再用长链氨基酸聚合物、多聚赖氨酸包被形成坚韧、多孔可通透的外膜。膜孔的大小可根据需要而改变，然后液化小珠，使其成胶的物质从多孔膜流出，活细胞或生物活性物质留在多孔外膜内，置入气升式培养系统中进行增殖。微囊内的活细胞由于半透性微囊外膜，可以防止污染和物理损伤。营养物质和氧可通过膜孔进入囊内，囊内细胞代谢的小分子产物，可排出囊外，而分泌的大分子产物如 IgG，则不能透过膜孔，积聚在囊内（图 6-7）。固定后体系的形态和功能酷似活性细胞，所以称之为"人工细胞"。

图 6-6　微囊化神经组织细胞

图 6-7　微囊化细胞模式图

微囊培养的优点是包埋在微囊内的细胞可避免剪切力的损害；可以获得较高的细胞密度；控制微囊膜孔径后，可使产品浓缩在微囊内，有利于下游产物的分离提取，主要使用于生物反应器的大规模培养。

（3）中空纤维培养　中空纤维反应器由于剪切力小而广泛应用于动物细胞培养。中空纤维束是由聚砜或丙烯聚合物制成，管径为200μm。管壁是极薄的超滤膜，厚为50~75μm，电子显微镜下呈海绵状，富含毛细管。培养筒内是由数千根中空纤维束封存于特制的圆筒内组成。圆筒内有两个空间：每根纤维束的管内为"内室"，可灌流无血清培养液供细胞生长；管与管之间的间隙为"外室"，接种的细胞就贴附于"外室"的管壁上，并吸取从"内室"渗透出来的营养液生长。培养液中的血清输入"外室"，由于血清和细胞分泌产物（如单克隆抗体）的分子量大无法穿透到"内室"去，只能留在"外室"，并且不断浓缩。当需要收集这些产物时，只需要把管与管之间的"外室"总出口打开，产物就能流出来。细胞生长过程中产生的代谢废物，主要是小分子物质，可以透过管壁渗进"内室"，最后从"内室"总出口流出。一般细胞接种1~3周后，就可以完全充满管壁的空隙。细胞的厚度可达10层之多，细胞停止增殖后，仍可以维持其高水平代谢和分泌功能，长达几个星期，甚至是几个月。中空纤维培养的优点是培养器体积小，细胞密度高；产物浓度高，纯度高；自动化程度高，细胞生长周期长。缺点是不能重复使用；不能耐高压蒸汽灭菌，需用环乙烷消毒剂灭菌；难以取样检测；价格昂贵。

图6-8　中空纤维培养系统培养动物细胞原理图

(二) 动物细胞培养操作方式

动物细胞培养的操作方式和微生物发酵相同，通常也可分别分批式操作、补料-分批（或流加）式操作、半连续式操作、连续式操作和灌注式操作。其中补料-分批（或流加）式操作、连续式操作主要应用于微生物发酵培养中，在动物细胞培养应用很少。

1. 分批式操作　通常采用机械搅拌式反应器。动物细胞培养分批式操作有两种方式：一种是将细胞和培养基一次性加入反应器进行培养，随细胞不断生长、产物不断积累形成，最后将培养基、细胞和细胞产物一并取出，培养结束。如在气升式反应器或搅拌式反应器中培养杂交瘤细胞生产单克隆抗体就可采用分批式的操作方式。另一种是先将细胞和培养基加入反应器，待细胞生长到一定密度后，向反应器内加入诱导剂或病毒，经过一段时间作用，将反应物取出，生产Namalwa干扰素和疫苗可采用该操作方式。

分批式操作的特点是操作简单，培养周期短，染菌和细胞突变的风险小；培养时细胞处在一个相对固定的营养环境，能直观反映细胞的生长代谢过程；培养过程工艺简单，对设备和控制要求低，容易放大。

2. 半连续操作　通常采用机械搅拌式生物反应器、悬浮培养的形式进行操作。在当细胞和培养物一起加入反应器后，细胞增长和产物形成过程中，每间隔一段时间，从反应器取出部分培养物，再用新的培养液补足原有体积，使反应器中总体积保持不变。该操作方式的优点是操作简便，生产效率高，可长期进行生产，反复收获产品，而且可使细胞密度和产品产量一直保持较高的水平。

3. 灌流式操作　将细胞和培养基一起加入反应器后，在细胞增长和产物形成过程中，不断地将部分培养基取出，同时又连续不断地灌注新的培养基。它与半连续培养操作的不同之处在于取出部分培养基时，绝大部分细胞均保留在反应器内，而半连续培养在取出培养物的同时也取出了部分细胞。灌流培养常使用的反应器有机械搅拌式反应器和固定床或流化床反应器。它的优点是：细胞可处在较稳定的良好环境中，营养条件较好，有害代谢废物低；可极大地提高细胞密度和产品产量；产品在罐内停留时间短，可及时回收并在低温下保留，提高了产品质量；反应速率易控制，目标产品回收率高。连续灌流培养可用于动物细胞培养生产分泌型重组治疗性药物和嵌合抗体及人源化抗体基因工程。

五、动物细胞的保存、复苏

动物细胞保存的形式有组织块、细胞悬浮物及细胞单层培养物等形式，动物细胞在 20～30℃常温或 4℃低温条件下只能进行短期保存，通常只有 1 个月左右，因此需要不断地传代，这样既浪费人力又容易造成细胞变异；动物细胞常用保存的方式有常温、低温及超低温冷冻法 3 种。目前采用超低温冷冻方法可以对动物细胞进行长期的保存，下面对超低温冷冻方法进行介绍。

（一）超低温冷冻保存

1. 细胞经消化分散后，通常使用冷冻保护剂 10% 血清的培养液中加 5%～20% 的甘油或者 5%～12.5% 的二甲基亚砜（DMSO））将其预冷却，同时将细胞悬浮液稀释成 $2 \times 10^6 \sim 5 \times 10^6$ 个/毫升。冷冻保护剂是指可以保护细胞免受冷冻损伤的物质，它的具体作用是结合细胞中的水分子，降温时减少细胞中冰晶分子的形成，以免对细胞造成伤害。长期保存细胞时，二甲亚砜起作用快，毒性及黏性低，膜透性高，抗冻伤能力强，细胞复苏成活率高，保护作用要好于甘油。

2. 按 1 毫升/安瓿的量分装细胞悬液，在火焰下将安瓿封口。倘若剂量过大，保护剂对细胞渗透作用不匀，冷冻效果不好。

3. 将封口的安瓿放入程序降温盒，按每分钟下降 1℃的速度，缓慢冷冻，降至 -25℃。加保护剂的细胞悬液经缓慢冷冻，结冰产生于细胞外对细胞没有损伤。如果要长期保存，可以使用液氮罐，使用液氮罐冷冻时须戴手套操作，以免冻伤。

4. 冻结好的安瓿放入低温冰柜或液氮罐中，温度达 -150～-190℃。此时细胞的全部理化活动几乎处在停止状态。

（二）冷冻细胞复苏

保存细胞在继代培养前需复苏。将冰冻的细胞悬液安瓿取出后立即放入 37℃水浴中，使其快速融化，混匀后离心，将离心后的沉淀加入适量细胞培养液后接种到 1～2 瓶（100ml）细胞培养瓶中。在加保护剂的条件下，慢冻快融是保存、复苏细胞的关键。复苏后的细胞再进一步培养。

实例分析

实例 细胞冻存与复苏是细胞大规模培养中重要的环节，是决定长期培养细胞的关键环节，常采用冻存液，操作方法通常选择慢冻快融的方法。

问题 1. 为什么需要慢冻快融？

2. 冻存液的具体原理是什么？

答案解析

六、大规模动物细胞培养生产组织纤溶酶原激活剂

（一）概述

组织型纤溶酶原激活剂（tissue type plasminogen activator，t‑PA）是由血管内皮细胞合成的单链多肽，分子量约为 68000。t‑PA 能激活纤溶酶原形成纤溶酶，是体内纤溶系统的生理性激动剂，在人体纤溶和凝血的平衡调节中发挥着关键性的作用，是一种新型的血栓溶解剂。t‑PA 在组织和体液中含量甚微，分子量很大，从天然组织提取或人工合成药用 t‑PA 均有很大难度。这里介绍采用滚瓶大规模培养 CHO 细胞分泌生产 t‑PA。

（二）工艺过程

1. 组织纤溶酶原激活剂（t‑PA）工程细胞的大规模培养 从液氮中取出 CHO 工程细胞复苏。取 5L 玻璃转瓶，按每平方米表面积 2.5 L 的比例加入 Eagle 细胞培养液。将 CHO 工程细胞按常规方法消化分散、洗涤、计数、稀释成细胞悬液。将细胞悬浮液接种到转瓶之中，接种浓度为 3×10^3 个/毫升。置于细胞培养箱中，37℃下培养、通入含 5% CO_2 的无菌空气。等到长成致密单层之后，弃去培养液，用 pH7.4 的 0.1mol/L 磷酸缓冲液洗涤细胞单层 2~3 次。换入无血清 Eagle 培养液继续培养。每隔 3~4 天收获一次培养液，用于制备 t‑PA。同时向转瓶中加入新鲜培养液继续培养，如此反复，可获得大量 t‑PA。

2. 组织纤溶酶原激活剂（t‑PA）分离纯化 收集到的培养液中，加入蛋白酶抑制剂（aprotinin）至 5 万单位/毫升。加吐温 80 至 0.01%，过滤，除去沉淀，滤液稀释 3 倍。稀释液上柱，以 5ml/min 的流速进入 IgG‑Sepharoes4B 亲和柱（直径 4cm×长度 40cm）。用含 0.01% 的吐温 80、2.5 万单位/毫升的蛋白酶抑制剂（aprotinin）以及 0.25mol/L 的 KSCN 的 pH 7.4 的 0.1mol/L 的磷酸缓冲液以同样的流速洗涤亲和柱，以除去杂蛋白。最后用 3mol/L 的 KSCN 溶液洗脱亲和柱，以每管 10~15ml 的体积进行分区收集。合并 t‑PA 的洗脱峰，装入透析袋内，埋入到 PEG 2000 中浓缩至原体积的 1/10~1/5，得 t‑PA 粗提物。

3. 组织纤溶酶原激活剂（t‑PA）精制 t‑PA 粗提物进 Sephadex‑G‑150 柱（直径 2cm×长度 100cm），用含 0.01% 的吐温 80 的 1mol/L 的 NH_4HCO_3 溶液以 23ml/min 的流速进行洗脱。以每管 10~15ml 的体积进行分区收集合并 t‑PA 的洗脱峰，于冻干机中进行冻干，得 t‑PA 精品。

即学即练

非动物细胞培养必须的条件是（　　）。

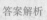
答案解析

A. 无菌、无毒的环境　　　　　　B. 适宜的温度和 pH

C. O_2 等气体环境　　　　　　　D. 适宜的光照条件

PPT

任务二 动物细胞融合技术

一、动物细胞融合基本概念及原理

（一）动物细胞融合基本概念

1. 动物细胞融合技术 也称动物体细胞杂交技术。在离体条件下用人工的方法把两个或两个以上的体细胞合并一起，它与两个性细胞的结合（受精）不同，精子、卵子的结合是有性融合，必须在体内进行，不同生物的远缘杂交一般受到严格限制，偶有远缘杂交出现，产生的杂种子代也是不育的。动物体细胞的无性杂交才是真正意义上的细胞融合技术。

2. 杂交细胞 融合后形成的具有原来两个或多个细胞遗传信息的单核细胞称为杂交细胞。

（二）动物细胞融合的机制

细胞融和分为异核体形成与杂种细胞形成两个阶段。异核体形成后有两种去路，或在短期培养后死亡，或存活下来。存活的异核体经历有丝分裂、双亲染色体混杂，可产生两个称为合核体的单核杂种细胞。融合基本过程：细胞在诱导剂或在正弦电场的作用下凝集，彼此靠近；两个相邻细胞之间的质膜相互融和，随后两个亲本细胞质膜上的受体等质膜成分也在融和后的质膜上重新分布；细胞质发生融和；细胞核融和，形成单核融和细胞。

（三）影响细胞融合因素

影响动物细胞融合的因素很多，除了融合剂以外，还有细胞性质、温度、pH 以及离子种类和离子强度等。

1. 细胞性质和种类 亲本细胞的表面性质对细胞融合率的影响非常大。亲本细胞表面有绒毛不规则的容易融合，而表面光滑者不易融合。

细胞种类不同，融合效果也不同，如癌细胞较易融合，而淋巴细胞或血球细胞几乎不融合。

2. 温度和运动状态 细胞融合时都需要适宜的温度条件，否则，细胞融合率就下降或者不发生融合。如仙台病毒诱导欧利希腹水癌细胞融合时，37℃易于融合，而融合效率与病毒量成正比，但34℃下振摇融合率下降，37℃不振摇几乎不融合。

3. pH 和氧 细胞融合时对 pH 要求比较严格。一般在 7.4~7.8 范围内，耗氧量也比较大，过高过低及缺氧细胞都不能融合。因此，细胞在融合过程中一定要保证适宜 pH，并且有充足的氧量供应。但有些细胞在无氧条件下也能发生融合。

4. 离子种类和离子强度 很多细胞融合时要求必须有 Ca^{2+} 存在，否则不发生融合，甚至细胞性质也会发生变化。细胞融合时一般最适离子强度为 0.1mol/L。实验表明，Sr^{2+}、Ba^{2+}、Mn^{2+}、Mg^{2+} 等可以替代 Ca^{2+}，其浓度要求比 Ca^{2+} 大得多。

（四）杂种细胞筛选的原理

筛选的目的是为了获得遗传性状比亲本细胞更加优良的杂种细胞。两种亲本细胞融合后会形成 5 种类型的细胞：即异型融合细胞（双核和多核）、两种同型融合细胞（双核和多核）以及未发生融合的两种亲本细胞。筛选的原理是在培养过程中用选择性培养基杀死后面 4 种类型的细胞。如图 6-9 所示，同型多核融合的细胞 C、D 因不能合成 DNA，失去繁殖能力而死亡。异型多核细胞 F 虽能合成 DNA，但细胞核不能进行再次分裂，失去繁殖能力而死亡。最后只剩下异型双核细胞，它既能合成 DNA，还能经核融合形成杂种细胞，具有生长和增殖能力。因此，要根据筛选系统选择合适的亲本细胞或根据细胞的生理生化特性选择合适的筛选系统。

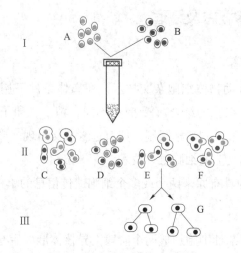

图 6 – 9　杂种细胞筛选示意图

Ⅰ. PEG 诱导细胞融合；Ⅱ. 融合后形成 5 类细胞；Ⅲ. 在选择行培养基中筛选杂种细胞

A、B. 两种类型的酶缺陷型亲本细胞；C. 两种同型融合细胞；D. 未融合的两种细胞；E. 异型双核细胞；F. 异型多核细胞；G. 杂种细胞

二、动物单个细胞的获得

动物虽然没有细胞壁，但细胞间的连接方式多样而复杂，在进行有效的细胞融合之前，必须获得单个分散的细胞。

（一）组织的获得

采用适宜的方法处死动物，取出组织块放入小烧杯中，用剪刀将组织块剪碎成 1mm³ 大小，用吸管吸取 Hanks 溶液冲下剪刀上的碎块，补加 3～5ml 的 Hanks 溶液，用吸管轻轻吸打，低速离心，弃去上清液，留下组织块。

（二）组织消化

通过生物化学的方法将剪碎的组织块分散成细胞团或单细胞。根据不同的组织对象采用不同的酶消化液以获单个分散细胞。如最常用的有胰蛋白酶和胶原酶等。其他的酶如链霉蛋白酶、黏蛋白酶、蜗牛酶等也可用于动物细胞的消化。EDTA 最适合消化传代细胞，常与胰蛋白酶使用。个别细胞（如小鼠脾细胞）可直接研磨获取。

三、动物细胞融合方法

根据细胞融合技术的发展及研究内容，促进细胞融合的方法主要有以下几种。

（一）生物学法

病毒是最早被采用的融合剂，常使用的病毒包括仙台病毒、疱疹病毒、天花病毒、副流感型病毒及一些致癌病毒均能够诱导细胞融合。用作融合剂的病毒必须事先用紫外线灭活，使病毒的感染活性丧失而保留病毒的融合活性。最常用的是灭活的仙台病毒（HVJ），仙台病毒具有毒性低、对人危害小、容易被紫外线灭活等优点。灭活的仙台病毒诱导融合的过程如图6-10所示。两个原生质体或细胞在病毒黏结作用下彼此靠近；通过病毒与原生质体或细胞膜的作用而使两个细胞膜间互相渗透，胞质互相渗透；两个原生质体的细胞核互相融合，融为一体；进入正常的细胞分裂途径，分裂成两种染色体的杂种子细胞。病毒诱导融合优点是融合频率较高，病毒容易培养。缺点是病毒不稳定，保存过程中活性会降低。而且病毒引进细胞后，可能对细胞活动产生影响。目前，已经很少使用。

（二）化学法

聚乙二醇（PEG）是一种多聚化合物，其活性稳定，使用方便，同时促进细胞融合，比病毒更容易制备和控制。常用于融合的 PEG 相对分子量为 1000～6000。PEG 促进细胞融合的机制可能是其脱水作用导致细胞凝集，并使细胞膜结构发生变化，也可能是由于它能改变膜表面电荷和膜电位，而使膜蛋白颗粒聚集以及脂层分子重排所致。PEG 诱导融合是目前使用最多的细胞融合方法。PEG 融合优点是成本低，不需要特殊设备；融合子产生的异核率较高；融合过程不受物种限制。缺点是操作过程较繁琐，同时 PEG 可能对细胞有毒害。

（三）物理法

1. 电融合诱导法　将两种细胞的混合液置于 10～100 V/cm 低压交流电场中，极化成偶极子并通过偶极子作用使细胞聚集成串珠状，然后施加高压电脉冲，以使细胞融合（图6-11）。一般击穿电压 0.5～10 kV/cm，作用时间 30～50 秒。电融合技术诱导细胞融合频率高、对细胞无毒害、操作简便，诱导过程可控性强，可以免去细胞融合后的洗涤工作。但需要购置专用的细胞电融合装置（细胞电融合仪）。

图 6-10　用灭活的病毒诱导动物细胞融合过程示意图　　　　图 6-11　动物细胞的电融和基本操作

2. 激光诱导法　细胞之间相互接触是实现细胞融合的前提，除了采用病毒、化学剂和电的方法使细胞接触，还可以利用激光诱导细胞融合。光镊所形成的光学势阱，会把细胞拉向光束中心，钳住细胞，从而实现对生物粒子远距离非接触式捕获。激光诱导需采用微操作方法，设备非常昂贵，但总体效率并不高。

四、融合细胞筛选

（一）抗药性选择筛选

利用生物细胞对药物敏感性的差异筛选杂种细胞的方法称为抗药性筛选系统。由于不同细胞的生理生化特性不同，同一种药物对不同细胞的作用差异很大，即使不同药物对同一种细胞的作用部位、作用效果也不一样。如果某一种亲本细胞的生长容易受到 A 药物的抑制，而对 B 药物不敏感；另一种亲本细胞的生长对 A 不敏感，却受到 B 的抑制，则将这种亲本细胞融合的混合物放于含有 A、B 两种药物的培养基上进行培养，其结果是这两种亲本细胞都不能生长而死亡，只有二者的融合子可以存活并生长。这样经过反复的分离、移植和继代培养，最终可以选出理想的特定融合细胞。

（二）营养互补选择筛选

有些细胞在一些营养物如氨基酸、碳水化合物、嘌呤、嘧啶或者维生素的合成能力上出现缺陷，而难以在缺少这种营养成分的培养基中存活，这类变异的细胞便称为营养缺陷型细胞。将两种不同营养缺陷型的细胞作为亲本进行融合，所形成的原养型融合细胞可以在缺少两种营养成分的培养基上生长，而亲本细胞则不能生长。如一种亲本细胞为色氨酸缺陷型，另一种细胞为苏氨酸缺陷型，在选择培养基中不加色氨酸和苏氨酸，则只有融合的杂种细胞才能生长。

（三）HAT 筛选系统

具体内容见任务三单克隆抗体技术。

五、电融合法制备骨肉瘤融合细胞瘤苗

（一）概述

复发和肺转移是威胁骨肉瘤患者生命的主要矛盾。但由于尚未发现明确的骨肉瘤特异性抗原，因此将经过修饰的骨肉瘤细胞作为肿瘤疫苗是应用于骨肉瘤的治疗有效途径之一。下面介绍采用电融合技术制备骨肉瘤与抗原提呈细胞（主要是巨噬细胞）的融合细胞，并对其相关的免疫学特性加以分析，为其作为肿瘤疫苗应用于骨肉瘤患者的治疗提供理论指导。

（二）融合过程

1. 细胞培养　肿瘤细胞和融合细胞均培养在含 10% 胎牛血清 RPMI – 1640 的培养基中，0.25% 的胰蛋白酶消化传代。

2. 巨噬细胞分离　拉颈处死成年 SD 大鼠全身 70% 乙醇灭菌后，在超净台中剪开腹腔。用滴管加入 10ml RPMI – 1640 不完全培养基灌洗，小心吸出培养基。1000r/min，离心 5 分钟，收集巨噬细胞，培养在含 10% 胎牛血清的 RPMI – 1640 培养基中。

3. 细胞融合　应用细胞融合仪按 1∶5 融合巨噬细胞和 UMR – 106 细胞。使用 3.2mm 融合电极，AV

为 30V 10s；DC 为 640V 30μs；2 个脉冲。

4. 融合细胞筛选及分离效果检测　应用 MACS 磁性分选仪和 MS⁺ 分选柱，按 CD68 单抗分选试剂盒，按使用说明操作，分离出 CD68⁺ 细胞。分选出的细胞做连续传代排除未融合的巨噬细胞，获得相对较纯的融合细胞（MUFs）。通过电穿孔仪融合的细胞，用磁性分选仪加以纯化，结果表明磁性分选对阳性细胞的回收效率为 84.2%，纯化后阳性细胞的纯度为 95.6%。

5. 结果　电融合与磁性分选技术相结合可获得 95% 的融合细胞纯度。流式细胞仪测定表明，融合细胞可表达较高的 MHC - Ⅰ 、Ⅱ 类抗原。其软琼脂克隆形成能力明显降低，而诱导 CTL 细胞杀伤的能力则显著提高。

任务三　单克隆抗体技术

PPT

一、单克隆抗体制备基本概念

（一）克隆

由最初一个细胞元件繁殖而形成的纯的细胞基团，称一个克隆。

（二）单克隆

由一个细胞经无性繁殖而形成的遗传性状完全相同的细胞群。

（三）单克隆抗体

抗体是指能与相应的抗原产生特异性结合的具有免疫功能的球蛋白，是由 B 淋巴细胞在机体免疫系统受到刺激后而合成分泌的。

B 细胞群受抗原刺激后能产生针对抗原决定簇的特异性抗体，一个机体能够产生多达 100 万种特异性不同的抗体，但一个 B 细胞却只能分泌一种特异性抗体。通过把能分泌某种特异抗体的一个 B 淋巴细胞分离出来，培养单个杂交瘤细胞，使之无性繁殖形成细胞集落。同一个克隆的杂交瘤细胞基因相同，合成并分泌的特异性抗体均一。这种由单一克隆的 B 淋巴细胞杂交瘤产生的，识别抗原分子上某一特定抗原的决定簇的抗体，称为单克隆抗体（MAb）。

（四）单克隆抗体技术

用细胞融合技术将免疫后的 B 淋巴细胞和骨髓瘤细胞融合成杂交瘤细胞，通过筛选，经单个细胞无性繁殖（克隆化）后使每个克隆能持续地产生只作用于某一个抗原决定簇的抗体技术。单克隆抗体的制备包括动物细胞的选择与免疫、细胞融合、杂交瘤细胞的选择、检测抗体、杂交瘤细胞的克隆化和冻存以及单克隆抗体的大量生产等技术（图 6 - 12）。

图 6 - 12　单克隆抗体制备过程图

二、细胞融合前的准备

（一）动物细胞的选择与免疫

免疫细胞是经特定抗原免疫能产生目的抗体的动物淋巴细胞，并且免疫动物种系要与骨髓瘤细胞系一致或有相近亲源关系。免疫的目的是让 B 淋巴细胞在抗原的刺激下分化、增殖，使这些 B 淋巴细胞与骨髓瘤细胞融合后形成能分泌特异性抗体的杂交瘤。

一般选用纯种 8～12 周龄 BALB/c 雌性小白鼠作为免疫动物，与同品种白鼠的骨髓瘤细胞融合，所得的杂交瘤细胞染色体稳定，也能较理想地分泌抗体。其他比如人鼠或兔鼠所得的杂交瘤细胞染色体不稳定，分泌抗体的能力在继续培养中很快的丧失。

免疫方法采用体内免疫和体外免疫，体内免疫法适用于免疫原性强、抗原量较多时应用。颗粒性抗原（如细菌、细胞抗原）的免疫性强，可不加佐剂，直接注入腹腔细胞进行初次免疫，间隔 1～3 周，再追加免疫 1～2 次。可溶性抗原则按每只小鼠 10～100μg 抗原与福氏完全佐剂等量混合后注入腹腔，进行初次免疫，间隔 2～4 周，选用不加佐剂的原抗原追加免疫 1～2 次。一般在采集脾细胞前 3 日由静脉注射最后一次抗原。

体外免疫是在不能采用体内免疫法的情况下，如制备人源性单克隆抗体，或者抗原免疫原性极弱且能引起免疫抑制时使用。其基本方法是用 4～8 周龄 BALB/c 小鼠的脾脏制成单细胞悬浮液，再加入适当抗原，使其浓度达到 0.5～5μg/ml，在 5% CO_2、37℃ 下培养 4～5 天，再分离脾细胞，进行细胞融合。体外免疫的优点是所需的抗原极少，一般只需要几微克，免疫期短，仅 4～5 天，干扰因素少。缺点是融合后产生的杂交瘤细胞株不够稳定。

（二）骨髓瘤细胞的获得与培养

首先，骨髓瘤细胞本身不分泌抗体，第二骨髓瘤细胞系应和免疫动物属于同一品系，这样杂交融合率高，便于接种杂交瘤细胞在同一品系小鼠腹腔内产生大量的 MAb。在已经建立融合用的瘤细胞株中，最常用的是纯系小白鼠的腹水型浆细胞（如 NS–1 和 Sp2/0 等细胞株）。

骨髓瘤细胞的培养可利用一般的动物细胞培养液（比如 RPMI1640 或 DMEM 培养液）。小牛血清的浓度一般在 8%～15%，细胞的最大密度不得超过 10^6 个/毫升，一般扩大培养以 1∶10 稀释传代，每3～5 天传代一次。细胞的倍增时间为 16～20 小时。

一般在准备融合前两周就应开始复苏骨髓瘤细胞。保证骨髓瘤细胞处于对数生长期和良好的细胞形态，融合前一天换液培养，融合时活细胞计数高于 95% 也是决定细胞融合的关键。

三、细胞融合和杂交瘤细胞选择

正常机体免疫系统的 B 淋巴细胞在抗原的刺激下，都能够被活化、增殖和分化为浆细胞，从而具有针对这种抗原分泌特异性抗体的能力。由于 B 淋巴细胞的量和这种能力是有限的，不可能持续分化增殖下去，所以产生免疫球蛋白的能力也是极其微小的。如果将这种 B 淋巴细胞与非分泌型的骨髓瘤细胞融合形成杂交瘤细胞，再进一步克隆化，这种克隆化的杂交瘤细胞就可以既具有瘤的无限生长能力，又具有产生特异性抗体的 B 淋巴细胞的能力，将这种克隆化的杂交瘤细胞进行培养或注入小鼠体内既可以获得大量的高效价、单一的特异性抗体，即单克隆抗体。

（一）细胞融合流程（化学法）

细胞融合（化学法）的流程见图 6 – 13。

致敏淋巴细胞　SP2/0细胞　　50% PEG　　　培养液

离心　　　　　37℃摇动　　　　离心　　　　HAT培养液悬浮细胞，
置培养孔内

图 6 – 13　细胞融合流程

1. 取对数生长的骨髓瘤细胞，离心，弃上清液，用不完全培养液混悬细胞后计活细胞数，取所需的细胞数，用不完全培养液洗涤 2 次。同时制备免疫脾细胞悬液（研磨法），用不完全培养液洗涤 2 次。

2. 将骨髓瘤细胞和脾细胞按 1∶10 或 1∶5 的比例混合在一起，在 50ml 塑料离心管内用不完全培养液洗涤 1 次，离心，弃上清液，用滴管吸净残留液体。

3. 轻轻敲打离心管使混合细胞散开，30 秒内加入预热的 PEG（50% PEG4000）0.5ml，边加边轻轻搅拌，在室温融合，注意滴加过程中尽量增加细胞暴露接触 PEG 机会，把细胞沉淀变成均质的悬液。在 8 分钟内连续缓慢滴加 10 次 1ml（共 10ml）不完全培养液（预热 37℃），终止 PEG 作用。

4. 离心，弃上清液，用含有 20% 小牛血清的 RPMI1640 培养液等轻轻混悬。将融合后细胞悬液加入 96 孔板，100 微升/孔，37℃、5% CO_2 培养箱培养，以后进行杂交瘤细胞的选育分离。

（二）杂交瘤细胞的选育

在融合细胞管内加入含有 20% 胎牛血清，稀释至 2×10^5 个细胞/0.1ml 的细胞浓度，在 96 孔板上进行培养（0.1 毫升/孔）。次日检查有无污染，若正常，换液（毛细管吸出半量培养液，每孔补充 200μl HAT 培养液），以后隔日一换。两周后改用 HT 培养液换液，换 3 ~ 5 次后改用 D – 5 培养液培养。杂交融合的细胞在培养液中一般 5 ~ 6 天后有新的细胞克隆出现，未融合的脾细胞和骨髓瘤细胞 5 ~ 7 天后便逐渐死亡。使用酶联免疫法（ELISA）检测各孔培养上清液，发现目的抗体阳性孔是杂交瘤细胞，将细胞从 96 孔板中转移至 24 孔板中继续扩大培养。

四、杂交瘤的克隆化

杂交瘤克隆化是指融合细胞在选育培养过程中，如果上清液内检出目的抗体，则需要立即进行细胞的克隆化。因为经过 HAT 筛选后的杂交瘤克隆不能保证一个孔内只有一个克隆。在实际工作中，可能会有数个甚至更多的克隆，可能包括抗体分泌细胞、抗体非分泌细胞、所需要的抗体（特异性抗体）分泌细胞和无关抗体的分泌细胞。要想将这些细胞彼此分开就需要克隆化。克隆化的原则是，对于检测抗体阳性的杂交克隆尽早进行克隆化，否则抗体分泌的细胞会被抗体非分泌的细胞所抑制，因为抗体非分泌细胞的生长速度比抗体分泌的细胞生长速度快，二者竞争的结果会使抗体分泌的细胞丢失。即使克隆化过的杂交瘤细胞也需要定期的再克隆，以防止杂交瘤细胞的突变或染色体丢失，从而丧失产生抗体的能力。克隆化的方法很多，包括有限稀释法、软琼脂平板法、显微操作法及荧光激活分离法等。

当目的杂交瘤细胞克隆率低（在 10^{-3} 以下），或被克隆化的细胞不能稳定培养下去时多用有限稀释法。有限稀释法是待抗体分泌孔的杂交瘤细胞生长到小孔面积 1/3 ~ 1/2 时，用含有 20% 胎牛血清的 HAT 培养液将细胞稀释成 5 个细胞/0.2ml 和 1 个细胞/0.2ml 两种浊度，按每孔 0.2 ml 的接种量接种于 96 孔培养板，置于 5% CO_2 的 37℃ 培养箱中培养，然后检测抗体分泌情况。一般需做三次以上的有限稀释培养，才能得到比较稳定的单克隆抗体细胞株。筛选出的杂交瘤细胞生长缓慢，遗传不稳定，为了使杂交瘤细胞很好的繁殖，必须加入饲养细胞，才能够使有限稀释的克隆效率几乎达到 100%，饲养细胞多使用腹腔细胞、胸腺细胞或脾细胞。

软琼脂法是先在培养皿中制备饲养细胞（小鼠腹腔细胞）单层，临用前将 2.0% 琼脂糖生理氯化钠溶液溶液与等量双倍浓度的 HT 培养液混匀，配成 1% 琼脂糖培养液，45℃ 水浴中温育。吸去平皿上层培养液，加入 1% 琼脂糖培养液 3ml，室温 10 分钟。取杂交瘤细胞悬液 1ml，加入 1% 琼脂糖培养液 1ml 混匀，铺于上层。37℃、7.5% 湿润培养 7 ~ 14 天，出现肉眼可见细胞集落；克隆生长至 2mm 时，在显微镜下用毛细吸管将集落移种到培养板孔内，扩大培养。吸取上清液，检测抗体，阳性孔可继续克隆化，或扩大培养、冻存。将 5 个细胞/0.2 ml 的杂交瘤细胞接种在含有 0.5% 琼脂的细胞培养液平皿内，置于 5% CO_2 的 37℃ 培养箱中培养。最后，挑选出单个的杂交瘤细胞。杂交瘤细胞克隆化后，再通过细胞培养提取细胞上清液；或将杂交瘤细胞注入小鼠腹腔内增殖收集腹水，提取单克隆抗体。

五、抗体的检测

筛选杂交瘤细胞通过选择性培养而获得的杂交细胞中仅少数能分泌针对免疫原的特异性抗体。检测抗体的方法应根据抗原的性质、抗体的类型不同，选择不同的筛选方法。一般以快速、简便、特异、敏感为筛选原则，常用方法如下。

（一）放射免疫测定

放射免疫测定（radioimmunoassay，RIA）可用于可溶性抗原、细胞单克隆抗体的检测。

（二）酶联免疫吸附试验

酶联免疫吸附试验（enzyme – linked immunosorbant，ELISA）可用于可溶性抗原（蛋白质）、细胞和病毒等单克隆抗体的检测。

（三）免疫荧光试验

免疫荧光试验（immunofluorescence assay，IFA）适合细胞表面抗原的单克隆抗体的检测。

（四）其他

如间接血凝试验、细胞毒性试验、旋转黏附双层吸附试验等。

六、杂交瘤细胞的冻存与复苏

（一）杂交瘤细胞的冻存

二甲亚砜（DMSO）是常用的冻存保护剂。冻存液最好预冷，操作动作轻柔、迅速。冻存时从室温可立即降至 0℃ 后放入 -70℃ 超低温冰箱，次日转入液氮中。

（二）细胞复苏方法

将玻璃安瓿自液氮中小心取出，放 37℃ 水浴中，在 1 分钟内使冻存的细胞解冻，将细胞用完全培养液洗涤两次，然后移入前一天已制备好的饲养层细胞的培养瓶内，置 37℃、5% CO_2 孵箱中培养，当细胞形成集落时，检测抗体活性。

七、单克隆抗体的大量生产

单克隆抗体的生产分为体外法和体内法。前者是采用转瓶或生物反应器对杂交瘤细胞进行大规模培养并表达相应的单抗；后者则是通过动物体培养杂交瘤细胞生产单抗。

（一）体外培养法

体外使用旋转培养管大量培养杂交瘤细胞，从上清液中获取单克隆抗体。但此方法产量低，一般培养液内抗体含量为 10 ~ 60μg/ml，如果大量生产，费用较高。

（二）动物体内诱生法

1. 实体瘤法　对数生长期的杂交瘤细胞按 $1 ~ 3 \times 10^7$ 个/毫升接种于小鼠背部皮下，每处注射 0.2ml，共 2 ~ 4 点。待肿瘤达到一定大小后（一般 10 ~ 20 天）则可采血，从血清中获得单克隆抗体的含量可达到 1 ~ 10mg/ml。此种方法相对容易操作，但采血量有限。

2. 腹水的制备　常规是先腹腔注射 0.5ml Pristane（降植烷）或液状石蜡于 BALB/c 鼠，1 ~ 2 周后腹腔注射 1×10^6 个杂交瘤细胞，接种细胞 7 ~ 10 天后可产生腹水。密切观察动物的健康状况与腹水征象，腹水尽可能多，而小鼠濒临死亡之前，处死小鼠，用滴管将腹水吸入试管中，一般一只小鼠可获得 1 ~ 10ml 腹水。也可用注射器反复抽吸，可反复收集数次。腹水中的单克隆抗体含量可达 5 ~ 20mg/ml，这是目前最常用的方法。还可将腹水中细胞冷冻保藏，复苏后转种小鼠腹腔则产生腹水快、产量多。

八、单克隆抗体的鉴定

对制备的单克隆抗体进行系统的鉴定十分必要。通常对其做如下方面的鉴定。

（一）特异性鉴定

除用免疫（抗原）进行抗体的检测外，还应用与其抗原成分相关的其他抗原进行交叉试验，方法可用 ELISA、IFA 法。

1. 制备抗黑色素瘤细胞的抗体，除用黑色素瘤细胞反应外，还应用其他器官的肿瘤细胞和正常细胞进行交叉法反应，以便挑选肿瘤特异性或肿瘤相关抗原的单克隆抗体。

2. 制备抗重组的细胞因子的抗体，应首先考虑是否与表达菌株的蛋白有交叉反应，其次是与其他细胞因子间有无交叉反应。

（二）抗体的 Ig 类与亚类的鉴定

一般在用酶标或荧光素标记的第二抗体进行筛选时，已经基本上确定了抗体的 Ig 类型。如果用的是酶标或荧光素标记的兔抗鼠 IgG 或 IgM 类，则检测出来抗体一般是 IgG 类或 IgM 类。至于亚类则需要用标准抗亚类血清系统作双抗夹心 ELISA 来确定 mAb 的亚类。

1. mAb 中和活性鉴定　用动物的活细胞的保护实验来确定 mAb 的生物学活性。假如确定抗病毒的 mAb 的中和活性，则可用抗体和病毒同时接种于易感染动物或敏感的细胞，来观察动物或细胞是否得到抗体的保护。

2. mAb 识别抗原表位的鉴定　用竞争结合试验、测相加指数的方法，测定 mAb 所识别的抗原位点，来确定 mAb 识别的表位是否相同。

3. mAb 亲和力鉴定　用 ELISA 或 RIA 竞争结合试验来确定 mAb 与相应抗原结合的亲和力。

九、杂交瘤技术制备人肺鳞癌单克隆抗体及其特性鉴定

（一）概述

肺癌是当今人类最常见的恶性肿瘤之一，近年来发病率和死亡率在国内外均呈明显上升趋势，临床上约有 86% 的肺癌患者在确诊时已属晚期。鳞癌是肺癌中最常见的一种类型，约占原发性肺癌的 50%，目前尚无有效的早期诊断手段，其治疗效果也有待进一步提高。分子靶向治疗是目前肿瘤生物治疗的最新发展方向，目前应用最多的是单克隆抗体类分子靶向治疗药物。肿瘤细胞表面存在肿瘤抗原或肿瘤相关抗原，可针对其进行靶向治疗，从而有望弥补肺癌难以早期诊断和治疗效果欠佳的不足。下面介绍以云南个旧市锡矿矿工肺鳞癌细胞株 YTLMC－90 为抗原免疫 BALB/c 小鼠，分离其脾细胞，与小鼠骨髓瘤 Sp2/0 细胞经诱导融合，制备分泌抗人肺癌 mAb 的杂交瘤细胞。

（二）工艺过程

1. 抗原的制备　在预先加入肝素溶液（125U/ml）3ml 的离心管中加 20ml 人全血，混匀加入等体积 RPMI1640 溶液后，用直管沿管壁缓缓加入 20ml 淋巴细胞分层液中，提取淋巴细胞，计数并取 1×10^7 个细胞洗涤后重悬于 1ml RPMI1640 液中，每隔 14 天 BALB/c 小鼠腹腔注射，3 次免疫结束后第 14 天摘除眼球取血，室温下静置 1 小时，2000r/min，离心 10 分钟，吸取血清与 YTLMC－90 细胞混合孵育 1 小时后洗涤作为抗原。

2. 小鼠免疫和阳性血清的采集　每只 BALB/c 小鼠首次足垫皮下注射完全福氏佐剂 0.1ml，并以 1×10^7 个细胞经腹腔注射，之后每间隔 14 天腹腔注射 1 次，3 次后部分小鼠间隔 14 天，摘眼球取血，室温下静置 1 小时，2000r/min，离心 10 分钟，吸取的血清为阳性血清，分装后 －20℃ 冻存备用；部分小鼠间隔 30 天，5×10^6 个细胞加强免疫，3 天后进行细胞融合。

3. 细胞融合　取 BALB/c 小鼠脾脏，多点刺破，并挤压，使淋巴细胞从中逸出，收集洗涤；同时洗涤处于对数生长期的 Sp2/0 细胞；两者混合，吸取 1.2ml 的 500ml/L 聚乙二醇，1 分钟内慢慢加到混合细胞管中，继续搅动 1 分钟后静置 3 分钟，用不完全 RPMI1640 培养液终止作用。融合后的杂交瘤细胞加入已接种饲养细胞的 24 孔板，用含 HAT 180ml/L 的超级新生牛血清的 RPMI1640 培养液选择性培养，融合第 4 天换用 180ml/L 完全 RPMI1640 培养液。第 10 天换成 180ml/L 完全 RPMI1640 培养液，继续培养。

4. 阳性血清采集及间接法初筛阳性克隆　当融合细胞长满孔底 2/3 时，进行阳性克隆初筛。取已基本长满瓶底的 YTLMC－90 细胞，制成单细胞悬液，除去 A1、B1 孔，平均接种于 96 孔板的每孔，37℃，50ml/L CO$_2$ 孵箱培养过夜。第二天用 2.5g/L 戊二醛 100 微升/孔室温下 10 分钟固定细胞，再加 BSA200 微升/孔，4℃过夜；复孔加样，每孔 100μl，A1B1、A2B2、A4B4 加 PBS，其余孔加辣根过氧化物酶（HRP）标记的山羊抗小鼠 IgG 抗体，37℃培养箱放置 30 分钟，加底物液，显色 15 分钟后加终止液。如果颜色呈橙红色，表明此孔对应的上清液中，含有目的抗体，其对应的细胞为阳性细胞。

5. 阳性杂交瘤细胞的克隆和亚克隆　采用有限稀释法对阳性细胞中 A 值高者，进行克隆化和亚克隆化培养，直至每个克隆生长孔上清液检测均为阳性。其中 5 孔阳性率高的杂交瘤细胞经过 4 次亚克隆，ELISA 筛选。5 株杂交瘤细胞命名为 E2、F9、E11、D5 和 C6。

6. 免疫球蛋白同种型鉴定　可选用双抗体夹心法试剂盒检测。采用试纸条法试剂盒进一步确定抗体同种型。试纸条法鉴定 5 株杂交瘤细胞所产生的抗体均为 IgG1 亚型，k 亚型。

7. 杂交瘤细胞染色体技术　取对数生长期的杂交瘤细胞，加入终浓度为 0.1μg/ml 的秋水仙素，于 37℃继续培养 50 分钟，收集细胞，1000r/min，离心 10 分钟，弃上清液加入预温的 KCl 溶液 0.35g/L，37℃恒温水浴箱中静置 10 分钟，800r/min，离心 10 分钟，弃上清液后加入固定液体（甲醇：冰醋酸 = 3：1），室温放置 20 分钟，离心去上清液，留下 0.5 ~ 1ml 上清液吹散沉淀细胞，将细胞悬浮液加到冰水中预冷的玻璃片上，自然干燥，于显微镜下选择分散良好、无重叠和完整中期分裂相进行染色体计数。其中 C6 染色体数目为 89 ~ 100，约为脾细胞（40 条）和骨髓瘤亲代细胞 Sp2/0（62 ~ 68 条）染色体之和。C6 上清效价为 1：1004，腹水效价为 1：10^4。

8. 杂交瘤上清液和腹水滴度测定　收集体外培养杂交瘤细胞上清液，采用梯度稀释间接 ELISA 法测定其滴度。BALB/c 小鼠，腹腔注射液体石蜡，24 小时后注射杂交瘤细胞，7 ~ 10 天后，腹水尽可能多。观察小鼠健康情况，待小鼠出现腹部肿胀、消瘦、呼吸急促、活动减少等体征时，处死动物，收集腹水，采用梯度稀释间接 ELISA 法测定其滴度。

9. Western blot 法鉴定抗体的特异性　癌组织（去除正常组织后）超声裂解后，BCA 法蛋白定量，取 50μg 蛋白，变性，上样，经 100g/L SDS - PAGE 凝胶电泳后，电转移到 PVDF 膜上，封闭后加入杂交瘤细胞上清液，4℃过夜，加入辣根过氧化物酶标记的山羊抗鼠 Ig（1：1000 稀释）室温 1 小时，洗涤后加 ECL 超敏发光液，X 线曝光，显影。结果 C6 mAb 与低分化的肺腺癌结合、肺鳞癌组织特异性结合，与肺黏液腺癌也有结合，与其他癌组织和正常组织不结合。

任务四　植物组织培养技术

PPT

一、植物细胞及植物组织培养基本概念

（一）植物细胞基本知识

1. 植物细胞的形态及大小　植物细胞是构成植物体的基本单位，其形态和大小取决于细胞的遗传性、所承担的生理功能和对环境的适应性。如种子植物的根、茎顶端的分生组织细胞排列紧密，彼此挤压而成多面体形；游离细胞和生长在疏松组织中的细胞呈球形、卵圆形或椭圆形；具有支持作用的细胞常呈类圆形或者纺锤形；具有疏导作用的细胞则呈长筒形和梭形。

一般来说，植物细胞都是很小的，其细胞直径一般在 10 ~ 100μm，大多需要借助光学显微镜才能看到。少数植物细胞比较大，如番茄果肉、西瓜瓤的细胞，由于储存了大量的水分和营养，直径可达 1mm，肉眼可以分辨出来。

2. 植物细胞的结构和功能　植物真核细胞是由细胞壁和原生质体两部分构成，原生质体包括细胞质、细胞核和液泡（图 6 - 14）。

（1）细胞壁　是包围在植物细胞原生质体外面的一个坚韧的外壳。它是植物细胞特有的结构，与液泡、质体一起构成了植物细胞与动物细胞相区别的三大结构特征之一。它是原生质体生命活动中所形成的多种壁物质加在质膜外围而形成的。细胞壁具有保护原生质体，维持细胞形状，对器官起一定的支持作用，参与植物体吸收、分泌、蒸腾及细胞间运输等，对调节细胞的生长和细胞间的识别等重要生理活动也起一定作用。

图 6-14 植物细胞结构模型

（2）原生质体

1）细胞膜 与细胞壁紧密相连，包在细胞质外的一层薄膜，由磷脂双分子层和镶嵌在其上的蛋白质构成。细胞膜是一种半透膜，具有保护细胞、对各种离子和分子选择性透过、吞噬、信息传递、信号识别等功能。

2）细胞质 质膜以内细胞核以外的原生质，由半透明的胞基质和分布于其中的多种细胞器和细胞骨架系统组成。基质是细胞质中除细胞器以外的半透明的原生质胶体、可进行胞质运动（旋转或循环运动），是代谢的重要场所。细胞器是悬浮于胞基质之中、具有一定形态结构和功能的亚细胞结构单位。植物细胞中的细胞器有叶绿体、线粒体、内质网、高尔基体等。其中叶绿体是植物特有的器官，是植物进行光合作用的主要器官。

3）细胞核 真核细胞的重要组成部分，细胞内的遗传物质 DNA，几乎全部存在于核内，有核膜、核质和核仁三部分组成。它控制着蛋白质的合成，控制着细胞的生长和发育，是细胞的控制中心。

4）液泡 具有单层膜的细胞器，分为液泡膜和细胞液。液泡是植物细胞区别于动物细胞的又一个重要特征。液泡具有调节细胞渗透压与膨压、参与细胞内物质的积累与移动、参与大分子物质的降解等功能。

3. 植物细胞的生理特性

（1）植物细胞的全能性 是指植物体的每一个生活的细胞，在适当的条件下，具有由单个细胞经分裂、生长和分化为一完整植株的全部遗传潜力，即植物的每个细胞都包含着该物种的全部遗传信息，从而具备发育成完整植株的遗传能力。因为每一个细胞都来自于受精卵，所以带有和受精卵相同的遗传信息。在一个完整植物上某一部分的体细胞之所以只表现出一定的形态、结构，这是因为它所处的位置受到周围具体器官和组织所在环境的约束，其遗传信息不能完全表达。但整个植株中细胞保持着潜在的全能性，细胞一旦脱离母体，全能性就表现出来了，生长发育成一个完整的植株。

（2）植物细胞的脱分化和再分化 已分化的组织失去原有的形态和机能，又恢复到无分化的状态，产生无组织的细胞团或愈伤组织状态，这个过程称为脱分化。如在组织培养过程中，将已经分化的茎、叶、花等外植体进行培养，令其形成愈伤组织，回到没有分化的状态即脱分化。在植物组织培养中，对处于脱分化状态的愈伤组织进行培养，可诱导其形成新的植物体。这种由脱分化状态的细胞再度分化形成另一个或几种类型细胞、组织器官，并最终再完成完整植株的过程，称为再分化。

4. 植物细胞中的成分 植物细胞中的药用成分包括两大类：细胞后含物和生理活性物质。

（1）细胞后含物 细胞的储藏物或废弃物，包括生物碱，如麻黄碱、阿托品、咖啡、奎宁、小檗碱等；糖苷类，如黄酮苷、洋地黄苷、蒽醌苷、紫草宁；挥发油，如薄荷油、丁香油和有机酸，如苹果酸、枸橼酸、水杨酸、酒石酸等。

（2）生理活性物质 包括酶类、维生素、植物激素、抗生素和植物杀菌素等。

（二）植物组织培养基本概念

1. 植物的组织培养技术 是指在无菌条件下，将离体的植物器官（如根尖、茎尖、叶、花、未成熟的果实、种子等）、组织（如花药组织、胚乳、皮层等）、细胞（体细胞、生殖细胞等）、胚胎（如成熟和未成熟的胚）、原生质体等培养在人工配置的培养基上，给予适当的培养条件，诱发产生愈伤组织、潜伏芽，或者长成新的完整植株的一种实验技术。植物组织培养根据外植体的不同，可分为植株培养、器官培养（如植物的根、茎、叶、花药、子房、胚珠等）、组织培养等。

2. 愈伤组织 植物受伤后的伤口处或在植物组织培养中外植体切口处不断增殖产生的一团不定型的薄壁组织。愈伤组织通常没有固定的形状，可使伤口愈合，使表面的细胞呈木栓化而起着保护作用。当植物扦插时，愈伤组织可以形成不定根；当植物嫁接时，愈伤组织可使接穗和砧木愈合；当植物组织培养中，愈伤组织可以形成不定芽。

3. 外植体 在植物组织培养过程中，从植物体上被分离下来的，接种在培养基上，培养出器官、组织、细胞和原生质体等称为外植体。

4. 初代培养 指在组织培养过程中，最初建立的外植体无菌培养阶段。由于首批外植体来源复杂，携带较多细菌，要对培养条件进行适应，因此，初代培养一般比较困难。

5. 继代培养 在组织培养过程中，当外植体被接种一段时间后，将已经形成愈伤组织或已经分化根、茎、叶、花等的培养物重新切割，转接到培养基上以进一步扩大培养的过程称为继代培养。

6. 植株再生 指通过组织培养技术将植物的细胞、组织、器官培养成完整植株的过程。

7. 试管苗 在无菌条件下的人工培养基上，对植物细胞、组织或器官进行培养所获得的再生植株。

二、器官发生与植株再生培养

以烟草植物为例，介绍植物组织培养过程（图6-15）。

烟草植株　取烟草根　形成　发育　长成　成熟植物
　　　　　细胞培养　愈伤组织　成幼胚　植物幼体

图6-15 烟草植物组织培养过程

（一）培养材料的采集

组织培养所用的材料非常广泛，可采取根、茎、叶、花、芽和种子的子叶，有时也利用花粉粒和花药，其中根尖不易灭菌，一般很少采用。

在快速繁殖中，最常用的培养材料是茎尖，通常切块在 0.5cm 左右，如果为培养无病毒苗而采用的培养材料通常仅取茎尖的分生组织部分，其长度在 0.1mm 以下。对于木本花卉来说，阔叶树可在一、二年生的枝条上采集，针叶树种多采种子内的子叶或胚轴，草本植物多采集茎尖。

（二）培养材料的消毒

1. 先将材料用流水冲洗干净，最后一遍用蒸馏水冲洗，再用无菌纱布或吸水纸将材料上的水分吸干，并用消毒刀片切成小块。

2. 在无菌环境中将材料放入 75% 乙醇中浸泡 30～60 秒。

3. 再将材料移入漂白粉的饱和液或 0.01% 升汞水中消毒 10 分钟。

4. 取出后用无菌水冲洗三、四次。

（三）制备外植体

将已消毒的材料，用无菌刀、剪、镊子等，在无菌的环境下，剥去芽的鳞片、嫩枝的外皮和种皮胚乳等，叶片则不需剥皮。然后切成 0.2～0.5cm 厚的小片，这就是外植体。在操作中严禁用手触动材料。

（四）接种和培养

1. 接种　在无菌环境下，将切好的外植体立即接在培养基上，每瓶接种 4～10 个。

2. 封口　接种后，瓶、管用无菌药棉或瓶盖封口，培养皿用无菌胶带封口。培养大多保持在 25℃左右，但要因花卉种类及材料部位的不同而区别对待。

3. 增殖　外植体的增殖是组培的关键阶段，在新梢等形成后为了扩大繁殖系数，需要继代培养。把材料分株转入增殖培养基中，增殖培养基一般在分化培养基上加以改良，以利于增殖率的提高。增殖 1 个月左右后，可视情况进行再增殖。

4. 根的诱导　继代培养形成的不定芽和侧芽等一般没有根，必须转到生根培养基上进行生根培养。一般 1 个月后即可获得健壮根系。

5. 组培苗的练苗移栽　试管苗从无菌到光、温、湿稳定的环境进入自然环境，必须进行炼苗。一般移植前，先将培养容器打开，于室内自然光照下放 3 天，然后取出小苗，用自来水将根系上的营养基冲洗干净，再植入已准备好的基质中，基质使用前最好消毒。移栽前要适当遮阴，加强水分管理，保持较高的空气湿度（相对湿度 98% 左右），但基质不宜过湿，以防烂苗。

三、愈伤组织培养

（一）愈伤组织形成

由外植体或单个细胞形成愈伤组织一般要经过三个步骤。

（1）启动期（诱导期）　　主要指细胞或原生质体准备分裂的时期，需要采用合适的诱导剂，如 NAA（萘乙酸）、2，4－D（2，4－二氯苯氧乙酸）等或细胞分裂素。

（2）分裂期　　即开始分裂并不增生子细胞的过程。如果是外植体，其外层细胞开始分裂，并使细胞脱分化。如果经常更换培养液，愈伤组织就可以无限制地进行分裂而维持不分化的状态。

（3）分化期　细胞内部开始发生一系列形态和生理上的变化，分化出形态和功能不同的细胞。此时，表层细胞分裂减慢，内部的局部细胞也开始分裂。

（二）愈伤组织的生长

不断更换新鲜培养基可以保持愈伤组织长期旺盛生长的需求。

（三）愈伤组织的分化和形态的发生

当外界条件满足时，愈伤组织可以在分化成为芽和根的分生组织并由其发育成完整植株。该过程主要受外植体自身条件（如遗传性状、来源部位、年龄等）、培养基（如是固体还是液体、生长素、激动素等）和培养条件（如温度、光质与光照强度、光周期、通气量）等因素影响。

四、花粉培养

在无菌条件取出花粉或从花粉中取出花粉粒（小孢子），置于人工培养基上进行培养，形成花粉胚或花粉愈伤组织，最后长成花粉植株。由于植株含有的染色体数目只相当于体细胞的一半，故又称为单倍体植株。单倍体植株经染色加倍就成为纯合的双倍体植株。花粉培养目前已经成为植物细胞育种的一种重要手段，并已取得重要成果。

五、原生质体培养

植株的幼胚、根、茎、叶等组织都能进行培养。首先用纤维素酶或果胶酶除去植物体细胞的细胞壁，去壁的细胞称为原生质体。原生质体在良好的培养基上可以生长与分裂，并通过愈伤组织诱导分化出茎、叶，再长出根而形成植株（图6–16）。

原生质体培养一方面能够提高变异频率，另一方面可以为应用细胞工程技术进行遗传重组提供有用的材料，细胞融合和基因转移都需在原生质体上进行。

六、器官培养

将植株的各种器官从母体上分离出来，放在无菌的人工环境中让其进一步发育，最终长成幼苗的过程。植物器官主要包括：不定根、毛状根、芽、体细胞胚等。器官培养在实际生产中有着重要的应用价值。如可以快速建立试管苗，实现名、优、特等珍贵品种的快速繁殖；利用茎尖培养可以得到脱毒的植株；还可以将植物器官进行诱变处理，得到突变株，进行突变育种等。

七、毛状根培养

毛状根是指发根农杆菌感染双子叶植物后，其 Ri 质粒的 T–DNA 片断整合进植物细胞核基因组中诱导产生的一种特殊

图6–16　原生质体培养过程图

表现型。毛状根可以在无激素培养基中迅速增殖，且生产次生代谢产物。毛状根培养是 20 世纪 80 年代发展起来基因工程和细胞工程相结合的一项技术。与植物细胞培养相比，毛状根培养具有生长速度快、激素自养、分化程度较高以及遗传性状相对稳定等优点。由于近三分之一传统药材的药用部位是根，所以这一培养系统在传统药材生产中具有更重要的意义。

八、濒危药用植物天山雪莲的根段组织培养与植株再生

（一）概述

天山雪莲（Saussurea involucrata）系菊科多年生草本植物，为新疆特有物种。由于出色的抗炎、抗肿瘤及抗疲劳活性，几个世纪以来天山雪莲一直是传统的名贵中药材。天山雪莲分布于高山雪线附近，生存环境恶劣。由于之前过度采掘以及极低的种群自我更新能力，致使天山雪莲种群规模锐减，数量急剧下降而成为国家二级保护物种。利用现代生物技术手段建立天山雪莲的高效再生体系，不仅能够实现天山雪莲的快速繁殖，而且还有助于发展天山雪莲的人工种植业，以减轻对野生资源的采掘压力。

（二）工艺过程

1. 材料和培养基

（1）种子天山雪莲健康饱满种子。

（2）培养基愈伤组织诱导培养基：MS + （0.1mg/L 2，4 – D） + （2mg/L NAA）；分化培养基：MS + （0.4mg/L 6 – BA） + （0.05mg/L NAA）；生根培养基：1/2MS + （0.3mg/L NAA）。以上 MS 培养基在配置时蔗糖的浓度控制为 3% （W/V），pH 为 5.8，琼脂浓度为 0.8% （W/V），并在 121℃ 下灭菌 20 分钟。

2. 繁殖方法

（1）无菌苗制备　用 75% 的乙醇进行种子表面消毒 30 秒，经灭菌的蒸馏水漂洗后将种子置于 0.1g/L HgCⅠ溶液中浸泡 7 分钟。然后用灭菌的蒸馏水充分漂洗，用灭菌的滤纸吸去种子表面过多的水分后，将种子接入 1/2 MS 培养基中，在 25℃ 和 16h/d 的冷光源光照条件下培养 45 天获得无菌苗，光照强度为 40μmol/ （m² · s）。

（2）愈伤组织培养　无菌苗高度达到 4cm 时，将其根切成长度约为 0.5cm 的小段，接种于愈伤组织诱导培养基中。培养间的温度控制在 24 ~ 26℃，16 小时光照/8 小时黑暗，用白色冷光源荧光灯照明，光照强度为 40μmol/ （m² · s）。28 天后统计愈伤组织的颜色、质地和诱导出愈率。愈伤组织形成标志着接种的外植体的生长状态已脱离分化状态，开始重新恢复分生能力。愈伤组织形成 1 周后，就可将愈伤组织转管进行继代培养或分化培养。

（3）继代培养　将愈伤组织在无菌条件下从试管取出，用镊子和解剖刀剔除附着在愈伤组织块上的培养基，并用无菌水反复冲洗数次，直至愈伤块上无残留培养基为止。用解剖刀将愈伤块切成数个小块，再接种到装有愈伤组织诱导培养基的三角瓶中，在与诱导愈伤组织相同的条件下，继续培养，几天后，三角瓶中的小愈伤块即可逐渐长大，这一过程称为继代培养。通过愈伤组织的继代培养，原来接种一个天山雪莲茎尖组织可繁殖出大量的材料用于分化培养。

（4）分化培养　将愈伤组织在无菌条件下从试管或三角瓶中取出，用无菌水洗净，切成小接种块，转接在装有分化培养基的三角瓶，分化培养的环境条件同愈伤组织培养。培养 63 天后，愈伤组织分化出芽，并继续长出小叶片，此时可统计再生苗的诱导分化频率和增殖倍数。将这些小幼苗在无菌条件下

取出，进行生根培养或重新诱导分化。

（5）生根培养 将颜色深绿、生长健康的再生苗在无菌条件下取出，转接到生根培养基中诱导生根，培养条件同分化培养。培养40天后统计生根率，记录诱导生根条数并测量根长。

（6）炼苗 从培养基中取出生了根的再生苗，将根部用水漂洗干净（注意：一定洗干净，否则会烂根）。将洗净的幼苗排好，用水喷湿，在24~26℃，炼苗24小时，也可视情况调整时间。

（7）移栽 移栽到盛有混合土（蛭石：腐殖土=1:3）的口径为16cm的花盆中，每盆栽1株，置于温室中培养。移栽苗上扣一个透明的塑料杯以提高杯内的相对湿度，使相对湿度维持在90%左右，3周后开始逐渐揭开杯口，以适应温室内的生长环境［昼/夜温度为25.6℃/16.8℃，移栽苗的光照强度为326μmol/（m² · s）］，49天后统计幼苗存活率。

PPT

任务五 植物细胞培养技术

一、植物细胞培养相关概念

植物细胞培养技术是一种将植物的组织、器官或细胞在适当的培养基上进行无菌培养的技术。最常见的植物细胞培养技术包括愈伤组织培养、悬浮细胞培养、器官培养、茎尖分生组织培养、原生质体培养和固定化细胞培养几种类型。下面介绍关于植物细胞培养的相关概念。

（一）初生代谢物

植物体初生代谢物包括糖和淀粉、脂肪和脂肪酸、氨基酸和蛋白质、核苷和核苷酸等。这些初生代谢物不仅可满足植物本身生命活动需要，而且可以作为工业生产的原料。

（二）次生代谢物

植物体次生代谢产物包括许多种类的小分子化合物，它们由初生代谢的中间体经过一些独特的代谢途径衍生出来的。次生代谢物包括酚类、黄酮类、香豆素、木质素、生物碱、有机酸、糖苷、皂苷、多炔类和毒素等，每一大类包括的化合物就有数百种乃至数千种。

二、植物细胞培养基的制备

植物细胞培养基组成成分复杂，各组分的性质和含量各不相同。为了减少每次配制培养基时称取试剂的麻烦，同时也为减少微量试剂在称量时造成的误差，通常将培养基中的各组分配成大量元素的母液、微量元素母液、铁盐母液、维生素母液（各种维生素和氨基酸的混合液）以及植物激素母液（各种植物激素的单独配制）等几大类，先配制成10倍或100倍浓度的储备液，并分装成适当的体积冷却备用。在需要时取出一定体积的储备液，通过稀释、溶解，按比例混合稀释就可以达到所需的培养基。经稀释的培养基在0℃以下冰箱中保藏。对于像2,4-二氯苯氧乙酸（2,4-D）、萘乙酸（NAA）等难溶于水的试剂，配溶液时可先溶于2~5ml乙醇中，然后慢慢加入蒸馏水，稍微加热，稀释至所需的体积，再调节pH。培养基配制过程中可用0.5mol/L NaOH或0.2mol/L NaOH调节pH。固体培养基加入琼脂0.6%~1.0%。培养基制备时使用的无机盐、碳源、维生素和生长激素应该采用高纯度级的药品，水要用蒸馏水或者高纯度的去离子水。

培养基配制时必须进行灭菌处理，121℃蒸汽灭菌15~20分钟。对于一些热敏性的化合物，应该用过滤法除菌，如维生素、植物生长激素等应该用过滤法除菌，然后无菌操作加入到已灭菌的培养基中。

三、植物细胞的获得

从外植体获得植物细胞的途径主要有三个：外植体直接分离法、原生质体再生法和愈伤组织分离法。

（一）外植体直接分离法

采用机械切割、组织破碎的方法可以直接从植物外植体中分离得到植物细胞。

（二）原生质体再生法

采用酶法可在较短的时间获得大量的原生质体，最常用的是采用纤维素酶和果胶酶的混合酶处理外植体或愈伤组织，分离得到植物原生质体，然后在再生培养基中培养，使原生质体的细胞壁再生而获得植物细胞。

（三）愈伤组织培养

通过愈伤组织培养获得植物细胞的方法最普遍。愈伤组织培养就是将诱导获得的愈伤组织接种到新鲜的固体培养基上进行培养，从而获得更多的植物细胞的过程。产生愈伤组织方法为：把无菌的外植体接种于含有植物生长调节因子的培养基上，引起细胞分裂和生长，从而产生愈伤组织。从外植体获得的愈伤组织往往数量很少，不能满足大规模细胞培养的需要。为了获得更多的细胞团，需要把它转移到新鲜的培养基中进行继代培养。愈伤组织培养的基本过程如下。

1. 愈伤组织培养基的制备　愈伤组织所用的培养基一般含有 0.7% ~ 0.8% 的固体培养基。营养组成与普通植物培养及类似。

2. 愈伤组织的选择　愈伤组织继代培养时，应该注意选取适当的愈伤组织。愈伤组织要结构疏松、颜色较浅以及生长速度快。通常愈伤组织诱导 10 ~ 15 天进行继代培养，并在继代培养的 10 ~ 15 天进行新一轮的继代培养。

3. 接种　就是将愈伤组织转移到新鲜的培养基中进行培养的过程。首先选择好的愈伤组织在无菌条件下用刀或镊子分割成小块，用无菌水冲洗愈伤组织小块，去除上面附着的培养基。然后在无菌条件下将处理好的愈伤组织小块转移至含新鲜固体培养基的容器内。

4. 培养　将上述培养器置于培养箱内，在一定的条件下培养一段时间，适时地进行下一轮培养。

通过上述三种方法获得的植物细胞需要在生长培养基中经过扩大培养以获得足够数量的细胞，然后采用适合细胞生长繁殖的最适条件的培养基或培养条件进行细胞扩大培养。

四、植物单细胞的培养方法

（一）平板培养法

将一定量的细胞接种到或混合到装有一薄层固体培养基的培养皿内进行培养，使细胞生长繁殖，从而获得细胞系的培养方法（图 6-17）。具体过程是将愈伤组织培养获得的种质经机械破碎或纤维素酶（或果胶酶）消化分散后，洗涤、离心，细胞浓缩物经过计数和稀释，接种到加热熔化后冷却至 35℃ 左右的固体培养基中充分混合均匀，倒入培养皿中石蜡封存，25℃ 的培养箱中进行培养，细胞即可生长成团。

图 6-17　平板培养法

平板培养具有操作简便、容易观察和便于挑选等特点，并且效果比较好，现在应用较为广泛。

（二）看护培养法

看护培养法是指用一块活跃生长的愈伤组织来看护单个细胞，使其持续分裂和增殖的一种培养方法（图6-18）。具体操作过程是先将生长活跃的愈伤组织块植入事先配制好的适于愈伤组织继代培养的固体培养基的中间部位，再在愈伤组织块上方放置一块约$1cm^2$的无菌滤纸，滤纸下方紧贴培养基和愈伤组织块，然后取一小滴经过稀释的单细胞悬浮液接种于滤纸片上方。将培养基置于培养箱中进行培养，在一定的温度和光照下培养若干天，细胞在滤纸上进行持续的分裂和增殖，形成细胞团。最后将在滤纸上有细胞形成的细胞团转移到新鲜的固体培养基中进行继代培养，即可获得由单细胞形成的细胞系。

看护培养的优点是培养效果比较好，方法简便易行。缺点是不能在显微镜下直接观察细胞生长的过程。

（三）微室培养法

微室培养是将接种有单细胞的少量培养基置于凹玻片或玻璃杯与盖玻片组成的微室内进行培养使细胞生长繁殖的方法（图6-19）。微室培养具体操作是在一个小盖玻片上加一滴琼脂培养基，于其四周接种单细胞，中间放置一块与单细胞来源相同的愈伤组织块，小玻璃片再贴于大盖玻片上反扣于凹玻片的凹槽中，培养基正对凹槽中央，用石蜡或凡士林将盖玻片密封、固定，在$26 \sim 28℃$置于培养箱进行培养，细胞即可生长。

图6-18 看护培养法

图6-19 植物细胞微室培养法

微室培养法优点是培养时所用的培养基的量较小，能通过显微镜直接观察单个细胞分裂、增殖和分化的全过程，有利于对细胞特性和单个细胞生长发育的全过程进行跟踪研究。

（四）条件培养法

条件培养法就是将单细胞接种于条件培养基中进行培养，使单细胞生长繁殖，进而获得单细胞形成的细胞系。具体操作过程如下。

1. 配制植物细胞培养上清液或静止细胞悬浮液 群体细胞或者细胞团接种于液体培养基中进行悬浮培养，在一定的条件下培养一段时间，在无菌条件下将培养液进行离心分离，得到植物细胞培养上清液和细胞沉淀。将细胞沉淀在$60℃$下处理30分钟得到没有生长繁殖能力的细胞，即静止细胞。将静止细胞悬浮于一定量的无菌水中，可以得到静止细胞悬浮液。

2. 配制条件培养基 将植物细胞培养上清液或静止细胞悬浮液与50℃左右的含有1.5%琼脂的培养基混合均匀,分装于无菌培养器中,水平放置冷却即可得到。

3. 接种 将单细胞直接接种于条件培养基的表面,经过培养,单细胞直接在培养基的表面生长繁殖,形成细胞团。或者在配制条件培养基时,取得一定量的单细胞悬浮液一起加入,混匀而成,经过培养,单细胞在条件培养基中生长繁殖,形成细胞团。

4. 培养 将已经接种的条件培养基置于培养箱中,在适宜的条件下进行培养,可获得单细胞形成的细胞系。

5. 继代培养 选取生长良好的细胞团,转移到新鲜的固体培养基中,在适宜的条件下进行继代培养,获得由单细胞形成的细胞系。

条件培养法是在看护培养和平板培养的基础上发展起来的,兼有看护培养和平板培养的优点,在植物细胞培养中经常使用。

(五)悬浮培养法

将单细胞接种到液体培养基进行振荡培养的方法(图6–20)。基本操作过程是将植物的愈伤组织、外植体芽尖、根尖或叶肉组织,经破碎、过滤得到单细胞悬浮液,再将单细胞滤液作为接种材料接种于摇瓶中振荡培养。接种细胞需要达到一定的浓度才能生长,这个浓度通常为每毫升含有25000~50000个细胞。如果接种浓度过低,细胞就不能生长。光照可以促进培养细胞生长。悬浮培养的优点能大量提供比较均匀的细胞;细胞营养吸收、环境条件好,细胞增殖快;适合大规模培养,生产有价值的活性代谢产物。目前植物细胞的大规模培养多采用悬浮培养法。

图6–20 植物细胞大规模反应器培养

五、悬浮细胞培养的同步化方法

为了批量生产植物的菌苗,有时需要对植物细胞进行同步培养。同步培养方法分为两大类,即选择同步法和诱导同步法。

(一)选择同步法

利用细胞在细胞周期不同时期有不同特性(大小、黏着性),用物理方法(如蔗糖密度梯度离心和洗涤分离等)将存在细胞周期一定时期的细胞与群体其他细胞分开培养。

(二)诱导同步法

使用抑制剂改变生长条件或营养条件,将细胞阻断在细胞周期的一定时期,然后恢复正常营养条件,使细胞同步生长。

六、细胞的保存

培养的细胞,特别是经筛选得到的细胞株要很好的保存,一般有以下几种细胞保存方法。

(一)继代培养保存法

悬浮培养的细胞通过每隔1~2周换液进行一次继代培养。高等植物、海藻等细胞培养一般采用这种方法。

（二）低温保存法

一般选择在 5 ~ 10℃ 的温度下培养，每隔 10 天左右更换一次培养液。

（三）冰冻保存

1. 低温保存　-20℃ 左右温度保存细胞。如紫菜叶状体阴干后可以在此温度范围内保存 1 ~ 2 年。

2. 超低温液氮保存　通常采用液氮保存高等植物优良细胞系。

七、植物细胞的生物反应器的大规模培养

植物大规模培养是指采用传统发酵工程技术，优化培养工艺，对植物细胞进行高密度大量培养以获得大量有益植物细胞或其初级和次级代谢产物，用作目的产物的提取分离。

（一）机械搅拌生物反应器培养

机械搅拌式生物反应器采用机械搅拌来混匀培养液（图 6 - 21）。机械搅拌式生物反应器培养优点是有较大的操作范围，混合程度高，适应性广，在大规模生产中广泛使用。缺点是搅拌罐中产生的剪切力大，容易损伤细胞，直接影响细胞的生长和次级产物生成。对于有些对剪切力敏感的细胞，传统的机械搅拌罐不适用。为此，对搅拌罐进行了改进，包括改变搅拌形式、叶轮结构与类型、空气分布器等，力求减少产生的剪切力，同时满足供氧与混合的要求。

图 6 - 21　机械搅拌式反应器

（二）气升式反应器培养

培养时将气体从反应器底部注入，利用气体上升带动培养液进行循环，达到供氧和混合的目的。气升式反应器可以分为内循环式反应器（图 6 - 21）和外循环式反应器（图 6 - 23）。优点结构较简单，不存在染菌死角，容易实现长期无菌培养；氧传递效率高，混合效果好；剪切力低，对细胞的损伤小，较适用于植物细胞培养。缺点是操作弹性小，低气速时或培养后期细胞高密度培养时混合效果较差。提高通气量，又会产生大量泡沫，也易于驱除培养液中的二氧化碳和乙烯，对细胞生长有阻碍作用。过高的溶氧对植物细胞合成次级代谢产物不利。

图 6 - 22　内循环气升式反应器

图 6 - 23　外循环气升式反应器

（三）鼓泡式反应器培养

鼓泡式反应器没有搅拌装置，通过位于反应器底部的喷嘴及多孔板而实现气体分散，气泡上升过程中实现气体传递和物质交换。该反应器优点是没有机械搅拌装置，反应器结构简单，产生的剪切力小；整个系统密闭，不易染菌。缺点是反应器混合效果较差。

（四）固定化细胞生物反应器培养

1. 流化床生物反应器　培养在流化床生物反应器中，将细胞包裹在胶粒、金属或泡沫颗粒中，通过通入无菌空气使固定化细胞悬浮于反应器中（图6-24）。该反应器培养的优点是细胞包埋的颗粒小，传质效率高，培养液混合均匀。缺点是流体流动产生的剪切力或碰撞会破坏固定化细胞。

2. 填充床生物反应器　培养在填充床反应器中，将细胞固定在胶粒、金属或泡沫颗粒或连续的多孔网中，也可以位于支撑物表面，细胞固定不动，通过流动的培养液实现混合和传质（图6-25）。优点是单位体积容量大，缺点在于混合效率低、细胞颗粒大等原因易造成传质效率低；固定床颗粒或支持物碎片会阻塞液体流动；用于固定的细胞材料在高压下容易变形，导致固定床的阻塞。

图6-24　流化床生物反应器

图6-25　填充床生物反应器

3. 膜生物反应器　采用具有一定孔径和选择透性的膜固定植物细胞，将培养液和细胞在物体上隔离的一种反应器。最常用的是中空纤维反应器（图6-26）。细胞固定在中空纤维外壁，培养液在中空纤维管内流动，营养物质通过管壁微孔渗透到细胞中，细胞产生的次级代谢产物也通过管壁微孔释放到培养液中。膜生物反应器优点是细胞培养和产物分离可同时进行，利于连续化生产。缺点是清洗反应器困难，只适合于植物细胞胞外代谢物的生产。

图6-26　中空纤维反应器

八、药用植物草麻黄细胞的大规模培养

（一）概述

麻黄（Herba Ephedrae）在植物分类学上属于裸子植物门（Gymnospermae）、麻黄科（Ephedraceae）、麻黄属（Ephedra）的干燥草质茎。麻黄作为一种传统中药材，至今已有四千多年的应用历史，其性温、

味辛、微苦，具发汗解表、宣肺平喘、利水消肿的功效。麻黄主产于河北、山西、内蒙古、陕西、甘肃、新疆等地。长期以来，我国一直是天然麻黄素的主要出口国，对麻黄碱的提取一直沿用野生资源为原料，导致野生资源滥采滥挖严重，土地沙化日趋严重，生态环境受到严破坏。此外，近年来，一些地方和地区受高额利润的驱动，大量收购天然麻黄素，致使天然麻黄资源也受到严重破坏。应用细胞悬浮培养技术，提取麻黄次生代谢产物，进行工厂化生产，可缓解当前麻黄资源匮乏的困境，也是一种解决资源危机的理想途径。

（二）工艺过程

1. 材料和培养基

（1）材料　麻黄种子。

（2）培养基　愈伤组织诱导培养基 MS + 2mg/L 2,4 - D + 1mg/L 6 - BA；愈伤组织继代培养基为 MS + 1.5mg/L 2,4 - D + 1.5mg/L 6 - BA；愈伤组织悬浮培养基 MS + 2.0mg/L 2,4 - D + 1.5mg/L 6 - BA + 300mg/L 水解乳蛋白（CH）。固体培养基为 0.8% 的琼脂粉（液体培养基不加），蔗糖 30mg/L，pH 为 5.8 ~ 6.0。

2. 草麻黄种子的预处理　挑取饱满的草麻黄种子，剥去种子的外壳，用浓度为 70% 乙醇中浸泡 10 分钟和浓度为 0.1% 氯化汞消毒 8 分钟，而后用无菌水冲洗干净，无菌滤纸吸干，接种到不含任何激素的 MS 培养基上萌发。以期获得无菌苗。

3. 愈伤组织　诱导待无菌幼苗长到 5cm 左右时，把草麻黄无菌苗子叶切成 0.5cm 的外植体，分别接种于愈伤组织诱导培养基中培养。培养条件为光照 12h/d，温度 25℃ 左右

4. 愈伤组织继代培养　将诱导出的愈伤组织接种到愈伤组织继代培养基上，进行继代培养。培养条件同愈伤组织诱导。

5. 种子细胞培养　继代培养生长 24 天后将松脆型愈伤组织 2 ~ 3g（干重约 0.1 g），用镊子将愈伤组织分散开，置于 40ml 装有悬浮培养基的 240ml 三角瓶中进行一级种子制备。培养温度 26℃，光照 12h/d，摇床转速 120r/min。培养 25 天后。将一级种源接种于盛有悬浮培养基的 500ml 三角瓶中，接种量以新鲜培养基的 1/8 ~ 1/6 为宜，进行液体悬浮细胞二级种子制备。

6. 10 L 搅拌式反应器的细胞大规模培养　接种前将反应器经管路蒸汽灭菌（121℃，30 分钟），反应器罐体蒸气空消（121℃，30 分钟）。加入细胞悬浮培养基原位蒸气灭菌（121℃，30 分钟）。按培养体积 5% ~ 10% 的接种量接入二级种子细胞，通气量 0.15L/（L·min），搅拌速度 65r/min，温度（25 ±1）℃暗培养，培养周期 25 天。

7. 细胞收获　离心或过滤收集细胞，真空干燥或冻干。

任务六　植物细胞融合技术

PPT

一、植物细胞融合相关概念

（一）植物原生质体

植物细胞去除纤维素外壁，且具有生命活动的裸体细胞称为植物原生质体。原生质体没有细胞壁，但在一定的培养条件下可以再生细胞壁。

（二）植物细胞融合

又称细胞杂交、原生质体融合或体细胞杂交，是指将不同种、属，甚至是科间的原生质体通过人工方法诱导融合，然后进行离体培养，使其再生杂种植株的技术。植物细胞融合过程如图 6-27 所示。

二、植物原生质体制备

（一）材料的来源和预处理

根据培养要求和培养条件选择适当的植物材料制备原生质体。叶片、愈伤组织、悬浮培养的细胞、根尖、茎尖和胚组织都是常用的原材料。制备原生质体的材料需经预处理，预处理方法如下。

1. 预培养 去除下表皮的叶片在诱导愈伤组织的培养基上培养 1 周，再用酶消化除去细胞壁。这种方法得到的原生质体分裂频率高。

2. 光处理 利用日光或灯光对叶片进行一定时间的照射，使叶片萎蔫，便于去除表皮进行原生质体分离。

3. 暗处理 将恒温生长一个半月左右的植物材料在黑暗中放置 30 小时以后，用叶片制备原生质体。

4. 低温处理 将种子在 4℃ 条件下过夜后进行播种。

（二）原生质体制备

分离原生质体常用酶消化法，将植物材料在 25℃ 用纤维素酶和果胶酶一次性处理 1 天，或者将植物材料先用果胶酶降解胞间胶层得到单细胞，再用纤维素酶除去细胞壁，释放出原生质体。酶液通常加入稳定剂，如甘露醇、山梨醇、蔗糖、葡萄糖硫酸脂、$CaCl_2$ 以及 K_2HPO_4，用以维持原生质体的稳定性。纤维素酶和果胶酶单独使用时，酶液的 pH 调节在 5.4~5.6 范围内。纤维素酶和果胶酶单独使用时，前者使用时 pH 调节至 5.4，后者为 5.8 为宜。

（三）原生质体的纯化

酶消化后的原生质体含有多种杂质，需要滤除杂质后洗涤纯化。

1. 过滤-离心法 网筛过滤除去后，离心，收集沉淀的原生质体。

2. 漂浮法 将原生质体在具有一定的渗透压的溶液中漂浮，然后用吸管收集。

3. 混合法 即沉降法和漂浮法混合使用的方法。先用沉降法收集原生质体，再用漂浮法悬浮洗涤，再用沉降法收集原生质体。

三、原生质体融合

将双亲的原生质体以等体积、高密度混合，采用如下方法进行融合，融合后加入培养液在密闭容器进行培养。

（一）硝酸钠（$NaNO_3$）融合法

用硝酸钠诱导中和原生质体表面电荷，促进原生质体凝集。该方法诱导频率低，目前使用很少。

图 6-27 原生质体融合过程

（二）聚乙二醇（PEG）法

用聚乙二醇将原生质体诱导凝集并发生融合。这种方法对各种原生质质体有效，可重复性好，且毒性低。

（三）高 Ca^{2+} 和高 pH 诱导

将植物的原生质体在 pH 10.5，$CaCl_2$ 浓度为 0.05mol/L 的培养基中，诱导融合。该方法优点是杂种产量高，但过高的 pH 可能对细胞有毒。

（四）电融合方法

先用交流电使相邻的原生质体紧密接触，再采用直流电短时间冲击，破坏原生质体的质膜，使原生质体融合。这种方法得到的融合物大多是由 2 个或 3 个原生质体融合而成。电融合的优点是融合效率高。缺点是融合的条件因材料的不同而发生改变，并且设备昂贵。

影响原生质体融合的因素主要有原生质体的密度、PEG 的含量和种类、Ca^{2+} 浓度、pH 、作用时间等。电融合时交变电场电流的强弱、处理时间的长短及电脉冲的大小也会影响融合率。

1. 原生质体的相对密度　采用 PEG 融合时，4% ~5% 的原生质体悬浮液能得到最高的异核率。电场诱导融合时，原生质体密度大于 10^5 个/毫升会融合成团，密度小于 10^4 个/毫升融合率过低，最适密度为 2×10^4 ~8×10^4 个/毫升。

2. PEG 的含量和种类　PEG 的含量及其分子量低的情况下，融合率低；PEG 含量及其分子量过高时，融合率也低。最适的 PEG 含量及其分子量因物种不同差异很大。

3. Ca^{2+} 浓度　PEG 法中需要使用高浓度的 Ca^{2+}，Ca^{2+} 的作用是促进原生质体间的黏合，从而提高原生质体的融合率。电融合时 Ca^{2+} 还能维持一定电导率，保护细胞。

4. pH　PEG 法诱导融合时 pH 的高低对融合率影响很大。pH 低时原生质体聚集程度较低，当上升到 7.8 以上时，原生质体聚集程度大大提高。而在 7.8 ~9.5 没有明显差异，达到 10.5 时最佳。

5. 作用时间　PEG 诱导融合的关键是作用时间，尤其是 Ca^{2+} 和 pH 溶液处理时间长短。作用时间过长使原生质体严重损坏，融合率低；作用时间过短，则原生质体不发生融合。

四、植物杂种细胞的选择

植物原生质体混合物经培养再生出细胞壁，通过细胞分裂会产生亲本细胞、同源融合体以及杂种细胞组成的混合群体。

（一）利用物理特性进行筛选

利用亲本原生质体的大小、颜色、漂浮程度以及电泳迁移率的差异筛选杂种细胞，将融合细胞从混合群体中挑选出来进行单独培养。具体做法是利用天然颜色标记分离杂种细胞、利用荧光素标记分离杂种细胞、利用荧光激活细胞分选仪自动分离杂种细胞。

（二）利用生长特性进行筛选

利用亲本双方对培养基成分要求和反应的差异，区别杂种细胞和亲本细胞。如两亲本原生质体必须在培养基中添加外源激素才能生长，两原生质体融合后杂种细胞可以产生内源激素。因此在培养基中不添加激素，亲本细胞死亡，杂种细胞生长，从而筛选出杂种细胞。

（三）利用突变细胞系的互补进行筛选

有些亲本细胞由于生理或遗传上的缺陷，不能在特定的培养基上生长，只有发生互补作用的杂种细胞才能生长因而可以筛选杂种细胞。常用的方法有遗传互补筛选法、抗性互补筛选法、叶绿体缺失互补筛选法和代谢互补筛选法等。

五、愈伤组织形成器官分化

双亲原生质体经融和处理后产生的杂合细胞一般要经含有渗透压稳定剂的原生质体培养基（液体或固体），在生出细胞壁后转移到合适的培养基中。待长出愈伤组织后按常规方法诱导其发芽、生根、成苗。

六、杂种植物鉴定

（一）采用细胞和分子生物学方法鉴别杂合体

细胞融合后长出的愈伤组织或植株，可进行染色体核型分析、染色体显带分析、同工酶分析，以及更精细的核酸分子杂交、限制性内切酶片断长度多态性（RFLP）和随机扩增多态性分析，以确定其是否结合了双亲本的遗传物质。

（二）根据融合后处理后长出的植株的形态特征进行鉴别

当再生植株长到 3～4 片真叶时，开始进行形态鉴定。仔细观察植株的叶片形态，叶片颜色和植株形态，通过与供受体植株形态比较，从形态上鉴定杂种植物。

七、播娘蒿和甘蓝型油菜的原生质体融合与植株再生

（一）概述

播娘蒿（Descurainia sophia）为十字花科（Brassicaceae）播娘蒿属野生植物。它适应性强、抗逆性好，种子含油量高，是重要的特用油料植物，特别是种子中富含 38% 以上的亚麻酸，被视为生产亚麻酸的理想植物。但播娘蒿种子和植株中含有硫苷，且种子小，产量低，为开发利用播娘蒿带来了障碍。播娘蒿和甘蓝型油菜原生质体的融合，可合成新种质、实现油菜优良性状向播娘蒿的转移，改良驯化播娘蒿，使之成为高亚麻酸、高产的功能油料植物。

（二）工艺过程

1. 材料 当年采收的播娘蒿种子和双低甘蓝型油菜；融合液为聚乙二醇（PEG，MW8000）附加 0.3mol/L 葡萄糖、50mmol/L 的 $CaCl_2 \cdot 2H_2O$，pH 为 10.5；原生质体培养基为改良 B5 培养基。

2. 播娘蒿和甘蓝型油菜无菌苗的获得 分别将播娘蒿和甘蓝型油菜的种子用 70% 乙醇表面消毒 2～3 分钟，然后 0.1% HgCl 溶液浸泡消毒 15 分钟，无菌水冲洗 3～5 次，接种到 MS 培养基上，置于组培室发芽。播娘蒿长出真叶后，取播娘蒿无菌苗的叶片提取原生质体。甘蓝型油菜长出子叶后取其子叶提取原生质体。

3. 原生质体的制备与培养

（1）播娘蒿原生质体的分离与纯化 取预先经 4℃ 处理 2～3 天的播娘蒿无菌苗叶片，切碎后加入

CPW－13M 溶液，质壁分离 1 小时。然后转入酶解液中于室温黑暗条件下，摇床上轻摇（30r/min）酶解；酶解后用 45μm 孔尼龙网过滤酶解分离原生质体。将滤液移至 10ml 离心管中，500r/min 离心 5 分钟；吸除上清液，加入 CPW－IOM 溶液，离心清洗 5 分钟，弃上清液，重复 2 次。最后用原生质体培养基（PJ1）离心清洗 1 次即可获得纯净的播娘蒿原生质体。

（2）甘蓝型油菜原生质体的分离和纯化　操作步骤与播娘蒿相同，所不同的是，质壁分离时间为 45 分钟，清洗原生质体为 CPW－9M。

（3）原生质体融合及清洗　将纯净的 1.0×10^6 个/毫升油菜原生质体和 1.0×10^6 个/毫升播娘蒿原生质体，按 1:1 的比例在离心管中混匀（各约 0.5ml），然后加入融合液（约 0.5ml），静置融合。融合后，加入 50mmol/L $CaCl_2 \cdot 2H_2O$ 的清洗液，离心清洗 PEG；离心后，吸上清液，然后用 PJ1 离心清洗 1 次，离心。速度、离心时间同上。

（4）原生质体培养　用原生质体培养基 PJ1 悬浮融合后的原生质体，根据油菜叶原生质体内含物较多、颜色较深，播娘蒿叶片原生质体内含物较少、颜色较浅，能从形态上明显区别融合原生质体。用显微操作仪挑取完全融合的原生质体 200 个，悬浮在 20ml 原生质体培养基中，进行液体浅层培养。前 3 周暗培养，每隔 5~7 天添加 1 次稀释培养基（PJ2），加入 0.5ml。3 周后将培养物置于漫射光下进行培养。

（5）愈伤组织分化和植株再生　当出现肉眼可见的愈伤组织时，将其转移至扩增培养基（PJ3），散射光下培养，以利愈伤组织迅速长大。待愈伤组织长至约 5mm 时，将其转移到分化培养基，光照下培养。当分化出小苗后，将小苗连同愈伤组织一起转至 MS 基本培养基中生长。待再生苗长至 2~3cm 时，切下小苗移入生根培养基中生根。

（6）移栽　待再生植株长出 10~15 条次生根时移栽。先打开封口膜，在培养室敞口 3~5 天，然后取出再生植株，用水洗去根部附着的培养基，移栽到小花盆中，经 2~3 个星期的锻炼后，移至大田。杂种植株全部表现为生长缓慢、植株矮小。其叶型与甘蓝型油菜相近，但叶缘裂痕较深像播娘蒿。花蕾呈播娘蒿花蕾，颜色为紫色，为播娘蒿花蕾的 2 倍。平均每角果结实 2~4 粒，种子有的圆滑，有的干瘪，大小也不整齐。

✎ 实践实训

实训五　西洋参细胞培养生产天然药物人参皂苷实训

一、实训材料准备

（一）植物材料

四年生西洋参根。

（二）实验室

准备室、接种室、培养室等。

（三）仪器设备

高压灭菌锅（器）、光照培养箱、振荡培养箱、天平、酸度计、超净工作台等。

（四）器械及用具

镊子、手术刀、接种针、记号笔等。

（五）玻璃器皿

三角瓶、培养瓶、培养皿、量筒、容量瓶等。

（六）试剂和材料

1mol/L 盐酸、1mol/L NaOH、琼脂、乙醇、蔗糖、水解乳蛋白（LH）、2,4 – 二氯苯氧乙酸（2,4 – D）、萘乙酸（NAA）、激动素（KT）、吲哚丁酸（IBA）、6 – 苄基嘌呤（6 – BA）。

二、西洋参组织培养培养基的制备

（一）母液的配制

MS 培养基母液的配制见表 6 – 1。

表 6 – 1　MS 培养基母液配制

母液 编号	母液 种类	成 分	规定量	浓缩倍数	称取量 （mg）	母液体积 （ml）	配制1L培养基 吸取量（ml）
1	大量元素	KNO_3	1900	10	19000	1000	100
		NH_4NO_3	1650	10	16500		
		$MgSO_4 \cdot 7H_2O$	370	10	3700		
		KH_2PO_4	170	10	1700		
		$CaCl_2 \cdot 2H_2O$	440	10	4400		
2	微量元素	$MnSO_4 \cdot 4H_2O$	22.3	100	2230	1000	10
		$ZnSO4 \cdot 7H_2O$	8.6	100	860		
		H_3BO_3	6.2	100	620		
		KI	0.83	100	83		
		$Na_2MoO_4 \cdot 7H_2O$	0.25	100	25		
		$CuSO_4 \cdot 5H_2O_4$	0.025	100	2.5		
		$CoCl_2 \cdot 6H_2O$	0.025	100	2.5		
3	铁盐	$Na_2 – EDTA$	37.3	100	3730	1000	10
		$FeSO_4 \cdot 7H_2O$	27.8	100	2780		
4	有机物	甘氨酸	2.0	100	100	500	10
		盐酸吡哆醇	0.5	100	25		
		盐酸硫铵素	0.1	100	5		
		烟酸	0.5	100	25		
5		肌酸	100	100	5000	500	10

1. 大量元素母液的制备　大量元素按照使用时高 10 倍的数值称取，分别将各种化合物称量后，除 $CaCl_2 \cdot 2H_2O$ 单独配制外，其余化合物混合在 500ml 烧杯中加适量蒸馏水溶解，用玻璃棒搅拌，倒入 1000ml 容量瓶中用蒸馏水定容至刻度，小口瓶中保存，贴上标签注明化合物名称（或编号）、浓缩倍数、配制日期和配制者姓名。$CaCl_2 \cdot 2H_2O$ 配制同上，置于另一小口瓶中。

2. 微量元素　母液的配制按要求浓缩 100 倍的数值称取，分别将各种化合物称量除铁盐（$FeSO_4 \cdot 7H_2O$ 和 $Na_2 – EDTA \cdot 2H_2O$）作为一组单独配制外，其余化合物可混合置于烧杯内加少量蒸馏水溶解后，定容在 1000ml 容量瓶中，小口瓶中保存，贴上标签。

3. 铁盐配制　将 $FeSO_4 \cdot 7H_2O$ 和 $Na_2 – EDTA \cdot 2H_2O$ 分别溶于 450ml 蒸馏水中，加热，不断搅拌，

溶解后，两液混合，调 pH 至 5.5 加水定容至 1000ml，置于小口瓶中，贴上标签。

4. 有机物母液配制　按要求浓缩 50 倍，除蔗糖按 3% 单独临时称量外，其余分别称量后，溶解，定容在 500ml 容量瓶中，置于小口瓶中保存，贴上标签。

5. 母液的贮存　母液最好在 2～4℃ 的冰箱中贮存，特别是有机类物质，贮存时间不宜过长，无机盐母液最好在一个月内用完，如发现有霉菌和沉淀产生，就不能再使用。

6. 生长调节剂　母液配制为了操作方便，节约时间，生长调节剂也可如同配制母液一样，先配成原液，这样配制培养基时只要稍加计算，按需要量取即可。

称取 50mg 生长调节物质，溶解后，在 100ml 的容量瓶中定容，配制的母液每毫升则含有生长调节物质 0.5mg，配制后一般要求在低温（0～4℃）保存，配制培养基时如每升（1000ml）需添加的生长调节剂物质为 0.5mg 时，则取 1ml 母液即可。

7. 注意事项

（1）制备母液和营养培养基时，所用蒸馏水或无离子水必须符合标准要求，化学药品必须是高纯度的（分析纯）。

（2）称量药物采用高灵敏度的天平，每种药品专用一药匙。

（3）配制大量元素母液时，为了避免产生沉淀，各种化学物质必须充分溶解后才能混合，同时混合时要注意先后顺序，把钙离子（Ca^{2+}）、锰离子（Mn^{2+}）、钡离子（Ba^{2+}）和硫酸根（SO_4^{2-}）、磷酸根（PO_4^{3-}）错开，以免形成硫酸钙、磷酸钙等沉淀，并且各种成分要慢慢混合，边混合边搅拌。

（4）有些激素配制母液时不溶于水，需经加热或用少量稀酸、稀碱及 95% 乙醇溶解后再加水定容。常用激素类的溶解方法如下。

萘乙酸（NAA）、吲哚乙酸（IAA）、赤霉素（GA_3）、2,4-D 等生长素和玉米素（ZT）可先用少量 95% 乙醇溶解，然后加水，如溶解不完全再加热。

激动素（KT）和 6-苄基嘌呤（BA）可溶于少量 1mol/L 的盐酸中。

叶酸需用少量稀氨水溶解。

（二）西洋参组织培养基制备

1. 培养基配方

（1）**愈伤组织诱导培养基 1**　MS 基本培养基 +2mg/L 2,4-D +700mg/L LH +3% 蔗糖，琼脂浓度 0.7%。

（2）**愈伤组织诱导培养基 2**　MS 基本培养基 +2mg/L 2,4-D +1mg/L KT +700mg/L LH +3% 蔗糖，琼脂浓度 0.7%。

（3）**愈伤组织继代培养基**　MS 基本培养基 +1mg/L 2,4-D +0.1mg/L KT +0.5mg/L NAA +0.5mg/L IBA +700mg/L LH +3% 蔗糖，琼脂浓度 0.7%。

（4）**悬浮细胞液体培养基**　同愈伤组织继代培养基不加琼脂。

2. 不同激素浓度的西洋参组织培养培养基的制备

（1）根据培养基的组成成分及用量，吸取各种母液，称取蔗糖、水解乳蛋白（LH）和各种激素，加水至所需体积，各组分全部溶解后，用 1mol/L 的 NaOH 或 HCl 调节 pH 至 6.0。固体培养基需加入琼脂粉（一般 6.5～8g/L），加热使琼脂完全熔化，蒸馏水补齐溶液体积，分装的三角瓶用封口膜封好，标明培养基名称。

（2）高压灭菌（121℃，0.1MPa，15～20 分钟）。不耐高温的培养基成分，需过滤灭菌。

三、西洋参愈伤组织的诱导和增殖

（一）愈伤组织诱导和继代培养

1. 准备工作 接种前，用75%乙醇棉球或20g/L新洁尔灭擦拭超净工作台台面，将培养基及接种用具放入超净工作台台面适当位置，打开超净工作台紫外灯，照射20~30分钟后关闭，然后打开风机，约10分钟后，再开日光灯可进行无菌操作。

2. 外植体表面消毒 取新鲜西洋参根，清水洗净后用70%的乙醇消毒5分钟，0.1%的$HgCl_2$浸泡10分钟，无菌水洗涤5次。将材料移入平皿中，根据参根的长度分为上中下三段，每一段分别切成5~8mm^2小段。使用镊子和解剖刀时，应先在酒精灯火焰上烧片刻，冷却后，再使用。

以上操作都要求在酒精灯火焰旁进行。注意外植体切割时，动作要快，否则会造成失水而影响生长。为防止操作时失水也可在培养皿中滴几滴无菌水，然后将无菌苗置于其中进行切割。操作人员必需严格按无菌操作规则完成这些步骤，否则会造成外植体污染。

3. 接种 将切好的西洋参根接种至愈伤组织诱导培养基中，每瓶接种4~5块，快速封口，贴上标签，注明姓名、接种日期、培养基名称和培养材料名称。整理、清洁超净工作台台面。

4. 培养 生化培养箱中培养，培养温度23~25℃，暗培养，培养28~30天。15~20天后，培养的外植体就可以胀大，形成愈伤组织。培养过程中观察西洋参根外植体的生长变化和污染情况，根据外植体愈伤组织的诱导情况，统计外植体的污染率以及愈伤组织的诱导率。

将诱导的愈伤组织生长旺盛、生长量大的外植体切成小块，移入新鲜的培养基，促进外植体的进一步愈伤化，并促进愈伤组织增殖。

（二）愈伤组织继代培养

挑选以西洋参根段为外植体诱导出的颜色为淡黄色或白色、生长速度快、质地疏松、分散性好的愈伤组织转移到愈伤组织继代培养基上，进行西洋参愈伤组织增殖培养。每个250ml三角瓶盛有50ml固体培养基。培养条件同西洋参愈伤组织诱导培养。

四、西洋参细胞扩大培养与种子细胞筛选

（一）一级种子培养

西洋参愈伤组织多次筛选、继代后，选择生长速度快、质地松散、白色透明状的西洋参愈伤组织无性系转移到液体培养基中进行悬浮培养。悬浮培养采用恒温摇床，转速为90~110r/min，100ml三角瓶中装20ml培养液，培养温度23~25℃，暗培养。

（二）二级种子培养

选取外观上筛选细胞分散度好、较均匀、淡黄色半透明的悬浮细胞转接到液体培养基中进行悬浮扩大培养。培养条件：250ml三角瓶中装40ml培养液；接种量1.6g/瓶；悬浮培养采用恒温摇床，转速90~110r/min，培养温度23~25℃，暗培养28~30天。

（三）种子筛选

1. 外观筛选 挑选细胞分散度好、较均匀、淡黄色半透明的悬浮细胞。

2. 测定西洋参悬浮细胞生长量 以西洋参鲜重和干重作为生长指标，具体方法是将培养液用200目滤网过滤，直接称重（鲜重）；过滤后收集细胞，冷冻干燥，再称重（干重）。

3. 测定人身皂苷的提取和含量测定

（1）人参皂苷的提取　样品冷冻干燥后，研磨成粉末状，精确称取 1g 粉末，用滤纸包好，置索氏提取器中，加甲醇回流 24 小时，乙醚脱脂，正丁醇萃取，减压回收正丁醇，残留物用去离子水溶解，冷冻干燥。

（2）紫外分光光度法测定人参皂苷含量

1）对照品溶液的配制　准确称取西洋参总皂苷 20mg，置 10ml 容量瓶，加甲醇至刻度，摇匀即可。

2）测定波长的确定　总皂苷对照品甲醇溶液加入 10ml 比色管中，挥尽溶剂，依次加入 5% 香草醛 - 冰醋酸高氯酸显色后，在波长 800 ~ 400nm 范围扫描，找出最大吸收峰处对应的波长作为测定波长（550nm）。

3）标准曲线制作　精密吸取对照品溶液 20μl、40μl、60μl、80μl 和 100μl，分别置于 10ml 比色管中，置水浴中挥干溶剂，精密加入 5% 香草醛 - 冰醋酸溶液 0.2ml 和高氯酸 0.8ml，摇匀。置 60℃ 水浴，取出立即用流动水冷却 2 分钟，再精密加入冰醋酸 5ml，摇匀。以相应试剂为空白，在 550nm 处测定吸光度。以吸光度为纵坐标，西洋参总皂苷浓度为横坐标，绘制标准曲线，计算回归方程。

4）样品测定　样品经减压回收正丁醇后，所获得残留物用甲醇溶解，定容到 100ml。其余步骤按照上述方法进行操作，比色法测定吸光值，根据标准曲线测定样品中皂苷的含量。

（3）选取细胞生长率、生长量以及人参皂苷的产量高的细胞，作为种子细胞进行继代培养。

五、5L 气升式反应器西洋参细胞的规模化培养

（一）种子细胞

挑选处于对数生长期二级种子液作为反应器培养的种子细胞。

（二）培养过程

1. 在 5L 玻璃气升式反应器中，加入西洋参细胞液体悬浮培养基，采用原位高压蒸汽灭菌法灭菌。当反应器中培养基温度冷却至室温后，火焰接种法接种 1/10 的西洋参细胞种子。通气量为 0.05VVm，培养温度为 23 ~ 25℃。同时对发酵液的 pH、DO 进行控制。

2. 每隔 5 天定期取样，称西洋参细胞的鲜重和干重，绘制西洋参细胞鲜重和干重生长曲线。

3. 培养结束后，将培养液过滤，将细胞组织 60℃ 下真空干燥，称重并测定总皂苷含量，过滤液废弃。

六、西洋参细胞的保存

（一）西洋参愈伤组织低温保存 🇪 微课

取培养 18 天、生长旺盛的愈伤组织，置 4℃ 冰箱中，分别放置 3 ~ 6 个月。定期将低温保存的西洋参愈伤组织转入培养箱，23 ~ 25℃，暗培养。2 天后继代。

（二）西洋参悬浮细胞的低温保存

1. 方法一　收集西洋参悬浮细胞 1 ~ 2g，接种到西洋参愈伤组织继代培养基上，23 ~ 25℃ 按培养到第 18 天，4℃ 冰箱保存。

2. 方法二　液氮冻存，取对数生长期西洋参悬浮细胞约 1g（鲜重），转入到含 10% DMSO + 8% 葡萄糖的冷冻保护剂中，密封冻存管，4℃ 下静置 30 分钟。然后再做冷冻降温处理：0℃（30 分钟），-20℃（2 小时），-70℃（30 分钟），最后投入液氮中保存。

（三）西洋参悬浮细胞复苏

从液氮中取出冻存管，立即投入 37~40℃温水中，冻存管内的水开始融化，立即加入正常的液体培养基进行冲洗，洗涤 3 次，每次停留 5 分钟，以确保冷冻保护剂完全除去。将细胞接入固体培养基中进行再培养，5 天后继代，继续培养。

七、考核方式

（一）单元化考核方式

将西洋参细胞培养生产人身皂苷的生产工艺过程分成 5 个考核单元，对每个单元分别进行考核，按照不同的权重汇入总成绩，见表 6-2。

表 6-2　总评成绩

	单元 1 培养基的制备	单元 2 愈伤组织的诱导和增殖	单元 3 细胞扩大培养	单元 4 细胞规模化生产	单元 5 细胞保存和复苏	总成绩
所占比例	25%	20%	20%	30%	5%	100
成绩						

（二）考核内容及标准与职业资格鉴定衔接

实训过程中的知识点和技能点与考工考核要点相对应。因此，要对应每个实训单元制定出详细可行的评分标准，严格按照评分标准对学生的实训操作情况进行合理评价。

（三）参考产品质量打分

可以根据产品质量的好坏判定学生技能掌握情况，给出实训成绩。如培养合格的愈伤组织应该是浅黄色、新鲜湿润，疏松且生长旺盛，无污染。否则不符合生产要求。

八、西洋参的相关知识

（一）概述

西洋参与人参同属五加科，属多年生草本名贵中药材，原产于美国法国和加拿大等欧美国家。其性较温和，具有健胃、强身、镇定、降血糖和降血脂的功效，并具有一定的防癌和抗衰老作用。现代药理学表明人参皂苷是其主要药理成分，目前不能人工合成。无论野生还是栽培的西洋参，由于其自身的生理特性，一般需四到五年才能收获入药。且西洋参种质资源少，价格昂贵，国际市场每公斤种子价格约为 1000 美元。开展西洋参细胞培养技术研究，利用西洋参细胞悬浮培养的方法生产人参皂苷，可以节约土地，缩短培养时间，是解决西洋参资源缺乏的一条替代途径，具有十分门重要的意义和广阔的前景。

（二）影响西洋参愈伤组织诱导的因素

1. 外植体的来源　用于诱导西洋参愈伤组织的外植体，可以是不同参龄的根、茎段、叶片、叶柄、花药、花蕾、胚培养幼苗的子叶和胚轴等，其中芽孢、种胚、叶柄和根都是较理想的外植体。除了外植体的取材部位，外植体的取材时期也会影响愈伤组织的诱导，5 月下旬至 6 月上旬所取的外植体的愈伤组织诱导率可达 95% 以上，而 6 月下旬以后所取的外植体的愈伤组织的诱导率仅 30% 左右，而且愈伤组织生长缓慢。以西洋参根为外植体，外植体的脱分化是发生在导管和筛管部位，由内部向外隆起，膨大，最后胀破外皮产生愈伤组织。

2. 培养基　用于西洋参愈伤组织诱导和继代培养的基本培养基有 MS、NB、B5 等几种，其中 MS 培养基效果最好。培养基中成分的改变会对细胞生长和皂苷合成产生显著的影响。将 MS 基本基质中 KNO_3、$CaCl_2$ 和 $MgSO_4$ 的浓度分别适当降低对西洋参培养物的生长有促进作用，降低 KNO_3 和 $CaCl_2$ 的浓度不利于皂苷合成，但适当降低 $MgSO_4$ 的浓度利于皂苷合成。在西洋参愈伤组织的生长过程中，水解乳蛋白必不可少，在不添加水解乳蛋白的培养基上愈伤组织一个月后会褐变死亡。培养基质中添加叶提取物可起到与水解乳蛋白相同的效果。

3. 植物激素的种类和使用浓度　西洋参外植体脱分化所需的外源生长调节因子类型为生长素和细胞分裂素型，其中生长素起主导作用。常用的生长素有 NAA（萘乙酸）、IBA（3 - 吲哚丁酸）、IAA（3 - 吲哚乙酸）和 2,4 - D（二氯苯氧乙酸），单独使用均可诱导外植体产生愈伤组织，但 IBA、NAA 和 IAA 单独使用时，诱导率都不高，而且脱分化时间较迟。2,4 - D 的效果最好，浓度为 2 ~ 3mg/L 时诱导率可达 95.58% ~ 100%。细胞分裂素（BA、KT）在有 2,4 - D 存在的情况下，对外植体的脱分化有促进作用。

4. 培养条件　西洋参外植体脱分化的温度范围较宽，在 20 ~ 27℃ 范围内，脱分化率都达到 80% 以上，其中最适温度为 25℃，此时愈伤组织均为淡黄色，质地松软。低温对愈伤组织的增长不利，4℃ 处理 15 天的西洋参愈伤组织可以正常生长，但存放 25 天以后的愈伤组织却全部褐变。暗培养利于外植体的脱分化和生长。培养基的初始 pH 灭菌前在 6.0 ~ 6.5 有利于西洋参芽孢外植体脱分化，高于 6.5 或低于 5.5 都不利脱分化。

（三）影响西洋参细胞悬浮培养生长和人参皂苷生产的培养条件

西洋参细胞悬浮培养必须在有激素的培养液中进行。常使用的培养基主要是 MS 及其改良型，激素以 NAA，2,4 - D，6 - BA 最为常用，均能使细胞正常生长，其中以 2,4 - D 效果最好。悬浮培养的继代周期一般为 18 ~ 20 天，此时的细胞生长旺盛，状态好，细胞量大。pH 变化对西洋参细胞生长影响不大，pH6.0 时，最有利于人参皂苷的合成。接种量为 25g/L 时，西洋参细胞的干重增殖倍数显著增加。培养温度为 24 ~ 26℃，此时的细胞生长状态最好，颜色浅嫩黄色；生长量较大，生长速度快，延迟期短；在 20℃ 和 28℃ 时，细胞生长缓慢，尤其是 28℃ 以上时细胞生长基本停止。西洋参悬浮培养一般采用暗培养。

向细胞培养基中添加诱导子及前体化合物是提高有效成分含量的常用方法。常用的诱导子有茉莉酸甲酯、LH（水解乳蛋白）、SA（水杨酸）和酵母提取物等。试验表明多种诱导子的联合应用可以更好地促进人参皂苷的积累。如把红花、人参、黑节草寡糖素添加到培养基中后，可使西洋参悬浮培养中人参皂苷含量显著提高。

目标检测

答案解析

一、单项选择题

　　1. 动物细胞的培养方法不包括（　　）。

　　　A. 贴壁培养　　　　　　　　　　　B. 悬浮培养

　　　C. 贴壁 - 悬浮培养　　　　　　　　D. 静置培养

　　2. 可用于动物细胞长期保存的方式是（　　）。

A. 常温   B. 低温

C. 超低温冷冻法   D. 物理法

3. 关于杂交瘤的叙述不正确的是（　　）。

    A. 特定培养条件下可无限增殖   B. 能够分泌特异性抗体

    C. 具有亲本的遗传物质   D. 不可无限传代

4. 植物细胞培养基的组成包括（　　）。

    A. 胎牛血清   B. 抗生素

    C. 无机营养物、维生素、氨基酸   D. 生长因子

5. 细胞复苏应遵循的原则是（　　）。

    A. 缓慢冻存   B. 慢冻快融   C. 快速融化   D. 快速冻存

二、多项选择题

1. 植物单细胞培养的方法有（　　）。

    A. 看护培养法   B. 微室培养法   C. 条件培养法   D. 悬浮培养法

2. 单克隆抗体的大生产常用方法包括（　　）。

    A. 体外培养法   B. 细胞内培养法

    C. 动物体内诱生法   D. 动物体外诱生法

3. 动物细胞分类包括（　　）。

    A. 贴壁依赖性细胞   B. 非贴壁依赖性细胞

    C. 兼性贴壁性细胞   D. 固定化细胞

4. 动物细胞融合方法有（　　）。

    A. 生物学法   B. PEG 化学融合法

    C. 电融合诱导法   D. 激光诱导法

5. 植物细胞获得的途径主要有（　　）。

    A. 外植体直接分离法   B. 原生质体再生法

    C. 愈伤组织分离法   D. 切片分离法

三、简答题

1. 简述动物细胞原代和传代培养过程。

2. 动物细胞大规模培养操作方式有哪些？各有什么优缺点？

3. 动物细胞融合方法有哪些？影响动物细胞融合的因素是什么？

书网融合……

知识回顾   微课   习题

项目七　基因工程制药技术

学习引导

基因工程药物是以对疾病的分子水平为基础，应用于治疗癌症、肝炎、发育不良、糖尿病、囊纤维变性和一些遗传病，并在很多领域特别是疑难病症上起到传统化学药物难以达到作用的生理活性多肽和蛋白质等药物，基因工程药物的研发与生产为临床使用提供有效的保障。

基因工程药物表达系统的选择及鉴别分析技术直接影响基因工程药物的品质，面对构建基因工程菌（细胞）等技术性问题，应如何保证基因工程药物的质量？如何构建 DNA 重组体？

本项目主要介绍基因工程菌的发酵操作及产物的提取、常见基因工程药物的培养方法及基因工程制药技术的发展趋势。

学习目标

1. **掌握** 基因工程制药技术的基本内容、基本原理和一般流程。
2. **熟悉** 典型基因工程药物的生产工艺。
3. **了解** 基因工程药物的应用及发展状况。

任务一　基因工程制药技术的认知

PPT

一、基因工程制药技术的概念

基因工程是按照人们的设计方案，将 DNA 片段（目的基因）与载体 DNA 分子（质粒、病毒等）进行体外重组，然后将之导入特定的宿主细胞进行扩增和表达，从而使宿主细胞获得新的遗传性状或产生表达产物的技术，基因工程也称为重组 DNA 技术或分子克隆技术。基因工程制药技术就是应用基因工程的方法来生产用于预防、治疗和诊断疾病的药物技术。

二、基因工程制药技术的特点

（一）解决了药品生产原料不足，生产成本高的问题

生理活性物质在人或动植物体内含量往往很低，用传统生化提取的方法生产，不仅原料获取困难，且产品的成本很高，产品的应用范围受到很大限制。如采用常规方法生产人生长激素释放抑制激素，50

万头羊的下丘脑才能生产5mg，而用大肠埃希菌生产，只需要9L发酵液；生产10g胰岛素需要450kg猪胰脏，而用基因工程技术只需要200L发酵液；2L人血只能生产1μg的人白细胞干扰素，而1L基因工程菌发酵液可生产600μg。

（二）解决了种属差异的问题

从动物体内提取的多肽或蛋白，尽管在结构上跟人类自身的多肽和蛋白结构很接近，也具有相应的生理功能，但相对人体自身而言则属于异源蛋白，存在种属差异性，人们在服用此类药物后，会出现一定的副反应。而采用基因工程生产的药物使用的是人类的基因，属于人源性，因此可避免由于种属差异带来的问题。

（三）解决了产品安全性的问题

从动植物体内提取生理活性物质存在由于动植物体内含有病原体而导致疾病传染的危险，如乙肝病毒、HIV病毒可通过感染血液制品传播。

（四）可进行药物分子改造，扩大药物筛选来源

通过定点诱变等技术，人们可以在一个蛋白质的氨基酸序列内合理地引入预定修改，这种变化可以很微小，包括插入、缺失或改变单个氨基酸残基，也可以变化很大，比如改变或删除整个的结构域，以改造和去除内源生理活性物质作为药物使用时所存在的不足之处；或者生成一个新的杂交蛋白质，从而扩大药物筛选来源。目前已经有一些此类的基因工程药物获得批准上市，见表7-1。

表7-1　部分基因工程改造药物

产品	引入的改造	改造结果
速效胰岛素	修改氨基酸序列	生成速效胰岛素
缓效胰岛素	修改氨基酸序列	生成缓效胰岛素
修饰组织纤溶酶原激活剂（t-PA）	去除t-PA 5个天然结构域中的3个	生成快速溶栓（降解凝血块）剂
修饰凝血因子Ⅷ	天然因子Ⅷ的一个结构域的缺失	生成一种分子量更小的产品
嵌合/人源化抗体	用人抗体氨基酸序列置换大部分/全部鼠源氨基酸序列	大大降低或消除免疫原性

三、基因工程药物的种类

利用基因工程生产的药物，从化学本质上可以分为两类，一类是多肽和蛋白质类药物，另一类是核酸类药物。多肽和蛋白质类药物根据其用途又可分为以下5类。

（一）重组细胞因子

根据细胞因子的功能，可将其分为以下几类。

1. 干扰素类（IFN）　具有抗病毒活性的一类蛋白，按抗原性分为干扰素α、干扰素β、干扰素γ。

2. 白细胞介素（IL）　IL是淋巴细胞、巨噬细胞等细胞间相互作用的介质，已发现有几十种之多，如IL-2、IL-3、IL-4等。

3. 集落刺激因子（CSF）　促进造血细胞增殖和分化的一类因子，根据作用的靶细胞不同可分为粒细胞-巨噬细胞集落刺激因子（GM-CSF）、粒细胞集落刺激因子（G-CSF）、巨噬细胞集落刺激因子（M-CSF）、促红细胞生成素（EPO）、血小板生成素（TPO）等。

4. 生长因子（GF）　对不同细胞生长有促进作用的蛋白质，如表皮生长因子（EGF）、成纤维细

胞生长因子（FGF）、肝细胞生长因子（HGF）、神经生长因子（NGF）等。

5. 趋化因子 是对噬中性粒细胞或特定的淋巴细胞等炎性细胞有趋化作用的一类小分子多肽，如巨噬细胞趋化蛋白 –1（MCP –1）、MCP –3、MCP –4 等。

6. 肿瘤坏死因子（TNF） 抑制肿瘤细胞生长、促进肿瘤细胞凋亡的蛋白质，根据其来源和结构分为 TNF – α、TNF – β，前者由单核巨噬细胞产生，后者由活化的 T 细胞产生。

（二）重组多肽与蛋白质类激素

已研究成功的这类药物有重组人胰岛素、重组人生长激素、促卵泡激素、促黄体生成素和绒毛膜促性腺激素等。

（三）重组溶栓药物

溶栓药物多为纤溶酶原激活物或类似物，能够直接或间接激活纤溶酶原变成纤溶酶，从而发挥溶栓作用。利用基因工程生产的溶栓药物有重组人组织纤溶酶原激活剂（rt – PA）、重组单链尿激酶型纤溶酶原激活剂（scu – PA）、重组 t – PA 突变体等。

（四）基因工程疫苗

用于防治由病毒引起的人或动物的传染性疾病，可分为基因工程亚单位疫苗、载体疫苗、核酸疫苗、基因缺少活疫苗及蛋白工程疫苗等，如基因工程乙肝病毒疫苗。从微生物分类来看，又可分为基因工程病毒疫苗、基因工程菌疫苗、基因工程寄生虫疫苗等。

（五）基因工程抗体

基因工程抗体又称为重组抗体，是指用基因工程的方法生产的单克隆抗体。根据其生产原则可分为两类：一是对已有单抗进行改造，包括鼠单抗的人源化（嵌合抗体、改型抗体）、小分子抗体（Fab、ScFv 等）及抗体融合蛋白；二是通过抗体库的构建，使得抗体不需要抗原免疫即可筛选并克隆新的单抗。

核酸药物是以核酸（DNA、RNA）进入人体内治疗疾病的药物，包括 DNA 药物、反义 RNA 药物、RNA 干扰药物、核酶药物和脱氧核酶药物等。

四、基因工程制药技术的发展

自 20 世纪 70 年代基因工程诞生以来，在生物制药领域首先取得了巨大的成功，特别是用于生物治疗的新型生物药物的研制。

20 世纪 70 年代末以来，我国开始应用 DNA 重组技术、淋巴细胞杂交瘤技术、细胞培养、克隆表达等技术开发新产品和改造传统制药工艺，在国家产业政策（特别是国家"863"高技术计划）的大力支持下发展迅速，逐步缩短了与先进国家的差距。1989 年，我国批准了第一个在我国生产的基因工程药物——重组人干扰素 – α_{1b}，标志着我国生产的基因工程药物实现了零的突破。重组人干扰素 – α_{1b} 是世界上第一个采用中国人基因克隆和表达的基因工程药物，也是到目前为止我国唯一一个自主研制成功的拥有自主知识产权的基因工程一类新药。

五、基因工程制药技术的主要内容和基本流程

基因工程药物的生产是一项十分复杂的系统工程，其基本过程可分为上游阶段和下游阶段。

（一）上游阶段

主要在实验室完成，首先分离筛选目的基因、载体；然后构建 DNA 重组体并将其转入受体细胞，大量复制目的基因；筛选成功的转化子构建工程菌（细胞），研究制定适宜的表达条件使之正确高效表达。

（二）下游阶段

从工程菌的规模化培养到产品的分离纯化和质量控制的过程，是将实验室的成果产业化、商品化，主要包括生产的放大工艺研究、工程菌大规模培养最佳参数的确立、新型适宜生物反应器的研制、高效分离介质及装置的开发、分离纯化工艺的优化控制、高纯度产品的制备技术、生物传感器等一系列仪器仪表的设计和制造、生产过程的计算机优化控制等。

（三）基本流程

基因工程制药工艺过程是由系列技术组成，其目标是把目的基因转入另一生物体（或细胞）中，使之在新的遗传背景下实现功能表达，产生出人们所需要的药物，具体步骤流程如图 7-1 所示。

1. 目的基因获得　可以用人工合成，或从生物基因组中经酶切消化后再经 PCR 扩增等方法，分离出带有目的基因的 DNA 片段。

2. 构建 DNA 重组体　在体外将带有目的基因的外源 DNA 片段连接到能够自我复制并具有选择标记的载体 DNA 分子上，形成完整的新的重组 DNA 分子。

图 7-1　基因工程制药技术的基本流程

3. 构建工程菌（细胞）　将 DNA 重组体导入受体细胞，经反复筛选、鉴定和分析测定，最终获得正确稳定表达的基因工程菌（细胞）。

4. 培养基因工程菌（细胞）　大量培养获得的基因工程菌（细胞），使之在新的遗传背景下实现功能表达，产生出人类所需要的目的基因产物。

5. 表达产物的提取、分离和纯化。

6. 产品的质量控制、包装等。

任务二　目的基因的获得

PPT

我们把需要研究的基因，即准备要分离、改造、扩增或表达的编码蛋白质的基因称为目的基因。目的基因相对宿主细胞而言，又可称为外源基因或外源 DNA。目的基因即可以来源于真核生物，也可以来源于原核生物。原核生物的基因组简单，目的基因的获得相对容易，而真核生物的基因组复杂，且有内含子，目的基因的获得则要困难得多。

一、从基因文库中直接获取目的基因

这是早期普遍使用的分离目的基因的方法，尤其适用于原核生物基因的分离。对于真核生物基因组则可获取真正的天然基因（兼有外显子和内含子）。对于控制基因表达活性的调控基因，或在 mRNA 中不存在的某种特定序列，只能通过构建基因文库从染色体基因组 DNA 中获得。

（一）基因组文库构建

具体步骤如图 7 - 2 所示。

1. 从供体细胞或组织中制备高纯度的染色体基因组 DNA。

2. 用合适的限制酶将 DNA 切割成许多片段。

3. DNA 片段群体与适当的载体分子在体外重组。

4. 重组载体被引入受体细胞群体中或被包装成重组噬菌体。

5. 通过培养生长繁殖为重组菌落或噬菌斑，即克隆。

6. 筛选出含有目的基因 DNA 片段的克隆。

当用该方法制备的克隆数目多到足以把某种生物的全部基因都包含在内时，这一组克隆 DNA 片段的集合体，就称为该生物的基因组文库。完整的基因组文库应该含有染色体基因组 DNA 的全部序列。人们在分离目的基因时可以从获得的基因组文库中筛选，而不必重复地进行全部操作。

（二）cDNA 文库构建

我们除了可以构建基因组文库以外，还可以利用某种生物的 mRNA，成熟的 mRNA 是经剪切去掉内含子转录片段拼接形成的，在真核细胞，每个目的基因都有对应的 mRNA。从真核细胞中分离纯化出所有的 mRNA，再以 mRNA 为模板，经反转录酶催化合成互补 DNA（cDNA），如此获得的 cDNA 片段与适当载体重组、导入宿主细胞，构建出 cDNA 文库，也可从中筛选目的基因，具体步骤如下（图 7 - 3）。

图 7 - 2 基因组文库构建步骤

图 7 - 3 cDNA 文库构建步骤

1. 总 RNA 提取。

2. mRNA 的纯化。

3. cDNA 的合成。

4. cDNA 与载体连接。

5. 构建 cDNA 文库。

二、利用聚合酶链式反应（PCR）获得目的基因

如果知道目的基因的全序列或其两端的序列，通过合成一对与两端的序列互补的引物，就可以十分

有效地扩增出所需要的目的基因。

（一）直接从基因组中扩增

1. 提取基因组 DNA 作模板。

2. 根据目的基因序列设计引物。

3. PCR 扩增（图 7-4）。

适合扩增原核生物基因，真核生物基因组含有内含子。

（二）从 mRNA 中扩增：反转录 PCR（RT-PCR）

反转录 PCR（RT-PCR）又称为反转录 PCR。其原理是：提取组织或细胞中的总 RNA，以其中的 mRNA 作为模板，采用 Oligo（dT）或随机引物利用反转录酶反转录成 cDNA。再以 cDNA 为模板进行 PCR 扩增，而获得目的基因或检测基因表达（图 7-5）。

图 7-4　PCR 扩增原理　　　　　　图 7-5　RT-PCR 扩增原理

1. 提取基因组总 RNA。

2. 反转录合成总 cDNA 作模板。

3. 根据目的基因序列设计引物；氨基酸序列设计特异引物：简并引物。

4. PCR 扩增。

适合扩增真核生物基因；原核生物不易得到 mRNA，也不含有 polyA 尾。

三、用化学合成的方式获得目的基因

随化学合成技术的发展，现在计算机控制的全自动核酸合成仪已被广泛应用，按人们设计好的序列一次合成 100~200bp 长的 DNA 片段，用这些合成的片段组合连接成完整的基因。化学合成长的基因 DNA 序列，其价格远高于用 PCR 法获得的基因，所以目前很少全部用化学方法去合成基因。

表 7-2　三种目的基因获得方式的比较

方　法	优　点	缺　点
基因文库法	操作简便广泛使用	工作量大，盲目，分离出来的有时并非一个基因
PCR 法	专一性强	操作过程麻烦，mRNA 很不稳定，要求的技术条件较高
化学合成法	专一性最强	价格高，仅限于合成核苷酸相对较少的简单基因

PPT

任务三　构建 DNA 重组体

在基因工程中，需要将目的基因导入受体细胞中去复制表达，而目的基因一般很难独立进入受体细胞中稳定维持并表达，这就需要载体的帮助。将目的基因和载体 DNA 进行体外重组，构建 DNA 重组体，并将其导入受体细胞，就可以实现目的基因的复制和表达。同时，在这一过程中进行的 DNA 操作需要有一些工具酶的参与。

一、基因工程中常用的工具酶

基因工程的操作是分子水平上的操作。为了获得需要重组和能够重组的 DNA 片段，需要一些重要的酶，如限制性核酸内切酶、连接酶、聚合酶等，以这些酶为工具来对基因进行人工切割和拼接等操作，所以把这些酶称为工具酶。

（一）限制性核酸内切酶

限制性核酸内切酶简称为限制酶或内切酶，是一类存在于生物细胞内，能够识别并切开特定 DNA 序列的一种内切核酸酶。识别的特定 DNA 序列称为识别序列，切开的特定位点称为酶切位点，可用↓表示。限制性内切酶就是基因工程中的剪刀，用于裁剪目的基因和载体，为二者的连接做准备（图 7 – 6）。

$BamH$ I：　　　　　　　　Kpn I：

G|GATCC　　　　　　　GGTAC|C
CCTAG|G　　　　　　　C|CATGG

图 7 – 6　$BamH$ I 和 Kpn I 的识别序列及酶切位点

1. 限制性内切酶类型　限制性内切酶可以分为 I 型、II 型和 III 型三大类。由于 I 型和 III 型限制性内切酶不仅具有限制酶活性，还具有修饰酶活性，且他们的酶切位点距识别序列有一定距离，所以在基因工程中，这两种类型的限制性内切酶不适宜作为切断核酸的工具酶。而 II 型限制性内切酶却是理想的工具酶，也是基因工程中最为常用的，一般来说，若无特殊说明，所说的限制性内切酶均指 II 型限制性内切酶。目前已经发现三千多种 II 型限制性内切酶，其中已经商业化的有 600 多种，这为基因工程的操作提供了必要条件。

2. 限制性内切酶的切割方式　DNA 片段经过限制性内切酶切割后可产生两种不同末端，即平末端和黏末端。如果两条多聚核苷酸链上的磷酸二酯键断开的位置是相同的，产生的 DNA 片段末端是平齐的，称为平末端。如果两条多聚核苷酸链上的磷酸二酯键断开的位置是交错的，产生的 DNA 片段末端的一条链多出 1 至几个核苷酸，这样的末端称为黏末端（图 7 – 7）。

Sma I　　—CCC|GGG—　　　　$EcoR$ I　　—G|AATTC—
　　　　　—GGG|CCC—　　　　　　　　　—CTTAA|G—

图 7 – 7　平末端和黏末端

3. 同裂酶和同尾酶

（1）同裂酶　来源于不同物种，但是能识别相同序列的限制性内切酶称为同裂酶，同裂酶的切割位点可能不同。如果同裂酶识别序列和切割的位点都相同，则称为同序同切酶，如 *EcoR* I 和 *Apo* I，都能识别和切割 G↓AATTC 序列。如果同裂酶识别序列相同，但是切割位点不相同，则称为同序异切酶，如 *Kpn* I 和 *Acc*65 I 都识别 GGTACC 的序列，但是前者切割位点为 GGTAC↓C，后者切割位点为 G↓GTACC。

（2）同尾酶　识别不同序列，但是切割后能产生相同黏性末端的限制性内切酶称为同尾酶，如 *Nhe* I 和 *Xba* I 识别的序列分别是 G↓CTAGC 和 T↓CTAGA，切割后都能产生 CTAG 的黏末端。

4. 影响限制性内切酶反应的因素　为了保证限制性内切酶的反应活性和反应专一性，应为酶的反应提供最适条件。目前，大多数限制性内切酶都已商品化，在从供应商处购买某一限制性内切酶时，供应商会随酶提供使用说明书、酶切反应缓冲液和酶切反应终止液，在使用前，应仔细阅读说明书，了解酶的最适反应条件，如反应缓冲液的浓度、反应最佳温度和时间等。影响限制性内切酶反应的因素主要有反应缓冲液、酶的用量、反应温度和时间、DNA 因素等。

另外，当微量的污染物进入限制性内切酶贮存液中时，会影响其进一步使用，因此在吸取限制性内切酶时，每次都要用新的吸头。如果采用两种限制性内切酶，必须要注意分别提供各自的最适盐浓度。若两者可用同一缓冲液，则可同时水解。若需要不同的盐浓度，则低盐浓度的限制性内切酶必须首先使用，随后调节盐浓度，再用高盐浓度的限制性内切酶水解；也可在第一个酶切反应完成后，用等体积酚－三氯甲烷抽提，加 0.1 倍体积 3mol/L，乙酸钠和 2 倍体积无水乙醇，混匀后置 -70℃ 低温冰箱 30 分钟，离心沉淀 DNA，干燥并重新溶于缓冲液后进行第二个酶切反应。

（二）DNA 连接酶

DNA 连接酶能够催化在两条 DNA 链之间形成磷酸二酯键，从而将两条 DNA 链拼接起来。这种酶需要一条 DNA 的 3′ 端具有一个游离的羟基（—OH），和在另一条链的 5′ 端具有一个磷酸基团，同时还需要一种能源分子。

DNA 连接酶主要有两种：一种是 T4 噬菌体 DNA 连接酶，它的反应需要 ATP 的参与，它既可催化黏性末端间的连接，又能将平端 DNA 片段连接起来，因此在分子克隆中 T4 噬菌体 DNA 连接酶是首选的用酶；另一种是大肠埃希菌 DNA 连接酶，它的反应需要 NAD^+ 的参与，它只能催化黏末端的连接。

连接反应的一项重要参数就是温度，DNA 连接酶的最适反应温度是 37℃，此时连接酶的活性最高，但 37℃ 时黏末端分子形成的氢键极不稳定，因此需要降低反应温度，既可最大限度地发挥连接酶的活性，又有助于短暂配对结构稳定的最适温度，即 12~16℃。

（三）DNA 聚合酶

DNA 聚合酶的种类很多，它们在 DNA 的复制过程中起重要作用。基因工程常用的 DNA 聚合酶有：大肠埃希菌聚合酶 I（*E. coli* DNA 聚合酶 I，全酶）；大肠埃希菌聚合酶 I 大片段（Klenow 酶）；T4 噬菌体聚合酶；T7 噬菌体聚合酶及修饰的 T7 噬菌体聚合酶测序酶；耐热 DNA 聚合酶（*Taq* DNA 聚合酶）；末端转移酶；反转录酶等。

（四）其他工具酶

除了上面介绍的几种基因工程中主要工具酶以外，还有一些其他的工具酶，也发挥着重要的作用。

1. 甲基化酶　能够识别特定 DNA 序列，并给该序列中特定碱基引入甲基，从而保护 DNA 不被相应限制性内切酶酶切。

2. T4 多核苷酸激酶　是一种磷酸化酶，可将 ATP 的 γ－磷酸基团转移至 DNA 或 RNA 的 5′ 末端。

该酶主要用于对缺乏 5′磷酸的 DNA 或合成接头进行磷酸化。

3. 碱性磷酸酶　与 T4 多核苷酸激酶的作用相反，是一种可以去除 DNA 或 RNA 5′末端磷酸基团的酶。通过去除 DNA 5′末端磷酸基团，可以防止 DNA 片段发生自身连接。

4. 核酸酶　种类较多，不同种类的核酸酶所催化的反应也不一样。核糖核酸酶 A 可特异攻击 RNA 上嘧啶残基的 3′端，广泛用于去除 DNA 中混杂的 RNA。脱氧核糖核酸酶 I 可优先从嘧啶核苷酸的位置水解单链或双链 DNA，可以用于去除 RNA 中混杂的 DNA。

二、克隆载体

外源基因自身很难在受体细胞中稳定维持并复制表达，所以需要有其他的 DNA 片段的帮助，这种能承载目的基因并将其带入受体细胞中复制表达的 DNA 片段称为基因工程载体。

作为 DNA 重组载体一般应具备以下基本条件：①能够进入宿主细胞；②载体可以在宿主细胞中独立复制，即本身是一个复制子，或者能够整合到宿主细胞的染色体中；③要有筛选标记；④对多种限制酶有单一或较少的酶切位点，最好是单一酶切位点。另外，载体不仅要具有上述最基本的要求，而且还需要符合特定的要求，如高拷贝数、具有强启动子和稳定的 mRNA、具有高的分离稳定性和结构稳定性、转化频率高、宿主范围广、插入外源基因容量大而且可以重新完整地切出及复制与转录应和宿主相匹配等。

此外，载体在宿主不生长或低生长速率时应仍能高水平地表达目的基因。完全达到这些要求的载体很少，特别是动物细胞作为宿主细胞时，使用的载体主要是病毒，进入宿主的目的基因一般只能是 1 个基因，而以基因族或多个基因同时进行重组还有不少困难，需要进一步的研究和开发。

DNA 重组使用的载体可以分为三大类：克隆载体，是以繁殖 DNA 片段为目的的载体；穿梭载体，用于真核生物 DNA 片段在原核生物中增殖，然后再转入真核细胞宿主表达；表达载体，用于目的基因的表达，分为胞内表达和分泌表达两种。

目前已构建应用的基因工程载体有质粒载体、噬菌体载体、病毒载体以及由它们互相组合或与其他基因组 DNA 组合成的载体。

克隆载体适用于将外源基因导入细胞中复制扩增。一个理想的克隆载体具备以下特性：分子量小，多拷贝，松弛性；具有多种常用的限制性内切酶的单切点，即多克隆位点；能插入较大的 DNA 片段；具有容易操作的检测表型，如抗性基因等。

（一）细菌质粒

细菌质粒是重组 DNA 技术中常用的载体。常用的细菌质粒有 F 因子、R 因子、大肠埃希菌菌素因子等。按复制方式质粒分为松弛型和严紧型质粒。松弛型质粒的复制不需要质粒编码的功能蛋白，而完全依赖于宿主提供的半衰期较长的酶来进行，在每个细胞中可以有 10～100 个拷贝。严紧型质粒的复制要求同时表达 1 个由质粒编码的蛋白，在每个细胞中只有 1～4 个拷贝。在基因工程中一般都使用松弛型质粒载体。

1. 质粒载体 pBR322　图 7-8 所示的质粒 pBR322 是人们研究最多、使用最广泛的载体。

pBR322 大小为 4363bp，有 1 个复制起点、1 个抗氨苄西林基因和 1 个抗四环素基因。质粒上有 36 个单一的限制性内切酶位点，包括 *Hind*Ⅲ、*EcoR*Ⅰ、*BamH*Ⅰ、*Sal*Ⅰ、*Pst*Ⅰ、*Pvu*Ⅱ等常用酶切位点。而 *BamH*Ⅰ、*Sal*Ⅰ、*Pst*Ⅰ分别处于四环素和氨苄西林抗性基因（Amp^r）中。应用该质粒的最大优点是将外源 DNA 片段在 *BamH* Ⅰ、*Sal* Ⅰ、*Pst* Ⅰ位点插入后，可引起抗生素抗性基因失活而方便地筛选重组菌。如将一个外源 DNA 片段插入 *BamH* Ⅰ位点时，将使四环素抗性基因（Tet^r）失活，因此就可以通过 Amp^r、Tet^{r}来筛选重组体。

图 7 - 8　质粒 pBR322 结构示意图

2. pUC 系列质粒载体　质粒 pBR322 的单一克隆位点比较少，筛选程序比较费时，因此人们在 pBR322 基础上发展了一些性能更优良的质粒载体，包括 pUC18、pUC19、pUC118、pUC119 等。其中 pUC18、pUC19 结构简单紧凑，具有克隆载体的典型特征。这两个质粒的结构几乎是一样的，不同之处在于他们的多克隆位点的排列方向是相反的。它们都属于松弛型质粒，在细胞内的拷贝数可达 500 ~ 700 个。pUC18 和 pUC19 大小都为 2686bp，质粒复制启始区可使该质粒在大肠埃希菌细胞内进行复制。质粒从 369bp 至 455bp 为多克隆位点，含有多个单一的限制性内切酶位点，便于携带目的基因。该质粒载体还含有一个来自大肠埃希菌乳糖操作子的 DNA 片段，该片段编码 *lacZ* 蛋白（β - 半乳糖苷酶）氨基端 146 个氨基酸。巧妙的是，该质粒载体的多克隆位点插入了这个片段中，但不影响这个片段的功能。当有目的基因插入到多克隆位点，构成重组质粒时，就会导致这一片段失活，在特定受体细胞中，通过 α - 互补作用使菌落表现出蓝色和白色，可以起到筛选阳性重组子的目的。除此之外，该质粒载体还含有氨苄西林抗性基因，亦可作为选择性标记。

（二）噬菌体载体

质粒载体可以克隆的 DNA 最大片段一般在 10kb 左右，但要构建一个基因文库，往往需要克隆更大一些的 DNA 片段，以减少文库中克隆的数量。为此，人们将噬菌体发展成为一种克隆载体。

λ 噬菌体含双链线型 DNA，野生型 λ 噬菌体内含有太多的限制性酶切点，需要经过改造后才能成为可应用的载体。Charon 系列 λ 噬菌体有插入型和替换型两种，带有来自大肠埃希菌的 β - 半乳糖苷酶基因 *lacZ*。M13 噬菌体是单链环状 DNA，改造后的 M13 噬菌体加入了大肠埃希菌的 *lac* 操纵子，常用于核酸测序。

1. 构建 λ 噬菌体载体的基本途径

（1）切去某种限制性内切酶在 λDNA 分子上的一些识别序列，只在非必需区保留 1 ~ 2 个识别序列，若只保留 1 个识别序列，可供外源 DNA 插入；若保留 2 个识别序列，则 2 个识别序列之间的区域可被外源 DNA 片段置换。

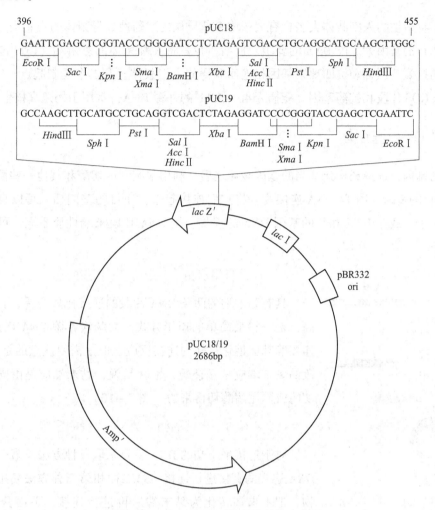

图 7-9　pUC18/19 质粒载体结构示意图

（2）用合适的限制性内切酶切去部分非必需区，但是由此构建的 λDNA 载体不应小于 38kb。

（3）在 λDNA 分子合适区域插入可供选择的标记基因。

2. λ 噬菌体作为构建基因克隆载体的特点

（1）λ 噬菌体含有线性双链 DNA 分子，其长度为 48502bp，两端各有由 12 个碱基组成的 5′端凸出的互补黏性末端，当 λDNA 进入宿主细胞后，互补黏末端连接成为环状 DNA 分子，这种由黏末端结合形成的序列称为 COS 位点。

（2）λ 噬菌体为温和噬菌体，λDNA 可以整合到宿主细胞染色体 DNA 上，以溶原状态存在，随染色体的复制而复制。

（3）λ 噬菌体能包装野生型 λ 噬菌体 DNA 长度的 75% ~ 105%，为 38 ~ 54kb，即使不对 λDNA 进行改造，也允许承载 5kb 大小的外源 DNA 片段带入受体细胞。

（4）λDNA 上的 D 基因和 E 基因对噬菌体的包装起决定性作用，缺少任何一种基因都将导致噬菌体不能包装。

（5）λDNA 分子上有多种限制性内切酶的识别序列，便于用这些酶切割产生外源 DNA 片段的插入和置换。

（三）柯斯质粒

用于真核生物宿主的人工载体大多具有大肠埃希菌质粒的耐药性或噬菌体的强感染力，同时还应满足携带真核生物目的基因大片段 DNA 的要求。柯斯质粒是将 λ 噬菌体的黏末端（COS 位点序列）和大肠埃希菌质粒的抗氨苄西林和抗四环素基因相连而获得的人工载体，含 1 个复制起点、1 个或多个限制酶切位点、1 个 COS 片段和抗药基因，能插入 40~50kb 的外源 DNA，常用于构建真核生物基因组文库。

三、构建 DNA 重组体

获得了目的基因，选择或构建适当的基因载体之后，利用限制性内切酶和其他一些酶类，切割和修饰载体 DNA 和目的基因，用 T4 DNA 连接酶等将它们连接起来，使目的基因插入可以自我复制的载体内，形成重组分子。载体 DNA 和目的基因 DNA 的连接，按 DNA 片段末端性质不同，可有以下不同的连接方法。

图 7-10　具有黏末端的两条 DNA
片段的连接

（一）具有黏末端的两条 DNA 片段的连接

具有黏末端的两条 DNA 片段的连接比较容易，且连接效率也较高，是一种最简单的连接方式。大肠埃希菌 DNA 连接酶和 T4 DNA 连接酶都能催化这样的连接反应。但是需要注意的是，两条 DNA 片段的黏末端应是互补的，也就是说，黏末端应是由同一种限制性内切酶或同尾酶酶切得来的（图 7-10）。

（二）具有平末端的两条 DNA 片段的连接

对于连接平末端的 DNA 主要采取三种方法，第一种方法使用 T4 DNA 连接酶直接进行连接，第二种和第三种方法使用同聚物或衔接物，把平末端转化为黏末端后再进行连接。下面分别介绍这三种方法。

1. T4 DNA 连接酶连接法　T4 DNA 连接酶除了能够对黏末端之间进行连接外，还能够对平末端之间进行连接，只不过这种连接的效率较低，且需要较大的用酶量。在连接反应的体系中，加入低浓度（一般为 10%）聚乙二醇（PEG）能够提高平末端的连接效率。即便不是由同一种限制性内切酶酶切得来的平末端，也可进行连接。

2. 同聚物加尾法　具有平末端的 DNA 片段连接效率低，可以人工把平末端改造为黏末端。利用末端脱氧核苷酸转移酶，分别给两条平末端的 DNA 分子 3′-OH 端加上互补的同聚物尾巴，就可形成黏末端，再利用连接酶进行连接。例如，利用末端脱氧核苷酸转移酶，在一条 DNA 片段的平末端的 3′-OH 加上由脱氧腺嘌呤核苷酸组成的单链尾巴（PolydA），同样，在另一条 DNA 片段的平末端的 3′-OH 加上由脱氧胸腺嘧啶核苷酸组成的单链尾巴（PolydT），这样便在齐平末端形成了由 A 和 T 组成的黏末端，可由 DNA 连接酶进行连接（图 7-11）。

3. 衔接物连接法　使用同聚物加尾法对含有平末端的 DNA 片段进行连接后，在连接位点就失去了原有的限制性内切酶识别序列，也就无法用原来的限制性内切酶进行特异的酶切，为解决这一问题，可采用衔接物连接法（图 7-12）。衔接物是指由人工合成的一段由 6~12 个核苷酸组成的、含有一个或数个限制性内切酶识别序列的脱氧寡聚核苷酸片段。例如，可以人工合成含有 *BamH* I 酶切位点的衔接物，在衔接物的 5′ 和 DNA 平末端的 5′ 末端经过多核苷酸激酶处理后，可用 T4 DNA 连接酶将两者连接起来。这样便在齐平末端出现了一个 *BamH* Ⅰ酶切位点，用 *BamH* Ⅰ酶切产生黏末端，再用连接酶连接即可。

图7-11　同聚物加尾法　　　　　　　　　　图7-12　衔接物连接法

任务四　构建基因工程菌（细胞）

PPT

　　构建基因工程菌（细胞）就是把获得的 DNA 重组体导入受体细胞中，使目的基因在受体细胞中复制表达。不同的目的基因对表达系统有着不同的要求，因此，在导入前首先应该选择好恰当的表达系统，然后选择合适的导入方式，最后要筛选导入成功的含有目的基因的受体细胞，进行鉴别分析，选择目的基因能够稳定存在，并高效表达的受体细胞作为基因工程菌（细胞）。

一、表达系统

　　根据受体细胞细胞核的特点，可将表达系统分为两类，原核表达系统和真核表达系统。这两种表达系统分别有各自的特点，在基因工程制药中都有广泛应用。原核表达系统结构简单，繁殖速度快，副产物少；真核表达系统由于具有翻译后加工修饰的功能，表达出的蛋白质在结构和功能方面更加接近天然蛋白，因此在选择表达系统时应综合考虑表达水平、表达周期、安全性、蛋白质性质等因素。

（一）原核表达系统

　　1. 大肠埃希菌系统　大肠埃希菌表达系统是基因工程开发最早的表达系统，大肠埃希菌结构简单，遗传背景清楚，繁殖力极强，适于大规模培养，成本较低，下游技术成熟，容易控制。其外源基因表达水平高，表达形式多样，如包涵体形式，胞内可溶性表达、细胞周质表达等。主要缺点是缺乏翻译后加工修饰系统，特别是缺少糖基化功能，含有内毒素、热源等不易去除。

　　大肠埃希菌中的表达不存在信号肽，故产品多为胞内产物，提取时需破碎细胞，故细胞质内其他蛋白质也释放出来，因而造成提取困难。由于分泌能力不足，真核蛋白质常形成不溶性的包涵体，表达产物必须在下游加工过程中经过变性和复性处理才能恢复其生物活性。但并非所有的产物都能完全恢复到一致的活性，产品质量不易控制。

　　到目前为止，大量的外源基因在大肠埃希菌中都实现了超量表达，多种生物药物已通过大肠埃希菌系统生产而上市。如美国 Elilly 公司早期采用大肠埃希菌表达人胰岛素 A 链和 B 链，再在体外连接成胰岛素。

2. 芽孢杆菌系统　芽孢杆菌属革兰阳性菌，是能形成芽孢的单细胞微生物，分裂方式是裂殖。芽孢杆菌能表达大量的原核基因产物，其中一些酶，如碱性蛋白酶、淀粉酶、溶菌酶、青霉素酶、头孢霉素酰化酶等，都实现了商业化生产，基因工程生产核黄素也已商品化。营养缺陷型和抗生素突变株还能进行核苷药物、抗生素的发酵生产。已有大量的真核基因在芽孢杆菌中实现了表达，如人生长激素、胃蛋白酶抑制剂、干扰素、表皮生长因子、乙型肝炎核心抗原等。

芽孢杆菌与大肠埃希菌相比，主要有以下优点：①不产生内毒素；②除炭疽芽孢杆菌和蜡样芽孢杆菌外，其他种类对人畜无致病性；③分泌功能强大，表达外源基因的产物分泌到胞外进入培养液，简化了后续的提取纯化工艺。

芽孢杆菌表达系统也存在一些缺点，主要体现在以下几个方面：①蛋白酶分泌不稳定；②质粒不稳定，有时在摇瓶阶段就难以检测到；③蛋白酶分泌量大，种类多，容易降解目标产物。

3. 链霉菌系统　链霉菌是放线菌中一类非常重要的丝状多核单细胞原核生物，是生产抗生素的重要工业微生物。在放线菌产生的 4000 多种抗生素中，约 90% 由链霉菌产生。链霉素、卡那霉素等、四环类、红霉素等都是由链霉菌生产的。

利用放线菌生产抗生素已有很长的历史，通过基因工程技术生产抗生素则是人们追求的目标。目前较为常用的表达系统为天蓝色链霉菌和变铅青链霉菌系列菌株。该表达系统具有许多显著的优点：①链霉菌工业化条件成熟，一旦有适合的载体，容易形成大规模的工业化生产；②链霉菌可进行高密度培养，细胞生长时期长，在稳定期仍能维持蛋白质合成；③链霉菌大部分为非致病菌，不产生内毒素，致病菌株极为少见；④链霉菌具有分泌功能，可使外源基因的产物分泌到胞外，分离纯化比较容易。已有生长激素、干扰素、白细胞介素、肿瘤坏死因子等在链霉菌中得到成功表达，但链霉菌表达真核外源蛋白往往产量较低，远远达不到工业水平，同时存在蛋白质翻译后的加工修饰比较困难，外源蛋白糖基化的功能有限，而且不均一，不能进行 C 端酰胺化的问题。

（二）真核表达系统

1. 酵母系统　酵母是最简单的真核单细胞微生物，无性繁殖方式以芽殖和裂殖为主，有性繁殖方式产生子囊孢子。酵母具有真核生物的特征，安全且无毒，其培养方式简单，大规模培养技术成熟。酵母有亚细胞器分化，能进行蛋白质翻译后的修饰加工，并具有良好的蛋白质分泌功能。1981 年 Hitzman 等在酵母中实现了人干扰素的表达，美国食品药品管理局（FDA）批准的酿酒酵母表达的第一个基因工程疫苗是乙肝疫苗，上市产品还有人胰岛素和人粒细胞集落刺激因子等。大多数情况下，酵母可像大肠埃希菌一样进行生物技术和遗传操作。虽然酵母系统已成功地用于制药行业，但该系统并非尽善尽美。如酿酒酵母发酵可产生乙醇，制约了高密度发酵；修饰的蛋白质糖基化侧链过长，过度糖基化会引起副作用等。

2. 丝状真菌系统　丝状真菌或霉菌是指菌丝体的真核细胞微生物，以腐生和寄生的方式生存。丝状真菌广泛用于工业酶类（如淀粉糖化酶、果胶酶、脂肪酶、半乳糖苷酶等）、有机酸（如马来酸、乳酸、草酸、柠檬酸等）、氨基酸等初级产物和维生素、抗生素（如青霉素、头孢菌素等）、生物碱等次级代谢产物的生产，是非常重要的一类发酵和制药工业微生物。

目前发现的 10000 多种抗生素中约有一半是丝状真菌产生的，抗生素合成相关基因被克隆，有望通过基因工程过量表达合成酶，增加抗生素产量，甚至直接合成中间体。

丝状真菌表达系统也已成功表达了外源蛋白质，如黑曲霉和木霉表达凝乳酶，毛霉表达天冬酰胺蛋白酶，米曲霉表达脂酶、淀粉酶和葡萄糖淀粉酶等，其中黑曲霉表达凝乳酶重组蛋白生产工艺已获得

FDA 批准上市。

丝状真菌系统具有自身特点：①发酵技术成熟，传统发酵产品产量高；②一旦建立外源基因表达系统，有望提高蛋白质的产率并进行工业化生产；③米曲霉和黑曲霉是美国 FDA 和 WTO 认定的安全生产菌，是优先可接受的宿主菌；④分泌能力强，有利于分离、纯化等下游工艺；⑤能进行蛋白质翻译后的加工修饰，如糖基化、二硫键的形成及肽链的正确折叠等，表达出功能蛋白质。

用丝状真菌表达的缺点在于基因转录调控机制不详、可供选择的载体较少、转化率低、外源基因转化后的去向不定等，上游问题的解决是进行下游发酵生产药物的前提条件。

3. 昆虫细胞表达系统　包括经典的杆状病毒表达系统和新发展的稳定表达系统，这两种系统都可以高效表达目的蛋白，常用的是 sf-9 和 sf-21 两种昆虫细胞株。昆虫细胞可以完成目的蛋白翻译后的修饰加工，如糖基化、磷酸化等，接近于天然蛋白，较易从无血清培养上清中纯化的蛋白，无内毒素污染，再结合病毒的快速繁殖特性，使得这种表达系统较原核表达系统更有优势。重组杆状病毒既可感染培养的昆虫细胞，又可感染昆虫的幼虫，而且宿主范围狭窄，比哺乳动物细胞表达系统更安全、有效。

但是杆状病毒的侵染可能会导致细胞裂解或虫体死亡，而许多蛋白在胞内的加工都是在病毒侵染晚期进行，所以这将使得一些蛋白得不到完整的修饰，另外昆虫细胞与哺乳动物细胞的糖基化不完全相同，所表达出的部分蛋白与其天然结构仍然存在差异，这些问题有待于进一步的研究。

4. 哺乳动物细胞表达系统　主要的优点是能识别和剪切外源基因中的内含子并加工为成熟的 mRNA，重组质粒转染效率高，具有遗传的稳定性和可重复性，具有很强的蛋白质合成后的修饰能力并能将表达产物分泌到胞外，可用于表达人类各种糖蛋白。主要缺点是在筛选过程中比较费时，且培养条件苛刻，成本较高，易污染。目前常用的动物受体细胞有 L 细胞、HeLa 细胞、猴肾细胞和中国仓鼠卵巢细胞（CHO）等，其中 CHO 细胞是近年来研究最多、应用相对成熟的细胞系，已经用于多种外源蛋白的表达。

5. 植物细胞表达系统　随着生物技术的发展，植物细胞正在成为外源基因表达的重要体系，目前已有数十种药用蛋白在植物中成功表达，包括乙肝病毒表面抗原、表皮生长因子、人血白蛋白、人干扰素、疟疾抗原等药用蛋白。但在植物细胞表达系统中使用的载体有限，目前使用的主要载体有根癌农杆菌 Ti 质粒和基因工程植物病毒等。

即学即练

以下属于原核表达系统的是（　　　　）。

A. 酵母菌　　　　B. 芽孢杆菌　　　　C. 金黄色葡萄球菌　　　　D. 丝状真菌

答案解析

二、DNA 重组体导入受体细胞

将 DNA 重组体导入受体细胞是构建基因工程菌（细胞）的重要环节，导入效率的高低除了跟 DNA 重组体、受体细胞的种类有关以外，还跟导入的方法有着直接的关系。

通过生物学、物理学和化学等方法使外源裸露 DNA 分子引入受体细胞，并在受体细胞内稳定维持和表达的过程称为转化。如果引入受体细胞的是病毒或噬菌体的裸露 DNA，那么将此过程称为转染。以病毒（噬菌体）为载体，在体外包装成病毒（噬菌体）颗粒后，感染受体细胞，使其携带的重组 DNA 进入受体细胞的过程称为转导。下面介绍几种比较常用的转化方法。

（一）化合物诱导转化法

用二价阳离子（如 Mg^{2+}、Ca^{2+}、Mn^{2+}）处理某些受体细胞，可以使其成为感受态细胞，即处于能摄取外源 DNA 分子的生理状态的细胞。当外源 DNA 分子溶液同感受态细胞混合时，DNA 分子便可进入细胞，达到转化的目的。采用这种转化方法，1μg 质粒 DNA 可以获得 $5 \times 10^6 \sim 2 \times 10^7$ 个被转化的菌落（转化子）。这是实验室中常用于微生物的一种转化方法。

有的动物细胞能捕获黏附在细胞表面的 DNA－磷酸钙沉淀物，使 DNA 转入细胞。根据这一性状，先将待转化的外源 DNA 同 $CaCl_2$ 混合制成 $CaCl_2$－DNA 溶液，在强烈振荡下缓慢加入 Hepers－磷酸缓冲液，形成 DNA－磷酸钙共沉淀复合物，然后用吸管将沉淀复合物加入哺乳动物单层培养细胞的表面上，保温几小时后，可使外源 DNA 进入细胞。

外源 DNA 与某些多聚物和二价阳离子混合，再与受体细胞或原生质体混合，也可使外源 DNA 进入细胞。常用的多聚物有聚乙二醇（PEG）、多聚赖氨酸、多聚鸟氨酸等，尤以 PEG 应用最广，可用于原核生物细胞、动物细胞和植物原生质体的基因转化。

（二）根癌农杆菌介导的 Ti 质粒载体转化法

含有 Ti 质粒的根癌农杆菌与一些植物的细胞接触后，Ti 质粒的一部分（T－DNA）导入植物细胞，整合到植物基因组 DNA，随基因组 DNA 的复制而复制。根据这一特性构建了一系列 Ti 质粒载体，与含目的基因的 DNA 片段重组。导入根癌农杆菌，再采用叶盘转化法、原生质体共培养法和悬浮细胞共培养法，通过根癌农杆菌介导进入植物细胞。用根癌农杆菌介导法已获得了一些转基因植物，但是通过此方法转化获得转基因单子叶植物比较困难。

（三）电穿孔转化法

通过高压电脉冲作用，使细胞膜上产生可逆的瞬间通道，从而促使外源 DNA 导入细胞内。电穿孔转化法的效率受电场强度、电脉冲时间和外源 DNA 浓度等参数的影响，通过优化这些参数，1μg DNA 可以得到 $10^9 \sim 10^{10}$ 个转化子。此方法可用于微生物细胞、动植物悬浮细胞或原生质体的基因转化。

（四）微弹轰击转化法

又称基因枪转化法，这是通过高速运行的金属颗粒轰击细胞，将包裹在金属颗粒表面的外源 DNA 分子随金属颗粒导入细胞的转化方法。基因枪法简单快速，可直接处理植物组织，接触面积大，并有较高的转化率。

（五）激光微束穿孔转化法

是利用直径很小、能量很高的激光微束照射受体细胞，可导致细胞膜的可逆性穿孔。根据这一原理，在荧光显微镜下找出合适的细胞，然后用激光光源替代荧光光源进行照射，导致细胞膜穿孔，处于细胞周围的外源 DNA 分子随之进入细胞。这种方法操作简便快捷；基因转移效率高；无宿主限制，可适用于各种植物细胞、组织、器官的转化操作；并且由于激光微束直径小于细胞器，可对线粒体和叶绿体等细胞器进行基因操作。

（六）超声波处理转化法

超声波处理细胞时可击穿细胞膜并形成过膜通道，使外源 DNA 进入细胞。超声波处理转化法的转化率较高，并且利用超声波处理可以避免使用电穿孔转化时高电压脉冲对细胞的损伤，有利于细胞存活，目前主要用于微生物细胞的基因转化。

（七）脂质体介导转化法

脂质体是由磷脂双分子层组成的人工膜状结构，将 DNA 包在其内，并通过脂质体与原生质体的融合或原生质体的吞噬过程，把外源 DNA 转运到细胞内。此方法的优点是包在脂质体内的 DNA 可免受细胞内核酸酶的降解，因此可直接转化外源 DNA。

（八）显微注射转化法

这是一种在特定显微镜下，使用注射仪把外源 DNA 直接注入细胞的转化方法，可用于动植物外源 DNA 的转化。这种方法操作较为繁琐耗时，但其转化效率很高，以原生质体作为受体细胞，平均转化率达 10%~20%，有的高达 60% 甚至以上，并且可以把外源 DNA 直接注入细胞器。

此外，还有像花粉管通道转化法、精子介导转化法、低能粒子束介导转化法等，也可向植物细胞或动物细胞导入重组 DNA。在选择导入方式时，要根据操作对象的要求和导入方式的特点来选择用哪种导入方法。

三、阳性克隆子的筛选和表达产物的鉴定

在将重组 DNA 导入受体细胞后，形成的克隆子群体中有三种细胞，一种是含有重组 DNA 的受体细胞；一种是由于目的基因和载体重组时，载体没有切开或自身相连而形成的只含有载体 DNA 的受体细胞；还有一种是未转入外源基因的受体细胞。因此，我们需要对转化细胞进行阳性克隆子的筛选和鉴定。

（一）阳性克隆子的筛选

1. 抗生素抗性标记筛选　大多数质粒载体带有抗生素抗性基因，可作为阳性克隆的筛选标记。常见的抗生素抗性基因有氨苄西林抗性基因（Amp^r）、卡那霉素抗性基因（Kan^r）、四环素抗性基因（Tet^r）和链霉素抗性基因（Str^r）等。

2. 插入失活筛选

（1）抗性基因的插入失活筛选　这种筛选方法能够克服抗生素抗性标记筛选到的重组子可能不是阳性重组子的缺点。许多克隆载体带有两个抗生素抗性基因，在这样的质粒载体中，如果目的基因插入到其中一个抗性基因中，就会导致这个抗性基因的失活。例如，pBR322 质粒带有氨苄西林抗性基因和四环素抗性基因，如果将目的基因插入四环素抗性基因中，就会导致四环素抗性基因失活，失去对四环素的抗性。当这样的质粒转化到宿主细胞内，宿主细胞能够在只含有氨苄西林的培养基中生长；当 pBR322 质粒没有插入目的基因就转化到宿主细胞内，宿主细胞能够在同时含有氨苄西林和四环素的培养基中生长，而没有转化到 pBR322 质粒的宿主细胞不能在含有任何一种抗生素的培养基中生长，通过对照宿主细胞在只含有氨苄西林的培养基和同时含有氨苄西林和四环素的培养基中的生长情况，就可以筛选到携带目的基因的阳性重组子。如图 7-13 所示，菌落 2、5、6 为阳性重组子。

（2）α-互补筛选　互补是指两个彼此互补的突变基因，它们各自所编码的产物都没有生物活性，但是这两种产物却能互补结合，形成一种具有生物活性的产物，变现出一定特征。β-半乳糖苷酶基因是大肠埃希菌乳糖操纵子的结构基因之一，编码含有 1024 个氨基酸残基的 β-半乳糖苷酶。许多质粒载体带有大肠埃希菌乳糖操纵子的调控序列和编码 β-半乳糖苷酶 N 端 146 个氨基酸的序列，即 α-肽

链。在这个编码序列中有一个多克隆位点，供目的基因的插入，但是，这个多克隆位点并不影响这 146 个氨基酸的表达。而乳糖操纵子的调控序列可以在 IPTG（isopropyl – β – D – thiogalactoside，异丙基 – β – D – 硫代半乳糖苷）的诱导下，启始这 146 个氨基酸的表达。有些大肠埃希菌株，如 DH5α、JM109 等，由于基因缺陷，不具有编码完整的 β – 半乳糖苷酶的序列，造成其编码的 β – 半乳糖苷酶失去正常 N 段 146 个氨基酸，不具生物活性。但是将上述质粒转化到这样的宿主细胞内，通过两者基因互补（α – 互补），就可形成具有生活活性的完整的 β – 半乳糖苷酶。有活性的 β – 半乳糖苷酶可以分解底物 X – gal（5 – 溴 – 4 – 氯 – 3 – 吲哚 – β – D – 半乳糖苷）生成半乳糖和深蓝色的 5 – 溴 – 4 – 氯青靛蓝，使菌落呈现蓝色。当目的基因通过多克隆位点插入质粒上，就会造成质粒上编码 β – 半乳糖苷酶 N 端 146 个氨基酸的序列失活，不能正常表达这 146 个氨基酸。因此，把带有目的基因的质粒转入宿主细胞内，并不能发生 α – 互补作用，最终使菌落变现为白色。在含有抗生素、IPTG 和 X – gal 的培养基中，携带目的基因的阳性重组子的菌落呈现白色，携带没有插入目的基因的质粒的宿主细胞菌落呈现蓝色，而不携带质粒的宿主细胞则不能在含有抗生素的培养基中形成菌落，这样可以通过菌落颜色筛选到阳性重组子。

图 7 – 13　抗生素抗性基因插入失活筛选原理示意图

3. 生长调节剂非依赖型筛选　这类选择标记基因的产物是激素合成所必需的酶类，离体培养不含这类选择标记基因的细胞时，必须添加外源激素，而含有这类选择标记基因的转化子能合成激素，变为激素自养型。因此，在培养基中不添加外源激素的情况下，只有转化子才能生长。这类选择标记基因常用于筛选植物转化子。这样的基因如色氨酸单加氧酶基因和吲哚乙酰胺水解酶基因，其表达产物可将色氨酸转化为吲哚乙酸。

（二）重组子的鉴定

1. 限制性内切酶图谱鉴定　从平板上挑取菌落，经培养后提取重组 DNA，对重组 DNA 进行单一位点的限制性内切酶酶切，但要注意这时所使用的限制性内切酶应与目的基因和载体进行连接前所使用的限制性内切酶是同一种。经过酶切后，环状重组 DNA 变成线性 DNA，如果是阳性转化子，其重组 DNA 由目的基因与载体构成，在 DNA 分子质量上要大于不携带目的基因的载体的分子质量。对这些线性 DNA 片段进行 DNA 琼脂糖凝胶电泳检测就可以发现，来自阳性重组子的 DNA 片段由于分子质量较大，迁移率较小，而不携带目的基因的载体片段由于分子质量较小，迁移率较大。通过与 DNA Marker 进行分子质量的对比，可以粗略估算出各片段的分子质量，初步判断载体上是否携带有目的基因（图 7 – 14 中的泳道 3）。

图 7 - 14　重组 DNA 的酶切与 PCR
验证电泳示意图

M. DNA Marker；1. 目的基因；2. 质粒载体；3. 重组 DNA 经单一限制性内切酶酶切；4. 重组 DNA 经两种限制性内切酶酶切；5. 以重组 DNA 为模板进行 PCR 扩展的目的基因

另一种方法是对提取到的重组 DNA 进行一种或两种限制性内切酶酶切，将目的基因从载体上切下，如果是阳性转化子，其重组 DNA 应被酶切成两个片段，分别是目的基因的片段和载体的片段，而不携带目的基因的载体不能被酶切两个片段。对这些线性 DNA 片段进行 DNA 琼脂糖凝胶电泳检测就可以发现，来自阳性重组子的 DNA 片段出现 2 个条带，而不携带目的基因的载体片段只有 1 个条带。通过与 DNA Marker 进行分子质量的对比，可以粗略估算目的基因与载体片段的分子质量，判断载体上是否携带有目的基因（图 7 - 14 中的泳道 4）。

2. 重组 DNA 的 PCR 鉴定　根据目的基因的序列设计一段特异性引物，以从菌体中提取的重组质粒载体为模板，或者直接挑取菌落进行 PCR 反应。阳性重组子细胞内的重组质粒上携带有目的基因，在特异引物的引导下，可以体外大量扩增出目的基因，经琼脂糖凝胶电泳可检测出相应条带（图 7 - 14 中的泳道 5）。

3. 核酸分子杂交鉴定　利用碱基配对的原理进行核酸分子杂交，是鉴定基因重组体的常用方法。核酸分子杂交的方法有原位杂交、Southern 杂交和斑点杂交等，常用的核酸分子杂交方法和适用范围见表 7 - 3。

表 7 - 3　常用的核酸分子杂交方法和适用范围

杂交方法	适用范围
菌落印迹杂交	检测转移到纤维素膜上的细菌，经裂解释放的 DNA
斑点杂交	检测未经凝胶电泳分离的，转移到膜上的 DNA 或 RNA
原位杂交	直接检测细胞或组织中的 DNA 或 RNA
Southern 印迹杂交	检测经酶切、凝胶电泳分离后转移到膜上的 DNA
Northern 印迹杂交	检测经凝胶电泳分离后转移到膜上的 RNA

4. DNA 序列分析鉴定　DNA 序列分析是最后确定分离的 DNA 是否是特异的目的基因的唯一方法，也是最确定的方法。

（三）表达产物的检测与鉴定

构建基因工程菌（细胞）的最终目的是要获得目的基因的表达产物，包括目的基因的表达产量、表达产物的稳定性、产物的生物学活性和表达产物的分离纯化等，因此，我们要对筛选的阳性克隆子进行少量培养，并对目的基因的产物进行检测与鉴定。

1. SDS - PAGE 蛋白质电泳　蛋白质电泳技术主要包括样品处理、制胶、电泳、染色和脱色等过程。

2. Western 杂交　是将蛋白质电泳、印迹和免疫检测融为一体的检测特异性蛋白质的技术方法，具有灵敏度高的特点。

3. 酶联免疫吸附法　是在抗原或抗体的固相化和抗原或抗体的酶标记的基础上建立起来的具有高灵敏度的检测分析方法。

实例分析

　　实例 2007 年武汉某公司成功研发一个利用基因工程菌发酵生产 S–腺苷蛋氨酸（SAM）的项目。本项目是利用基因工程技术改造毕赤酵母的基因型，以改变酵母胞内含硫化合物的代谢途径，使 SAM 在酵母细胞内富集，再通过高密度发酵获得大量富集 SAM 的酵母菌体，经过有机溶剂破胞，使产品从胞内释放出来，最后通过一系列的分离纯化步骤得到 SAM 的稳定性盐。整个项目主要包括基因工程菌的构建和筛选、发酵工艺和发酵控制、产品的分离纯化和稳定性盐的制备等三个方面的研究内容。本项目附加值高，是市场需求的新型、实用型产品。化工原料级 SAM 在国际市场的价格为 1000 美元/千克，医药级价格超过 2000 美元/千克，目前美国市场年销售额高达 10 亿美元。

　　问题 1. 本项目在基因工程菌构建过程中，主要包含哪些技术？
　　　　　　2. 本项目产品在生产出来之前，需要经过哪些阶段？

答案解析

任务五　基因工程菌的培养

PPT

　　基因工程菌的发酵与传统微生物发酵工艺有很多相似之处。首先必须进行基因工程菌的培养，其基本流程如图 7 – 15 所示。不同的发酵条件可能会影响基因工程菌的代谢途径，对基因工程药物的分离纯化工艺也会产生相应的影响，因此，按照传统的发酵工艺控制基因工程药物的生产是远远不够的，与传统微生物培养不同，基因工程菌培养的一大难题是如何维持质粒的稳定性。发酵工艺条件的控制对表达外源蛋白至关重要，直接影响产品的质量和生产成本，决定着产品在市场上的竞争力。因此在基因工程菌的发酵过程中，必需充分考虑影响外源基因表达的各种因素。

图 7 – 15　基因工程菌的发酵工艺流程

　　用于制药的基因工程菌属于化能异养、好氧型微生物，在有氧气的条件下，氧化培养基中的有机碳源、有机氮源或无机氮源提供能量 ATP，进行发酵生长和繁殖。基因工程菌发酵对营养要素和环境条件的需求与宿主菌有共性之处，但也有特殊的需求。特殊需求往往比共性需求更重要、更难满足，经常是制约产业化进程的重要因素。

一、基因工程菌的稳定性

　　基因工程菌在培养传代过程中经常出现质粒不稳定的现象，质粒不稳定分为分裂不稳定和结构不稳定。质粒的分裂不稳定是指工程菌分裂时出现一定比例不含质粒子代菌的现象。质粒的结构不稳定是指外源基因从质粒上丢失或碱基重排、缺失所致工程菌性能的改变。这种菌与含质粒的菌相比具有一定的生长优势，因而能在培养中逐渐取代含质粒菌而成为优势菌，减少基因表达的产率。

为了提高工程菌培养中质粒的稳定性，工程菌的培养一般采用两阶段培养法，第一阶段先使菌体生长至一定密度，第二阶段诱导外源基因的表达。由于第一阶段外源基因未表达，从而减小了重组菌与质粒丢失菌的比生长速率的差别，增加了质粒的稳定性。在培养基中加入选择性压力如抗生素等，以抑制质粒丢失菌的生长，也是工程菌培养中提高质粒稳定性的常用方法。

采用适当的操作方式可使工程菌生长速率具有优势，并使工程菌和质粒丢失菌生长竞争趋于极端化。可调控的环境参数为温度、pH、培养基组分和溶解氧浓度。有些含质粒的菌对发酵环境的改变比不含质粒的菌反应慢，因而间歇改变培养条件以改变这两种菌的比生长速率，可以改善质粒的稳定性。通过间歇供氧和改变稀释速率都可以提高质粒的稳定性。

二、基因工程菌的培养方式

（一）分批培养

又称间歇培养，是指把菌体和培养液一次性装入发酵罐，在最佳条件下进行发酵培养。发酵培养结束时，将全部培养物取出，再进行下一次分批操作。在分批培养过程中，除了进气、排气和补加酸碱调节 pH 外，在培养过程中与外界没有其他的物料交换。培养基的组成、产物的浓度和细胞的浓度都随时间变化。其缺点是发酵初期底物浓度过高，发酵末期产物浓度积累过多。底物和产物浓度过高都会对微生物的生长产生抑制作用。

（二）补料分批培养

是指菌种和培养液一次加入发酵罐，在菌体生长过程中，每隔一定时间，取出部分发酵培养液，同时补充同等数量的新培养基，然后继续培养，直至发酵结束，取出全部发酵液。发酵液的体积维持不变，同时可解除高底物浓度和高产物浓度对发酵的抑制作用。这样可以保持基因工程菌生长所需的良好环境，延长菌种的对数生长期，获得高密度菌体。

（三）连续培养

是指菌体和培养液一起装入发酵罐，在菌体培养过程中，不断补充新培养基，同进取出培养液和菌体在内的发酵液，发酵体积和菌体浓度维持不变，使菌体处在稳定的生长条件下，促进了菌体和产物的积累。连续操作的特征是发酵罐内物系的组成维持恒定，是稳态操作。但由于重组菌的不稳定性，很难进行连续培养。

（四）透析培养

在基因工程菌培养过程中，某些代谢产物，如乙醇、乙酸因过多积累而会影响菌体的生长和目的基因的表达。为了解除过量积累的代谢产物对菌体的影响，可以使用透析培养。透析培养利用膜的半透性原理使代谢产物和培养基分离，通过除去培养基中的代谢产物来解除其对基因工程的不利影响。在透析培养中，使用蠕动泵将发酵液泵入发酵罐外的透析器的一侧循环，而另一侧泵入透析液循环，这样在透析器中，代谢产物就从发酵液中透过半透膜进入透析液中，降低其在培养基中的浓度。

三、基因工程菌培养条件的控制

（一）培养基

培养基的组成既要提高工程菌的生长速率，又要保持重组质粒的稳定性，使外源基因能够高效表达。常用的碳源有葡萄糖、甘油、乳糖、甘露糖、果糖等。常用的氮源有酵母提取物、蛋白胨、酪蛋白水解物、玉米浆和氨水、硫酸铵、硝酸铵、氯化铵等。另外，培养基中还应加一些无机盐、微量元素、维生素、生物素等。对营养缺陷型菌株还要补加相应的营养物质。

碳源对菌体生长和外源基因表达有较大的影响。使用葡萄糖和甘油作为碳源，菌体的比生长速率及呼吸强度相差不大；但以甘油为碳源，菌体得率较大；而以葡萄糖为碳源，菌体产生的副产物较多。葡萄糖对 lac 启动子有阻遏作用，采用流加的方法，控制培养液中较低的葡萄糖浓度，可减弱或消除葡萄糖的阻遏作用。用甘露糖作碳源不产生乙酸，但比生长速率和呼吸强度较小。对 lac 启动子来说，使用乳糖作碳源较为有利，乳糖同时还具有诱导作用。

在各种有机氮源中，酪蛋白水解物更有利于产物的合成与分泌。培养基中色氨酸对 trp 启动子控制的基因表达有影响。

无机磷在许多初级代谢的酶促反应中是一个效应因子，过量的无机磷会刺激葡萄糖的利用、菌体生长和氧的消耗。由于启动子只有在低磷酸盐时才被启动，因此必须控制磷酸盐的浓度。当菌体生长到一定密度，磷酸盐被消耗至较低浓度时，目的蛋白才开始表达。通常，起始磷酸盐浓度应控制在 0.015mol/L 左右，浓度过低影响细菌生长，浓度过高则影响外源基因表达。

（二）接种量

接种量是指移入的种子液体积和培养液体积的比例。它的大小影响发酵的产量和发酵周期，接种量小，延长菌体延迟期，不利于外源基因的表达；采用大接种量，由于种子液中含有大量水解酶，有利于对基质的利用，可以缩短生长延迟期，并使生产菌能迅速占领整个培养环境，减少污染机会。但接种量过高往往又会使菌体生长过快，代谢产物积累过多，反而会抑制后期菌体的生长，所以接种量的大小取决于生产菌种在发酵中的生长繁殖速度。

（三）温度

温度的高、低直接关系到细胞的酶活性和生化反应速率、培养液中的溶解氧和传质速率、菌体的生长速率和产物的合成速率，从而影响发酵动力学和产物的生物合成。温度对基因表达的调控作用主要表现在以下几个方面。

（1）在复制水平上，通过调控复制来改变基因拷贝数，影响基因表达。

（2）在转录水平上，通过 RNA 聚合酶的作用或修饰 RNA 聚合酶，调控基因表达。

（3）在 mRNA 降解和翻译水平上影响基因表达。

（4）通过细胞内小分子调节分子的量影响表达。

（5）影响蛋白质的活性和包涵体的形成。

不同的微生物对温度的要求范围有所不同，基因工程菌大多是嗜温生物，生存温度为 10~50℃，最适温度为 25~45℃。基因工程菌的生长最适温度往往与发酵温度不一致，因为在发酵过程中，不仅要考虑生长速率，还要考虑发酵速率和产物的生成速率等因素。在表达外源蛋白药物时，在较高温度下有利于表达包涵体，在较低温度下有利于表达可溶性蛋白质。对热敏感的蛋白药物，恒温、高温发酵常常引起大量降解。

青霉素酰化酶基因工程菌大肠埃希菌 A56 合成青霉素酰化酶的量从 37℃ 起随着温度降低而逐步增加，至 20~22℃ 达到高峰，在 18℃ 和 16℃ 培养时菌体生长较慢，影响合成酶的总量；分泌型重组人粒细胞 - 巨噬细胞集落刺激因子工程菌 *E. coli* W3100/pGM - CSF 在 30℃ 培养时，目的产物表达量最高；

温度低时影响细菌生长，不利于目的产物的表达；温度高时由于细菌的热休克系统被激活，大量的蛋白酶被诱导，易使产物降解，因此表达量低于在 30℃ 时发酵的产量。重组人生长激素在不同的温度培养还影响产物的表达形式，在 30℃ 培养时是可溶的，在 37℃ 培养时则形成包涵体。

（四）溶解氧

溶解氧浓度是基因工程菌培养过程中影响菌体代谢的一个重要参数，对菌体的生长和产物的生成影响很大。基因工程菌都是好氧微生物，适宜的溶解氧浓度保证了菌体内的正常氧化还原反应。菌群在大量增殖过程中，进行耗氧的氧化分解代谢，因此，在培养过程中及时供给饱和氧是很重要的。在发酵过程中，尤其是发酵后期，外源基因的高效转录和翻译需要大量的能量，促进了细胞的呼吸作用，提高了菌体对氧的需求。在实际生产过程中，通常通过调节搅拌速度来改善培养过程中的氧供给；此外，还可通过增加通气量以提高氧的传递。在发酵前期，可采用较低转速，在发酵后期，由于系统泡沫增多，传质速率下降，提高搅拌速度才能改善培养过程中的氧供给。

（五）pH

pH 直接影响细胞膜和营养物质的电荷状态，也影响胞外酶的活性，从而改变细胞对营养物质的吸收和转运，进而影响菌体生长和产物的稳定性。不同菌种的最适生长 pH 和产物形成的最适 pH 不同。干扰素在酸性条件下稳定，而在碱性条件下容易降解。中性条件下干扰素的生产能力比弱酸性条件有所下降，酸性条件有利于发挥菌株的生产能力。基因工程菌发酵过程中常常产酸，使环境 pH 不断下降，所以生产中要采用有效措施控制 pH 的变化。

（六）诱导时机

对于使用诱导表达系统的基因工程菌来说，诱导条件的选择对目的基因的表达有直接而重要的影响。目前，使用得最为广泛的是以大肠埃希菌乳糖操作子调控机制为基础设计构建的 *Lac* 表达系统，该系统受乳糖或异丙基硫代半乳糖苷（IPTG）的诱导而使目的基因得到表达。乳糖和 IPTG 是该系统的常用诱导物，其中 IPTG 是乳糖的结构类似物，是一种高效的诱导物，但是它的使用会对菌体造成一定毒害作用。在进行诱导时，主要考虑诱导时间和诱导物剂量的选择。在诱导时间上，一般选择在对数期。过早地进行诱导，IPTG 对菌体的毒性以及表达目的基因为菌体所带来的负担都会影响菌体的正常生长，造成菌体浓度偏低，总体发酵产率不高。若诱导时菌体浓度过大，菌体开始老化，一般会引起表达水平下降。在诱导物剂量上，在一定范围内，目的基因表达水平会随 IPTG 用量的增加而升高，但是，超过此范围后，因为 IPTG 对菌体的毒性，反而会使目的基因表达水平随 IPTG 用量的增加而降低。而且，因为 IPTG 诱导作用的高效性，容易导致包涵体的生成。IPTG 价格昂贵，一般不适用于工业化生产，可用乳糖代替 IPTG。对于温控表达系统，一般选择在对数期通过改变发酵温度的方法诱导目的基因的表达。

任务六　基因工程药物的分离纯化及质量控制

PPT

一、基因工程药物的分离纯化

基因工程药物分离纯化的费用占整个生产费用的 80% 以上，因此这一过程极为重要。建立分离纯化工艺的依据主要有以下几点：①含目的产物的起始物料的特点；②物料中杂质的种类和性质；③目的产物的特性；④产品质量的要求。

　　基因工程产物的分离与传统发酵产物的分离纯化相比，具有以下特点：产物大多在细胞内，提取前要破碎细胞；产物浓度低，杂质多，提纯的难度大；产物是大分子蛋白质，易失活。

　　基因工程药物分离纯化的基本过程包括细胞破碎、固液分离、浓缩与初步纯化、高度纯化直至得到纯品以及成品加工。

　　进行固液分离后，通过离心收集的细胞采取机械破碎或酶溶法、化学渗透法、热处理法、渗透压冲击法等使细胞破碎；然后用离心、膜过滤或双水相萃取的方法，使细胞碎片与所需的活性物质分离；目的产物中仍含有大量杂质，杂质可能有病毒、热原质、氧化产物、核酸、多聚体、杂蛋白及与目的产物类似的异构体等，常用色谱分离技术纯化目的产物，如凝胶色谱、离子交换色谱、疏水色谱、反相色谱、亲和色谱、高效液相色谱等。此外，电泳也是分离纯化蛋白质的常用技术。

（一）分离纯化应遵循的基本原则

1. 具有良好的稳定性与重复性。

2. 尽可能减少组成工艺的步骤。

3. 各技术和步骤之间能相互适应和协调，工艺与设备能相互适应。

4. 尽可能少用试剂，以免增加分离纯化步骤，影响产品质量。

5. 所用时间尽可能短，对于稳定性差的产品随时间增加而产率降低、质量下降。

6. 工艺和技术必须高效，收率高，易操作。

7. 具有较高的安全性。

（二）各种不同表达形式的基因工程药物常采用的分离纯化方法

1. 细胞内不溶性表达产物——包涵体的分离纯化　目的蛋白质以不溶性形式产生并聚集形成蛋白质聚合物——包涵体。包涵体的分离及重组蛋白质的纯化步骤通常包括：细菌收集与破碎，包涵体的分离、洗涤与溶解，变性蛋白质的纯化，重组蛋白质的复性，天然蛋白质的分离等。

　　包涵体对蛋白质的分离纯化有两方面的影响：一是可以很容易地与胞内可溶性蛋白杂质分离，蛋白纯化较容易完成；另一方面包涵体可从匀浆中以低速离心出来，以促溶剂（如尿素、盐酸胍、SDS）溶解，在适当条件下（pH、离子强度与稀释）复性，产物经过了一个变性、复性过程，较易形成错误折叠和聚合体。包涵体的形成虽然增加了提取的步骤，但包涵体中目的蛋白质的纯度较高，可达到20%～80%，又不受蛋白酶的破坏。如果杂质的存在影响复性，也可以在纯化后再进行复性。

2. 分泌型表达产物的分离纯化　分泌型表达产物的发酵液体积很大，但浓度较低，因此必须在纯化前进行浓缩，可用沉淀和超滤方法浓缩。

3. 大肠埃希菌细胞内可溶性表达产物的分离纯化　*E. coli* 细胞内可溶性表达产物破菌后的上清液，首选亲和分离方法。如果没有可以利用的单克隆抗体或相对特异性的亲和配基，一般可选用离子交换色谱，处于极端等电点的蛋白质用离子交换分离可以得到较好的纯化效果，能去掉大部分杂质。

4. 大肠埃希菌细胞周质表达蛋白的分离纯化　产物在周质表达是介于细胞内可溶性表达和分泌表达之间的一种形式，它们可以避开细胞内可溶性蛋白和培养基中蛋白类杂质，在一定程度上有利于分离纯化。为了获得周质蛋白，*E. coli* 经低浓度溶菌酶处理后，可采用渗透压休克的方法来获得。由于周质中仅有为数不多的几种分泌蛋白，同时又无蛋白质水解酶的污染，因此通常能够回收到高质量的产物。

　　此外，基因工程药物在分离纯化时，必须根据分离单元之间的衔接选择不同的分离纯化工艺。

首先应选择不同机制的分离单元来组成一套分离纯化工艺，尽早采用高效的分离手段，先将含量最多的杂质分离去除；将费用最高、最费时的分离单元放在最后阶段。即通常先运行非特异、低分辨的操作单元（如沉淀、超滤和吸附等），以尽快缩小样品体积，提高产物浓度，去除最主要的杂质（包括非蛋白类杂质）；随后采用高分辨率的操作单元（如具有高度选择性的离子交换色谱和亲和色谱）；凝胶色谱这类分离规模小、分离速度慢的操作单元放在最后，这样可以提高分离效果。

其次要选择分离单元的操作次序。一个合理的组合能够提高分离效率，同时各个分离操作步骤之间容易过渡。当几种方法连用时，最好以不同的分离机制为基础，而且经前一种方法处理的样品应能适合作为后一种方法的料液。如经过盐析得到的样品，不适宜用离子交换色谱，但对疏水色谱则可直接应用。离子交换色谱、疏水色谱和亲和色谱通常可起到蛋白质浓缩的效应，而凝胶过滤色谱通常使样品稀释。在离子交换色谱之后进行疏水色谱就很合适，不必经过缓冲液的更换，因为多数蛋白质在高离子强度下与疏水介质结合较强。亲和色谱的选择性最强，但不能放在第一步，主要是因为杂质多，亲和材料易受污染，降低使用寿命；此外，由于初始原料液体积较大，需用大量的亲和色谱介质，提高了分离成本。因此，亲和色谱多放在第二步以后。有时为了防止介质中毒，在其前面加一保护柱，通常为不带配基的介质。经过亲和色谱后，还可能有脱落的配基存在，而且目的蛋白质在分离和纯化过程中会聚合成二聚体或更高的聚合物，因此最后需经过进一步纯化操作，通常是凝胶过滤色谱，也可用高效液相色谱法，但费用较高。凝胶过滤色谱放在最后一步又可直接过渡到适当的缓冲体系中，以利于产品成形保存。

二、基因工程药物的质量控制与保存

基因工程药物作为活性蛋白质，结构复杂、分子质量大，许多基因药物还参与人体的一些生理调节，极微量即可产生显著效应。在基因药物的生产过程中，以转录、翻译，到精制和工艺放大，都有可能发生变化，所以从原料到产品生产过程的每一步都应严格控制条件和鉴定质量，以确保产品质量符合标准、安全有效。对目的产物的质量控制包括以下几项。

（一）产品的鉴别

鉴别重组蛋白的方法有电泳、免疫学分析、受体结合实验、高效液相色谱分析、肽图分析、圆二色谱法、核磁共振等。

（二）纯度分析

包括蛋白质含量测定和杂质限量分析。

（三）生物活性测定

通过动物体内实验和细胞培养进行体外效价测定。

（四）稳定性考察

稳定性是评价药品有效性和安全性的重要指标，也是确定药品贮藏条件和使用期限的主要依据。没有哪一种单一的稳定性试验或参数能完全反映药物的稳定性，应对产品的一致性、纯度、分子特征及生物效价等多方面综合评价。而且通过加速降解试验来预测基因工程药物的有效期并不十分可靠，必须在实际条件下长期观察才能确定。

此外，由于基因工程药物是生理活性物质，容易失活，因此在保存过程中要采取不同的措施，以防产品变性和降解。对于液态产品，可在低温下保存，通常在 $-10 \sim -20℃$ 以下冰冻保存较为理想；同时要注意把 pH 调到蛋白质稳定的范围，一般在等电点附近；蛋白质在高浓度下保存也比较稳定；另外，多数蛋白质在疏水环境中保存较稳定，加入某些稳定剂也可降低蛋白质溶液的极性，避免变性失活。对于固态产品，一般含水量要小于 10%，否则容易失活。如将含水量降到 5% 时，在室温或冰箱中保存均比较稳定。长期保存最好制成冻干粉或结晶。

实践实训

实训六　质粒 DNA 的提取、大肠埃希菌感受态细胞的制备和质粒的转化

一、实训目的

掌握质粒 DNA 的提取方法、感受态细胞的制备方法和质粒 DNA 转化的基本操作；掌握重组质粒的筛选方法。

二、实训原理

质粒 DNA 的提取采用碱变性法，利用质粒 DNA 与染色体 DNA 的变性与复兴的差异，达到分离的目的。在 pH12.6 的碱性条件下，染色体 DNA 与质粒 DNA 均发生变性，染色体 DNA 双螺旋解开，两条单链分离，而质粒 DNA 由于是共价闭合环状结构，两条单链短时间内不会分离，当 pH 恢复至中性时，质粒 DNA 复性，重新溶解在溶液中，而染色体 DNA 则不能复性，形成缠连的网状结构随蛋白质 – SDS 复合物等杂质一起被离心除去。

大肠埃希菌感受态是指能够接受外源 DNA 的一种生理状态。用 $CaCl_2$ 处理细菌，可改变细胞膜结构，使外源 DNA 进入大肠埃希菌中。由于质粒 DNA 具有抗生素抗性标记基因，转化后的大肠埃希菌可用相应的选择性培养基筛选成功的转化子。

三、实训物品的准备

（一）实训材料的准备

大肠埃希菌 DH – 5α、大肠埃希菌 DH – 5α（含质粒 pUC118）。

（二）培养基及试剂的准备

1. LB 固体培养基、LB 液体培养基。

2. 氨苄西林（100mg/ml）。

3. 溶液Ⅰ（50mmol/L 葡萄糖、25mmol/L Tris – HCl、10 mmol/L EDTA、2mg/ml 溶菌酶）。

4. 溶液Ⅱ（200mmol/L NaOH、1% SDS）。

5. 溶液Ⅲ 3mol/L NaAc（pH4.8）溶液。

6. TE 缓冲液（10mmol/L Tris – HCl、1mmol/L EDTA）。

7. 预冷的无水乙醇。

8. 0.1mol/L $CaCl_2$ 溶液。

（三）实训仪器的准备

超净工作台；高速离心机；恒温振荡培养箱；恒温水浴锅；普通离心机；恒温培养箱。

四、实训内容

（一）质粒 DNA 的提取 微课

1. 取氨苄西林 20μl 加入 20ml 的 LB 液体培养基中，将大肠埃希菌 DH-5α（含质粒 pUC118）接种到该液体培养基中，37℃振荡培养过夜。

2. 取 1ml 培养液于 Eppendorf 管中，3000r/min 离心 5 分钟，弃去上清液，置于涡流混合器上混匀。

3. 加入 100μl 溶液 I，摇匀，冰浴 10 分钟。

4. 加入 200μl 溶液 II，温和振荡，溶液变黏稠且清亮透明，冰浴 10 分钟。

5. 加入 150μl 溶液 III，温和振荡，出现白色沉淀，冰浴 10 分钟。

6. 4℃ 10000r/min 离心 10 分钟，将上清液小心倒入一个新的 Eppendorf 管中，加入 800μl 预冷的无水乙醇，-20℃放置 1 小时，沉淀 DNA。

7. 4℃ 10000r/min 离心 10 分钟，弃上清液，将 Eppendorf 管中的乙醇挥发干净。

8. 加入 20μl TE 缓冲液溶解 DNA。

（二）感受态细胞的制备

1. 将大肠埃希菌 DH-5α 接种于 20ml 的 LB 液体培养基中，37℃振荡培养至 OD_{600} 达到 0.4 左右，冰浴 10 分钟。

2. 将培养液转入离心管中，4℃ 3000r/min 离心 10 分钟，弃上清液。

3. 加入 20ml 预冷的 0.1mol/L $CaCl_2$ 溶液，重新悬浮菌体，冰浴 30 分钟。

4. 4℃ 3000r/min 离心 10 分钟，弃上清液。

5. 加入 2ml 预冷的 0.1mol/L $CaCl_2$ 溶液，重新悬浮菌体，即为感受态细胞，可用于 DNA 的转化或分装成小份，-70℃可保存半年。

（三）质粒 DNA 的转化和筛选

1. 取大肠埃希菌 DH-5α 感受态细胞 100μl 于 Eppendorf 管中，加入 0.1μg 质粒 DNA（pUC118），轻轻旋转混匀，冰浴 30 分钟。

2. 42℃热休克 120 秒，保持离心管静止。

3. 加入 LB 液体培养基 900μl，37℃保温 1 小时。

4. 取 100μl 转化也涂布在含氨苄西林的 LB 固体培养基上，37℃倒置培养过夜。

5. 观察 LB 固体培养基上长出的白色菌落即为转化子，可进一步提取质粒鉴定。

五、注意事项

1. 质粒 DNA 的提取，关键在于变性复性的过程及质粒 DNA 与结合的蛋白质的分离，要求试剂与培养液要充分结合，但又不能剧烈振荡，以免质粒 DNA 被破坏。

2. 涂布转化液时要避免来回涂布，防止大肠埃希菌细胞破裂，影响转化率。

目标检测

答案解析

一、单项选择题

1. 不是基因工程方法生产的药物是（　　　）。

A. 干扰素 　　　　　B. 白细胞介素 　　　　C. 青霉素 　　　　D. 乙肝疫苗

2. 我国第一个批准上市的基因工程药物是（　　）。

A. 人胰岛素 　　　　B. 人生长激素 　　　　C. 干扰素 – r 　　　D. 重组人干扰素 α_{1b}

3. 下列（　　）不是基因工程载体。

A. 质粒载体 　　　　B. 病毒载体 　　　　C. 噬菌体载体 　　　D. 细胞

4. 基因工程中常用的限制性内切酶是（　　）。

A. Ⅰ类限制性内切酶 　　　　　　　　　B. Ⅱ类限制性内切酶

C. Ⅲ类限制性内切酶 　　　　　　　　　D. DNA 聚合酶

5. 基因工程中最常用的表达系统是（　　）。

A. 转基因动物 　　　　　　　　　　　　B. 转基因植物

C. 大肠埃希菌表达系统 　　　　　　　　D. 酵母表达系统

二、多项选择题

1. 基因工程工具酶可分为（　　）。

A. 限制性内切酶 　B. 连接酶 　　　　C. 修饰酶 　　　　D. 水解酶

2. 基因工程药物生产中常用的纯化方法是（　　）。

A. 离子交换层析 　B. 凝胶过滤层析 　C. 亲和层析 　　　D. 纸层析

3. 影响基因工程产物分离纯化工艺的主要因素是（　　）。

A. 产物活性、纯度和杂质 　　　　　　　B. 产物表达形式和表达水平

C. 发酵条件 　　　　　　　　　　　　　D. 产物本身的分子特性

4. 影响基因工程菌发酵的因素是（　　）。

A. 培养基 　　　　　B. 接种量 　　　　C. 温度 　　　　　D. pH

5. 基因工程药物分为（　　）。

A. 抗生素类 　　　　B. 激素和多肽类 　C. 酶 　　　　　　D. 重组疫苗

三、简答题

1. 基因工程制药技术的主要流程有哪些？

2. 基因工程菌的发酵与普通发酵之间有何区别？

书网融合……

知识回顾　　　　　微课　　　　　习题

酶工程是酶学和工程学相互渗透结合、发展而形成的一门新的技术科学。它是从应用的目的出发研究酶、应用酶的特异性催化功能，并通过工程化将相应原料转化成有用物质的技术。酶工程技术和应用研究的深入，使其在工业、农业、医药和食品等方面发挥着极其重要的作用。

酶工程药物提取技术直接影响酶工程药物的品质，面对着原料复杂、产物含量低、杂质多等技术性问题，应如何保证酶工程药物的质量？如何开展制备技术方法？

本项目主要介绍酶工程药物分离提取技术、常见酶工程药物的提取工艺及酶工程技术的发展趋势。

学习目标

1. **掌握**　酶工程的基本概念；生物酶的基本性质；酶和细胞固定化的基本原理和制备方法。

2. **熟悉**　酶工程制药生产岗位环境、工作形象、岗位职责及相关法律法规；会使用合适方法正确完成酶的固定化操作；应用酶工程制药方法完成氨基酸药物和6-氨基青霉烷酸的制备。

3. **了解**　酶工程的研究内容和研究热点。

任务一　酶制剂制备及其固定化

PPT

1971 年，第一届国际酶工程会议提出的酶工程的内容主要是：酶的生产、分离纯化，酶的固定化，酶及固定化酶的反应器，酶与固定化酶的应用等。近年来，由于酶在工业、农业、医药和食品等领域中的应用迅速发展，酶工程也不断地增添新内容。从现代观点来看，酶工程主要有以下几个方面的研究内容：①酶的分离、提纯、大批量生产及新酶和酶的应用开发；②酶和细胞的固定化及酶反应器的研究（包括酶传感器、反应检测等）；③酶生产中基因工程技术的应用及遗传修饰酶（突变酶）的研究；④酶的分子改造与化学修饰以及酶的结构与功能之间关系的研究；⑤有机相中酶反应的研究；⑥酶的抑制剂、激活剂的开发及应用研究；⑦抗体酶、核酸酶的研究；⑧模拟酶、合成酶及酶分子的人工设计、合成的研究。

> **实例分析**
>
> **实例**　泛酸钙属于B族维生素的一种，是人体和动物体内辅酶A的成分之一，是生物正常生长必需的营养物质之一，其中以右旋体为主，称为D-泛酸钙。其参与蛋白质、脂肪、糖在体内的新陈代谢，可用于治疗B族维生素缺乏症、周围神经炎以及手术后的肠绞痛等。同时其在食品加工领域主要用于制作各种营养保健食品，如奶粉强化时泛酸钙含量为10mg/100g，烧酒、威士忌酒中添加0.02%泛酸钙可增强风味。由于D-泛酸钙具较高的生物活性，使其在饲料行业中也得以广泛应用。目前国内研究机构用产D-泛解酸内酯水解酶的串珠镰孢菌水解拆分得到光学纯的D-泛解酸内酯，成功地用于D-泛酸钙和D-泛醇的生产，D-泛酸钙产量全球第一。
>
> **问题**　1. 目前D-泛酸钙的工业生产采用的是什么工艺技术？
>
> 　　　　2. 以其投入生产与旧工艺相比有什么优势？
>
> 答案解析

一、酶制剂制备

常见的酶制剂包括液体酶制剂、固体粗酶制剂和纯酶制剂3种剂型。

（一）酶制剂的来源方法

1. 提取法　早期酶的生产多以动植物为主要原料，有些酶的生产至今还应用此法。如从猪颌下腺中提取激肽释放酶，从菠萝中制取菠萝蛋白酶，从木瓜汁液中制取木瓜蛋白酶等。但随着酶制剂应用范围的日益扩大，单纯依赖动植物来源的酶已不能满足要求，而且动植物原料的生长周期长、来源有限，又受地理、气候和季节等因素的影响，不适于大规模生产。

2. 化学合成法　酶作为生物催化剂普遍存在于动物、植物和微生物中，可直接从生物体中分离提纯。从理论上讲，酶与其他蛋白质一样，也可以通过化学合成法来制得。现在已有了一整套固相合成肽的自动化技术，大大加快了合成速度。但从实际应用上讲，由于试剂、设备和经济条件等多种因素的限制，通过人工合成的方法来进行酶的生产还需要相当长的一段时间，现在一般只适用于短肽的生产。

3. 动植物细胞培养法　近10多年来，动植物组织和细胞培养技术取得了很大的进步，但因其周期长、成本高，因而还有一系列问题正待解决，估计在不久的将来会出现利用动植物细胞培养的方法来生产酶的新技术工业。

4. 微生物发酵法　利用微生物生产酶制剂，突出的优点是：①微生物种类繁多，凡是动植物体内存在的酶，几乎都能从微生物中得到；②微生物繁殖快、生产周期短、培养简便，并可以通过控制培养条件来提高酶的产量；③微生物具有较强的适应性和应变能力，可以通过适应、诱导、诱变以及基因工程等方法培育出新的高产菌株。目前在千余种被使用的商品酶中，大多数都是利用微生物生产的。

（二）酶的分离提取过程工艺

1. 破碎细胞　微生物产生的酶分为胞内酶和胞外酶。胞外酶可由培养基中直接提取，无需破碎细胞。而胞内酶则要求将细胞破碎后再进一步提取。对动植物组织常用组织捣碎器、匀浆器破碎等手段，而对微生物细胞则采用机械破碎、酶法、化学试剂法或丙酮粉法等手段破碎细胞。

2. 酶液的抽提　大部分酶都可用包括酸、碱或盐溶液浸泡后溶解抽提，酶抽提条件的选择往往依据酶的溶解特性和稳定性而定。在抽提过程中，抽提液的用量为酶原料体积的 1 ~ 5 倍，而抽提液的 pH 选择，一般选用待纯化酶的稳定 pH 范围，以保证抽提时不致引起酶变性失活，而且抽提液的 pH 应远离酶蛋白的等电点，以保证酶的溶解度；为避免由高温引起的酶变性失活，酶的抽提一般在低温下进行。

3. 蛋白酶的纯化 蛋白酶的纯化法较多，一般最佳纯化方案的设计需要综合考虑所需纯化酶的理化性质和提取的步骤、最终得率、纯化成本等方面。常见的有盐析法、有机溶剂沉淀法、吸附分离法、离子交换法、凝胶过滤分离法、亲和色谱法。

4. 纯化酶的浓缩和干燥 粗酶抽提液和发酵液中的酶浓度往往较低，必须进行浓缩，常用蒸发和超滤的方法进行。蛋白酶在水溶液中稳定性差，但在脱水干燥形成干粉的情况下，酶粉的稳定性会显著提高，能在低温下长期保存。常采用冷冻干燥、直接干燥、喷雾干燥的方法对浓缩酶进行干燥保存，保持酶的活性。

二、影响酶活性的因素

影响酶活性的因素一定会影响酶促反应速率，而影响酶促反应速率的因素不一定会影响酶活性。酶促反应速率受很多因素的影响，包括底物浓度、酶浓度、pH、温度、激活剂和抑制剂等。当研究某一因素对酶反应速率的影响时，必须使酶反应体系中的其他因素维持不变，而单独变动所要研究的因素。酶促反应速率是指酶促反应开始时的速度，简称初速。因为只有初速才与酶浓度成正比，而且反应产物及其他因素对酶促反应速率的影响也最小。研究影响酶促反应速率的各种因素，对阐明酶作用的机制和建立酶的定量方法都是重要的。

（一）底物浓度的影响

当底物浓度很低时，增加底物浓度，反应速率随之迅速增加，反应速率与底物浓度成正比，称为一级反应。当底物浓度较高时，增加底物浓度，反应速率也随之增加，但增加的程度不如底物浓度低时那样明显，反应速率与底物浓度不再成正比，称为混合级反应。当底物增高至一定浓度时，反应速率趋于恒定，继续增加底物浓度，反应速率也不再增加，称为零级反应。

反应速率与底物浓度 S 之间的这种关系，反映了酶促反应中有酶 – 底物复合物的存在。若以产物 P 生成的速率表示反应速率，显然 P 生成的速率与酶 – 底物复合物浓度成正比，底物浓度很低时，酶的活性中心没有全部与底物结合，此时增加底物的浓度，ES 的形成与 P 的生成都成正比的增加。当底物增高至一定浓度时，全部酶都已变为 ES，此时再增加底物浓度也不会增加 ES 浓度，反应速率趋于恒定。

（二）酶浓度的影响

在酶促反应体系中，底物浓度足以使酶饱和的情况下，酶促反应的速率与酶浓度成正比。但当酶的浓度增加到一定程度，以致底物浓度已不足以使酶饱和时，再继续增加酶的浓度，反应速率也不再成正比例地增加。

（三）温度的影响

低温时酶的活性非常微弱，随着温度逐步升高，酶的活性也逐步增加，但超过一定温度范围后，酶的活性反而下降。当温度升至 50 ~ 60℃ 以上时，酶的活性可迅速下降，甚至丧失活性，此时即使再降温也多不能恢复其活性。可见只是在某一温度范围时酶促反应速率最大，此温度称为酶作用的最适温度。

人体内的酶最适温度多在37℃左右。所以出现上述现象是因为温度对酶促反应有双重影响：①酶促反应与一般化学反应一样，升高温度能加速化学反应的进行。②酶是蛋白质，升高温度能加速酶的变性而使酶失去活性。升高温度对酶促反应的这两种相反的影响是同时存在的。在较低温度时（0~40℃）前一种影响大，所以酶促反应速率随温度上升而加快；随着温度不断上升，酶的变性逐渐成为主要矛盾，在50~60℃以上时酶变性速度显著增加，酶活性迅速下降。80℃以上酶几乎完全变性而失去活性。最适温度不是酶的特征性常数，它与酶作用时间长短等因素有关。酶作用时间较短时最适温度较高；酶作用时间较长时最适温度较低。酶在低温下活性微弱但不易变性，当温度回升时酶活性立即恢复。低温能大大延缓酶变性的速度。所以酶制剂和标本（如血清）应放在冰箱中保存。

知识链接

为什么人在发烧时食欲会下降

人体内环境稳态包括内环境各种理化性质保持相对稳定，如温度、pH、渗透压等。人发烧即温度不能处于稳态水平，而温度是代谢催化剂酶发挥催化作用的必要条件，发烧时温度过高使消化酶活性受影响，从而导致食欲变差。

（四）pH的影响

溶液的pH对酶活性影响很大。在一定的pH范围内酶表现催化活性。在某一pH时酶的催化活性最大，此pH称为酶作用的最适pH。偏离酶的最适pH愈远，酶的活性愈小，过酸或过碱则可使酶完全失去活性。各种酶的最适pH不同，人体内大多数酶的最适pH为7.3~7.4，但并不是所有都如此，如胃蛋白酶最适pH为1.5~2.5。同一种酶的最适pH可因底物的种类及浓度不同，或所用的缓冲剂不同而稍有改变，所以最适pH也不是酶的特征性常数。

pH影响酶的催化活性机制，主要因为pH能影响酶分子，特别是酶活性中心内某些化学基团的电离状态。若底物也是电解质，pH也可影响底物的电离状态。在最适pH时，恰能使酶分子和底物分子处于最合适电离状态，有利于二者结合和催化反应的进行。

即学即练8-1

溶液pH对酶活性的影响为（　　）。

A. pH越大，酶的催化活性越大

B. pH越小，酶的催化活性越大

C. 最适pH，酶的催化活性最大

D. 无影响

答案解析

（五）激活剂和抑制剂的影响

酶的催化活性在某些物质影响下可以增高或降低。凡能增高酶活性的物质，称为酶的激活剂（activator），凡能降低或抑制酶活性但并不使酶变性的物质称为酶的抑制剂（inhibitor）。同一种物质对不同的酶作用可能不同。如氰化物是细胞色素氧化酶的抑制剂，却是木瓜蛋白酶的激活剂。

1. 酶的激活剂　大都是金属离子，正离子较多，有K^+、Na^+、Mg^{2+}、Mn^{2+}、Ca^{2+}、Zn^{2+}、Cu^{2+}（Cu^+）、Fe^{2+}（Fe^{3+}）等，如Mg^{2+}是RNA酶的激活剂；负离子有Cl^-、HPO_4^{2-}等，如Cl^-是唾液淀粉酶的激活剂。酶的激活不同于酶原的激活。酶原激活是指无活性的酶原变成有活性的酶，且伴有抑制肽的水解；酶的激活是酶的活性由低到高，不伴有一级结构的改变。酶的激活剂又称酶的激动剂。

2. 酶的抑制剂　有可逆性抑制和不可逆性抑制两种。

（1）可逆性抑制　抑制剂与酶非共价结合，可以用透析、超滤等简单物理方法除去抑制剂来恢复酶的活性，因此是可逆的。根据抑制剂在酶分子上结合位置的不同，又分为竞争性和非竞争性抑制。

1）竞争性抑制　抑制剂 I 与底物 S 的化学结构相似，在酶促反应中，抑制剂与底物相互竞争酶的活性中心，当抑制剂与酶结合形成 EI 复合物后，酶则不能再与底物结合，从而抑制了酶的活性，这种抑制称为竞争性抑制。例如丙二酸与琥珀酸的结构相似，是琥珀酸脱氢酶的竞争性抑制剂。许多抗代谢物和抗癌药物，也都是利用竞争性抑制的原理。

2）非竞争性抑制　抑制剂与底物结构并不相似，也不与底物抢占酶的活性中心，而是通过与活性中心以外的必需基团结合来抑制酶的活性，这种抑制称为非竞争性抑制。非竞争性抑制剂与底物并无竞争关系。例如，EDTA 结合某些酶活性中心外的—SH 基，氰化物（—CN）结合细胞色素氧化酶的辅基铁卟啉，均属非竞争性抑制。

（2）不可逆性抑制　抑制剂与酶共价结合，不能用透析、超滤等简单物理方法解除抑制来恢复酶的活性，因此是不可逆的，必须用特殊的化学方法才能解除抑制。

1）巯基酶的抑制　巯基酶是指含有巯基（—SH）为必需基团的一类酶。某些重金属离子（Hg^{2+}、Ag^+、Pb^{2+}）及 As^{3+} 可与酶分子的巯基进行不可逆结合，使酶活性被抑制。化学毒剂路易士气就是一种砷化合物，能抑制体内巯基酶。巯基酶中毒可用二巯丙醇（BAL）解毒。BAL 含有多个—SH 基，在体内达一定浓度后，可与毒剂结合，使酶恢复活性。

2）羟基酶的抑制　羟基酶是指含有羟基（—OH）为必需基团的一类酶。有机磷杀虫剂（敌百虫、敌敌畏、对硫磷等）能特异地与酶活性中心上的羟基结合，使酶的活性受抑制。

三、酶和细胞的固定化

酶反应几乎都是在水溶液中进行的，属于均相反应。均相酶反应系统自然简便，但也有许多缺点，如溶液中的游离酶只能一次性使用，不仅造成酶的浪费，而且会增加产品分离的难度和费用，影响产品的质量；另外溶液酶很不稳定，容易变性和失活。如能将酶制剂制成既能保持其原有的催化活性、性能稳定、又不溶于水的固形物，即固定化酶（immobilized enzyme），则可像一般固定催化剂那样使用和处理，就可以大大提高酶的利用率。与固定化酶类似，细胞也能固定化。生物细胞虽属固相催化剂，但因其颗粒微小难于截留或定位，也需固定化。固定化细胞既有细胞特性和生物催化的功能，也具有固相催化剂的特点。

（一）固定化酶的制备

1. 固定化酶的定义　1953 年，Grubhofer 和 Schleith 采用聚氨基苯乙烯树脂为载体，经重氮化法活化后，与羧肽酶等结合形成固定化酶。20 世纪 60 年代后，固定化酶技术迅速发展，使酶工程从发酵工程中脱颖而出成为一个独立学科。其最初主要是将水溶性酶与不溶性载体结合起来，成为不溶于水的酶的衍生物，所以也曾叫过水不溶酶（water-insoluble enzyme）和固相酶（solid phase enzyme）。但是后来发现，也可以将酶包埋在凝胶内或置于超滤装置中，高分子底物与酶在超滤膜一边，而反应产物可以透过膜逸出，在这种情况下，酶本身仍是可溶的，只不过被固定在一个有限的空间内不再自由流动罢了。因此，用水不溶酶或固相酶的名称就不恰当了。在 1971 年第一届国际酶工程会议上，正式建议采用固定化酶（immobilized enzyme）的名称。所谓固定化酶（immobilized enzyme）是指借助物理方法或化学方法将酶固定于水溶性或水不溶性载体中，使酶被局限在某一特定区域内，但保留了酶的催化活力，仍能够进行底物和效应物（激活剂或抑制剂）的分子交换并发挥其催化效能的一种酶制剂形式。制备固定化酶的过程称为酶的固定化。固定化所采用的酶，可以是经提取分离后得到的有一定纯度的酶，也可以是结合在菌体（死细胞）或细胞碎片上的酶或酶系。广义的固定化酶包括固定化酶和固定化细胞。

2. 固定化酶的特点　酶类可粗分为天然酶和修饰酶，固定化酶属于修饰酶。在修饰酶中，除固定化酶外，还包括经过化学修饰的酶和用分子生物学方法在分子水平上进行改良的酶等。固定化酶的最大特点是既具有生物催化剂的功能，又具有固相催化剂的特性。

（1）与天然酶相比，固定化酶具有下列优点：①可以多次使用，而且在多数情况下，酶的稳定性提高。如固定化的葡萄糖异构酶，可以在60℃~65℃条件下连续使用超过1000小时。②反应后，酶与底物和产物易于分开，产物中无残留酶，易于纯化，产品质量高。③反应条件易于控制，可实现转化反应的连续化和自动控制。④酶的利用效率高，单位酶催化的底物量增加，用酶量减少。⑤比水溶性酶更适合于多酶反应。

（2）但其也有自身的不足：①在固定化过程中，通常伴随着酶活性的部分丧失，增加了固定化的成本，使工厂开始投资大。②通常只适用于催化可溶性小分子底物的酶促反应过程，对大分子底物不适合。③通常不适用于多酶反应，尤其是需要辅因子参与的反应，同时对胞内酶需经分离后才能固定化。

3. 酶的固定化技术　自20世纪60年代以来，科学家们一直就对酶和细胞的固定化技术进行研究，虽然具体的固定化方法达百种以上，但迄今为止，几乎没有一种固定化技术能普遍适用于每一种酶，所以要根据酶的应用目的和特性，来选择其固定化方法。固定化酶技术可分为吸附法、包埋法、交联法、共价结合法，随着固定化技术的不断进步，还出现了定点固定化技术、多酶固定化技术等方法（图8-1）。🄴微课

凝胶包埋法　　　微囊化包埋法

a　　　　　　　b

c　　　　　　　d

图8-1　酶固定化的模式图
A. 吸附法；b. 包埋法；c. 交联法；d. 共价结合法

（1）**吸附法**　通过各种固体吸附载体利用物理吸附或离子结合的原理，将酶吸附在其表面而实现酶的固定化的方法，分为物理吸附法和离子交换吸附法。物理吸附法是将酶的水溶液与具有高度吸附能力的载体混合，然后洗去杂质和未吸附的酶即得固定化酶。物理吸附法中蛋白质与载体结合力较弱，而

且酶容易从载体上脱落，活力下降，实用价值少；离子交换吸附法是将解离状态的酶溶液与离子交换剂混合后，洗去未吸附的酶和杂质即得固定化酶，本方法中离子交换剂的结合蛋白质能力较强，在工业上用途颇广。常见的物理吸附法的载体有活性炭、氧化铝、硅胶、羟基磷灰石等。离子交换吸附法常用的载体有多糖类离子交换剂和合成高分子离子交换树脂，如 DEAE－纤维素、Amberlite CG－50、XE－97、IR－45 和 Dowex－50 等。

（2）包埋法　制备固定化酶的条件温和，不改变酶的结构，操作时保护剂及稳定剂均不影响酶的包埋率，适用于多种酶、粗酶制剂、细胞器和细胞的固定化。但包埋的固定化酶只适用于小分子底物及小分子产物的转化反应，不适用于催化大分子底物或产物的反应，而且扩散阻力会导致酶的动力学行为发生改变而降低其活力。例如，用海藻酸钠包埋胆红素氧化酶和用海藻酸钙包埋乳酸氧化酶。包埋法可分为凝胶包埋法和微囊化包埋法。

1）凝胶包埋法　使酶定位于凝胶高聚物网格中的技术称为凝胶包埋法。此法是先将凝胶材料（卡拉胶、海藻胶、琼脂及明胶等）与水混合，加热使溶解，再降温至其凝固点以下，然后加入预保温的酶液混合均匀，最后冷却凝固成型和破碎即成固定化酶；此外，也可以在聚合单体的产物聚合反应的同时实现包埋法固定化（如聚丙烯酰胺包埋法），其过程是向酶、混合单体及交联剂缓冲液中加入催化剂，在单体产生聚合反应形成凝胶的同时，将酶限制于网格中，经破碎后即成为固定化酶。

用合成和天然高聚物凝胶包埋时，可以通过调节凝胶材料的浓度来改变包埋率和固定化酶的机械强度，高聚物浓度越大，包埋率越高，固定化酶的机械强度就越大。为防止酶或细胞从固定化酶颗粒中渗漏，可以在包埋后再用交联法使酶更牢固地保留在网格中。

2）微囊化包埋法　将酶定位于具有半透性膜的微小囊内的技术称为微囊化包埋法，包有酶的微囊半透膜厚约20nm，膜孔径40nm 左右，其表面积与体积比很大，包埋酶量也多。其基本制备方法有界面沉降法及界面聚合法两类。

3）界面沉降法　本法是物理法，是利用某些在水相和有机相界面上溶解度极低的高聚物成膜的过程将酶包埋的方法。其基本过程是将酶液在与水不混溶的、沸点比水低的有机相中乳化，使用油溶性表面活性剂形成油包水的微滴，再将溶于有机溶剂的高聚物加入搅拌下的乳化液中，然后再加入另一种不能溶解高聚物的有机溶剂，使高聚物在油水界面上沉淀、析出及成膜。最后在乳化剂作用下使微囊从有机相中转移至水相，即成为固定化酶。用于制备微囊的高聚物材料有硝酸纤维素、聚苯乙烯及聚甲基丙烯酸甲酯等。微囊化的条件温和，制备过程不致引起酶的变性，但要完全除去半透膜上残留的有机溶剂却不容易。

4）界面聚合法　本法是化学制备法，其基本原理是利用不溶于水的高聚物单体在油－水界面上聚合成膜的过程制备微囊。成膜的高聚物有尼龙、聚酰胺及聚脲等。

（3）交联法　用双功能或多功能试剂使酶分子内或分子间彼此连接成网络结构而使酶固定化的技术。交联法又可分为交联酶法、酶－辅助蛋白交联法、吸附交联法及载体交联法4 种。其内容有酶分子内交联、分子间交联或辅助蛋白与酶分子间交联；也可以先将酶或细胞吸附于载体表面而后再交联或者在酶与载体之间进行交联。常用的交联剂有戊二醛、双重氮联苯胺－2,2－二磺酸、1,5－二氟－2,4－二硝基苯及己二酰亚胺二甲酯等。参与交联反应的酶蛋白的功能团有 N－末端的α－氨基、赖氨酸的ε－氨基、酪氨酸的酚基、半胱氨酸的巯基及组氨酸的咪唑基等。交联法与共价结合法一样也是利用共价键固定酶的，所不同的是它不使用载体。交联法最常用的交联剂是戊二醛，它的两个醛基与酶分子的游离氨基反应形成 Schiff 碱，彼此交联（表 8－1）。

表 8 – 1　交联法的缺点及其解决办法

缺　点	解决办法
1. 反应条件比较强烈，固定化酶的酶活力回收一般较低	1. 尽可能降低交联剂的浓度和缩短反应时间，有利于固定化酶活性的提高
2. 固定化酶颗粒小、结构性能差、酶活性低	2. 与吸附法或包埋法联合使用。如先使用明胶（蛋白质）包埋，再用戊二醛交联；或先用尼龙（聚酰胺类）膜或活性炭、Fe_2O_3 等吸附后，再交联
3. 由于酶的功能团，如氨基、酚基、羧基、巯基等参与了反应，会引起酶活性中心结构的改变，导致酶活性下降	3. 在被交联的酶溶液中添加一定量的辅助蛋白如牛人血白蛋白，以提高固定化酶的稳定性

1）酶 – 辅助蛋白交联法　是指在酶溶液中加入辅助蛋白的交联过程。辅助蛋白可以是明胶、胶原和动物血清蛋白等。此法可以制成酶膜或在混合后经低温处理和预热制成泡沫状的共聚物，也可以制成多孔颗粒。酶 – 辅助蛋白交联法的酶的活力回收率和机械强度都比交联酶法高。

2）吸附交联法　是吸附与交联相结合的技术，其过程是先将酶吸附于载体上，再与交联剂反应。吸附交联法所制得的固定化酶称为壳状固定化酶。此法兼有吸附与交联的双重优点，既提高了固定化酶的机械强度，又提高了酶与载体的结合能力，且酶分布于载体表面，与底物接触较容易。

3）载体交联法　是指同一多功能试剂分子的一些化学基团与载体偶联，而另一些化学基团与酶分子偶联的方法。其过程是多功能试剂（如戊二醛）先与载体（氨乙基纤维素、部分水解的尼龙或其他含伯氨基的载体）偶联，洗去多余的试剂后再与酶偶联，如将葡萄糖氧化酶、丁烯 – 3，4 – 氧化物和丙烯酰胺共聚偶联即可得到固定化的葡萄糖氧化酶。微囊包埋的酶也可以用戊二醛交联使之稳定化。另外，交联酶也可以再用包埋法来提高其稳定性并防止酶的脱落。

4）共价结合法　通过共价化学键将酶表面的氨基酸残基与载体表面的活性基团结合的不可逆的固定化方法。共价结合法制备固定化酶的优点是酶与载体结合牢固，稳定性好；缺点是载体需要活化，固定化操作复杂，反应条件比较剧烈，酶容易失活和产生空间位阻效应。因此，在进行共价结合之前应先了解所用酶的有关性质，选择适当的化学试剂，并严格控制反应条件，提高固定化酶的活力回收率和相对活力。在共价结合法中，载体的活化是个重要问题。目前用于载体活化的方法有酰基化、芳基化、烷基化及氨甲酰化等反应。尽管共价键结合法制备固定化酶的研究比较多，但因固定化操作繁琐，酶的损失大，起始投资也大，所以，在医药工业中应用的例子很少。

各种酶固定化方法的比较详见表 8 – 2。

表 8 – 2　各种酶固定化方法的比较

方　法	优　点	缺　点
吸附法	对酶的活性中心和结构的影响较小，操作简易方便、条件温和	吸附力较弱，容易受到 pH 等因素影响
包埋法	包埋材料、包埋方法可选择余地大，固定化酶的使用面广，包埋条件温和	仅可用于小分子底物和产物的酶，不适用于大分子底物和产物的酶
交联法	可用的交联试剂多，技术简单，酶的结合力强，稳定性高	反应条件比较强烈，酶活性低，交联用的化学试剂有毒性
共价结合法	载体与偶联方法可选择性大；酶的结合力强，非常稳定	反应条件一般较激烈，步骤较复杂，易引起酶失活，成本高

定点固定化技术是指把酶和载体在酶的某些特定位点进行连接，使酶在载体表面按一定的方向排

列。该技术是在背离活性中心入口的酶表面通过定点突变在该酶表面引入低频氨基酸（半胱氨酸），通过该氨基酸残基的特殊侧链来控制固定化方向。定向固定化酶的活性要远远高于随意固定化的酶。常用的方法有以下几种：氨基酸置换法、抗体偶联法、酶与金属离子连接和疏水定向固定法。为了发挥不同酶的不同催化作用，可以将多种酶同时固定在同一载体中或将多种酶通过交联等方式形成共交联酶聚集体，这就是多酶固定化技术。Atia 将多孔乙醛酸琼脂表面的醛基用聚乙烯亚胺的氨基覆盖，形成惰性载体，将环己酮单加氧酶和葡萄糖–6–磷酸脱氢酶共同固定，充分利用协同作用，提高催化效率。

（二）固定化细胞的制备

1. 固定化细胞的定义　将细胞限制或定位于特定空间位置的方法称为细胞固定化技术。被限制或定位于特定空间位置的细胞称为固定化细胞（immobilized cell），它与固定化酶同被称为固定化生物催化剂。细胞固定化技术是酶固定化技术的发展，因此固定化细胞也称为第二代固定化酶。固定化细胞主要是利用细胞内酶和酶系，它的应用比固定化酶更为普遍。现今该技术已扩展至动植物细胞，甚至线粒体、叶绿体及微粒体等细胞器的固定化。细胞固定化技术的应用比固定化酶更为普遍，已在医药、食品、化工、医疗诊断、农业、分析、环保、能源开发及理论研究的应用中取得了举世瞩目的成就。

2. 固定化细胞的特点　生物细胞虽属固相催化剂，但因其颗粒小、难于截流或定位，也需固定化。固定化细胞既有细胞特性，也有生物催化剂功能，又具有固相催化剂特点。其优点在于：①无需进行酶的分离纯化；②细胞保持酶的原始状态，固定化过程中酶的回收率高；③细胞内酶比固定化酶稳定性更高；④细胞内酶的辅因子可以自动再生；⑤细胞本身含多酶体系，可催化一系列反应；⑥抗污染能力强。

由于固定化细胞除具有固定化酶的特点外，还有其自身的优点，应用更为普遍，对传统发酵工艺的技术改造具有重要影响。目前工业上已应用的固定化细胞有很多种，如固定化 E. coli 生产 L–门冬氨酸或 6–氨基青霉烷酸，固定化黄色短杆菌生产 L–苹果酸，固定化假单胞杆菌生产 L–丙氨酸等。

3. 固定化细胞的制备技术　细胞的固定化技术是酶的固定化技术的延伸，但细胞的固定化主要适用于胞内酶，要求底物和产物容易透过细胞膜，细胞内不存在产物分解系统及其他副反应；若存在副反应，应具有相应的消除措施。固定化细胞的制备方法有载体结合法、包埋法、交联法及无载体法等。

（1）载体结合法　将细胞悬浮液直接与水不溶性的载体相结合的固定化方法。本法与吸附法制备固定化酶的原理基本相同，所用的载体主要为阴离子交换树脂、阴离子交换纤维素、多孔砖及聚氯乙烯等。其优点是操作简单，符合细胞的生理条件，不影响细胞的生长及其酶活性。缺点是吸附容量小，结合强度低。目前虽有采用有机材料与无机材料构成杂交结构的载体，或将吸附的细胞通过交联及共价结合来提高细胞与载体的结合强度，但吸附法在工业上尚未得到推广应用。

（2）包埋法　将细胞定位于凝胶网格内的技术称为包埋法，这是固定化细胞中应用最多的方法。常用的载体有卡拉胶、聚乙烯醇、琼脂、明胶及海藻胶等。包埋细胞的操作方法与包埋酶法相同。优点在于细胞容量大，操作简便，酶的活力回收率高。缺点是扩散阻力大，容易改变酶的动力学行为，不适于催化大分子底物与产物的转化反应。目前已有凝胶包埋的 E. coli、黄色短杆菌及玫瑰暗黄链霉菌等多种固定化细胞，并已实现 6–APA、L–门冬氨酸、L–苹果酸及果葡糖的工业化生产。

（3）交联法　用多功能试剂对细胞进行交联的固定化方法称为交联法。由于交联法所用的化学试剂的毒性能引起细胞破坏而损害细胞活性，如用戊二醛交联的 E. coli 细胞，其门冬氨酸酶的活力仅为原细胞活力的 34.2%，故交联法的应用较少。

（4）无载体法　靠细胞自身的絮凝作用制备固定化细胞的技术称为无载体法。本法是通过助凝剂或选择性热变性的方法实现细胞的固定化，如含葡萄糖异构酶的链霉菌细胞经柠檬酸处理，使酶保留于细胞内，再加絮凝剂脱乙酰甲壳素，获得的菌体干燥后即为固定化细胞，也可以在60℃对链霉菌加热10分钟，即得固定化细胞。无载体法的优点是可以获得高密度的细胞，固定化条件温和；缺点是机械强度差。

四、酶反应器

将固定化酶或细胞装填于适当反应器中即可制成所谓"生物反应堆"。以酶作为催化剂进行反应所需的设备称为酶反应器。酶反应器基本上是游离酶、固定化酶或固定化细胞催化反应的容器。酶反应器不同于化学反应器，它是在低温、低压下发挥作用，反应时的耗能和产能也比较少。酶反应器也不同于发酵反应器，因为它不表现自催化方式，即细胞的连续再生。但是酶反应器和其他反应器一样，都是根据它的产率和专一性来进行评价的。

酶反应器的类型很多，其分类方法也不同。根据几何形状和结构来分类，可分为罐型、管型、膜或片型几种。按进料和出料的方式可分为分批式、半分批式与连续反应器。按其功能结构可分为膜反应器、液－固反应器及气－液－固三相反应器三大类。

（一）游离酶反应器

工业上应用的大多数酶，都是价廉且不纯的催化大分子化合物水解的酶类。虽然在经济上和技术上酶能够被固定化，但目前还照样应用游离酶。因为这些水解酶类的底物多数是带有黏性（如淀粉）或不溶于水的颗粒，难以用固定化酶酶反应进行处理。所以游离酶反应器目前在工业生产上还占有极重要的位置。

1. 搅拌罐式反应器 是目前较常使用的游离酶反应器。它由容器、搅拌器及保温装置组成。有时也可在容器壁上装上挡板，以促进反应物的混合，其结构如图8－2（a）所示。搅拌罐式反应器又有分批式和半分批式之分。分批式是先将酶和底物一次装入反应器，在适当温度下开始反应，反应达一定时间后，将全部反应物取出。而半分批式是将底物缓慢地加入反应器中进行反应，到一定时间后，将全部反应物取出。搅拌罐式游离酶反应器的优缺点详见表8－3。

(a)   (b)

图8－2 搅拌罐式反应器和超滤膜酶反应器

（a）搅拌罐式反应器；（b）超滤膜酶反应器

表8－3 搅拌罐式游离酶反应器的优缺点

优点	缺点
1. 反应器结构简单，不需特殊设备，适于小规模生产 2. 采用半分批式操作，可减少底物的抑制作用	不能进行酶的回收使用，一般在反应结束后通过加热或其他方法，可使酶变性除去

2. 超滤膜酶反应器 常用的超滤膜酶反应器的结构如图8－2（b）所示，采用这种类型的反应器时，酶处于水溶液状态。由于膜对于蛋白（大分子）物质是非透过性的，因此只允许小分子产物透过，而酶被截留回收重新使用，可节省用酶，特别适用于价格较高的酶。这种反应器可用于分批操作，也可适

用于连续操作。所谓连续操作即一边连续地将底物加到反应器中，一边连续地排出生成物。用于这类反应器的膜有超滤膜和透析膜等。膜的形状有平板状、管状、螺旋状和中空纤维状。超滤膜酶反应器的优缺点详见表 8 - 4。

表 8 - 4 超滤膜酶反应器的优缺点

优点	缺点
可以作用于胶态或不溶性底物，特别是产物对酶有抑制作用时，采用此装置较合适	酶的长期操作稳定性差，而且酶易在超滤膜上吸附损失，或在膜表面浓缩极化

（二）固定化酶反应器

1. 搅拌罐型反应器 有分批反应器（batch stirred tank reactor，BSTR）和连续流搅拌罐反应器（continuous flow stirred tank reactor，CSTR），如图 8 - 3 所示。这类反应器的特点是内容物的混合是充分均匀的。CSTR 常在反应器出口装上滤器使酶不流失，也可用尼龙网罩住固定化酶，再将袋安装在搅拌轴上的方式进行反应，有的则作为磁性固定化酶粒，借助磁吸方法滞留，有时则把固定化酶固定在容器壁上或搅拌轴上。为了达到有效的混合，也可把多个搅拌罐串联起来组成串联反应器组。搅拌罐型固定化酶反应器的优缺点详见表 8 - 5。

图 8 - 3 各种类型的固定化酶反应器

表 8 - 5 搅拌罐型反应器的优缺点

优点	缺点
结构简单，温度和 pH 容易控制；适用于受底物抑制的反应；传质阻力较低，能处理胶体状底物及不溶性底物；固定化酶易更换	反应效率较低，载体易被旋转搅拌桨叶的剪切力所破坏，搅拌动力消耗大。BSTR 在用离心或过滤沉淀方法回收固定化酶过程中易造成酶的失效损失

2. 固定床型反应器 把颗粒状或片状等固定化酶填充于固定床（也称填充床，床可直立或平放）内，底物按一定方向以恒定速度通过反应床（图 8 - 3）。它是一种单位体积催化剂负荷量多，效率高的反应器（表 8 - 6）。当前工业上多数采用此类反应器。与全混流反应器（CSTR）相反，有另一类理想的、没有返混的反应器，称为活塞流反应器（PFR）。在其横截面上液体流动速度完全相同，沿流动方向底物及产物的浓度是逐渐变化的，但同一横切面上浓度是一致的，因此称为活塞流反应器（plug flow reactor，PFR）。高（长）径比较大的管式反应器，接近于活塞流反应器。

表 8 - 6 固定床反应器的优缺点

优点	缺点
1. 可使用高浓度的催化剂，反应产生的底物和抑制剂可从反应器中不断地流出 2. 由于底物浓度沿反应器长度是逐渐增高的，因此与 CSTR 相比，可减少产物的抑制作用	1. 温度和 pH 难以控制 2. 底物和产物会产生轴向浓度分布 3. 清洗和更换部分固定化酶较麻烦。床内有自压缩倾向，易堵塞，且床内的压力降相当大，底物必须在加压下才能加入

3. 流化床型反应器　一种装有较小颗粒的垂直塔式反应器（形状可为柱形、锥形等；图8−3，表8−7）。底物以一定速度由下向上流过，使固定化酶颗粒在浮动状态下进行反应。流体的混合程度可认为是介于 CSTR 和 PFR 之间。

使底物进行循环是避免催化剂冲出、使底物完全转化成产物的一种方法。另一种方法是使用几个流态化床组成的反应器组，或使用锥形流态化床。流化床中酶的阻截可如连续流搅拌罐反应器。

表8−7　流化床反应器的优缺点

优点	缺点
1. 具有良好的传质及传热的性能。pH、温度控制及气体的供给比较容易 2. 不易堵塞，可适用于处理黏度高的液体 3. 能处理粉末状底物 4. 即使应用细粒子的催化剂，压力降也不会很高	1. 需保持一定的流速，运转成本高，难于放大 2. 由于流化床的空隙体积大，酶的浓度不高 3. 由于底物高速流动使酶冲出，降低了转化率

4. 膜型反应器　由膜状或板状固定化酶组装的反应器均称为膜型反应器（表8−8）。用固定化酶膜组装成的平板状或螺旋状反应器、转盘型反应器、空心酶管和中空纤维膜反应器等都属于此类反应器。图8−4为各种模型固定化酶反应器结构示意图。

表8−8　平板型和螺旋卷型反应器的优缺点

优点	缺点
1. 压力降小 2. 膜面积清晰 3. 放大容易	与填充塔等相比，反应器内单位体积催化剂的有效面积较小

图8−4　各种模型固定化酶反应器

A 立型平板式；b. 螺旋卷型；c. 转盘型；d. 空心酶管；e. 中空纤维膜反应器

空心酶管反应器的酶是固定在细管的内壁上的，底物溶液流经细管时，只有与管壁接触的部分进行酶反应。管内径在1mm左右。管内流动属于层流，这种反应器除了工业上应用外，更多的则是与自动分析仪器等组装在一起，用于定量分析。

转盘型固定化酶反应器以包埋法为主，制备成固定化酶凝胶薄板（成型为圆盘状或叶片状），然后，把许多圆盘状（或叶片状）凝胶板装配在旋转轴上，并把整个装置浸在底物溶液中，此类反应器更换催化剂方便。反应器有立式和卧式两种，卧式反应器则是1/3浸泡在底物溶液中，剩余2/3被通入的气体所占领。可适用于需氧反应，或者当反应会产生挥发性生成物或副产物（此类物质对酶有害）时，采用此反应器就合适。因为这些有害产物可被气体带走。此反应器广泛用于废水处理装置。

中空纤维膜反应器则是数千根醋酸纤维制成的中空纤维（内径200~500μm，外径300~900μm）。内层紧密、光滑，具有一定分子质量截留值，可截留大分子物质而允许不同的小分子物质通过。外层为多孔的海绵状支持层，酶被固定在海绵支持层中（或者相反，内层为海绵状，外层为光滑）。反应器的形状可为管式或列管式，中空纤维可承受较大压力，通过正常超滤程序将底物压过内壁与海绵状介质上酶起反应。滤过的溶液可根据反应的条件排放或循环再使用。中空纤维膜反应器根据工艺条件可分为反冲式和反循环式。反冲式是反应液自纤维外室压入，反循环式则是根据压力差在纤维的上部底物由内向外流动，而下半部则由外反流入内。

5. 鼓泡塔型反应器 在反应中，涉及气体的吸收或产生，此类反应最好采用鼓泡塔型反应器，或三相流化床反应器，如图8-5所示。一些无载体固定化新鲜菌体的反应器也采用塔型反应器，把固定化酶放入反应器内，底物与气体从底部通入。通常，气体进入反应器前后经过气体分散板得到充分分散，有时，甚至和循环液从底部以切线方向进入，以促使反应器的流动状态符合要求。

图8-5 鼓泡塔型反应器

五、酶工程的相关知识

随着现代科学技术的发展，酶工程的内容不断扩大和充实，酶工程研究的水平也逐渐提高。

(一) 酶的化学修饰

酶作为生物催化剂，其高效性和专一性是其他催化剂所无法比拟的。因此，愈来愈多的酶制剂已用于医药、食品、化工和农业生产以及环保、基因工程等领域。但是，酶作为蛋白质，其异体蛋白的抗原性、受蛋白水解酶水解和抑制剂作用、在体内半衰期短等缺点严重影响医用酶的使用效果，甚至无法使用。工业用酶常常由于酶蛋白抗酸、碱、有机溶剂变性及抗热失活能力差；容易受产物和抑制剂的抑制；工业反应要求的pH和温度不总是在酶反应的最适pH和最适温度范围内；底物不溶于水或酶的KM值过高等弱点而限制了酶制剂的应用范围。提高酶的稳定性、解除酶的抗原性、改变酶学性质（最适

pH、最适温度、KM 值、催化活性和专一性等）、扩大酶的应用范围的研究越来越引起人们的重视。通过酶的分子改造可克服上述应用中的缺点，使酶发挥更大的催化功效，以扩大其在科研和生产中的应用范围。

（二）酶的人工模拟

根据酶的作用原理，用人工方法合成的具有活性中心和催化作用的非蛋白质结构的化合物叫人工模拟酶（enzymes of antificial imitation），简称人工酶或模拟酶。它们一般具有高效和高适应性的特点，在结构上相对天然酶简单。美国化学家 D. J. Cram、C. J. Pederson 和法国化学家 J. M. Lehn 研究为实现人们长期寻求合成与天然蛋白质功能一样的有机化合物这一目标起了开拓性的作用。他们提出的主 – 客体化学（host – guest chemistry）和超分子化学（supramolecular chemistry），已经成为酶的人工模拟的重要理论基础。其目的就在主体分子或接受体的制备上，根据酶催化反应机制，如果合成出既能识别酶底物又具有酶活性部位催化基团的主体分子，同时底物能与主体分子发生多种分子相互作用，那就能有效地模拟酶分子的催化过程。

（三）有机相的酶反应

有机相酶反应是指酶在具有有机溶剂存在的介质中所进行的催化反应。这是一种在极端条件（逆性环境）下进行的酶反应，它可以改变某些酶的性质，如某些水解酶在逆性环境下具有催化合成反应的能力——蛋白水解酶在有机溶剂中可以催化氨基酸合成肽的反应。大量的研究结果表明，有机相中酶催化反应除了具有酶在水中所具有的特点外，还具有其独特的优点：①增加疏水性底物或产物的溶解度；②热力学平衡向合成方向移动，如酯合成、肽合成等；③可抑制有水参与的副反应，如酸酐的水解等；④酶不溶于有机介质，易于回收再利用；⑤容易从低沸点的溶剂中分离纯化产物；⑥酶的热稳定性提高，pH 的适应性扩大；⑦无微生物污染；⑧能测定某些在水介质中不能测定的常数；⑨固定化酶方法简单，可以只沉积在载体表面。

由于在有机相中酶催化反应具有上述优点，因而使有机相的酶学研究拓宽到了生物化学、有机化学、无机化学、高分子化学、物理化学及生物工程等多种学科交叉的领域。

（四）基因工程酶的构建

基因工程技术的问世，对酶学的发展起到了巨大的推动和变革作用。基因工程酶是酶学和以基因重组技术为主的现代分子生物学相结合的产物。基因工程酶的构建主要包括 3 个方面：酶基因的克隆和表达，用基因工程菌大量生产酶；修饰酶基因和产生遗传修饰酶（突变酶）；酶的遗传设计，合成自然界没有的新酶。

1. 酶基因的克隆和表达　重组 DNA 技术的建立，使人们在很大程度上摆脱了对天然酶的依赖。特别是在天然酶的材料来源极其困难时，重组 DNA 技术更显示出其独特的优越性。应用基因工程技术可以克隆各种天然酶的基因，并使其在微生物中表达。筛选出高效表达的菌株后，就可以通过发酵大量生产所需要的酶。在医学上有重要应用价值的一些酶，来源困难，生产成本高，如治疗溶酶体缺陷病的酶必须由人胎盘制备，治疗脑血栓的尿激酶制备复杂，对于这些酶可用基因工程技术来生产。目前已有许多酶基因克隆成功，如尿激酶基因、凝乳酶基因等，并已投入生产。

2. 酶基因的遗传修饰　是指人为地将酶基因中个别核苷酸加以修饰或更换，从而改变酶蛋白分子中某个或几个氨基酸。这种方法不仅可以改变酶的结构，也可以改变酶的催化活力、专一性及稳定性。

酶基因的遗传修饰有自然遗传修饰和选择性遗传修饰两种。前者是用化学诱变剂或物理诱变因素作用于活细胞，使其基因发生突变，再从各种突变体中筛选所需要的突变体，这种方法具有随机性。选择性遗传修饰则是具有目的性和预见性的现代酶工程方法，先了解清楚酶的结构，再选定突变部位，然后在体外构建具有功能活性的基因结构（重组 DNA），即通过核苷酸的置换、插入或删除，获得突变酶基因，将其引入表达载体，则可获得遗传修饰酶或突变酶。这种新酶的结构与原酶只有一个或几个氨基酸残基的差别，但新酶的某些特性与原酶相比却大有不同。如用定点突变与体内随机突变相结合的方法，可使枯草杆菌蛋白酶的稳定性大为增加。

3. 酶的遗传设计　是指人为设计具有优良性状的新酶基因。充分掌握酶的空间结构和结构与功能的关系是优质新酶遗传设计的重要基础。目前许多分子生物学、物理学和计算机工作者都在尝试根据蛋白质的氨基酸排列顺序来推测其三维结构，提出从氨基酸序列的同源性预测三维构象的目标。用概率和统计的方法从已知构象的蛋白质中寻找经验规律，预测某些已知氨基酸顺列的三维构象；或用计算机模拟蛋白质的构象等。只要有合理的基因设计，就可以通过基因工程技术获得具有优良性状的新酶。但这一工作难度很大，需要多学科的交叉配合。

任务二　氨基酸的酶反应制备

PPT

酶工程技术基本过程是利用化学合成、生物合成或天然存在的氨基酸前体为原料，同时培养具有相应酶的微生物、植物或动物细胞，然后将酶或细胞进行固定化处理，再将固定化酶或细胞装填于适当反应器中制成所谓"生物反应堆"，加入相应底物合成特定氨基酸，反应液经分离纯化即得相应氨基酸成品。

目前医药工业中，用酶工程法生产的氨基酸已有十多种，如用延胡索酸和铵盐为原料经门冬氨酸酶催化生产 L-门冬氨酸，用 L-门冬氨酸为原料在门冬氨酸-β-脱羧酶作用下生产 L-丙氨酸，以吲哚和 L-丝氨酸为原料在色氨酸合成酶催化下合成 L-色氨酸，在精氨酸脱亚胺酶催化下使 L-精氨酸转变为 L-瓜氨酸，以甘氨酸及甲醇为原料在丝氨酸转羟甲基酶催化下合成 L-丝氨酸，以甘氨酸和乙醛为原料在苏氨酸醛缩酶催化下生成 L-苏氨酸。此外，DL-蛋氨酸、DL-缬氨酸、DL-苯丙氨酸、DL-色氨酸、DL-丙氨酸及 DL-苏氨酸等分别经氨基酰化酶拆分获得了相应的 L-氨基酸，并已投入工业化生产。

一、氨基酸的酶反应制备——L-天冬氨酸的制备

L-天冬氨酸（L-aspartic acid，Asp），属酸性氨基酸，广泛存在于所有蛋白质中。L-Asp 有助于鸟氨酸循环，促进氨和二氧化碳生成尿素，降低血中氨和二氧化碳，增强肝功能，消除疲劳，治疗慢性肝炎、肝硬化及高血氨症，同时还是复合氨基酸输液的原料。

（一）结构与性质

L-天冬氨酸分子中含两个羧基和一个氨基，化学名称为 α-氨基丁二酸或氨基琥珀酸，分子式为 $C_4H_7NO_4$，分子量为 133.10，结构式为：

$$\text{H}_2\text{N} \quad \text{H}$$

纯品为白色菱形叶片状结晶，等电点为 2.77，熔点为 269~271℃。溶于水及盐酸，不溶于乙醇及乙醚，在 25℃水中溶解度为 0.8，在 75℃水中为 2.88，在乙醇中为 0.00016。在碱性溶液中为左旋性，在酸性溶液中为右旋性。

（二）制备

在医药工业中，多用酶合成法生产 L-天冬氨酸，即以延胡索酸和铵盐为原料经天冬氨酸酶催化生产 L-天冬氨酸。

1. 工艺流程 见图 8-6。

延胡索酸 + NH₃ ——【转化】——→ 转化液 ——【分离】——→ L-Asp粗品 ————→ L-Asp精品
　　　　　　　　固定化门冬氨酸酶

图 8-6　L-天冬氨酸的制备工艺流程

2. 工艺过程

（1）菌种培养　大肠埃希菌（E. coli）AS1.881 的培养：斜面培养基为普通肉汁培养基。摇瓶培养基成分（%）为玉米浆 7.5，反丁烯二酸 2.0，$MgSO_4 \cdot 7H_2O$ 0.02，氨水调 pH 6.0，煮沸后过滤，500ml 三角烧瓶中培养基装量 50~100ml。从新鲜斜面上或液体中培养种子，接种于摇瓶培养基中，37℃振摇培养 24 小时，逐级扩大培养至 1000~2000L 规模。培养结束后用 1mol/L 盐酸调 pH 5.0，升温至 45℃并保温 1 小时，冷却至室温，转筒式高速离心机收集菌体（含门冬氨酸酶），备用。

（2）细胞固定　E. coli 的细胞固定：取湿菌体 20kg 悬浮于 80L 生理氯化钠溶液（或离心后的培养清液）中，保温至 40℃，再加入 90L 保温至 40℃的 12% 明胶溶液及 10L 1.0% 戊二醛溶液，充分搅拌均匀，放置冷却凝固，再浸于 0.25% 戊二醛溶液中。于 5℃ 过夜后，切成 3~5mm 的立方小块，浸于 0.25% 戊二醛溶液中，5℃过夜，蒸馏水充分洗涤，滤干得含门冬氨酸酶的固定化 E. coli，备用。

（3）生物反应堆的制备　将含天冬氨酸酶的固定化 E. coli 装填于填充床式反应器中，制成生物反应堆，备用。

（4）转化反应　将保温至 37℃的 1mol/L 延胡索酸铵（含 1mmol/L $MgCl_2$，pH8.5）底物溶液按一定空间速度（SV）连续流过生物反应堆，控制达到最大转化率（>95%）为限度，收集转化液制备 L-Asp。

（5）产品纯化与精制　转化液经过滤澄清，搅拌下用 1mol/L HCl 调 pH 2.8，5℃结晶过夜，滤取结晶，用少量冷水洗涤抽干，105℃干燥得 L-Asp 粗品。粗品用稀氨水溶解（pH 5）成 15% 溶液，加 1%（W/V）活性炭，70℃搅拌脱色 1 小时，过滤，滤液于 5℃结晶过夜，滤取结晶，85℃真空干燥得药用 L-Asp。

二、酶法拆分 DL-氨基酸——DL-甲硫氨酸生产 L-甲硫氨酸

L-甲硫氨酸（又称 L-蛋氨酸，L-Methionine），是含硫必需氨基酸，生物体必须将 D-型在体内转化为 L-型才能被机体利用，具有重要的生理功能，被广泛应用于医药、食品和饲料等行业。目前国内医药市场主要将其应用于复方氨基酸注射液、片剂、胶囊、颗粒剂和口服液等，需要量大，故对其制备方法的研究很重视。

（一）结构与性质

甲硫氨酸是 α-氨基酸的一种，含有一个碱性基团（—NH₂）和一个酸性基团（—COOH），它是两

性的。在强酸性溶液中它是以阳离子形式存在，而在强碱性溶液中，它是以阴离子形式存在的，分子式为 $C_5H_{11}O_2NS$，分子量为149.21，结构式为：

本品为白色薄片状结晶或结晶性粉末，有特殊气味，味微甜。熔点为280~281℃（分解）（L型）；281℃（消旋体）。可溶于水（3.3g/100ml，25℃）、稀酸和稀碱，易溶于95%乙醇，极难溶于无水乙醇，几乎不溶于乙醚。

（二）工艺流程

DL-甲硫氨酸生产L-甲硫氨酸工艺流程见图8-7。

丙三醇 —脱水→ 丙烯醛 —加成→ 甲硫基丙醛 —环合→ 甲硫乙基内酰脲 —水解→

DL-甲硫氨基酸精品 ←精制— DL-甲硫氨基酸粗品 ←中和、脱色— DL-甲硫氨基酸钠盐

乙酰化 → DL-乙酰甲硫氨基酸 —拆分→ L-甲硫氨酸粗品 —精制→ L-甲硫氨酸精品

D-乙酰甲硫氨酸 —精制→ DL-乙酰甲硫氨酸

图8-7 DL-甲硫氨酸生产L-甲硫氨酸工艺流程

其中氨基酰化酶的来源主要有米曲霉发酵、从猪的肾脏中提取和通过基因工程方法构建能够大量表达脱乙酰基酶的大肠埃希菌或酵母菌工程菌，而且其中大肠埃希菌生产的酶为胞内酶，还可以适用于固定化细胞技术。

三、制备氨基酸的相关知识

（一）氨基酸分离纯化

氨基酸分离方法较多，通常有溶解度法、等电点沉淀法、特殊试剂沉淀法、吸附法及离子交换法等。

1. 溶解度法 依据不同氨基酸在水中或其他溶剂中的溶解度差异而进行分离的方法。如胱氨酸和酪氨酸均难溶于水，但在热水中酪氨酸溶解度较大，而胱氨酸溶解度变化不大，故可将混合物中胱氨酸、酪氨酸及其他氨基酸分开。

2. 特殊试剂沉淀法 采用某些有机或无机试剂与相应氨基酸形成不溶性衍生物的分离方法。如邻二甲苯-4-磺酸能与亮氨酸形成不溶性盐沉淀，后者与氨水反应又可获得游离亮氨酸；组氨酸可与 $HgCl_2$ 形成不溶性汞盐沉淀，后者经处理后又可获得游离组氨酸；精氨酸可与苯甲醛生成水不溶性苯亚甲基精氨酸沉淀，后者用盐酸除去苯甲醛即可得精氨酸。因此可从混合氨基酸溶液中分别将亮氨酸、组氨酸及精氨酸分离出来。本法操作方便，针对性强，故至今仍用于生产某些氨基酸。

3. 吸附法 利用吸附剂对不同氨基酸吸附力的差异进行分离的方法。如颗粒活性炭对苯丙氨酸、酪氨酸及色氨酸的吸附力大于对其他非芳香族氨基酸的吸附力，故可从氨基酸混合液中将上述氨基酸分离出来。

4. 离子交换法　利用离子交换剂对不同氨基酸吸附能力的差异进行分离的方法。氨基酸为两性电解质，在特定条件下，不同氨基酸的带电性质及解离状态不同，故同一种离子交换剂对不同氨基酸的吸附力不同，因此可对氨基酸混合物进行分组或实现单一成分的分离。

即学即练 8 – 2

答案解析　下面不属于氨基酸分离方法的是（　　　）。

A. 溶解度法　　　　B. 漂浮法　　　　C. 等电点沉淀法　　　　D. 吸附法

（二）氨基酸的精制

　　分离出的特定氨基酸中常含有少量其他杂质，需进行精制，常用的有结晶和重结晶技术，也可采用溶解度法或结晶与溶解度法相结合的技术。如丙氨酸在稀乙醇或甲醇中溶解度较小，且 pI 为 6.0，故丙氨酸可在 pH6.0 时，用 50% 冷乙醇结晶或重结晶加以精制。此外也可用溶解度与结晶技术相结合的方法精制氨基酸。如在沸水中苯丙氨酸溶解度比酪氨酸大 100 倍，若将含少量酪氨酸的苯丙氨酸粗品溶于 15 倍体积（W/V）的热水中，调 pH 4.0 左右，经脱色过滤可除去大部分酪氨酸；滤液浓缩至原体积的 1/3，加 2 倍体积（V/V）的 95% 乙醇，4℃放置，滤取结晶，用 95% 乙醇洗涤，烘干即得苯丙氨酸精品。

任务三　固定化细胞法制备 6 – 氨基青霉烷酸

PPT

　　青霉素衍生物的合成均以 6 – 氨基青霉烷酸（6 – APA）为基本原料，而 6 – APA 是通过青霉素 G 或青霉素 V 经青霉素酰化酶的水解作用，除去侧链的产物，而青霉素酰化酶则是通过固定化细胞技术获得的产品，目前临床以 6 – APA 为原料已合成近 3 万种衍生物。

一、概述

（一）利用微生物产酶的优点

1. 微生物种类多，酶品种齐全。
2. 微生物生长繁殖快，生长周期短，产量高。
3. 培养方法简单，原料来源丰富，价格低廉，经济效益高，并可以通过控制培养条件来提高酶的产量。
4. 微生物具有较强的适应性和应变能力，可培育出新的高产菌株。

（二）酶的生产菌

1. 对菌种的要求

（1）繁殖快、酶产量高、最好为产胞外酶的菌种。

（2）不是致病菌，系统发育与病原体无关，不产生有毒物质。

（3）产酶稳定性好，不易变异退化、不易感染噬菌体。

（4）能利用廉价的原料，发酵周期短，易于培养。

2. 生产菌的来源　筛选和遗传改良。基本过程为菌样采集、菌种分离初筛、纯化、复筛、生产性能鉴定。

3. 常用的产酶微生物 见表8-9。

表8-9 常用的微生物及它们所产的酶

微生物	所产的酶
大肠埃希菌	青霉素酰化酶、谷氨酸脱羧酶、β-半乳糖苷酶等
枯草杆菌	α-淀粉酶、β-葡萄糖氧化酶、碱性磷酸酯酶等
酵母菌	丙酮酸脱羧酶、乙醇脱氢酶等
曲霉菌	糖化酶、蛋白酶、果胶酶、葡萄糖氧化酶、氨基酰化酶等
青霉菌	葡萄糖氧化酶、青霉素酰化酶、脂肪酶等
李氏木霉	内切纤维素酶、外切纤维素酶、β-葡萄糖苷酶等
根霉菌	淀粉酶、蛋白酶、纤维素酶等
链霉菌	葡萄糖异构酶等

二、固定化细胞法制备6-APA

（一）青霉素酰化酶

青霉素酰化酶是一种酰胺键水解酶，又称为青霉素酰胺酶或青霉素氨基水解酶。主要从大肠埃希菌胞内酶和巨大芽孢杆菌胞外酶获得，该酶已大规模应用于工业生β-内酰胺类抗生素的关键中间体和半合成β-内酰胺类抗生素。利用含有青霉素酰化酶的菌体来裂解青霉素G，制备6-APA。

（二）固定化细胞制备6-APA工艺过程

1. 大肠埃希菌的培养 将表达青霉素酰化酶的E. Coli D816菌株经固体斜面培养，液体培养基少量培养后，在1000L发酵罐中扩大培养，培养结束后离心收集菌体。

2. 固定化细胞的制备 在40℃反应罐中，将上步中收获的湿菌体100kg与50L的10%明胶溶液搅拌均匀后加入2%戊二醛溶液5L，搅拌均匀后将混合液摊开形成5cm的薄层，室温放置2小时后转移至4℃环境下，待形成固体凝胶块后，粉碎，过筛成2mm左右的颗粒，再分别利用蒸馏水、磷酸缓冲液冲洗，抽干后获得固定化的包含表达青霉素酰化酶的E. Coli D816细胞的明胶固体颗粒，即可在酶反应器内用于6-APA的转化。

3. 6-APA的制备 在酶反应器中进行的酶裂解反应是关键步骤。利用青霉素酰化酶专一作用于苯乙酰基的特性，固定化青霉素酰化酶裂解青霉素G或青霉素V，分离出反应副产物苯乙酸或苯氧乙酸以及未被解的青霉素，最后利用等电点沉淀法提纯出6-APA固体产品。

6-APA是半合成抗生素的母核，在6-APA的氨基上引入不同侧链，可制备各种半合成青霉素，由于半合成青霉素新品种的不断发展和产量的逐年上升，对6-APA的需要量也逐年增加，现代工业上已基本用酶法取代了传统的化学裂解工艺。

三、青霉素的相关知识

青霉素（Penicillin）又被称为青霉素G、peillin G、盘尼西林、配尼西林、青霉素钠、苄青霉素钠、青霉素钾、苄青霉素钾。它是人类历史上发现的第一种抗生素，且应用非常广泛。早在唐朝时，长安城的裁缝会把长有绿毛的糨糊涂在被剪刀划破的手指上来帮助伤口愈合，这是因为绿毛产生的物质有杀菌的作用，也就是人类最早使用青霉素。1928 年英国细菌学家亚历山大·弗莱明首先发现了青霉素，带动了抗生素家族的诞生。1935 年，英国病理学家弗洛里和侨居英国的德国生物化学家钱恩合作，重新研究了青霉素的性质、分离和化学结构并解决了青霉素的浓缩问题，使青霉素真正走进了人类生活，挽救了数以万计人的生命。到了 1943 年，制药公司已经发现了批量生产青霉素的方法。当时英国和美国正在和纳粹德国交战，这种新的药物对控制伤口感染非常有效。弗莱明、弗洛里和钱恩因"发现青霉素及其临床效用"的巨大贡献获得了 1945 年诺贝尔生理学和医学奖。1953 年，我国第一批国产青霉素诞生。截至 2001 年，我国的青霉素产量已占到世界生产总量的 60%，居世界首位。2013 年，我国抗生素产量达 12.12 万吨，出口 3.43 万吨，是我国原料药出口规模最大的品种，在国际市场中占 70% 份额。

实践实训

实训七 酶工程制备氨基酸模拟实训

一、开始生产

（一）生产准备（环境、设备）

应当对前次清场情况进行确认。厂房的空气洁净度应符合要求，设备已清洁，备用。

1. 环境应保持整洁，门窗玻璃、墙面和顶棚应洁净完好。

2. 设备、管道、管线排列整齐并包扎光洁，无跑、冒、滴、漏现象发生。且符合相关清洁要求。

3. 检查确认生产现场无上次生产遗留物。

4. 环境的温度、湿度、照明应符合要求。

5. 电源应在操作间外，确保安全生产。

6. 生产车间室内空气中的酶颗粒数量符合相应级别的洁净度要求，空气净化系统符合要求。

（二）自我检查

进入更衣室，脱去外衣，将私人物品放入橱内，洗手，烘干，穿工作服、戴工作帽和口罩，进入生产区。

二、备料、配料

（一）领取物料

根据生产规模，领取适量的物料。

菌种：德阿昆哈假单胞菌（*Pseudomonas dacunhae*）68 变异株、牛肉膏、蛋白胨、氯化钠、酵母膏、琼脂、精密 pH 试纸、L - 谷氨酸、酪蛋白水解液、磷酸二氢钾、$MgSO_4 \cdot 7H_2O$、盐酸、氨水、角叉菜胶、KCl、己二胺、磷酸缓冲液、戊二醛、磷酸吡哆醛、活性炭、甲醇。

（二）配料

1. 斜面培养基组成（%）为蛋白胨 0.25，牛肉膏 0.52，酵母膏 0.25，NaCl 0.5，pH 7.0，琼脂 2.0。

2. 种子培养基与斜面培养基相同，唯不加琼脂，250ml 三角烧瓶中培养基装量为 40ml。

3. 摇瓶培养基组成（%）为 L - 谷氨酸 3.0，蛋白胨 0.9，酪蛋白水解液 0.5，磷酸二氢钾 0.05，

$MgSO_4 \cdot 7H_2O$ 0.01，用氨水调 pH 7.2，500ml 三角瓶中培养基装量为 80ml。

4.5% 角叉菜胶、2% KCl、0.2mol/L 己二胺、0.5mol/L pH7.0 的磷酸缓冲液、1mol/L 盐酸。

三、菌种培养

将培养 24 小时的新鲜斜面菌种接种于种子培养基中，30℃振摇培养 8 小时，再接种于摇瓶培养基中，30℃振荡培养 24 小时，如此逐级扩大至 1000~2000L 的培养罐培养。

培养结束后用 1mol/L HCl 调 pH 至 4.75，于 30℃保温 1 小时，用转筒式高速离心机离心收集菌体（含 L-门冬氨酸-β-脱羧酶），备用。

四、细胞固定

取湿菌体 20kg，加生理氯化钠溶液搅匀并稀释至 40L，另取溶于生理氯化钠溶液的 5% 角叉菜胶溶液 85L，两液均保温至 45℃后混合，冷却至 5℃成胶。浸于 600L 2% KCl 和 0.2mol/L 己二胺的 0.5mol/L pH7.0 的磷酸缓冲液中，5℃下搅拌 10 分钟，加戊二醛至 0.6mol/L 的浓度，5℃搅拌 30 分钟，取出切成 3~5mm 的立方小块，用 2% KCl 溶液充分洗涤后，滤去洗涤液，即得含 L-门冬氨酸-β-脱羧酶的固定化细胞，备用。

五、生物反应堆的制备

将 L-门冬氨酸-β-脱羧酶的固定化假单胞菌装于耐受 1.515×10^5 Pa 压力的填充床式反应器中，制成生物反应堆，备用。

六、转化反应

收集制备 L-Asp 的转化液，向转化液中加磷酸吡哆醛至 0.1mmol/L 浓度，调 pH6.0，保温至 37℃，按一定空间速度流入 1.515×10^5 Pa 压力下的生物反应堆，控制达到最大转化率（>95%）为限，收集转化液，用于制取 L-丙氨酸。

七、产品纯化与精制

转化液过滤澄清，于 60~70℃下减压浓缩至原体积的 50%，冷却后加等体积甲醇，5℃结晶过夜，滤取结晶并用少量冷甲醇洗涤抽干，80℃真空干燥得 L-Ala 粗品。粗品用 3 倍体积（W/V）去离子水于 80℃搅拌溶解，加 0.5%（W/V）药用活性炭于 70℃搅拌脱色 1 小时，过滤，滤液冷后加等体积甲醇，5℃结晶过夜，滤取结晶，于 80℃真空干燥得药用 L-Ala。

八、结束生产

（一）清场

1. 将本批的中间产品送至中间仓或将成品送入成品仓库；将剩余物料退回仓库，将废弃物清出本工序。

2. 按各生产设备、生产用具、容器的清洁操作规程及洁净室清洁标准操作规程，分别对生产设备、生产用具、容器、天花板、地面、门、窗等进行清洁。

3. 按《清洁工具清洁标准操作规程》清洁工具，并放置在指定的地方。

4. 清场完毕，填写清场记录，在工序门口挂上"已清洁"的状态牌。

5. 清场完毕，由班组长和车间质管员进行检查，并填写检查情况，发给清场合格证。

（二）离开

按进入生产区的相反程序，退出生产区：脱工衣，换鞋，清洗洁净区工作服，洗涤工作鞋。

九、酶工程制药的相关知识

固定化酶在工业、医学、分析工作及基础研究等方面有广泛用途。现仅着重介绍与医药有关的几方面。

（一）药物生产中的应用

1. 固定化细胞法生产 6 – 氨基青霉烷酸（6 – APA）、7 – 氨基头孢烷酸（7 – ACA）和 7 – 氨基脱乙酰氧基头孢烷酸（7 – ADCA）　青霉素 G（或 V）经青霉素酰化酶作用，水解除去侧链后的产物称为 6 – APA，也称无侧链青霉素。6 – APA 是生产半合成青霉素的最基本原料。目前为止，以 6 – APA 为原料已合成近 3 万种衍生物，并已筛选出数十种耐酸、低毒及具有广谱抗菌作用的半合成青霉素。7 – ACA 是合成头孢菌素的前体，以前采用一步化学法和一步酶法生产，工艺复杂，产物收率低，并且对环境不好。现在采用固定化酶技术，进行两步酶法反应，即可得到纯度高的产物。7 – ADCA 也是合成头孢菌素的前体，目前采用固定化酶进行扩环，代替先前的化学扩环工艺，使成本降低。

2. 固定化酶法生产 5′ – 复合单核苷酸　4 种 5′ – 复合单核苷酸注射液可用于治疗白细胞下降、血小板减少及肝功能失调等疾病。核糖核酸（RNA）经 5′ – 磷酸二酯酶作用可分解为腺苷、胞苷、尿苷及鸟苷的一磷酸化合物，即 AMP、CMP、UMP 及 GMP。5′ – 磷酸二酯酶存在于橘青霉细胞、谷氨酸发酵菌细胞及麦芽根等生物材料中。本法以麦芽根为材料制取 5′ – 磷酸二酯酶，并使其固定化后用于水解酵母 RNA，以生产 5′ – 复合单核苷酸注射液。

3. 固定化酶法生产 L – 氨基酸　目前氨基酸在医药、食品以及工农业生产中的应用越来越广。以适当比例配成的混合液可以直接注射到人体内，用以补充营养。各种必需氨基酸对人体的正常发育有保健作用，有些氨基酸还可以作为药物，治疗某些特殊疾病；氨基酸可用作增味剂，增加香味，促进食欲，可用作禽畜的饲料，还可用来制造人造纤维、塑料等。因此氨基酸的生产对人类的生活具有重要意义。

工业上生产 L – 氨基酸的一种方法是化学合成法。但是由化学合成法得到的氨基酸都是无光学活性的 DL – 外消旋混合物，所以必须将它进行光学拆分，以获得 L – 氨基酸。外消旋氨基酸拆分的方法有物理化学法、酶法等，其中以酶法最为有效，能够产生纯度较高的 L – 氨基酸。

（二）亲和层析中的应用

亲和层析是利用生物大分子能与其相应的专一分子可逆结合的特性而发展的一种层析方法。如抗体和抗原、酶和底物或抑制剂、核糖核酸与其互补的脱氧核糖核酸间都存在专一的亲和力，若将其一方固定化在载体上，就可根据它们间的专一结合力而将被分离的大分子物质吸附于载体上，洗去杂质后再将它解离，就可得到纯的物质。

（三）医疗上的应用

制造新型的人工肾，这种人工肾是由微胶囊的脲酶和微胶囊的离子交换树脂的吸附剂组成。前者水解尿素产生氨，后者吸附除去产生的氨，以降低病人血液中过高的非蛋白氮。

目标检测

答案解析

一、单项选择题

1. 交联法中最常用的交联剂是（　　）。

    A. 活性炭　　　　　　B. 戊二醛　　　　　　C. 明胶　　　　　　D. 聚丙烯酰胺

2. 固定化细胞中用得最多、最有效的方法是（　　　）。

　　A. 吸附法　　　　　　B. 交联法　　　　　C. 网格型包埋法　　　D. 选择性热变性法

3. 人体内大多数酶的最适 pH 在（　　　）。

　　A. 1.55～2.55　　　　B. 5.55～6.55　　　C. 7.35～7.45　　　D. 8.55～9.55

4. （　　　）只适合作用于小分子底物和产物的酶。

　　A. 吸附法　　　　　　B. 交联法　　　　　C. 包埋法　　　　　　D. 选择性热变性法

5. （　　　）不是酶的固定化方法。

　　A. 吸附法　　　　　　B. 交联法　　　　　C. 网格型包埋法　　　D. 选择性热变性法

二、多项选择题

1. 酶作为催化剂所具有的特性是（　　　）。

　　A. 催化效率高　　　B. 反应条件温和　　　C. 催化活性可调　　　D. 专一性强

2. 影响酶催化活性的因素有（　　　）。

　　A. 酶浓度　　　　　　B. 底物浓度　　　　　C. 价格因素　　　　　D. 温度

3. 酶和细胞的固定化方法有（　　　）。

　　A. 交联法　　　　　　B. 载体结合法　　　　C. 包埋法　　　　　　D. 热处理

4. （　　　）是利用共价键来固定酶的。

　　A. 离子结合法　　　　　　　　　　　　　B. 交联法

　　C. 共价结合法　　　　　　　　　　　　　D. 物理吸附法

　　E. 包埋法

三、简答题

1. 固定化酶有哪些优点?

2. 酶反应器的类型主要有哪些?

书网融合……

知识回顾　　　　　　微课　　　　　　习题

参考文献

[1] 吴梧桐．生物制药工艺学．3 版．北京：中国医药科技出版社，2013.

[2] 赵临襄．化学制药工艺学．4 版．北京：中国医药科技出版社，2015.

[3] 孙玉叶．化工安全技术与职业健康．2 版．北京：化学工业出版社，2015.

[4] 余龙江．细胞工程原理与技术．北京：高等教育出版社，2017.

[5] 夏焕章．发酵工艺学．3 版．北京：中国医药科技出版社，2016.

[6] 姚文兵．生物技术制药概论．北京：中国医药科技出版社，2015.

[7] 王玉亭，韦平和．现代生物制药技术．2 版．北京：化学工业出版社，2015.

[8] 张虎成．基因操作技术．北京：化学工业出版社，2010.

[9] 陈晗．生化制药技术．北京：化学工业出版社，2018.

[10] 王君．酶工程实验指导．北京：化学工业出版社，2018.

[11] 张之东．安全生产知识．2 版．北京：人民卫生出版社，2018.

[12] 张秋荣，施秀芳．制药工艺学．郑州：郑州大学出版社，2018.

[13] 辛秀兰．现代生物制药工艺学．2 版．北京：化学工业出版社，2016.

[14] 葛驰宇．生物制药工艺学．2 版．北京：化学工业出版社，2019.

[15] 罗合春．生物制药工程技术与设备．2 版．北京：化学工业出版社，2020.